# 生物安全科学学

田德桥 编著

科学技术文献出版社
SCIENTIFIC AND TECHNICAL DOCUMENTATION PRESS

·北京·

**图书在版编目（CIP）数据**

生物安全科学学 / 田德桥编著. —北京：科学技术文献出版社, 2022.10（2023.11重印）
ISBN 978-7-5189-9680-3

Ⅰ.①生…　Ⅱ.①田…　Ⅲ.①生物工程—安全科学　Ⅳ.①Q81

中国版本图书馆CIP数据核字（2022）第188575号

## 生物安全科学学

策划编辑：郝迎聪　　　　责任编辑：张　红　　　　责任校对：王瑞瑞　　　　责任出版：张志平

| | |
|---|---|
| 出　版　者 | 科学技术文献出版社 |
| 地　　　址 | 北京市复兴路15号　邮编　100038 |
| 编　务　部 | （010）58882938，58882087（传真） |
| 发　行　部 | （010）58882868，58882870（传真） |
| 邮　购　部 | （010）58882873 |
| 官方网址 | www.stdp.com.cn |
| 发　行　者 | 科学技术文献出版社发行　全国各地新华书店经销 |
| 印　刷　者 | 北京虎彩文化传播有限公司 |
| 版　　　次 | 2022年10月第1版　2023年11月第3次印刷 |
| 开　　　本 | 787×1092　1/16 |
| 字　　　数 | 437千 |
| 印　　　张 | 22.75　彩插6面 |
| 书　　　号 | ISBN 978-7-5189-9680-3 |
| 定　　　价 | 78.00元 |

# 前　言

　　中国是一个具有五千年灿烂文明的古国，创造了灿烂的文化，对世界发展产生了巨大的影响。但近代以来，中国与西方一些国家相比落后了，尤其是在科技领域，一些主要的科技进展基本上都源于西方国家。中华人民共和国成立以后，尤其是改革开放以来，中国高度重视科学技术在社会发展中的作用，倡导科技创新，增加科研投入，近年来包括科技论文在内的一些科技产出显著增加，科技成为中华民族伟大复兴征程上的重要保障。

　　科学技术是一个复杂的体系，涉及科学、技术、社会、伦理、经济、管理、教育等方方面面，需要全面分析研究以指导科技发展。我国老一辈科学家钱学森很早就注意到对科学技术发展规律进行深入研究的必要性，倡导进行"科学学"（Science of Science）研究。近年来，科学计量学、科技政策研究等促进着我国科技发展政策的制定与科技进步，科学学这门学科显示出巨大的生命力。

　　生物安全最近受到越来越多的关注，尤其是新冠肺炎疫情以来，从党中央到普通民众，从专业科研人员到政策研究人员，都认识到生物安全问题不仅影响人民健康、经济发展，而且关系国家安全。在维护和保障生物安全的过程中，科技发挥着越来越重要的作用。以新冠肺炎疫情应对为例，药品、疫苗、诊断试剂研发、大数据指导的疫情防控等都显示出科技的巨大支撑作用。但疫情应对是一个复杂的过程，如何平衡疫情防控与对经济发展的影响，科学合理地制定疫情防控政策等，不仅涉及科学问题，也涉及社会问题。突发传染病应对是生物安全的一个方面，其他生物安全问题，如生物技术安全、实验室生物安全、生物武器与生物恐怖应对、遗传资源安全等也都需要考虑其中的科学学问题。

　　为此，笔者提出"生物安全科学学"概念，并倡导在生物安全研究与实践中加以应用，更好地促进我国生物安全相关政策的制定及生物防御能力的提升。本书并没有系统阐述生物安全科学学理论，而是梳理了笔者前期在期刊、图书公开发表及未公开发表的一些相关研究，为读者呈现生物安全科学学可关注的一些内容，为今后我国该领域的发展提供一些思路。

　　书中不当之处请读者批评指正！

田德桥

2022年5月18日

# 目　录

## 附录

# 第一章　科学学与生物安全

科学学和生物安全都涉及广泛的内容，而这两个领域又密切相关，科学学发展过程中，生物安全领域可以作为一个很好的切入点，生物安全发展也需要科学学理论支撑。

现代科学已经成长为一个复杂系统：涉及各个学科领域之间越来越强的交叉关联，新兴学科不断涌现，创新与渐进的知识不断积累[1]。科学学（Science of Science）又称"科学的科学"，是一门研究科学整体的学科或学科门类[2]。根据百度百科，科学学是研究科学和科学活动的发展规律及其社会功能（影响）的综合性新兴学科。科学学是科学的自我反思，它以整个科学技术知识及其活动为研究对象，探索科学技术发展的基本规律[3]，是"把科学当作一种社会现象来研究的学科"[4]。科学学是人类文明进步的必然产物，是由自然科学和社会科学、人文科学交叉融合形成的一个研究领域，是研究科技、经济、社会协调发展的综合性学科，它的主要特征是运用决策理论、系统方法和计算机技术，为各级决策部门的战略研究、规划制定、政策选择、组织管理、技术评估等提供科学的论证和可供选择的方案[5]。

## 一、国际科学学发展

现代科学技术革命改变着传统的自然科学和社会科学的关系。自然科学的思想和方法迅速向社会科学领域渗透，由此涌现出大量的边缘学科和交叉学科，使自然科学和社会科学这两大门类逐渐走向合流。科学的综合化和整体化，使现代科学技术体系形成了一个有机的整体，这一体系的形成是科学学产生的内部原因[4]。

作为一门诞生于 20 世纪上半叶的科学学科，其历史渊源可以追溯到近代科学发展史的前期。19 世纪与 20 世纪之交，科学的社会地位日渐显要，越来越成为推动经济与社会发展的重要因素。现代科学逐渐发展成为一个严密的知识体系，科学知识体系中各个层次、门类的内部联系越来越密切，自然科学与社会科学、哲学的联系也逐渐显现。现代科学发展到了需要自我认识而且能够进行自我认识的阶段，将"科学"整体作为研究对象的科学学应运而生[6]。

科学学的产生已经有 70 多年的历史，最初以研究科学哲学、科学教育等为主。到 20 世纪 60 年代，科学学受到自然科学家和社会科学家的广泛重视，逐渐形成了科学计量学、科学心理学、科学管理学等分支学科和研究方向。随着经济的发展，科学政策学和科学经济学也逐渐成为科学学的研究热点[7]。

科学学经历了以下 3 个阶段。

第一阶段，是科学学产生前时期。在 19 世纪，马克思、恩格斯在创立辩证唯物主义和历史唯物主义、科学社会主义的过程中，对科学的本质和特征、科学的社会地位和作用、科学与其他社会现象的关系、科学知识的分类、科学发展的规律性等一系列问题的探讨，是推动科学学产生的重要思想因素[7]。

第二阶段，是科学学作为一门正式学科的酝酿和确立时期[7]。科学学的研究，开始于 20 世纪二三十年代。1925 年，波兰社会学家兹纳涅茨基的《知识科学的对象与任务》一文中首次出现"科学学"这个词。1935 年，波兰人奥索夫斯基夫妇的《科学的科学》一文，论述了科学学这门学科的研究领域。1936 年，该文被译成英文发表，"科学学"的英文"Science of Science"首次出现，并沿用至今。与波兰的早期科学学研究几乎同时，苏联学者也进行了这方面的探索[4]。

1935 年，美国人默顿完成了他的博士论文《十七世纪英国的科学、技术和社会》。这篇论文把科学放到社会、经济和文化的背景中，研究了 17 世纪英国科学的社会结构、科学家的社会地位等问题，开创了科学社会学研究领域[4]。最终奠定科学学理论基础的是英国物理学家贝尔纳。1939 年，贝尔纳出版著作《科学的社会功能》。他从科学发展的历史和现状出发，深入论述了科学的本质、功能、发展战略和组织管理等问题。该书成为科学学研究的经典作品，被公认为科学学的奠基性著作[8]。

第三阶段，是科学学的发展和兴盛时期。20 世纪 60 年代至今，科学学受到各国自然科学家和社会科学家的广泛重视，开始了其加速发展的时期。这一时期，科学学的研究转向科学的定量研究，美国科学史家普赖斯提出了"科学引文分析"等概念，科学学的核心分支学科——科学计量学诞生。在这一时期，科学计量学、科学心理学、科学伦理学、科学美学等科学学分支学科相继产生，一些实践学科，如科学政策、科学管理学等也开始相继归为科学学的门下[7]。

科学学的研究内容包括：①自然科学在社会历史发展中的地位和作用；②从总体上研究现代科学知识体系，揭示自然科学的发展规律；③自然科学的社会形成过程；④确定科技发展的具体任务与途径，对科研活动实行最好的管理，争取最优的成果；⑤研究形成完整的科学教育系统[4]。

当前，科学学已经建立和正在形成的分支学科超过 30 门，这些学科按照理论性或应用性程度的差异，可分为理论科学学、专门科学学和应用科学学 3 个学科群组[9]。1995—2004 年，科学学在国际上总体形成了七大研究领域：①科技政策与管理；②信息搜索技术；③科研指标与评价、科学知识图谱与可视化；④科学合作；⑤科学计量学与信息计量学理论；⑥科学知识社会学；⑦信息检索技术与信息科学。从总体上看，最热门的研究领域当属科学学的应用研究领域——科技政策与管理研究，但从 2003 年开始，它让位给了新兴的知识管理、科学知识图谱与可视化、信息计量学理论等[10]。

科学学研究包括两个重要奖项，即以科学社会学研究为主的"贝尔纳奖"和以科学计量学研究为主的"普赖斯奖"[11]。1981 年，在贝尔纳逝世 10 周年之际，为纪念他对人类科学事业做出的杰出贡献，由科学社会研究协会（4S）和以色列魏茨曼科学研究所共同设立贝尔纳奖。贝尔纳奖代表着科学社会学领域的最高荣誉，每年举行一次。截至 2017 年，贝尔纳奖获奖者包括 15 位美国学者（占比 43%）、14 位英国学者（占比 40%）、2 位法国学者、1 位以色列学者、1 位荷兰学者、1 位瑞士学者、1 位奥地利学者，显示科学学研究主要集中在英国和美国[11]。

第一届贝尔纳奖颁给了"科学计量学"之父普赖斯，普赖斯继承和发展了贝尔纳的科学学理念与范式，深化和拓展了科学学理论与方法。第二届贝尔纳奖颁给了科学社会学的重要开创人之一默顿，之后的贝尔纳奖获奖者也均集中于科学社会学领域的研究者[11]。"科学学"在国际上的发展以贝尔纳奖为线索可分为 3 条研究路线："科学计量学（Scientometrics）"、"科学技术与社会"和"科学知识社会学"[12]。

国际上有 6 个科学学研究领域的代表性期刊。其中，在科学学理论研究领域，《科学的社会研究》（*Social Studies of Science*）是世界上最早的科学学期刊之一；另一个是美国最早的科学学学术期刊《科学技术和人的价值》（*Science Technology & Human Values*）。在科学学方法研究领域，一个是《科学计量学》（*Scientometrics*），自 1978 年创刊以来，它始终站在科学计量学研究与发展的最前沿，为定量化的科学学方法与理论研究提供舞台；另一个刊物是《美国信息科学技术学会会刊》（*JASIST*）。在科学学应用研究领域，一个是《科研政策》（*Research Policy*），它是科学学应用研究最具影响力的期刊，创办于 1972 年；另一个是《研发管理》（*R&D Management*）[10]。

2017 年 10 月，北京师范大学、波士顿大学和中科院等院校的研究人员在物理学权威综述期刊 *Physics Reports* 发表了《复杂系统视野下的科学学》综述，文章从复杂系统角度梳理了近些年科学学领域的研究进展，包括了实证研究、网络分析、机制模型、排序、预测等方面内容，并指出了现有科学学领域亟待解决的若干挑战性问题[13]。2018 年 3 月，*Science* 杂志刊发了美国印第安纳大学伯明顿分校等院校的 14 名学者合作的长篇评述论文《科学的科学》，评述了科学学研究的若干主题，包括科学的网络结构、研究选题、创新、职业动态、团队和引文动态[14]。

## 二、国内科学学发展

科学学在中国的兴起与发展，是我国科技事业走向成熟与健康繁荣的一个重大标志性事件[15]。科学学是伴随着 1978 年科学的春天的到来，伴随着我国改革开放兴起的一个最为活跃的新兴学科和学术领域。原国家科委副主任、科技政策专家吴明瑜评价指出，"我们改革开放过程中，科学技术战线所有重要的改革举措，几乎都是和科学学的研究工作分不开的"[16]。

科学学研究的产生，始于中国交叉科学研究的兴起与发展，交叉科学热潮的兴起则是从自然辩证法研究的核心问题开始的[17]。中国的科学学与自然辩证法有着千丝万缕的联系，一些自然辩证法研究者是最早转向科学学研究的一批学者，这是中国科学学建立之初的特色之一[18]。

早在1941年，我国老一辈科学家竺可桢就注意到国外刚刚出版两年的《科学的社会功能》一书。在我国最早提出开展科学学研究的是著名科学家钱学森[5]。1977年12月9日，钱学森在《人民日报》发表长篇文章《现代科学技术》，在这篇文章中，钱学森首次提出要开展"科学的科学"研究[19]。1979—1980年，钱学森先生以"科学学"为题，发表了一系列讲话和文章，集中阐述了科学学的研究对象、内容、性质、特点和分支领域等问题，为科学学学科的创立、建设和发展奠定了广阔的理论基础[20]。1979年1月，钱学森在《哲学研究》杂志上发表《科学学、科学技术体系学、马克思主义哲学》，第一次使用了"科学学"名称并将科学学与科学技术体系学、马克思主义哲学联系在一起进行探讨。他在这篇文章中提出了关于科学技术体系的4个组成部分的设想：自然科学、社会科学、技术科学和工程技术[21]。1979年秋，钱学森应《科学管理》杂志之约，在其试刊号上发表了《关于建立和发展马克思主义的科学学的问题》一文[22]。在1980年第1期《哲学研究》上，钱学森发表了《关于建立和发展马克思主义的科学学的问题》的重要论文。在该文中，钱学森把 Science of Science 和 Sociology of Science 都看作"科学学"。钱学森在该文中提出了一个包括三分支学科的科学学结构：科学技术体系学、科学能力学、政治科学学[22]。1980年，钱学森在《哲学研究》第4期发表了另一篇重要文章《自然辩证法、思维科学和人的潜力》[23]。

1979年7月，由中国科学院学部办公室、自然辩证法通讯杂志社和中国自然辩证法研究会筹委会在北京联合召开了全国科学学第一次研讨会。会上讨论了科学学的研究对象和意义、现代科学技术发展的特点及其发展规律、科学现代化的标准、科研体制、如何提高科研效益、系统工程学在科学管理中的应用、科技人才和科技管理人才的培养等问题[17]。1979年2月，中国科学院图书馆创办《科学管理》季刊，这是我国首个科学学专业学术刊物。为筹备全国第一次科学学学术研讨会，自然辩证法通讯杂志社于1979年4月创办《科学与哲学》杂志[24]。1979年5月，京、津、沪三地科学学工作者在天津市科委的帮助下创办了《科学学与科学技术管理》杂志[24]。1980年1月，我国首家科学学专门研究机构——上海市科学学研究所成立[24]。在国家科委及地方科委的关心和支持下，许多科学学专业研究机构陆续诞生，如北京科学学研究中心、清华大学科学技术与社会研究中心、天津市科学学研究所、中国科学技术促进发展研究中心、中国科学院科技政策与管理研究所等[17]。1982 年 6 月 9—12 日，我国科学学界代表 120 人在安徽九华山聚会，成立了中国科学学与科技政策研究会[17]。

我国大学的科学学教学最早在本科展开。上海铁道学院于 1980 年开设"科学学"课程，在国内开了先河。1982 年，大连理工学院首次为全校本科生开设"科学学概论"选修课。1983 年，清华大学开设了"科学学"课程，1985 年又开设了"新技术革命与发展战略"课程。这样，科学学课程在大学中逐渐普及开来[25]。

自 20 世纪 70—80 年代以来，中国科学学迎来了兴盛年代[5]。然而自 20 世纪 90 年代后期开始，随着科学学研究拓展到软科学等更广泛的领域，出现软科学淹没科学学的状况，加上一些学术前辈的逐渐退出，科学学研究呈现低潮，甚至一度沉寂[26]。进入 21 世纪以后，特别是 2005—2006 年前后，科学学研究逐步走出低谷，相关研究领域之间交流、借鉴与渗透日益频繁[26]。

总体来说，我国科学学经历了几个阶段：①科学学研究的兴起、学科化与建制化（1977—1987 年）；②科学学研究的领域拓展与首倡技术创新（1987—1997 年）；③科学学研究的学科复兴与新兴交叉科学探索（1997—2007 年）；④科学学研究的知识图谱方法与迈向新时代的科学学（2007—2017 年）[15]。

科学学原理和研究表明，利用文献计量学方法对学科文献的主题内容进行分析，是了解和评价学科发展的历史现状和趋势的一种有效途径[27]。在科学学研究领域引入科学计量学方法，是科学学成为成熟科学的标志之一。人类正迈入知识革命的新时代，由于信息可视化技术的突破而引发科学计量学的知识可视化转向。美国德雷塞尔大学著名信息可视化专家、华人学者陈超美是信息可视化新技术的开拓者之一、科学知识图谱主要奠基人[25]。

目前国内科学学相关的 9 种核心期刊包括《科学学研究》《科研管理》《科学学与科学技术管理》《研究与发展管理》《中国科技论坛》《中国软科学》《科技管理研究》《科技进步与对策》《科学管理研究》[28]。

## 三、科学学面临的问题

中国科学学与科技政策研究会前理事长、中国科学学事业的开创者之一冯之浚教授认为，世界上所有精神领域里的学说，差不多都讲究"回头"。科学学作为"科学的自我意识"，就是有关科学回头的学问，科学学本身也要时不时地"回头"[29]。中国的科学研究实现了飞速的发展，然而体量的增长背后也隐藏着困境[30]。中国论文在 2016 年的所有引用中，仅有 42% 是来自国际的，在全球 15 个科研大国中排名最后[31]。

科学学的研究对象是否包括技术，学术界存在不同认识。有的学者认为，作为科学学的研究对象，是不包括技术在内的。但是，科学学的奠基者和国内外的多数研究者并没有把技术排除在外。普赖斯认为，科学学可以称为"科学、技术、医学等的历史、哲学、社会学、心理学、经济学、政治学、方法论等"[32]。科学学的另一位奠基人默顿认为，科学学的研究不仅包括科学，也包括对技术的研究[33]。

近年来，国内部分学者认为，科学学及其分支学科的一个重要动向是对科学技术学的探讨。科学技术学是以科学技术系统为研究对象，探索科学技术的性质、规律及其社会关系的新学科群。从"科学学"到"科学技术学"，不仅意味着研究对象从"科学"扩展到"技术"，而且意味着研究范式的重大变迁[34]。21世纪是知识革命的时代，其主要特征就是知识的整合。面对这一时代特征，清华大学科学技术与社会研究中心主任曾国屏概括了美欧国家的科学哲学、科学社会学、科学技术与社会、科学技术史、科技政策学等学科交叉，正在走向"科学技术学"（Science and Technology Studies）的趋势，倡议在中国把以科学技术为研究对象的各个学科整合为统一的科学技术学[35]。

当前，科学学学科发展面临着一些障碍。明确的研究对象范围理论体系规范及固定的研究队伍是学科形成的基础。纵观我国科学学发展历程可以看出，20世纪90年代低潮期的出现与学科研究对象和属性的模糊有着密切关联，研究问题的日趋庞杂从内部动摇了科学学研究的理论根基，使得众多研究人员对科学学究竟是一个学科还是一个学科群存有较大困惑。此外，不少学者指出，我国科学学研究还一定程度上停留在孤立经验定性的传统方式上，以问题为导向、一事一议的分析多，科学思想和方法上的系统性和基本共识不足[26]。

## 四、生物安全科学学

根据我国2020年发布的《中华人民共和国生物安全法》，生物安全是"国家有效防范和应对危险生物因子及相关因素威胁，生物技术能够稳定健康发展，人民生命健康和生态系统相对处于没有危险和不受威胁的状态，生物领域具备维护国家安全和持续发展的能力"。根据该法，从事下列活动适用本法：①防控重大新发突发传染病、动植物疫情；②生物技术研究、开发与应用；③病原微生物实验室生物安全管理；④人类遗传资源与生物资源安全管理；⑤防范外来物种入侵与保护生物多样性；⑥应对微生物耐药；⑦防范生物恐怖袭击与防御生物武器威胁；⑧其他与生物安全相关的活动[36]。

生物安全的英文对应词包括biosafety和biosecurity。根据瑞士苏黎世联邦理工大学2007年编写的《生物防御手册》（*Biodefense Handbook*）[37]，biosafety主要是指采取措施预防生物剂的非蓄意释放，biosecurity 主要是指采取措施应对生物剂的蓄意释放，生物防御（biodefense）主要是指为了保证生物安全，应对自然发生、事故性或蓄意的病原体或毒素释放而建立政策、机制、方法、计划和程序等。

生物安全科学学（Science of Science of BioSafety/BioSecurity，SSBS）是研究科学技术发展与生物安全关系的科学。生物安全科学学可以包括以下内容：科技发展如何促进生物安全、生物安全相关科技政策的制定、生物技术安全风险评估与治理、科学计量学方法在生物安全领域的应用等。

维护和保障生物安全在国家发展中的重要性日益凸显，而科学技术是促进和维护生物安全的重要支撑，由于生物安全科技发展的复杂性，既涉及科学问题，也涉及社会问题，需要进行深入的系统研究，也就是说，需要重视生物安全科学学的发展和作用发挥。

# 参考文献

[1]     贾韬，夏锋 . "科学学"视角下的科研工作者行为研究 [J]. 大数据，2019，5(5)：38–47.

[2]     王续琨 . 交叉科学结构论 [M]. 大连：大连理工大学出版社，2003.

[3]     陈悦，张立伟，刘则渊 . 世界科学学的序曲：波兰学者对科学学的重要贡献 [J]. 科学学研究，2017，35(1)：4–10.

[4]     方勇 . 科学学的产生 [J]. 科学学与科学技术管理，2000，8：19–21.

[5]     冯之浚 . 科学学在中国 [J]. 科学学与科学技术管理，2010，31(5)：5–8.

[6]     侯剑华，陈埠钰 . 国内理论科学学研究述评 (2012—2017) [J]. 科技管理研究，2019，39(5)：237–245.

[7]     谭萍 . 科学学发展现状及其问题分析 [J]. 科技进步与对策，2007，1：155–157.

[8]     贝尔纳 . 科学的社会功能 [M]. 桂林：广西师范大学出版社，2003.

[9]     王续琨 . 科学学：过去、现在和未来 [J]. 科学学研究，2000，18(2)：19–23.

[10]    侯海燕，刘则渊，陈悦，等 . 当代国际科学学研究热点演进趋势知识图谱 [J]. 科研管理，2006(3)：90–96.

[11]    和钰，陈悦，崔银河，等 . 科学学的研究进路暨前瞻：基于贝尔纳奖的分析视角 [J]. 科学学研究，2017，35(8)：1121–1129.

[12]    陈悦，LAMIREL J C，刘则渊 . 中国科学学 40 年研究主题变迁 [J]. 科学学与科学技术管理，2018，39(12)：28–45.

[13]    ZENG A，SHEN Z S，ZHOU J L，et al. The Science of Science：From the perspective of complex systems [J].Physics reports，2017，714–715：1–73.

[14]    FORTUNATO S，BERGSTROM C T，BORNER K，et al. Science of Science [J]. Science，2018，359(6379)：eaa0185.

[15]    刘则渊，陈悦 . 中国科学学 40 年：纪念全国科学大会 40 周年 [J]. 科学学研究，2018，36(8)：1345–1352.

[16]    吴明瑜 . 科技政策研究三十年：吴明瑜口述自传 [M]. 长沙：湖南教育出版社，2015：189–191.

[17]    孙兆刚 . 论我国科学学的演进图景 [J]. 科学学与科学技术管理，2008(1)：5–10.

[18]    梁波 . 陈敬燮及其科学学与科技管理研究：兼评《陈敬燮科学学文集》[J]. 科学学研究，2018，36(5)：955–960.

[19]    钱学森 . 现代科学技术 [N]. 人民日报，1977–12–09.

[20]    陈益升 . 钱学森与科学学 [J]. 科学学研究，2009，27(12)：1769–1771.

[21]    钱学森 . 科学学、科学技术体系学、马克思主义哲学 [J]. 哲学研究，1979(1)：22–23.

[22]    钱学森 . 关于建立和发展马克思主义的科学学的问题 [J]. 科学管理，1980(1)：1–2.

[23] 钱学森.自然辩证法、思维科学和人的潜力 [J].哲学研究，1980(4)：7–13.

[24] 王福涛，蔡梓成，张碧晖.中国科学学学科建制早期形成过程研究 [J].科学学研究，2019，37(12)：2113–2122，2129.

[25] 侯海燕，屈天鹏，刘则渊.科学学在我国大学的兴起与发展 [J].科学学研究，2009，27(3)：334–339，344.

[26] 盛世豪，徐梦周.科学学学科发展态势及重点研究领域 [J].科学学研究，2018，36(12)：2154–2159.

[27] 张雁，彭珺.基于词频分析的我国 2005 年科学学发展动向探析 [J].世界科技研究与发展，2007(2)：93–100.

[28] 侯海燕，黄福，梁国强，等.政府研发投入对科学学热点研究方向的影响 [J].科学与管理，2017，37(4)：35–43，79.

[29] 冯之浚.科学学在中国 [M]// 张碧辉，等.科学学在中国.北京：知识产权出版社，2009.

[30] XIE Y, ZHANG C, LAI Q. China's rise as a major contributor to science and technology[J]. Proceedings of the National Academy of Sciences of the United States of America，2014，111(26)：9437–9442.

[31] HUANG F. Quality deficit belies the hype[J]. Nature，2018，564(7735)：70.

[32] 陈士俊.科学学：对象解析、学科属性与研究方法：关于科学学若干基本问题的思考 [J].科学学与科学技术管理，2010，31(5)：28–35.

[33] 默顿.十七世纪英格兰的科学、技术与社会 [M].北京：商务印书馆，2000，6：23.

[34] 王绩琨.科学技术学的科学定位及其学科体系 [J].科学学研究，2005，23(5)：602–605.

[35] 曾国屏.论走向科学技术学 [J].科学学研究，2003，21(1)：1–7.

[36] 中华人民共和国生物安全法 [EB/OL].[2022–05–18]. http://www.npc.gov.cn/npc/c30834/202010/bb3bee5122854893a69acf4005a66059.shtml.

[37] ETH ZURICH. International Biodefense Handbook[M/OL].[2022–05–18]. https://www.files.ethz.ch/isn/31146/Biodefense_HB.pdf.

# 第二章 科技发展促进生物安全

科技发展可以促进和维护生物安全，本章列举了科学技术发展对生物安全的重要作用，主要以美国生物防御能力建设为例。

## 第一节 美国生物防御药品疫苗研发情况分析[*]

病原微生物对人类健康、经济发展与社会稳定构成了极大的威胁，新的感染性疾病不断出现，旧的感染性疾病死灰复燃，一些难以应对的传染病持续存在。更为严重的是，病原微生物及生物毒素可以作为生物武器或生物恐怖剂被蓄意释放，对国家安全构成严重威胁[1]。生物防御药品疫苗研发是生物防御能力建设的重要组成部分。本节分析了美国生防药品疫苗研发机制，以及主要生物威胁药品疫苗研发中卫生与公众服务部（Department of Health and Human Services，HHS）及国防部（Department of Defense，DOD）的项目资助情况。其中，美国生防药品疫苗研发机制与经费投入情况参考美国国家科学院出版社（National Academies Press，NAP）及美国审计总署（Government Accountability Office，GAO）相关研究报告，药品疫苗研发资助情况参考 http://www.fbo.gov、http://www.hhs.gov、http://www.report.nih.gov、http://globalbiodefense.com 等网站。

### 一、美国生防药品疫苗研发机制[2]

总体来说，美国生防药品疫苗研发中，国土安全部（Department of Homeland Security，DHS）的主要职责是威胁评估，评估哪些物质具有足够的影响国家安全的可能。在卫生与公众服务部，负责准备和应对的部长助理（Assistant Secretary for Preparedness and Response，ASPR）负责确定首要威胁，国立卫生研究院（National Institutes of Health，NIH）负责早期研发，生物医学高级研发管理局（Biomedical Advanced Research and Development Authority，BARDA）负责高级研发管理，食品与药品管理局（Food and Drug Administration，FDA）负责药品和疫苗的审批。在国防部，国防部联合需求办公室（Joint Requirements Office）负责确定首要威胁，联合科学和技术办公室（Joint Science and Technology Office）负责早期研发管理，联合项目执行办公室（Joint Program Executive Office）负责高级研发管理。

---

*内容参考：田德桥．美国生防药品疫苗研发机制与项目资助情况分析[J]．生物技术通讯，2016，27（4）：535-541．

### （一）民口生防药品疫苗研发机制

卫生与公众服务部是美国生物防御的主要部门。2006 年 12 月，卫生与公众服务部设立了负责准备和应对的部长助理，为部长提供生物恐怖以及其他公共卫生紧急情况的建议。其下设立了生物医学高级研发管理局，支持药品、疫苗及其他与国家健康安全相关产品的研发，应对化学、生物、核及放射性武器的威胁，以及流感大流行、新发传染病等，同时负责生物盾牌计划的管理。同样在 2006 年，卫生与公众服务部设立了公共卫生紧急医学应对措施研发联合体（Public Health Emergency Medical Countermeasures Enterprise，PHEMCE），这是一个联邦联合体，由 ASPR 领导，其合作部门包括卫生与公众服务部、国土安全部、国防部以及其他机构，其对卫生与公众服务部部长提供医学应对措施研发选择、研发和采购的建议，同时对医学应对措施从基础研究到高级研发以及国家战略储备等进行协调。

### （二）军队生防药品疫苗研发机制 [3]

美国国防部内部一些机构对于生防药品疫苗研发具有重要管理职能。①参谋长联席会议主席：其与战区司令、军种部长、国防情报部门协商，确定主要生物威胁；②联合需求办公室：是参谋长联席会议的一部分，确立对于医学应对措施的需求，包括性能、参数、质量等；③联合科学和技术办公室：进行应用研究来保证应对措施能够满足国防部的需要；④联合项目执行办公室：针对生物威胁医学应对措施早期研发、高级研发及全过程管理。

在国防部，陆军是生防药品疫苗研发的主要执行机构，实施了联合疫苗采购计划（Joint Vaccine Acquisition Program，JVAP）研发、生产和储存生物威胁剂疫苗，医学鉴定与治疗系统（Medical Identification and Treatment Systems，MITS）研发针对化学、生物、放射与核威胁的医学检测与治疗措施。

国防部和卫生与公众服务部在威胁病原体的确定上虽存在差异，但建立了协商程序 [2]。同时，国防部和卫生与公众服务部发展了部间协议，允许国防部购买卫生与公众服务部用于国家战略储备的物资。

## 二、美国生防药品疫苗研发经费投入

### （一）卫生与公众服务部研发经费投入

2004—2013 年，美国国会批准了超过 80 亿美元预算用于采购针对化学、生物、放射、核（Chemical Biological Radiological Nuclear，CBRN）的医学应对措施，其中生物盾牌计划 2004—2013 年大约批准了 56 亿美元 [4]。

2010—2013 年，卫生与公众服务部支出了大约 36 亿美元用于高级研发和采购 CBRN 威胁及流感相关的医学应对措施，其中 30% 用于流感、20% 用于天花、19% 用于炭疽。在这 36 亿美元中，21 亿美元用于高级研发。在用于采购的 15 亿美元中，4.03 亿美元用于采购流感抗病毒药物和疫苗 [4]。

2016 年度 NIH 预算中，过敏与感染性疾病研究所（National Institute of Allergy and Infectious Diseases，NIAID）预算 46.15 亿美元，其中针对生物防御与新发感染性疾病的有 13.56 亿美元 [5]。

### （二）国防部研发经费投入 [2]

2001—2013 年，国防部化学和生物防御项目（Chemical and Biological Defense Program，CBDP）投入超过 200 亿美元，其中约 1/3，即 60 亿美元用于核化生医学应对措施研发，这其中的 70%，约 43 亿美元用于生物医学应对措施，包括 37.5 亿美元用于研发新的医学应对措施。2001—2013 年，用于生物医学应对措施研发的 43 亿美元资金中，用于早期研发的占 55%，用于高级研发包括采购的占 45%。

## 三、美国生防药品疫苗研发项目资助情况

### （一）炭疽

炭疽是由炭疽芽孢杆菌引起的一种人畜共患急性传染病。

**1. 药品**

环丙沙星和多西环素是吸入性炭疽首选治疗药物。

（1）抗生素

2013 年 5 月，美国卫生与公众服务部生物医学高级研发管理局和美国北卡罗来纳州的 Cempra Inc 公司签订合同，支持针对炭疽、土拉热的抗生素研发，经费 5800 万美元，用于研发抗生素药物 solithromycin，其为大环内酯类药物。

（2）炭疽免疫球蛋白

炭疽免疫球蛋白的主要研发机构为加拿大的 Cangene 公司，该公司于 2013 年被美国马里兰州的 Emergent BioSolutions 公司收购。Cangene 公司研发的炭疽免疫球蛋白是用曾接种过炭疽疫苗免疫的军人血浆分离纯化制成的 [6]。该免疫球蛋白被采购用于美国国家战略储备，累计合同经费 1.61 亿美元 [7]，2015 年获得 FDA 批准。

（3）炭疽单克隆抗体

位于美国马里兰州 Rockville 的人类基因组科学公司（HGS，2012 年被葛兰素史克公司收购）研发的治疗炭疽的单克隆抗体瑞西巴库（Raxibacumab）于 2012 年 12 月获得 FDA 批准，这是一种重组的人单克隆抗体 [8]。2005 年，卫生与公众服务部与 HGS

公司签订了瑞西巴库的生产合同，用于国家战略储备，累计合同经费 3.34 亿美元 [7]。

Emergent BioSolutions 公司研发了针对炭疽的单克隆抗体 Thravixa（AVP-21D9）[9]，由细胞表达。该研究于 2008 年得到 NIH 的 2430 万美元资助。

新泽西州的 Elusys 公司研发了针对炭疽的单克隆抗体 Anthim（ETI-204）[10]，由细胞表达，2015 年提交了生物制品许可申请（Biologics License Application，BLA），2016 年 3 月获 FDA 批准。该公司于 2007 年获得 NIH 的 1190 万美元资助，2009 年获得 BARDA 的 1.43 亿美元资助。

马里兰州的 PharmAthene 公司研发了针对炭疽的单克隆抗体 Valortim[11]。NIH 于 2007 年资助 1390 万美元用于该产品的研发。

**2. 疫苗**

（1）炭疽吸附疫苗 BioThrax[12]

炭疽吸附疫苗 BioThrax 是 1972 年被 FDA 批准的进行暴露前预防的疫苗，通过无炭疽毒素的炭疽芽孢杆菌培养滤液获得。炭疽吸附疫苗于 1970 年由密歇根公共卫生部制造，1998 年 BioPort 公司获得了炭疽疫苗的生产设施以及为国防部生产炭疽疫苗的合同。BioPort 公司 2004 年进行了重组，成为 Emergent BioSolutions 公司的一部分。BioThrax 用于国家战略储备，目前累计合同经费 7.0 亿美元 [7]。

（2）炭疽吸附疫苗添加免疫佐剂

Emergent BioSolutions 公司研发的 NuThrax 是一种新的炭疽疫苗，其是炭疽吸附疫苗添加了免疫刺激剂 CPG 7909 作为佐剂 [13]。这种疫苗可以增强免疫反应，与 BioThrax 疫苗相比缩短抗体达到峰值的时间。NuThrax 目前处于 II 期临床试验阶段。该研究于 2008 年获得 NIH 的 2970 万美元资助，2015 年获得 BARDA 3100 万美元资助。

（3）重组炭疽保护性抗原（protective antigen，PA）疫苗

20 世纪 80 年代美国国防部就开始研发重组 PA 疫苗。2002 年，NIAID 开始支持重组 PA 疫苗的研究。重组 PA 疫苗更为纯净，可减少接种次数，采用肌肉注射，减少副反应的发生。最早研发的重组 PA 疫苗包括美国加利福尼亚州 VaxGen 公司的炭疽重组 PA 疫苗及美国马萨诸塞州 Avecia 公司的炭疽重组 PA 疫苗。

VaxGen 公司的炭疽重组 PA 疫苗（rPA 102）最初在美国陆军传染病医学研究所（United States Army Medical Research Institute of Infectious Diseases，USAMRIID）研发，得到了 NIH 的资助，包括 2002 年的 1390 万美元和 2003 年的 8030 万美元。VaxGen 公司于 2004 年获得 8.78 亿美元的生物盾牌计划炭疽疫苗研发和生产合同，但由于疫苗的过早降解问题，该合同于 2006 年终止。2008 年，VaxGen 公司将该疫苗转让给 Emergent BioSolutions 公司。2010 年 9 月，Emergent BioSolutions 公司与 BARDA 签署了 1.87 亿美元的合同，进行重组 PA 疫苗 PreviThrax 的研发。

Avecia 公司炭疽重组 PA 疫苗来源于英国国防科学和技术实验室（Defence

Science and Technology Laboratory，DSTL），于 2003 年获得了 NIH 的 7130 万美元资助。2008 年该疫苗转让给美国马里兰州的 PharmAthene 公司。PharmAthene 公司研发的重组 PA 炭疽疫苗 SparVax 包括高纯度的 PA，通过大肠杆菌表达[14]，2014 年获得 NIH 的 2810 万美元资助。

加利福尼亚州 Pfenex Inc 公司的炭疽重组 PA 疫苗 Px 563L 进行了蛋白序列改造，可以降低蛋白水解酶的水解。该疫苗在 2012 年获得 NIH 的 2290 万美元资助，2015 年获得 BARDA 的 1.44 亿美元资助。

（4）鼻腔吸入炭疽疫苗

美国马里兰州 Vaxin 公司开展了重组 PA 鼻腔喷雾疫苗的研发。该炭疽疫苗采用腺病毒载体技术，疫苗包含 PA，通过鼻腔喷雾的方式接种。该疫苗临床前研究，在动物实验中表现出有效性。该疫苗研发于 2011 年获得 BARDA 的 2170 万美元资助。

（5）口服炭疽疫苗

Avant Immunotherapeutics 公司以霍乱弧菌为载体进行炭疽疫苗研究。该研究于 2003 年得到国防部 800 万美元的资助。

### （二）肉毒毒素

肉毒毒素中毒由肉毒梭菌毒素引起，这是肉毒梭菌产生的一种神经毒素。

#### 1. 药品

（1）肉毒毒素抗毒素

美国疾病预防控制中心（Centers for Disease Control and Prevention，CDC）提供的七价肉毒毒素抗毒素 HBAT 由加拿大 Cangene 公司生产，包含来源于马的针对 7 种已知肉毒毒素类型的抗毒素，2013 年 3 月获得 FDA 批准。HBAT 用于美国国家战略储备，累计合同经费 4.76 亿美元[7]。

（2）XOMA 3AB

美国加利福尼亚州 XOMA 公司的 XOMA 3AB 是一种针对 A 型肉毒毒素的三重抗体。XOMA 3AB 包括 NX 01、NX 02 和 NX 11 等 3 种单克隆抗体，与 A 型肉毒毒素抗原的 3 个不同区域结合[15]。其在 2008 年得到了 NIH 的 6500 万美元资助。

#### 2. 疫苗

（1）类毒素疫苗

1965 年，一种五价肉毒类毒素（PBT）疫苗获研究性新药批准，其已进行了 2 万剂的接种。美军在伊拉克战争中对参与"沙漠风暴"行动的 580 名军人进行 PBT 免疫接种。至 2002 年，共有 8000 名军队服役人员进行了 PBT 疫苗接种[16]。

（2）重组亚单位疫苗

美国国防部自 20 世纪 90 年代开始研制肉毒毒素重组亚单位疫苗，用酵母表达系统表达各型肉毒毒素重组受体结合区 Hc。美国达因·波特疫苗公司（DVC）与国防部建立了密切的合作关系，其研发针对 A、B 型肉毒毒素的重组疫苗 rBV A/B。该疫苗于 2012 年 1 月完成了 Ⅱ 期临床试验。同时，DVC 在 2003 年获得了 NIH 的 1110 万美元资助，用于七价肉毒毒素疫苗的研发。

### （三）鼠疫

鼠疫由鼠疫耶尔森菌引起，通过媒介跳蚤传播，是在啮齿动物间流行的自然疫源性疾病。

**1. 药品**

历史上，链霉素、四环素和多西环素被用于鼠疫的治疗，得到了 FDA 的批准。2012 年 4 月，FDA 批准了左氧氟沙星片作为鼠疫的治疗措施，这是一种合成的氟喹诺酮类抗生素，由强生公司生产和销售。2015 年 5 月，FDA 批准莫西沙星用于治疗肺鼠疫和腺鼠疫，其为人工合成的喹诺酮类抗菌药，由拜耳医药公司研发，基于动物规则批准。

**2. 疫苗**

在美国，获批的鼠疫疫苗于 1999 年后不再使用。该疫苗是福尔马林灭活的全菌疫苗，须多次接种。该疫苗对腺鼠疫有效，但对肺鼠疫无效。新型鼠疫疫苗的一种方式是亚单位疫苗，最主要的是针对 F1 抗原和 V 抗原。F1 抗原是鼠疫耶尔森菌荚膜的主要成分，是鼠疫菌的主要保护性抗原之一；V 抗原即毒力相关抗原，也称低钙反应 V 抗原（LcrV）。美国陆军传染病医学研究所的 F1-LcrV 融合蛋白鼠疫疫苗通过大肠杆菌融合表达，针对肺鼠疫[17]。F1-LcrV 目前在 DVC 公司进行后续研发。

### （四）天花

天花是由天花病毒所致的烈性传染病。

**1. 药品**

（1）ST-246

美国纽约 SIGA 公司研发的 ST-246 是一种小分子化合物，对多种痘病毒，包括天花病毒有效[18]。2013 年 3 月，SIGA 宣布与 BARDA 签订 ST-246 作为国家战略储备的合同，经费为 4.33 亿美元。另外，ST-246 的研发于 2008 年得到 NIH 的 5500 万美元资助。

（2）CMX001

北卡罗来纳州 Chimerix 公司研发的 brincidofovir（CMX001）是一种口服、广谱抗病毒化学药，针对双链 DNA 病毒，可作为天花的治疗药物[19]。brincidofovir 是一种脂质化的西多福韦，能够放大西多福韦的抗病毒疗效。目前 brincidofovir 针对天花病毒正在开展动物有效性试验。CMX 001 的研发于 2011 年得到 BARDA 的 8110 万美元资助。

## 2. 疫苗

2008 年 2 月之前，美国可用的痘苗为冻干制品 Dryvax，由惠氏公司生产。Acambis 是英国的一家疫苗公司，2008 年 9 月被赛诺菲·巴斯德公司收购。Acambis 的产品包括天花疫苗 ACAM 2000，这是一种减毒活疫苗，2007 年被美国 FDA 批准用于天花预防。ACAM 2000 来源于 Dryvax，通过细胞培养技术生产。

目前正在发展第三代天花疫苗。高度减毒的改良安卡拉株天花疫苗（Modified Vaccinia virus Ankara，MVA）是保护力和安全性均较好的复制缺陷型天花减毒活疫苗。MVA 在大多数哺乳动物细胞中不能复制，增强了安全性，但保留了较好的免疫原性。Acambis 公司于 2005 年获得 NIH 的 1.31 亿美元资助，用于 MVA 天花疫苗的研发。丹麦 Bavarian Nordic 公司于 2003 年获得 NIH 的 1080 万美元资助，用于 MVA 天花疫苗的研发，2007 年开始与 BARDA 签署天花疫苗 Imvamune[20] 国家战略储备合同，累计合同经费 7.7 亿美元[7]。另外，Bavarian Nordic 公司的天花、马尔堡病毒联合疫苗研发于 2012 年得到 NIH 的 1800 万美元资助。

LC 16m 8 天花疫苗系日本批准，是细胞培养的减毒天花疫苗，具有与 Dryvax 相似的免疫原性[21]。日本化学及血清疗法研究所于 2011 年得到 BARDA 的 3400 万美元研发资助。

### （五）土拉菌病

土拉菌病又称兔热病、土拉热，是由土拉热弗朗西斯菌引起的一种急性人畜共患病。

## 1. 药品

链霉素和庆大霉素是治疗土拉热的一线治疗药物，环丙沙星和喹诺酮类抗生素也可以有效用于土拉菌病的治疗。

## 2. 疫苗

目前在美国没有获批的土拉疫苗。美国特别疫苗免疫计划（SIP）包括土拉菌减毒活菌苗（LVS），于 1962 年开始生产，用于从事土拉菌实验室研究的特殊人群免疫。发展新的土拉疫苗面临的一些挑战包括：具有免疫原性的抗原尚未完全确定；毒力作用不完全清楚。美国国防部于 2014 年资助了美国得克萨斯大学圣安东尼奥分校 470 万美元，用于土拉新型疫苗的研发。

### （六）出血热疾病

病毒性出血热泛指由病毒引起的，常伴以出血症状的一种严重疾病，通常病原包括沙粒病毒科（拉沙热）、布尼亚病毒科（克里米亚－刚果出血热、裂谷热、汉坦病毒出血热）、线状病毒科（埃博拉病毒病和马尔堡病毒病）及黄病毒科（黄热病、登革热）。

**1. 药品**

（1）利巴韦林

利巴韦林在体内和体外实验中，对以下病毒表现出有效性：沙粒病毒，如拉沙病毒；布尼亚病毒，如裂谷热病毒等。

（2）ZMapp[22]

ZMapp 是针对埃博拉病毒的实验性药物，其成分包括来自混合型抗体 MB-003 的单克隆抗体 c13C6，以及另一种混合型抗体 ZMab 的 2 种单克隆抗体 c2G4 和 c4G7。MB-003 由美国 Mapp 公司研发，ZMab 由加拿大多伦多的 Defyrus 公司研发。Mapp 公司确定了混合型抗体的最佳组合，即 ZMapp。ZMapp 及其前期研发分别于 2005 年、2007 年、2009 年得到 NIH 的 608 万、350 万和 250 万美元资助，2014 年得到 BARDA 的 4230 万美元资助。

（3）BCX4430[23]

BioCryst 公司研发的 BCX4430 属于小分子腺苷类似物，是 RNA 依赖的 RNA 聚合酶抑制剂。BCX4430 具有广谱抗病毒作用，对埃博拉病毒和马尔堡病毒效果明显，目前该药已进入临床试验阶段。BCX4430 的研发于 2013 年得到 NIH 的 2630 万美元资助，2015 年得到 BARDA 的 3500 万美元资助。

（4）TKM-Ebola[24]

加拿大 Tekmira 公司研发的埃博拉治疗药物 TKM-Ebola 是一种 siRNA 治疗药物。该研究于 2010 年得到美国国防部 1.4 亿美元的资助。

（5）Favipiravir[25]

日本 Toyama 公司的抗流感病毒药物法匹拉韦（favipiravir）是一种嘌呤类似物，是 RNA 病毒聚合酶抑制剂。该药于 2014 年 3 月在日本获得批准，口服用于治疗流感。实验研究表明 favipiravir 对埃博拉病毒有效。美国 Medivector Inc 公司于 2015 年获得国防部 3000 万美元资助，用于其治疗埃博拉出血热的研究。

（6）AVI-6002[26]

Sarepta Therapeutics 制药公司开发的 AVI-6002 是一种基于 RNA 的治疗药，处于Ⅰ期临床试验。磷酰吗啉寡聚合体（PMOs）是根据天然的 RNA 框架模拟合成的，但存在一些结构上的变化。PMOs 与病毒 RNA 特定区域结合，阻止病毒蛋白的翻译。AVI-6002 用于埃博拉病毒病治疗，由 PMOs AVI-7537 和 AVI-7539 组成，针对埃博拉病毒基质蛋白 VP24 和 VP35。AVI-6003 用于治疗马尔堡病毒病，由 PMOs AVI-7287 和 AVI-7288 组成，针对病毒蛋白 VP24 和 NP。该研究于 2010 年获得美国国防部 2.91 亿美元资助。

**2. 疫苗**

**（1）水疱性口炎病毒载体疫苗**

水疱性口炎病毒（Vesicular Stomatitis Virus，VSV）载体是近年发展较快的一种RNA病毒载体，已应用于HIV、SARS、流感、乙肝和丙肝等疾病的疫苗研究[27]。

加拿大公共卫生署（Public Health Agency of Canada，PHAC）国家微生物实验室（National Microbiology Lab）研制的埃博拉疫苗rVSV-ZEBOV[28]是一种以水泡性口炎病毒作为载体的疫苗，表达埃博拉病毒糖蛋白（GP）。2010年其授权给了美国NewLink公司的BioProtection子公司。2014年11月，NewLink与默沙东公司签署转让协议。2015年4月默沙东公司和NewLink公司在塞拉利昂启动了rVSV-ZEBOVⅢ期临床试验。该疫苗研发于2015年获得美国国防部810万美元资助，2014年和2015年分别获得BARDA的3000万美元和1800万美元资助。

马里兰州Profectus BioSciences公司研发的VesiculoVax疫苗[29]处于临床前阶段，为水泡性口炎病毒载体疫苗，针对扎伊尔埃博拉病毒、苏丹埃博拉病毒和马尔堡病毒。该疫苗研发于2012年得到NIH的540万美元资助，2014年得到国防部950万美元资助，2015年得到BARDA的860万美元资助。

**（2）腺病毒载体疫苗**

腺病毒载体被广泛用于多种病原体疫苗研究，已有多个疫苗进入Ⅰ期或Ⅱ期临床试验，包括埃博拉、HIV、疟疾、结核和流感。cAd3-ZEBOV[30]由英国制药业巨头葛兰素史克公司和NIAID联合开发，该疫苗用复制缺陷3型黑猩猩腺病毒载体，将腺病毒糖蛋白基因替换成埃博拉病毒糖蛋白基因。该疫苗最初由瑞士Okairos公司与NIAID研发，2013年Okairos公司被葛兰素史克收购。该疫苗研发于2015年得到BARDA的1290万美元资助。

Ad26.ZEBOV埃博拉疫苗由荷兰Crucell Holland公司研发，采用腺病毒载体[31]。2010年，Crucell公司被强生公司收购。2014年，丹麦巴伐利亚北欧公司（Bavarian Nordic）授权强生公司进行MVA-BN-Filo疫苗的后续研发，该疫苗以改良的痘苗病毒MVA作为载体。强生公司将2剂疫苗联合应用。Crucell Holland公司于2008年得到NIH的3000万美元资助，2015年得到BARDA的6900万美元资助，用于该疫苗的研发。

我国军事医学科学院生物工程研究所基于复制缺陷型5型腺病毒载体的2014埃博拉病毒株腺病毒载体疫苗[32]于2015年在西非塞拉利昂开展了临床试验，该疫苗针对性强，是2014基因突变型埃博拉疫苗。

**（3）病毒样颗粒疫苗**

病毒样颗粒（virus-like particles，VLP）是单独由病毒衣壳蛋白或与囊膜蛋白共同自主包装形成的空衣壳结构，能够模拟天然病毒粒子，能有效刺激机体产生体液免疫和细胞免疫应答，而且不含核酸遗传物质，安全性好。由于 VLP 疫苗比传统灭活和减毒活疫苗更加安全有效，因此已被用于多种疾病疫苗的研究，包括 HIV、流感、丙肝、肠道病毒和细小病毒等。

马里兰州 Integrated BioTherapeutics 公司针对埃博拉病毒及马尔堡病毒的病毒样颗粒疫苗在 2008 年得到 NIH 的 2200 万美元资助。马里兰州 Paragon Bioservices 公司的委内瑞拉马脑炎（VEE）复制子颗粒三价丝状病毒疫苗于 2012 年获得了美国国防部 1500 万美元的资助。

（4）灭活疫苗

2013 年美国威斯康星大学获得 NIH 的 1800 万美元资助，用于流感和埃博拉病毒的研究。河冈义裕于 2015 年 4 月在 *Science* 杂志上报告，研究者剔除了埃博拉病毒的 VP30 基因，使该病毒无法感染细胞。此后，研究人员用过氧化氢对这种无感染能力的病毒进行处理，制作出了埃博拉灭活疫苗[33]。

（5）核酸疫苗

宾夕法尼亚州 Inovio 制药公司针对埃博拉病毒的 DNA 疫苗、基于 DNA 的单克隆抗体、传统的单克隆抗体研究，于 2015 年获得 DARPA 的 4500 万美元资助，其中包括埃博拉疫苗（INO-4212）的 Ⅰ 期临床试验。

## 四、特点与启示

通过分析美国生防药品疫苗研发机制及研发项目资助情况，可以看出其存在以下特点，其中一些方面值得我国借鉴。

### （一）化生放核结合，突出生物防御

美国 CBRN 防御是密切结合的。国防部、卫生与公众服务部、国土安全部等的一些战略规划中都将其作为一个整体。BARDA 的科研部署针对生物威胁，同时也针对化学和核威胁。国防部 CBDP 项目同样针对生物威胁也针对化学威胁。美国 CBRN 防御中尤为重视生物威胁应对，专门发布了一些生物防御相关的法规与战略。同时，从卫生与公众服务部、国防部相关的 CBRN 威胁医学应对措施研发经费投入可以看出，生物防御占最大的比重。

### （二）战略法规明确，经费投入巨大

美国的生物防御产品研发是以相应的战略法规为依据的，如《公共卫生安全和生物恐怖应对法》《生物盾牌计划法》等。美国生物防御经费投入巨大，以美国 2016 年预算为例，与健康安全相关的预算为 137 亿美元[34]。2001—2013 年，国防部化学

和生物防御项目经费投入超过 200 亿美元，其中约 1/3 即 60 亿美元用于核化生医学应对措施研发。

### （三）部门职责明确，更新机构设置

生防医学应对措施研发各部门职责明确，包括生物威胁的确定，产品早期研究、高级研发、采购，国家战略储备、使用等，各部门职责明确。根据需要，美国适时更新机构设置，2006 年，卫生与公众服务部设立了负责准备和应对的部长助理，在其之下成立了生物医学高级研发管理局，并建立了公共卫生紧急医学应对措施研发联合体等。

### （四）扶持优势企业，密切合作关系

美国政府与一些企业在生物防御产品研发中合作密切，如美国国防部与达因·波特疫苗公司建立了固定合作关系，促进产品的研发，包括鼠疫疫苗、肉毒毒素疫苗等；BARDA 支持一些企业进行生物防御产品研发，如 Emergent BioSolutions 公司等。同时，美国在生防产品研发与采购方面，与国外一些公司也有密切合作，如丹麦的 Bavarian Nordic 公司、加拿大的 Cangene 公司等。

### （五）不同梯次产品，全面部署发展

美国对于一些重要的生防产品，从已批准的产品、初级研发产品、高级研发产品全面部署。以炭疽疫苗为例，既有已批准的炭疽吸附疫苗，也有支持高级研发的重组 PA 疫苗，以及腺病毒载体疫苗等。在炭疽治疗方面，既有从接种炭疽疫苗人群提取的抗毒素，又有单克隆抗体的研发。在肉毒毒素治疗方面，批准了肉毒毒素七价抗毒素，同时支持肉毒毒素单克隆抗体药物研发。在埃博拉疫苗方面，支持处于临床研究阶段的疫苗，如 rVSV-ZEBOV 及 cAd3-ZEBOV 等，同时支持病毒样颗粒疫苗、DNA 疫苗等的研发。

### （六）产品类型多样，建立竞争机制

美国在生防药品疫苗研发中，针对相同的产品，往往支持 2 个或 2 个以上的研发品种。如对于炭疽 PA 疫苗，同时资助了 Emergent BioSolutions、Phar-mAthene、Pfenex 等公司；对于炭疽单克隆抗体，同时资助了 Human Genome Sciences、Elusys Therapeutics、Emergent BioSolutions、PharmAthene 等公司；对于天花抗病毒药物，同时资助了 SIGA、Chimerix 等公司；对于天花疫苗，同时资助了 Acambis、Bavarian Nordic 等公司。同时资助不同的机构，一方面可以建立竞争机制，加快产品研发；另一方面也增加了备选产品。

## （七）重视技术创新，促进平台发展

美国在生防药品疫苗研发中，重视技术创新，包括大量前瞻性和颠覆性的研究工作，如 DARPA 支持了巴斯德公司体外免疫评价、Inovio 公司基于 DNA 的抗体递送、哈佛大学和麻省理工学院的芯片上的器官（organs-on-chips）等技术的研发。同时，也注重发展各种支撑平台。例如，2011 年 BARDA 建立了非临床研究网络，进行动物模型的安全性和有效性研究，以支持 FDA 的审批工作；2014 年 BARDA 建立了临床研究网络，提供临床研究服务等。

## （八）军民协作融合，加强资源共享

美国注重加强军民协作融合，USAMRIID 的炭疽疫苗等一些前期研发产品后期在 NIAID 支持下继续相关研究，同时，USAMRIID 为地方研发企业提供高等级实验室设施支持；国防部的很多研发项目资助地方机构完成。国防部、卫生与公众服务部、国土安全部在马里兰州建立了一个联合研究园区——国家生物防御园区，使不同部门之间加强资源共享等。

# 参考文献

[1]　FRISCHKNECHT F. The history of biological warfare[J]. EMBO Rep，2003，4(Supp 1)：47−52.

[2]　United States Government Accountability Office. DOD has strengthened coordination on medical countermeasures but can improve its process for threat prioritization(2014)[EB/OL]. [2016−07−01]. http://www.gao.gov/products/GAO−14−442.

[3]　The National Academies. Giving full measure to countermeasures：addressing problems in the DoD program to develop medical countermeasures against biological warfare agents[EB/OL]. [2016−07−01]. National Academies Press，2004. http://www.nap.edu/catalog/10908/giving−full−measure−to−countermeasures−addressing−problems−in−the−dod.

[4]　United States Government Accountability Office. HHS is monitoring the progress of its medical countermeasure efforts but has not provided previously recommended spending estimates (2013) [EB/OL]. [2016−07−01]. http://www.gao.gov/products/GAO−14−90.

[5]　National Institute of Allergy and Infectious Diseases(NIAID). FY 2016 Budget[EB/OL]. [2016−07−01]. http://www.niaid.nih.gov/about/Docu−ments/FY 2016CJ.pdf.

[6]　MALKEVICH N V，BASU S，RUDGE T L JR，et al. Effect of anthrax immune globulin on response to BioThrax (anthrax vaccine adsorbed) in New Zealand white rabbits[J]. Antimicrob Agents Chemother，2013，57(11)：5693−5696.

[7]　Project bioshield annual report(2014)[EB/OL]. [2016−07−01]. https://www.medi−calcountermeasures. gov/media/36816/pbs−report−2014.pdf.

[8]　MIGONE T S，SUBRAMANIAN G M，ZHONG J，et al. Raxibacumab for the treatment of inhalational anthrax[J]. N Engl J Med，2009，361(2)：135−144.

[9]　MALKEVICH N V，HOPKINS R J，BERNTON E，et al. Efficacy and safety of AVP−21D 9, an anthrax monoclonal antibody，in animal models and humans[J]. Antimicrob Agents Chemother，2014，58(7)：3618−3625.

[10]　MOHAMED N，CLAGETT M，LI J，et al. A high−affinity monoclonal antibody to anthrax protective antigen passively protects rabbits before and after aerosolized Bacillus anthracis spore challenge[J]. Infect Immun，2005，73(2)：795−802.

[11]　RIDDLE V，LEESE P，BLANSET D，et al. Phase I study evaluating the safety and pharmacokinetics of MDX−1303，a fully human monoclonal antibody against Bacillus anthracis protective antigen，in healthy volunteers[J]. Clin Vaccine Immunol，2011，18(12)：2136−2142.

[12]　HOPKINS R J，HOWARD C，HUNTER−STITT E，et al. Phase 3 trial evaluating the immunogenicity and safety of a three−dose BioThrax regimen for post−exposure prophylaxis in healthy adults [J]. Vaccine，2014，32(19)：2217−2224.

[13] MINANG J T, INGLEFIELD J R, HARRIS A M, et al. Enhanced early innate and T cell–mediated responses in subjects immunized with anthrax vaccine adsorbed plus CPG 7909(AV 7909)[J]. Vaccine, 2014, 32(50): 6847–6854.

[14] WATKINSON A, SOLIAKOV A, GANESAN A, et al. Increasing the potency of an alhydrogel–formulated anthrax vaccine by minimizing antigen–adjuvant interactions[J]. Clin Vaccine Immunol, 2013, 20(11): 1659–1668.

[15] NAYAK S U, GRIFFISS J M, MCKENZIE R, et al. Safety and pharmacokinetics of XOMA 3AB, a novel mixture of three monoclonal antibodies against botulinum toxin A[J]. Antimicrob Agents Chemother, 2014, 58(9): 5047–5053.

[16] 余云舟, 孙志伟, 郑涛, 等. 肉毒毒素防治药物的研究进展 [J]. 军事医学, 2012, 36(12): 954–958.

[17] HART M K, SAVIOLAKIS G A, WELKOS S L, et al. Advanced development of the rF1V and rBV A/B vaccines: progress and challenges[J]. Adv Prev Med, 2012, 2012: 731604.

[18] GROSENBACH D W, BERHANU A, KING D S, et al. Efficacy of ST–246 versus lethal poxvirus challenge in immunodeficient mice[J]. Proc Natl Acad Sci USA, 2010, 107(2): 838–843.

[19] LANIER R, TROST L, TIPPIN T, et al. Development of CMX 001 for the treatment of poxvirus infections[J]. Viruses, 2010, 2(12): 2740–2762.

[20] VOLLMAR J, ARNDTZ N, ECKL K M, et al. Safety and immunogenicity of IMVAMUNE, a promising candidate as a third generation smallpox vaccine[J]. Vaccine, 2006, 24(12): 2065–2070.

[21] SAITO T, FUJII T, KANATANI Y, et al. Clinical and immunological response to attenuated tissue–cultured smallpox vaccine LC 16m 8[J]. JAMA, 2009, 301(10): 1025–1033.

[22] QIU X, WONG G, AUDET J, et al. Reversion of advanced Ebola virus disease in nonhuman primates with ZMapp[J]. Nature, 2014, 514(7520): 47–53.

[23] WARREN T K, WELLS J, PANCHAL R G, et al. Protection against filovirus diseases by a novel broad–spectrum nucleoside analogue BCX 4430[J]. Nature, 2014, 508(7496): 402–405.

[24] THI E P, MIRE C E, LEE A C, et al. Lipid nanoparticle siRNA treatment of Ebola–virus–Makona–infected nonhuman primates[J]. Nature, 2015, 521(7552): 362–365.

[25] MADELAIN V, OESTEREICH L, GRAW F, et al. ebola virus dynamics in mice treated with favipiravir[J]. Antiviral Res, 2015, 123: 70–77.

[26] HEALD A E, CHARLESTON J S, IVERSEN P L, et al. AVI–7288 for Marburg virus in nonhuman primates and humans[J]. N Engl J Med, 2015, 373(4): 339–348.

[27] 杨利敏, 李晶, 高福, 等. 埃博拉病毒疫苗研究进展 [J]. 生物工程学报, 2015, 31(1): 1–23.

[28] REGULES J A, BEIGEL J H, PAOLINO K M, et al. A recombinant vesicular stomatitis virus ebola vaccine–Preliminary report [J]. N Engl J Med, 2015, DOI: 10.1056/NEJMoa 1414216.

[29]　MIRE C E，MATASSOV D，GEISBERT J B，et al. Single–dose attenuated Vesiculovax vaccines protect primates against Ebola Makona virus[J]. Nature，2015，520(7549)：688–691.

[30]　RAMPLING T，EWER K，BOWYER G，et al. A monovalent chimpanzee adenovirus ebola vaccine–Preliminary report[J]. N Engl J Med，2015，DOI：10.1056/NEJMoa1411627.

[31]　ZAHN R，GILLISEN G，ROOS A，et al. Ad35 and ad26 vaccine vectors induce potent and cross–reactive antibody and T–cell responses to multiple filovirus species[J]. PLoS One，2012；7(12)：e44115.

[32]　ZHU F C，HOU L H，LI J X，et al. Safety and immunogenicity of a novel recombinant adenovirus type–5 vector–based ebola vaccine in healthy adults in China：preliminary report of a randomised，double–blind，placebo–controlled，phase 1 trial [J]. Lancet，2015，385(9984)：2272–2279.

[33]　MARZI A，HALFMANN P，HILL–BATORSKI L，et al. An ebola whole–virus vaccine is protective in nonhuman primates[J]. Science，2015，348(6233)：439–442.

[34]　BODDIE C，SELL T K，WATSON M. Federal funding for health security in FY 2016[J]. Health Security，2015，13(3)：186–206.

## 第二节 美国生物监测预警科研部署情况分析[*]

感染性病原体及毒素构成的生物威胁可以是自然发生的，如新发、突发传染病，也可以是人为制造的，如生物恐怖、生物武器等。无论哪种情况，生物威胁的早期监测与准确检测都至关重要。早期监测与检测可以为尽早采取有针对性的防控措施赢得时间，可以大幅降低人群感染与死亡。根据美国国土安全部的分析，对于炭疽生物袭击，环境生物传感器如果能够及时发现袭击可以降低伤亡 98%，症状监测如果可以及时发现袭击可以降低伤亡 71%，而临床诊断发现生物袭击仅仅可以降低伤亡 12%[1]。在 2001 年美国"炭疽邮件"恐怖袭击事件、2003 年 SARS 暴发流行，以及此后发生的 H5N1 禽流感、H7N9 禽流感、西非埃博拉疫情应对中，都凸显出生物监测预警及检测鉴定的重要性。

生物监测预警是监测与预警技术的结合。监测是通过有计划地收集、分析相关资料，提供有决策价值的信息来帮助采取应对措施；预警是采用专门的预警分析技术对监测的信息进行分析，以及早识别生物威胁。监测预警可以分为基于病例监测的预警、基于事件监测的预警、基于实验室监测的预警和症状监测预警等 4 种类型[2]。监测预警对生物威胁起到警示作用，而检测鉴定可以最终确定生物威胁的种类。常规检测鉴定包括血清学及免疫学检测技术，如免疫荧光技术、酶联免疫吸附试验（ELISA）、免疫胶体金技术，同时也包括一些分子生物学技术，如聚合酶链反应（PCR）、核酸序列分析技术、生物芯片技术等[3]。

生物监测与检测技术包括非特异性和特异性两大类[4]。非特异性监测与检测技术所需时间短，但不能提供详细信息，主要技术包括激光、红外紫外生物探测技术等。特异性监测与检测技术包括以下几类：一是序列基础的检测，通过检测病原微生物 DNA 或 RNA 中的遗传信息来检测病原微生物；二是结构基础的检测，通过分子识别技术来探测病原体或毒素一些特征性的表面生物分子，如免疫测定方法；三是化学基础的检测，检测一些分子特性，包括蛋白质、亚基、脂质、碳水化合物等，如质谱技术等；四是功能基础的检测，通过生物体、整个细胞或细胞的一部分来检测生物活性，如酶活性等。以上技术各有优缺点：光谱生物气溶胶监测可以探测所有生物剂，包括已知的或未知的、自然发生的或基因改造的，但不能确定是何种生物剂；核酸基础的检测可以检测并且能鉴定已知的细菌或病毒，但不能检测毒素，因为其不含有核酸成分；结构基础的检测可以检测已知的生物剂，只要其存在免疫学可识别的

*内容参考：田德桥，叶玲玲，李晓倩，等．美国生物监测预警科研部署情况分析及启示[J].生物技术通讯，2015，26（6）：39-44.

成分；化学基础的检测技术具有发展快速、廉价传感器的潜力，但这种方式具有较高的假阳性率；功能基础的检测技术是唯一可以检测到未知生物剂的技术，如基因改造生物剂等。

美国高度重视生物监测预警能力，2004 年发布了《21 世纪生物防御》（*Biodefense for 21st Century*），提出了美国生物防御的重点目标，包括威胁探知、预防和保护、监测和检测、应对和恢复，其将监测和检测单独列为一个重点目标。美国军队生物防御能力构成基于 4 个方面，即感知（Sense）、防护（Shield）、恢复（Sustain）和集成（Shape）[5]，其中感知主要是监测与检测。2012 年发布了《美国生物监测战略》（*National Strategy for Biosurveillance*），进一步强调了生物监测的重要性。该战略确定的 4 个核心功能包括环境监测、确定和整合重要的信息、预警和告知决策者、潜在影响的预测和建议。同时，美国根据生物监测战略，部署了一系列科研项目来实现其目标。本节，我们对美国生物监测预警与检测鉴定相关科研部署情况进行了分析，以对我国相关科研部署起到一定的参考作用。

## 一、方法

美国疾病预防控制中心 BioSense 相关科研项目检索来源于 http://www.usaspending.gov，检索关键词为 "BioSense"。美国国立卫生研究院（NIH）相关科研项目检索来源于 http://projectreporter.nih.gov，检索关键词为 "surveillance OR warning OR monitor OR detect OR detecion"，检索范围为 "项目名称"，机构选择 "NIAID"。美国生物医学高级研发管理局（BARDA）所支持项目检索来源于 http://www.medicalcountermeasures.gov。美国国防部化学生物防御项目科研部署来源于国防部化学生物防御项目年度预算（http://www.globalsecurity.org/military/library/ budget/index.html）。

## 二、结果

### （一）卫生与公众服务部

美国卫生与公众服务部（HHS）是生物防御，尤其是医学生物防御的主要机构。美国疾病预防控制中心（CDC）、国立卫生研究院、食品与药品管理局（FDA）均隶属于卫生与公众服务部。在生物监测预警方面，卫生与公众服务部的主要作用包括病例监测、症状监测，以及发展实验室检测鉴定技术等。

#### 1. BioSense 计划

美国 CDC 建有一些传染病监测信息系统，包括 122 城市死亡率报告系统（122

Cities Mortality Reporting System）、虫媒疾病监测系统（Arboviral Surveillance System，ArboNet）、新发感染性疾病项目（Emerging Infections Program，EIP）、食源性疾病紧急监测网络（Foodborne Disease Active Surveillance Network，FoodNet）、实验室检测网络（Laboratory Response Network，LRN）、国家食源性疾病分子分型（National Molecular Subtyping Network for Foodborne Disease Surveillance，PulseNet）等[6]，这些传染病监测信息系统对于传染病的早期监测预警发挥着重要的作用。

2002年美国发布了《公共卫生安全与生物恐怖准备和应对法》（*Public Health Security and Bioterrorism Preparedness and Response Act of 2002*），该法案要求卫生与公众服务部与其他联邦机构合作应对生物恐怖的威胁。为了提高国家快速监测公共卫生紧急事件，特别是生物恐怖事件的能力，2002年，美国CDC开始实施生物传感计划（Project BioSense）[7-8]。生物传感计划获得和分析医院就诊数据，并实时传输到地方、州和联邦公共卫生机构。生物传感计划主要有3个方面的数据来源：国防部、退伍军人事务部和美国实验室协会。2004年6月，美国CDC发展了一个生物信息中心来支持州和地方的早期监测。生物传感计划的症状监测范围包括11种症状组，即肉毒毒素中毒症状、出血性疾病、淋巴腺炎、局部皮肤损伤、胃肠道症状、呼吸系统症状、神经系统症状、皮疹、发烧、感染造成的严重疾病等。

BioSense的经费预算每年保持在几千万美元（表2-1），2010年后，BioSense的管理并入CDC的准备和应对能力（Preparedness and Response Capability，PRC），PRC包括BioSense 2.0、实验室应对网络（LRN）以及选择性病原体计划（Select Agent Program）等。

表2-1 BioSense计划和BioWatch计划年度经费投入[9]

单位：百万美元

| 项目 | 年度 | | | | | | | | | | |
|---|---|---|---|---|---|---|---|---|---|---|---|
| | 2001—2005 | 2006 | 2007 | 2008 | 2009 | 2010 | 2011 | 2012 | 2013 | 2014 | 2015 |
| BioSense | 77.3 | 57.2 | 57.2 | 34.4 | 34.4 | | | | | | |
| CDC PRC | | | | | | 166 | 160 | 138.3 | 155.5 | 157.5 | 157.5 |
| BioWatch | | | 85.1 | 78.2 | 77.7 | 88.1 | 100.8 | 111.8 | 81 | 85.2 | 84.7 |

最初的BioSense信息系统存在一些缺陷，其不能很好地满足州和地方的需求。这使得CDC更新了原有系统，发展BioSense 2.0系统[10]。BioSense 2.0在2011年12月开始实施，其症状监测不仅针对生物恐怖，而且可以针对各种威胁。

自BioSense实施起，CDC就支持一些机构进行相关研究工作，包括数据与信息处理技术、症状分类、对系统有效性进行评估等（表2-2）。

表 2-2　美国 CDC 支持的 BioSense 科研项目

| 序号 | 机构 | 项目名称 | 立项年度 | 经费 / 万美元 |
|---|---|---|---|---|
| 1 | Research Triangle Institute | The biosense initiative to improve early event detection | 2005 | 124.4 |
| 2 | Children's Hospital Corporation | Scaling biosense: advanced informatics solution for critical problems | 2005 | 138.8 |
| 3 | 约翰斯·霍普金斯大学 | Biosense initiative to improve early outbreak detection | 2006 | 120.2 |
| 4 | 梅奥医学中心 | Independent validation & verification of biosense | 2006 | 215.6 |
| 5 | Research Triangle Institute | Biosense evaluation to assess system operations, data quality and cost | 2006 | 113.5 |
| 6 | 约翰斯·霍普金斯大学 | Bringing value through biosense: a performance-based approach | 2006 | 177.6 |
| 7 | 卡内基·梅隆大学 | Efficient, scalable multisource surveillance algorithms for biosense | 2006 | 119.7 |
| 8 | 埃默里大学 | Biosense utility | 2006 | 97.4 |
| 9 | 西奈山医学院 | Independent validation & verification of biosense | 2009 | 60.8 |

### 2. NIH 研发部署

美国 NIH 过敏与感染性疾病研究所（NIAID）与生物监测预警相关的科研项目主要针对实验室检测技术，所支持项目包括杜克大学的实时定量 PCR 技术研究、Indevr 公司的芯片技术研究、加州大学戴维斯分校的定量多蛋白免疫分析等（表 2-3）。

表 2-3　NIAID 生物监测预警相关项目

| 序号 | 项目名称 | 承担机构 | 主要技术 | 立项年度 | 经费 / 万美元 |
|---|---|---|---|---|---|
| 1 | Microfluidic PCR platform to detect microbial DNA | 杜克大学 | 实时定量 PCR 技术 | 2005 | 301.0 |
| 2 | Advanced microarray technology for pathogen surveillance | Indevr, Inc | 芯片技术 | 2006 | 273.9 |
| 3 | Developing a multiplex assay to detect viral pathogens causing hemorrhagic fever | 加州大学戴维斯分校 | 定量多蛋白免疫分析 | 2010 | 89.2 |

### 3. BARDA 研发部署

2006 年 12 月，美国卫生与公众服务部成立了生物医学高级研发管理局（BARDA）。BARDA 支持研发药物、疫苗以及其他与国家健康安全相关的产品，同时负责生物盾牌计划的管理。BARDA 生物监测与检测相关的科研部署包括 2010 年 9 月批准的 Northrop Grumman 公司的 PCR 技术相关研究（960 万美元）、2013 年 8 月批准的 MRI Global 公司的 PCR 芯片相关研究（1196.47 万美元）、2014 年 9 月批准的 NanoMR 公司的临床样品自动浓缩技术（2150 万美元）（表 2-4）。

表 2-4　BARDA 生物监测预警相关项目

| 序号 | 项目名称 | 承担机构 | 技术 | 批准时间 | 经费 / 万美元 |
|---|---|---|---|---|---|
| 1 | Rapid screening platform-mass tag PCR | Northrop Grumman | PCR 技术 | 2010 年 9 月 | 960 |
| 2 | Development of FDA-cleared BW agent diagnostic assays for fast dx with stabilized reagents | MRI Global | PCR 芯片 | 2013 年 8 月 | 1196.47 |
| 3 | Development of new biodiagnostic | NanoMR | 临床样品自动浓缩 | 2014 年 9 月 | 2150 |

## （二）国土安全部

美国国土安全部（DHS）于 2002 年 12 月成立。2003 年，DHS 实施了国家应对生物恐怖袭击的早期监测计划——生物监测计划（Project BioWatch）。该计划每年投入经费几千万美元，有些年度达到上亿美元（表 2-1）。生物监测计划的目的是监测空气中病原体的释放，提供政府和公共卫生机构潜在生物恐怖事件的早期预警。监测设备安装在环境保护总局的空气监测点，过滤空气，通过 PCR 方法分析潜在生物袭击。该计划包括 3 个主要组成部分，每一部分由不同的联邦机构完成，其中环境保护局负责取样，疾病预防控制中心负责实验室样品检测，联邦调查总局负责恐怖袭击的应对[11]。

为了进一步提高监测预警能力，2009 年 10 月 DHS 通过了发展第三代生物监测技术（BioWatch）的计划。该计划总经费 58 亿美元，主要目标是提高现有技术手段，以达到自动收集和分析空气样本的能力。与当前的系统相比，其可以缩短潜在暴露到确定袭击之间的时间，同时降低人工收集与分析样品的费用。第一代生物监测系统主要监测室外环境；第二代生物监测系统可以提供室内监测，提供大型体育活动、会议的保障。当前，36 h 的监测时间包括 24 h 的样品收集时间、4 h 样品处理时间和 8 h 实验室检测时间。第三代生物监测系统可以自动收集空气样品，每 4 ~ 6 h 自动产生 PCR 结果，并且将结果自动传输到公共卫生部门，不需要人工操作[12]。

BioWatch 最初的技术来源于生物气溶胶哨兵和信息系统（Biological Aerosol Sentry and Information System，BASIS）。BASIS 基于 PCR 技术，由美国洛斯·阿拉莫斯国家实验室和劳伦斯·利弗莫尔国家实验室联合研制[13]，其相关产品在"9·11"事件后被部署在一些地点，并被用于 2002 年的盐湖城冬奥会。

国土安全部确定了 BioWatch 3 的 2 个候选产品，一个是 Next Generation Automated Detection System（NG-ADS），另外一个是 Microfluidics-based Bioagent

Networked Detector（M-BAND）[12]。NG-ADS 由 Northrop Grumman 公司研制，该公司研发的另外一种生物监测系统 Biohazard Detection System（BDS）被美国邮政署所使用。NG-ADS 来源于劳伦斯·利弗莫尔国家实验室的 Autonomous Pathogen Detection System（APDS），APDS 的前身是 BASIS。2012 年 11 月，NG-ADS 成功进行了现场测试。M-BAND 是 PositiveID 公司研制的一种自动探测装置，包括实时定量 PCR 技术和基于单克隆抗体的毒素免疫分析技术。

对 BioWatch 的实施效果及第三代生物监测计划在美国国内存在很多争议。2012 年 7 月，《洛杉矶时报》发表了一篇对于 BioWatch 的评论文章[14]。文章指出，该监测系统至少在洛杉矶、底特律、圣路易斯、菲尼克斯、圣迭戈、旧金山等城市报告了 56 次错误的阳性监测结果，其中主要是土拉菌的错误预警。同时，该文章认为，目前的监测系统不能监测到真正的袭击，除非是在病原体的空气浓度非常高的情况下。针对国会对生物监测计划技术能力和发展下一代新的监测技术的疑问，国土安全部请美国科学院对生物监测计划进行评测。2011 年美国科学院的研究报告指出，对于第三代生物监测系统，监测能力的提高需要有效克服科学和技术上的一些障碍，应当更好地评测和认识第二代生物监测装置的效果[13]。

美国政府在 2014 年 4 月宣布取消发展新的第三代生物监测系统的计划，主要原因是其庞大的支出，另外一个原因是国会对该项目有效性的怀疑[15]。取消第三代生物监测计划后，国土安全部仍然保留现有的第二代生物监测设施，并仍然发展缩短时间和降低运行费用的生物探测技术。例如，巴特尔研究所研发的资源有效型生物监测系统（Resource Effective Bioidentification System，REBS）[16]。REBS 是一个通过电池就可运行的系统，相对较小，重量轻，容易运输和安装，运行费用很低，不需要液体试剂。REBS 使用拉曼光谱技术提供快速和自动监测，并且其分析是一种非破坏性的分析，收集到的样品可以进一步确证分析。

## （三）国防部

美国国防部（DOD）在生物监测预警能力建设中发挥着重要的作用，相关研究机构包括美国陆军传染病医学研究所（USAMRIID）、埃基伍德化生中心（ECBC）、美国海军医学研究中心（NMRC）等。

美国国防部化学和生物防御项目（Chemical and Biological Defense Program，CBDP）于 1994 年建立，主要目的是将国防部化学与生物防御集中于统一管理之下，加强统筹协调，提高研发效率。CBDP 计划中感知（sense）占有较大比重，如其 2007 财年总预算为 15.04 亿美元，其中感知占 23.7%、集成（shape）占 4.9%、防护（shield）占 45.9%、恢复（sustain）占 4.4%[17]。在其预算中，与生物监测预警与检测鉴定相关的项目经费，2013 年为 1.5 亿美元，2014 年为 1.41 亿美元，

2015 年为 1.52 亿美元。

美国国防部生物侦检装备研发是其生物监测与检测能力建设的重要方面，其与地方一些机构合作开展了不同用途的侦检装备研发。美国国防部联合生物点源探测系统（Joint Biological Point Detection System，JBPDS）采用激光诱导荧光技术探测生物剂。该技术最初来源于 Biological Agent Warning Sensor（BAWS），由麻省理工学院的林肯实验室在 1996 年开始研发，1999 年应用于 JBPDS。联合生物远程探测系统（Joint Biological Stand Off Detection System，JBSDS）使用红外和紫外激光来探测（5 km）和鉴别（1 km）气溶胶云团。JBSDS 第一批设备在 2009 年 8 月交付美军。联合生物战术探测系统（Joint Biological Tactical Detection System，JBTDS）为一种轻便的通过电池供电的系统，其检测采用下一代诊断系统（Next Generation Diagnostic System，NGDS）的一些技术进展。联合生物鉴定和诊断系统（Joint Biological Agent Identification and Diagnostic System，JBAIDS）由 Idaho Technology 公司（现 BioFire Diagnostics 公司）研发，采用实时定量 PCR 技术[18]。2014 年，BioFire 公司与国防部签署 2.4 亿美元合同用于发展 NGDS，合同期 8 年。NGDS 将代替 JBAIDS，其后续发展包括与一些生物监测系统的无线连接等[19]。

另外，国防高级研究计划局（DARPA）支持发展高能量的激光技术来探测化学和生物威胁。其只有现有 JBSDS 设备的 1/300，而有效性是现有设备的 10 倍[20]。

除此以外，美国国防部此前还有一些生物侦检系统的研发，如空军基地 / 港口探测系统（Airbase/Port Detector System，Portal Shield）。该系统提供空军基地及港口等地区的早期生物威胁预警，通过激光技术分析生物剂的释放[21]。Ruggedized Advanced Pathogen Identification Device（R.A.P.I.D.）由 BioFire 公司研制，基于 PCR 技术[22]。

Rapid Agent Aerosol Detector（RAAD）技术由麻省理工学院的林肯实验室研发，其将取代 Biological Agent Warning Sensor（BAWS），用于 JBPDS，可以降低费用和错误报警率[23]。其他包括驻韩美军的整合生物威胁识别设施（Portal and Integrated Threat Recognition，JUPITR），以加强朝鲜半岛的生物监测能力。JUPITR 结合了一些新的技术发展，如 NGDS、JBTDS 等[24]。

## 三、启示与思考

### （一）技术创新促进产品更新换代

美国高度重视监测预警和检测鉴定技术创新，技术创新促进产品的更新换代。从美国疾病预防控制中心的 BioSense、国土安全部的 BioWatch 以及国防部的侦检装备的不断更新，都可以看出技术创新的重要性。BioSense 的技术创新可以使其更好地满足不同群体的需要；BioWatch 的技术创新使检测时间缩短，并且提高自动化能力；国防部的侦检系统不断改进和更新，以降低运行费用和提高准确性。

美国生物监测技术创新具有广泛的来源。美国国土安全部的 BioWatch，最初的技术来源于劳伦斯·利弗莫尔国家实验室，国防部的联合点源检测系统来源于麻省理工学院林肯实验室。美国国防高级研究计划局也是生物监测技术一个重要的创新来源，如其发展的新的远程探测技术等。美国 HHS、DHS、DOD 部署的生物监测预警相关科研项目的承担机构包括一些科研机构，同时也包括大量企业。美国的企业在生物监测预警技术创新中，无论是在国土安全部的生物监测计划，还是国防部的侦检装备研发中，都发挥着重要的作用。

### （二）多样化需求牵引不同技术发展

美国的科研项目通过不同部门进行管理，如医学相关的科研项目通过 NIH，其他一些部门，如国土安全部、能源部、农业部及国防部等都有各自的科研经费。不同部门对科研项目的管理更能密切结合自身的需求。美国疾病预防控制中心对 BioSense 计划的更新，可以根据自身的需求来分配研究任务；国土安全部的 BioWatch 计划可以根据自身生物监测的技术要求确定支持的研发机构；美军生物侦检装备研发也是根据战场环境的需要部署研究计划。

多样化需求决定了不同技术手段的发展。例如，HHS 根据实验室检测的需要，科研项目部署的重点是基于核酸、免疫学等的实验室检测技术；CDC 主要是数据分析与处理方面的研发部署；国土安全部基于环境病原体的监测需求，重点针对自动化和缩短检测时间的产品研发；国防部生物侦检装备研发考虑到远程威胁的监测，包括发展激光探测技术等。

### （三）监督评估保证经费的有效使用

总体上，美国一些科研部署的公开程度还是比较高的，如美国 CDC 的 BioSense 项目、BARDA 所支持的项目、NIH 所支持的项目，都能够通过互联网获得较为详细的信息。项目的公开透明可以避免一些重复研究，同时可以接受外界监督。即使是军队的一些科研项目，如 CBDP 项目也公开公布年度预算，每年向国会提交进展报告等。

美国生物监测预警科研项目投入，既包括一些小项目，也包括一些上亿美元的大项目。美国对于这些项目都有完善的监督机制，特别是对于一些大的研究计划，如国土安全部的 BioWatch 项目、卫生与公众服务部的 BioSense 项目等，美国审计署有大量的调查评估，美国科学院也有相关的研究报告。有效的监督与评估可以保证经费的有效使用。

# 参考文献

[1] ESTACIO P L. Bio–Watch Overview(2004)[EB/OL]. [2015–11–01]. http://www.hsdl.org/?view&did=479074.

[2] 杨维中. 传染病预警理论与实践[M]. 北京：人民卫生出版社，2012.

[3] 杜新安，曹务春. 生物恐怖的应对与处置[M]. 北京：人民军医出版社，2005.

[4] National Research Council of the National Academies. Sensor systems for biological agent attacks：Protecting buildings and military bases[M]. Washington，DC：The National Academies Press，2005.

[5] Joint Strategy For Biological Warfare Defense(CJCSI) 3112.01(2006)[EB/OL]. [2015–11–01]. http://www.fas.org/irp/doddir/dod/cjcsi3112_01.pdf.

[6] United States Government Accountability Office. Biosurveil–lance：efforts to develop a national biosurveillance capability need a national strategy and a designated leader(2010)[EB/OL]. [2015–11–01]. http://www.gao.gov/new.items/d10645.pdf.

[7] LOONSK J W. BioSense：a national initiative for early detection and quantification of public health emergencies[J]. MMWR，2004，53(Suppl)：53–55.

[8] BRADLEY C A，ROLKA H，WALKER D，et al. BioSense：implemen–tation of a national early event detection and situational awareness system[J]. MMWR，2005，54(Suppl)：11–19.

[9] BODDIE C，SELL T K，WATSON M. Federal funding for health se–curity in FY 2015[J]. Biosecur Bioterror，2014，12(4)：163–177.

[10] Association of State and Territorial Health Officials. Overview of BioSense 2.0[EB/OL]. [2015–11–01]. http://www.astho.org/Programs/e–Health/BioSense–2–0–Overview.

[11] BioWatch program aims for nationwide detection of airborne pathogens[EB/OL]. [2015–11–01]. http://www.cidrap.umn.edu/cidrap/content/bt/bioprep/news/biowatch.html.

[12] United States Government Accountability Office. Biosurveillance：DHS should reevaluate mission need and alternatives before proceeding with BioWatch Generation–3 acquisition[EB/OL]. [2015–11–01]. http://www.gao.gov/assets/650/648025.pdf.

[13] National Research Council of the National Academies. BioWatch and public health surveillance：evaluating systems for the early detection of biological threats：abbreviated version [M]. Washington，DC：The National Academies Press，2011.

[14] WILLMAN D. The biodefender that cries wolf[N]. Los Angeles Times，2012–07–08.

[15] United States Government Accountability Office. Observations on BioWatch Generation–3 and other federal efforts[EB/OL].(2012–09–13) [2015–11–01]. http://www.gao.gov/assets/650/648265.pdf.

[16] Next generation chemical–biological identification system[EB/OL]. [2015–11–01]. http://www.

battelle.org/docs/default–document–library/battelle_rebs.pdf?sfvrsn=2.

[17]   REED J. Department of defense chemical biological defense program[Z]. Briefing for the 2006
       Scientific Conference on Chemical & Biological Defense Research，2006–11–14.

[18]   Joint biological agent identification and diagnostic system (JBAIDS)[EB/OL]. [2015–11–01].
       http://www.dote.osd.mil/pub/reports/FY 2009/pdf/dod/2009jbaids.pdf.

[19]   Biofire defense ngds contract award[EB/OL].(2014–03–18) [2015–11–01]. http://biofiredefense.
       com/media/MRKT–PRT–0298_NGDS_Contract_Award_Press_Release.pdf.

[20]   DARPA advances laser technology for chem–bio detection[EB/OL]. [2015–11–01]. http://
       globalbiodefense.com/2014/03/05/darpa–advances–laser–technology–for–chem–bio–detection.

[21]   Portal shield biological agent detector[EB/OL]. [2015–11–01]. http://www.ncsu. edu/project/
       designprojects/sites/cud/content/Industrial_Design/Portal_Shield.

[22]   R.A.P.I.D. Lt biothreat detection system[EB/OL]. [2015–11–01]. http://www. biofiredx.com/pdfs/
       RAPIDLT/RAPIDLT–BioDetection–InfoSheet–0056.pdf.

[23]   Rapid Agent Aerosol Detector(RAAD). Design transition and production[EB/OL]. [2015–11–01].
       http://www.dgmarket.com/tenders/np–notice.do?noticeId=5570580.

[24]   JUPITR biosurveillance program takes shape on korean peninsula[EB/OL]. [2015–11–01]. http://
       globalbiodefense.com/2014/03/12/jupitr–biosurveillance–program–takes–shape–on–the–korean–
       peninsula.

## 第三节　美国DARPA感染性疾病应对科研部署情况分析*

　　美国国防高级研究计划局（Defense Advanced Research Projects Agency，DARPA）成立于1958年，总部位于弗吉尼亚州阿灵顿，是美国国防部下属的一个重要军事研究项目管理机构，其宗旨是"保持美国的技术领先地位，防止潜在对手意想不到的超越"。成立以来，DARPA取得了一些重大科技成果，如互联网、隐形飞机、全球定位系统、无人机等，成为引领世界科技和军事革命的策源地，同时也改变了普通百姓的生活。当前，随着生命科学和生物技术的快速发展，DARPA加强了生物技术领域相关研发部署，最近十几年的财政预算每年近30亿美元，生物技术相关项目的年度预算超过3亿美元，并且有不断增长的趋势。

### 一、DARPA生物技术发展战略

　　2003年2月DARPA发布的"战略计划"（Strategic Plan）提出"生物学革命"，主要包含3个组成部分：①"保护军人资本"主要是指应对生物战剂；②"增进系统效能"主要是发展仿生材料和设备；③"保持军人战斗力"指维持并改善军人在极热、高海拔、体力衰竭、睡眠剥夺等极端条件下的体能和认知能力[1]。

　　2014年4月，DARPA在原有6个部门的基础上，设立了一个新部门——生物技术办公室（Biological Technologies Office，BTO）。BTO是基于国防科学办公室（Defense Sciences Office，DSO）和微系统技术办公室（Microsystems Technology Office，MTO）整合而来，其任务重点是融合生物学、工程学、计算机科学、传感器设计和神经系统等研究领域，探究生物系统的力量，探索自然过程的复杂机制，并论证如何将其应用到国防任务中，设计出受生命科学启发的下一代技术，发展革命性的新能力，保障美国的国家安全[2]。

　　2015年3月，DARPA发布了《服务于国家安全的突破性技术》（*Breakthrough Technologies for National Security*）报告。该报告为DARPA设定了4项主要的领域，"生物学作为技术利用"为其中一个领域，该领域的主要目标包括3个方面：加速合成生物学研究、应对感染性疾病、掌握新的神经科学技术。

### 二、DARPA感染性疾病应对相关科研部署

　　2001年"9·11"事件和炭疽邮件事件后，美国加强了生物防御能力建设。

---

*内容参考：田德桥.美国DARPA感染性疾病应对科研部署情况分析[J].军事医学，2016，40（10）：790-794.

DARPA 也加强了相关研发部署，按时间顺序主要包括以下研发项目。

### （一）建筑物免疫

DARPA 在 2001 年实施了"建筑物免疫"（Immune Building）项目，使建筑物可探测到化学和生物剂的进攻，并可自动调整温度和通风系统来保护建筑物内的人群。该项目实施时间为 2001—2006 年，相关技术包括：高级过滤、洗消、实时中和等[3]。

建筑物免疫项目包括 3 个阶段：第一阶段主要是模拟仿真研究以及技术发展；第二阶段在内华达试验场进行实地测试；第三阶段在密苏里州陆军伦纳德伍德堡基地进一步进行测试[4]。该项目由巴特尔纪念研究所（Battelle Memorial Institute）及其他相关企业承担，2004 年巴特尔纪念研究所获得 DARPA 的 2000 万美元资助用于项目第三阶段的测试。

气体洗消技术研发是该项目的一部分。2001 年的炭疽邮件事件后，美国国家环境保护局（Environmental Protection Agency，EPA）选择 DARPA 的二氧化氯气体洗消技术用于参议院大楼的洗消。美国 EPA 后续研发了二氧化氯洗消车对于建筑物内炭疽芽孢杆菌进行洗消[5]。

### （二）免疫佐剂

胞嘧啶－磷酸－鸟嘌呤二核苷酸序列（CpG）是一种作用广泛的免疫增强剂，可刺激免疫系统，使疫苗更有效。2002 年 12 月，美国 Coley Pharmaceutical 公司获得 DARPA 600 万美元用于发展 CpG 免疫增强剂以提高炭疽疫苗的效果。Coley 公司的 CpG 和疫苗一起使用，具有减少炭疽疫苗接种剂量、更快产生抗体的能力[6]。关于核酸具有免疫刺激活性的研究可追溯到 20 世纪 80 年代。1984 年，日本学者 Tokunaga 等在研究卡介苗（BCG）的免疫刺激活性时发现其 DNA 组分具有抗肿瘤活性。他们根据 BCG 的蛋白编码基因合成了长度不等的单链寡聚脱氧核苷酸（ODN），之后发现多个含有回文序列（如 GACGTC、GGCGCC 和 TGCGCA）的 ODN 具有免疫刺激活性，这些 ODN 中均含有 CpG 二核苷酸[7]。CpG 的免疫刺激作用通过与 B 细胞等免疫细胞的 Toll 样受体（Toll-like receptor，TLR）-9 结合，使其分泌细胞因子[8]。美国 Emergent BioSolutions 公司的 AV7909 炭疽疫苗中的 CpG 免疫佐剂即由 Coley 公司研发[9]。该疫苗 2015 年获得了美国生物医学高级研发管理局（BARDA）3100 万美元资助，目前处于二期临床阶段[10]。

### （三）快速生物侦检

2004 年，DARPA 支持研发了一种手持式生物侦检设备——手持式等温银标准传感器（handheld isothermal silver standard sensor，HISSS），可鉴定细菌、病毒、毒素等生物威胁。该设备基于一种快速等温扩增探测技术，由 Northrop Grumman Corp 和 Acacia 两公司研发。基于核酸检测技术的聚合酶链反应（PCR）发展迅速，为病原体的精确检测诊断提供了可能。然而，PCR 技术所需时间长，需依赖精良仪器设备。等温扩增技术可克服这些缺点，其原理是 60～65 ℃是双链 DNA 复性及延伸的中间温度，DNA 在约 65 ℃处于动态平衡状态，可在此温度下扩增[11]。该技术也可应用于对污染邮件的筛查。

### （四）药物快速制备

2006 年 3 月，DARPA 发布了加速药品生产（Accelerated Manufacturing of Pharmaceuticals，AMP）指南，目标是在 12 周内生产出 300 万剂符合药品生产质量规范（GMP）的疫苗或单克隆抗体。2009 年，DARPA 针对 H1N1 流感大流行实施了"Blue Angel"计划，目标是提高美国应对流感大流行，加速基于植物的疫苗制备。Blue Angel 计划包括 3 个方面内容：健康和疾病预测（predicting health and disease，PHD）、体外模式免疫构建（modular immune in vitro constructs，MIMIC）、加速药品制造。

斯坦福国际研究院进行 PHD 相关研究，主要目标是预测疾病的过程、症状的严重程度、患者的传染性，判定暴露于病原体后哪些人员会发病，哪些人员不会发病。MIMIC 由巴斯德公司研发，通过平皿测试，确定疫苗的合适剂量和免疫原性。MIMIC 系统在 2004—2009 年获得 DARPA 4000 万美元资助。

AMP 项目资助机构包括 Medicago 公司和得克萨斯农工大学。截至 2012 年，Medicago 共接受了 DARPA 1980 万美元用于该项目。2012 年，Medicago 公司基于植物在一个月内生产了 1000 万剂 H1N1 疫苗。2010 年，得克萨斯农工大学接受了 DARPA 2100 万美元资助，目标是发展快速的基于植物（烟草）的多种疫苗，包括 1000 万剂 H1N1 流感疫苗。

### （五）病原体透析技术

战场伤员感染导致的败血症是军队面临的一个重要问题。败血症可导致截肢、器官衰竭甚至死亡，世界范围内每年有超过 1800 万病例发生，超过 600 万病例死亡。败血症可通过广谱抗生素治疗，但也可能治疗无效。

DARPA 2011 年 2 月发布了透析类似治疗项目（Dialysis Like Therapeutics，DARPA-BAA-11-30），目标是发展便携设备来清除污染的血液，分离出有害物质，将清洁的血液回输到体内，类似肾脏血液透析的过程。2011 年 9 月，哈佛大学韦斯仿生工程研究所获得了 DARPA 的 1230 万美元资助用于发展针对败血症的治疗，研制出了类似于脾脏的血液清除设备，可从血液中清除不同的病原体[12]。2012年，DARPA资助CytoSorbents公司80万美元用于该项目。2013年6月，巴特尔纪念研究所获得DARPA 705万美元资助，用于发展针对败血症的便携设备。

### （六）芯片上的器官

药物研发是一个漫长且耗资巨大的过程。药物研究临床试验失败的一个重要原因是现有临床前模型的可靠性不足[13]。在新药研发的有效性和毒性评价中，2D细胞培养评价与实际情况存在较大差距，而动物实验往往并不能很好地代替在人体的情况。当前，一些国家，如美国储存了大量生物防御相关药品和疫苗。由于伦理原因，其中大部分无法在人体进行测试，其实际使用效果存在疑问。药物研发需要新的、可更好判断药物有效性和安全性的方法。正在发展中的芯片上的器官（organs-on-chips）技术可弥补这方面的不足。

芯片上的器官由一根透明的、约为一根计算机内存条大小的柔性聚合物构成，上面有中空的微流体通道，通道内衬活的人体细胞层。这种技术可呈现人体器官的生理功能，使研究人员实时观察所发生的现象，提供更有效的评估新药有效性与安全性的手段[14]。2010年，哈佛大学维斯生物工程研究所研发了芯片上的肺（lung-on-a-chip），对人体肺泡和毛细血管屏障进行了模拟[15]。除此以外，其他一些研究机构也已研发成功其他一些芯片上的器官，包括肝、肾、肌肉、骨骼、骨髓、角膜、血管、血脑屏障等[14]。

DARPA 2011年9月发布了微观生理系统项目（Microphysiological Systems，DARPA-BAA-11-73）进行相关的研发部署。DARPA资助的2个项目支持将10个芯片上的器官整合建立芯片上的人体。2012年7月，美国哈佛大学维斯研究所获得了DARPA 3700万美元，发展整合10个人体器官芯片的芯片上的人体，用于快速评估新药的效果[16]。2012年7月，麻省理工学院与DARPA、美国国立卫生研究院（NIH）签订了3255万美元合同用于芯片上的人体研究[17]，其中DARPA支持2630万美元、NIH支持625万美元。该研究将模拟人体的一些器官，目标是建立一个准确预测药物和疫苗的效果、毒性、药代动力学等的平台。

### （七）基于RNA的疫苗及治疗措施

DNA疫苗有很多优点，但存在整合入宿主基因组的危险。为解决这个问题，研究人员设想用mRNA替代DNA作疫苗。基于mRNA的疫苗研究始于1990年，Wolff等[18]的实验结果表明，直接将mRNA注射入小鼠的骨骼肌可表达编码蛋白。mRNA的治疗措施研究所针对的感染性疾病主要包括流感、肺结核、蜱传脑炎、HIV等。但由于RNA稳定性差、易降解，大大限制了RNA疫苗的应用。2013年9月，诺华疫苗和诊断公司获得了

1400 万美元的合同，研发自复制（self-replicating）的 RNA 疫苗平台[19]。其由甲病毒非结构蛋白与目标抗原 RNA 连接形成自复制 RNA 疫苗。诺华公司 2012 年在美国科学院院刊（PNAS）发表文章，介绍了其纳米颗粒包裹的自复制 RNA 疫苗技术[20]。

2013 年 10 月，美国 Moderna Therapeutics 公司获得 DARPA 2500 万美元资助用于发展基于 mRNA 的治疗措施研究[21]。其策略为使编码抗体或其他蛋白的 RNA 进入特定组织或器官，在核糖体表达目标抗原或抗体。该公司成立于 2011 年，位于马萨诸塞州剑桥市，主要进行 RNA 治疗方面的研究，2013 年相关研究结果发表在 *Nature Biotechnology* 上[22]。

### （八）基于 DNA 的单克隆抗体

近年来，单抗成为重要的治疗技术，但单抗技术也存在一些缺陷，如需在体外生产、成本较高等。DARPA 寻求研发新的大规模被动免疫策略。2014 年 11 月，美国 Ichor 公司获得了 DARPA 2020 万美元资助，发展电穿孔系统作为基于 DNA 的抗体递送平台，用于被动免疫治疗。TriGrid 技术可通过人体免疫系统来递送编码保护性抗体的 DNA 序列[23]。

美国 Inovio Pharmaceuticals 公司研发了基于 DNA 的抗体微型针技术。2014 年 5 月，公司宣布基于 DNA 的治疗性单抗针对基孔肯雅病毒完成了小鼠实验，实验组保护率达 100%[24]，相关论文发表于 2016 年 3 月的 *J Infect Dis*[25]。2015 年 4 月，Inovio 公司获得 DARPA 4500 万美元资助，联合其他团队研发针对埃博拉病毒的多种治疗措施，其中包括基于 DNA 的单抗[26]。

### （九）宿主快速能力恢复

传统的疾病治疗，如抗生素可降低患者的病原体负荷，但这个过程可能产生负面影响，即生存下来的病原体可能会产生抵抗。一般情况下，宿主应对感染性疾病通过 3 种不同的策略：避免（avoidance）、抵抗（resistance）和耐受（tolerance）[27-29]。"避免"是宿主减少暴露于感染性物质的危险；"抵抗"是降低体内病原体数量，但也要付出一定代价，如破坏和消除病原体的过程中常常伴随着自身组织的破坏；"耐受"是减少病原体感染后对宿主的影响，但不直接清除病原体。病原体耐受与免疫耐受不同，免疫耐受主要针对自身抗原。

DARPA 2015 年 3 月发布了宿主快速能力恢复技术项目（Technologies for Host Resilience，DARPA-BAA-15-21），针对 3 个领域：发现耐受的群体、进行动物实验分析宿主适应性的不同；确定耐受的生物机制；确定干预措施。DARPA 在 2016 年度预算中包括该领域相关预算 1304 万美元。

### 三、DARPA 感染性疾病应对项目特点

#### （一）保持技术优势，着眼未来需求

DARPA 自创立之初宗旨就是"保持美国的技术领先地位，防止潜在对手意想不到的超越"，其一系列研究都秉承了这一宗旨。DARPA 着眼于未来需求，强调出主意、出概念，而不是出对于现实问题的解决方案。因此，它对某些新技术的研究往往比其实际应用提前数十年。在 DARPA 50 周年纪念徽章上，标注了"跨越鸿沟"和"创新驱动"。DARPA 依托当前现实，充满对未来的展望，通过努力将现实与未来联系起来，使美军军事技术的一只脚永远迈向未来[2]。

BTO 的成立源自"生物学就是技术"的理念，源于美国军事科技居安思危的意识和美军奉行的"先发制人"策略，其中很多项目超出现阶段生物技术能力极限，是对现有生物学、生物技术的前瞻性颠覆，是对未来科技革命的预兆[30]。例如，在感染性疾病应对领域支持的一些项目：建筑物免疫、芯片上的人体、宿主快速能力恢复等。

#### （二）军民融合发展，依赖整体实力

DARPA 本身没有实验室，95% 以上的研发经费主要投向大学和企业。DARPA 的成功不单纯是一个军队科研管理机构的成功，而是美国整体科研实力的成功，DARPA 的一些成果都是通过大学、企业等机构来实现的。这些机构凭借雄厚的科研基础给予 DARPA 支持。从 DARPA 的资助情况看，大部分资助了非军队的机构，包括哈佛大学、斯坦福大学、麻省理工学院、加州大学欧文分校、普林斯顿大学、匹兹堡大学、杜克大学等。如无地方大学、企业的支持，单纯依靠军队的研究力量，DARPA 的一些创新性设想难以实现。在感染性疾病应对方面，DARPA 同样依靠地方科研机构、企业等，如哈佛大学、麻省理工学院等。

#### （三）突出问题导向，颠覆已有技术

DARPA 的需求来源总体上主要有 5 类，包括国会指定、联邦政府计划、国防部要求、DARPA 自主提出、公开倡议征集等，其中 DARPA 自主提出和公开征集倡议确定的研究领域占很大比重[2]。

DARPA 批准的很多项目都是基于现有技术面临的一些问题，如支持等温扩增技术主要针对 PCR 技术的扩增时间长及仪器要求等问题；基于 DNA 的抗体递送平台主要针对传统的单抗体外制备成本高等问题；基于 mRNA 的疫苗主要为了克服 DNA 疫苗与宿主基因组整合的危险等；芯片上的器官技术主要是针对药物评价中动物实验可靠性的不足等。

### （四）项目并行支持，建立竞争机制

DARPA 如发现不同机构攻克同一问题，但采取的技术路线不同，可能会对它们分别给予资助。这一方面可保证从不同角度完成项目，同时也在项目执行单位形成一种竞争机制。例如，芯片上的器官技术，同时资助了哈佛大维斯生物工程研究所和麻省理工学院；快速评估项目同时资助了科罗拉多大学波德分校、乔治·华盛顿大学、范登堡大学等；药物快速制备项目同时资助了 Medicago 公司和得克萨斯农工大学等。

### （五）涉及领域广泛，加强医学应对

DARPA 资助的项目涉及领域广泛，在感染性疾病应对方面，除了上述项目外，还资助了病原体远程探测、小干扰 RNA（siRNA）、天敌病原体、病原体进化预测、基孔肯雅病毒传播模拟等方面的项目。DARPA 感染性疾病应对涉及的领域从最初的检测、监测、洗消等非医学应对措施研发逐步扩展到药品、疫苗研发、评价等医学应对措施研发。

### （六）注重前期基础，多种渠道支持

在感染性疾病应对方面，很多项目由于前期具备了一定基础才得到 DARPA 的支持，如芯片上的人体项目所支持的哈佛大学维斯生物工程研究所、麻省理工学院都有很好的芯片上的器官前期研究基础。基于 RNA 的疫苗及治疗措施所支持的诺华疫苗和诊断公司、Moderna Therapeutics 公司等都有很好的相应前期研究基础。另外，DARPA 与 NIH、BARDA 等对一些产品研发的不同阶段分别给予支持，如芯片上的器官项目最初由 NIH 支持，取得一些进展后，DARPA 开始支持；CpG 免疫佐剂项目最初由 DARPA 资助，后应用于炭疽疫苗研发，BARDA 开始资助。

DARPA 模式具有突出的优越性，在美国国内外引起了效仿的浪潮，如 1998 年美国情报部门成立了预研与开发局（ARDA），2002 年国土安全部成立了预研项目局（HS-ARPA），2009 年能源部成立了预研项目局（ARPA-E）[2]。另外，2012 年，俄罗斯成立了"先期研究基金会"；2013 年，日本设立了"推进革新性研发项目"。我国与美国国情不同，不能照搬美国的方式，但密切跟踪 DARPA 相关领域的研发进展、研发思路、技术方法，对我国具有一定的借鉴作用。

# 参考文献

[1] 张明华，王松俊，雷二庆．DARPA 生命科学研究之鉴 [J].军事医学，2013，37(10)：721–724.

[2] 魏俊峰，赵超阳，谢冰峰，等．美国国防高级研究计划局透视：跨越现实与未来的边界 [M].北京：国防工业出版社，2015.

[3] BRYDEN W A. DARPA Special Projects Office immune building program[EB/OL]. (2015–06–21) [2016–10–01]. http://proceedings.ndia.org/ 5460/ 5460/ 1_bryden.pdf.

[4] National Research Council. Protecting building occupants and operations from biological and chemical airborne threats：a framework for decision making[M]. Washington DC：National Academies Press，2007.

[5] WOOD J P, BLAIR MARTIN G. Development and field testing of a mobile chlorine dioxide generation system for the decontamination of buildings contaminated with Bacillus anthracis[J]. J Hazard Mater，2009，164(2–3)：1460–1467.

[6] PR Newswire. Coley Pharmaceutical Group awarded defense department contract to develop CpG immunostimulatory oligos for enhancement of vaccines[EB/OL]. (2002–12–13) [2016–10–01]. http://www. prnewswire. com/news–releases/coley–pharmaceutical–group–awarded–defense–depa–rtment–contract–to–develop–cpg–immunostimulatory–oligos–for–enhanc–ement–of–vaccines–77145822.html.

[7] 许洪林，杨春亭．CpG–ODNs 疫苗佐剂的研究进展 [J].中国新药杂志，2014，23(1)：36–43.

[8] KRIEG A M. Therapeutic potential of Toll–like receptor 9 activation [J]. Nat Rev Drug Discov，2006，5(6)：471–484.

[9] CIDRAP News. Anthrax vaccine maker wins NIAID grants[EB/OL]. (2008–7–29) [2016–10–01]. http://www.cidrap.umn.edu/news–perspective/ 2008/ 07/anthrax–vaccine–maker–wins–niaid–grants.

[10] 田德桥．美国生物防御药品疫苗研发机制与项目资助情况分析 [J].生物技术通讯，2016，27(4)：535–541.

[11] 彭涛．核酸等温扩增技术及其应用 [M].北京：科学出版社，2009.

[12] KANG J H, SUPER M, YUNG C W, et al. An extracorporeal blood cleansing device for sepsis therapy[J]. Nat Med，2014，20(10)：1211–1216.

[13] NIH News Release. NIH Funds next phase of tissue chip for drug screening program[EB/OL]. (2014–09–23)[2016–10–01]. http://www.nih.gov/news/health/sep2014/ncats–23.htm.

[14] BHATIA S N, INGBER D E. Microfluidic organs–on–chips[J].Nat Biotechnol，2014，32(8)：760–772.

[15] HUH D，MATTHEWS B D，MAMMOTO A，et al. Reconstituting organ level lung functions on a chip[J]. Science，2010，328(5986)：1662–1668.

[16] Wyss Institute News. Wyss Institute to receive up to $ 37 million from DARPA to integrate multiple organ–on–chip systems to mimic the whole human body[EB/OL]. (2012–07–24)[2016–10–01]. http://wyss. harvard. edu/viewpressrelease/91.

[17] MIT News. DARPA and NIH to fund "human body on a chip" research[EB/OL].(2012–07–24) [2016–10–01]. http://news.mit.edu/2012/human–body–on–a–chip–research–funding–0724.

[18] WOLFF J A，MALONE R W，WILLIAMS P，et al. Direct gene transfer into mouse muscle in vivo[J]. Science，1990，247(4949 Pt 1)：1465–1468.

[19] Globalbiodefense News. Notable biodefense contracts：Novartis Institute for BioMedical Research[EB/OL]. (2013–09–26)[2016–10–01]. http://globalbiodefense.com/2013/09/26/ notable–biodefense–contracts–novartis–institute–for–biomedical–research.

[20] GEALL A J，VERMA A，Otten G R，et al. Nonviral delivery of self–amplifying RNA vaccines[J].Proc Natl Acad Sci USA，2012，109(36)：14604–14609.

[21] Center Watch News. DARPA awards moderna therapeutics $ 25m[EB/OL].(2013–10–04) [2016–10–01]. http://www. centerwatch. com/news–online/2013/10/04/darpa–awards–moderna– therapeutics–25m/.

[22] ZANGI L，LUI K O，VON GISE A，et al. Modified mRNA directs the fate of heart progenitor cells and induces vascular regeneration after myocardial infarction[J]. Nat Biotechnol，2013，31(10)：898–907.

[23] GIBNEY M. Pfizer snags electroporation device license from Ichor for cancer vaccine delivery [EB/OL].(2014–02–05)[2016–10–01]. http://www.fiercedrugdelivery.com/story/pfizer–snags– electroporation–device–license–ichor–cancer–vaccine–delivery/2014–02–05.

[24] Globalbiodefense News. Antibody therapy shows promising results for chikungunya virus[EB/OL]. (2014–05–29)[2016–10–01].http://globalbiodefense.com/2014/05/29/antibody–therapy–shows– promising–results–for–chikungunya–virus.

[25] MUTHUMANI K，BLOCK P，FLINGAI S，et al. Rapid and long–term immunity elicited by DNA–encoded antibody prophylaxis and DNA vaccination against chikungunya virus[J]. J Infect Dis，2016，214(3)：369–78.

[26] Inovio News Releases. Inovio Pharmaceuticals selected by DARPA to lead a $ 45 million program to expedite development of novel products to prevent and treat disease caused by ebola[EB/OL]. (2015–04–08)[2016–10–01]. http://ir.inovio.com/news/news–releases/news–releases– details/2015/Inovio–Pharmaceuticals–Selected–by–DARPA–to–Lead–a–45–Million–Program–to– Expedite–Development–of–Novel–Products–to–Prevent–and–Treat–Disease–Caused–by–ebola/

default.aspx.

[27]    RABERG L，SIM D，READ A F. Disentangling genetic variation for resistance and tolerance to infectious diseases in animals[J]. Science，2007，318(5851)：812–814.

[28]    SCHNEIDER D S，AYRES J S. Two ways to survive an infection：what resistance and tolerance can teach us about treatments for infectious diseases[J]. Nat Rev Immunol，2008，8(11)：889–895.

[29]    IWASAKI A，PILLAI P S. Innate immunity to influenza virus infection[J]. Nat Rev Immunol，2014，14(5)：315–328.

[30]    中国科学院上海生命科学信息中心 . 美国国防高级研究计划局新成立生物技术办公室 . 科学研究动态监测快报 – 生命科学专辑 [EB/OL].(2014–04–15)[2016–10–01]. http://10.10.10.222/DC31/UserData/Upload/635336708922812500.docx.

## 第四节 美国防控埃博拉疫情科研部署情况分析[*]

埃博拉病毒病（Ebola virus disease）最初被称为埃博拉出血热（Ebola hemorrhagic fever，EBHF），是由埃博拉病毒（Ebola virus，EBOV）引起的一种病死率可高达 90% 的疾病[1]。埃博拉病毒是 1976 年在苏丹和刚果（金）同时出现的 2 起疫情中首次发现的。后者发生在位于埃博拉河附近的一处村庄，该病由此得名[2]。埃博拉病毒属丝状病毒，为单股负链 RNA 病毒，包括 5 个不同的属种，即扎伊尔埃博拉病毒、苏丹埃博拉病毒、本迪布焦埃博拉病毒、塔伊森林埃博拉病毒和雷斯顿埃博拉病毒，其中前 3 种与非洲埃博拉病毒病较大疫情相关。

2014 年之前，非洲发生过几次较大的埃博拉病毒病疫情，其中，1976 年在苏丹和刚果（金）造成 602 人发病，431 人死亡；1995 年在刚果造成 315 人发病，254 人死亡；2000 年在乌干达造成 425 人发病，224 人死亡；2007 年在刚果造成 264 人发病，187 人死亡[3]。埃博拉病毒病虽时有发生，但 2014 年暴发的疫情最为严重。从 2014 年 2 月几内亚东南部马桑达省开始出现感染病例，截至 2015 年 1 月 2 日，全球埃博拉病毒病确认病例 13 054 例，死亡 8004 例，其中疫情最为严重的是西非的几内亚、利比里亚和塞拉利昂[4]。

埃博拉疫情应对的经验教训，对于今后新发、突发传染病应对有很好的借鉴作用。同时，如何针对较为罕见但具有潜在威胁的烈性传染病做好应对准备工作是发达国家和发展中国家都需要面对的问题。

美国是对生物防御能力建设最为重视的国家之一。美国疾病预防控制中心根据病原体引起大规模疾病的能力、病原体通过气溶胶或其他方式播散的能力、病原体在人群中的传播能力、人员的易感性等因素将具有潜在生物威胁的病原微生物及毒素分为 3 类，其中埃博拉病毒被列为第一类。美国过敏与感染性疾病研究所（National Institute of Allergy and Infectious Diseases，NIAID）与美国陆军传染病医学研究所（United States Army Medical Research Institute of Infectious Diseases，USAMRIID）也都将埃博拉病毒作为一种重要的潜在生物威胁病原体[5]。

我们分析了美国地方和军队对埃博拉病毒应对的科研部署情况，为我国相关科研规划提供参考。

---

[*]内容参考：田德桥，叶玲玲，李晓倩，等. 美国防控埃博拉疫情科研部署情况分析[J].生物技术通讯，2015，26（1）：15-21.

## 一、研究方法

美国 NIAID、生物医学高级研发管理局（Biomedical Advanced Research and Development Authority，BARDA），国防部化学生物防御项目（Chemical Biological Defense Program，CBDP）等的战略规划来源于相应机构网站；美国国立卫生研究院（National Institutes of Health，NIH）埃博拉病毒相关科研项目检索通过网站 http://projectreporter.nih.gov，在项目名称中检索"ebola"；美国 BARDA 所支持项目清单来源于网站 http://www.medicalcountermeasures.gov；美国 CBDP 科研部署来源于国防部化学生物防御项目年度预算（http://www.globalsecurity.org/military/library/budget/index.html）。

美国埃博拉病毒相关科研论文统计分析通过 Web of Science，检索关键词"ebola"，检索时间为 2014 年 12 月 29 日，选取"article"类型文献进行分析。

美国埃博拉病毒相关药品疫苗研发机构、受资助情况来源于相关机构网站，以及已发表的相关论文信息。

## 二、结果

### （一）美国卫生与公众服务部埃博拉病毒相关科研部署

美国卫生与公众服务部（Department of Health and Human Services，HHS）是美国医学生物防御的主要部门，相关机构包括 NIH、食品与药品管理局（Food and Drug Administration，FDA）、疾病预防控制中心（Centers for Disease Control and Prevention，CDC）等。

#### 1. NIH 埃博拉病毒相关科研部署

美国卫生与公众服务部下属的 NIH 是获得民口生物防御经费最多的研究机构。美国 2001—2012 年生物防御经费投入累计达到 669 亿美元，其中 NIH 获得的经费达到 155.9 亿美元。在 NIH 内部，143 亿美元经费分配到 NIAID，占 NIH 经费的 91.93%[6]。这些经费中一小部分用于 NIAID 自身的研究工作，大部分用于资助国内外其他研究机构。

NIAID 的生物防御战略规划中包括针对丝状病毒的研究计划，如同时针对埃博拉病毒、马尔堡病毒以及拉沙病毒的多组分疫苗研究等[7]。

检索 NIH 埃博拉病毒相关科研项目，共得到 299 项（包括同一项目在不同年度的滚动支持），其中 282 项通过 NIAID 批准。获得项目较多的一些机构包括 NIAID、位于马里兰州盖瑟斯堡的 Integrated Biotherapeutics 公司、位于宾夕法尼亚州费城的 Integral Molecular 公司、位于加利福尼亚州圣迭戈市的斯克利普斯研究所（Scripps

Research Institute）和马普生物制药（Mapp Biopharmaceutical）等，见表 2-5。

表 2-5　NIH 批准埃博拉病毒相关科研项目主要承担机构

| 序号 | 机构 | 经费 / 万美元 |
|---|---|---|
| 1 | 过敏与感染性疾病研究所 | 3926 |
| 2 | Integrated Biotherapeutics，Inc | 2121 |
| 3 | 斯克利普斯研究所 | 1173 |
| 4 | Integral Molecular | 1053 |
| 5 | 马普生物制药 | 958 |
| 6 | 得克萨斯大学医学院加尔维斯顿分校 | 953 |
| 7 | 宾夕法尼亚大学 | 714 |
| 8 | Microbiotix，Inc | 596 |
| 9 | 哈佛大学医学院 | 539 |
| 10 | 威斯康星大学麦迪逊分校 | 495 |
| 11 | 马萨诸塞州总医院 | 440 |
| 12 | 西奈山医学院 | 438 |
| 13 | 伊利诺斯大学芝加哥分校 | 399 |
| 14 | 纽约西奈山医学院 | 336 |
| 15 | 俄勒冈健康与科学大学 | 321 |
| 16 | Profectus Biosciences，Inc | 318 |

　　对所批准科研项目按年度进行统计可以看出，由于 2001 年美国"炭疽邮件"事件的影响，2002 年较 2001 年项目数量与经费有较大幅度的增加。同时，由于 2014 年西非埃博拉疫情的影响，2014 年经费与 2013 年相比有较大幅度的增加，见图 2-1。

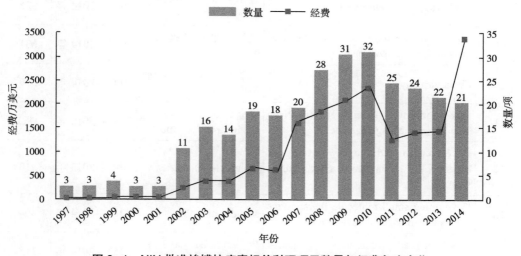

图 2-1　NIH 批准埃博拉病毒相关科研项目数量与经费年度变化

对于批准经费大于 100 万美元的科研项目按研究类型进行分析，其中致病机制、病毒学等基础研究 17 项，经费 4417 万美元；治疗措施相关研究 12 项，经费 4057 万美元；疫苗相关研究 12 项，经费 7202 万美元；其他 1 项，经费 100 万美元。获得资助经费较多的一些项目包括马普生物制药针对埃博拉病毒治疗抗体的研究、NIAID 埃博拉病毒疫苗研究等。可以看出，NIAID 对一些机构持续的研发资助，为埃博拉疫情应对的一些药品和疫苗的临床试验研究奠定了基础，见表 2-6。

表 2-6　NIH 资助的针对埃博拉病毒的部分科研项目

| 序号 | 项目名称 | 获准机构 | 时间 | 经费/万美元 |
|---|---|---|---|---|
| 1 | Development and production of a multicomponent ebola rad vector vaccine | 过敏与感染性疾病研究所 | 2003—2008 年 | 1220 |
| 2 | Monoclonal antibodies in biodefense: ebola viruses | 马普生物制药 | 2005—2009 年 | 608 |
| 3 | The mechanisms involved in ebola glycoprotein induced cytotoxicity | 过敏与感染性疾病研究所 | 2006—2009 年 | 326 |
| 4 | Immunotherapeutics vs ebola sudan: development; structural & functional analysis | 斯克利普斯研究所 | 2006—2010 年 | 352 |
| 5 | Ebola viral glycoproteins: structural analysis | 斯克利普斯研究所 | 2006—2013 年 | 358 |
| 6 | Evolutionary lead optimization for immunotherapy of marburg & ebola viruses | 马萨诸塞州总医院 | 2007—2010 年 | 440 |
| 7 | A monoclonal antibody immunoprotectant for ebola virus | 马普生物制药 | 2007—2013 年 | 350 |
| 8 | Ebola vaccine development | 过敏与感染性疾病研究所 | 2007—2014 年 | 926 |
| 9 | Ebola vaccine immune correlates and mechanism of protection | 过敏与感染性疾病研究所 | 2007—2014 年 | 681 |
| 10 | Ebola virology | 过敏与感染性疾病研究所 | 2007—2014 年 | 559 |
| 11 | Development of mutivalent filovirus (ebola and marburg) vaccines | Integrated Biotherapeutics, Inc | 2008—2010 年 | 2121 |
| 12 | B cell epitope discovery: dengue; hepatitis C; ebola; and chikungunya viruses | Integral Molecular | 2009—2013 年 | 910 |
| 13 | Developing small molecule therapeutics for ebola hemorrhagic fever virus | Microbiotix, Inc | 2010—2014 年 | 404 |
| 14 | rVSV vectored vaccine to protect against ebola and marburg viruses | Profectus Biosciences, Inc | 2012—2014 年 | 318 |

续表

| 序号 | 项目名称 | 获准机构 | 时间 | 经费 / 万美元 |
|---|---|---|---|---|
| 15 | Advancement of treatments for ebola and marburg virus infections | 得克萨斯大学医学院加尔维斯顿分校 | 2014 年 | 569 |

**2. BARDA 博拉病毒相关科研部署**

2006 年 12 月，美国 HHS 成立了 BARDA，支持生物防御药物、疫苗以及其他与相关产品的研发，同时负责生物盾牌计划的管理。BARDA 战略规划确定的几个目标中的第 4 个为应对新型和新发威胁，列举的一些病原体包括埃博拉、SARS 冠状病毒、尼巴病毒等[8]。

BRARD 在 2014 年前重点支持应对的病原体包括炭疽芽孢杆菌、天花病毒、流感病毒等。其在 2014 年批准了几项针对埃博拉病毒的研究，包括 2014 年 9 月批准的马普制药公司的埃博拉病毒病治疗抗体研究（Advanced Development and Manufacturing of ZMapp Monoclonal），经费 2490 万美元；2014 年 10 月批准的位于纽约州塔里敦的 Profectus BioSciences 公司的埃博拉疫苗研究（GMP Manufacturing of Vectored Ebola–Zaire Vaccine），经费 580 万美元。2014 年 12 月，HHS 宣布批准位于费城的葛兰素史克公司（GlaxoSmithKline）1290 万美元用于埃博拉疫苗（ChAd3 EBO–Z）的研究；同时，批准位于爱荷华州埃姆斯的 BioProtection Systems Corporation 公司（隶属于 NewLink Genetics Corporation）3000 万美元，用于埃博拉疫苗（rVSV–ZEBOV–GP）的研究[9]。

**（二）美国国防部埃博拉病毒相关科研部署**

美国国防部（Department of Defense，DOD）在生物防御，特别是生物防御药品疫苗研发中发挥着重要的作用，相关的研究机构包括美国 USAMRIID、华尔特·里德陆军研究所（Walter Reed Army Institute of Research，WRAIR）、美国海军医学研究中心（Naval Medical Research Center，NMRC）、国防高级研究计划局（Defense Advanced Research Projects Agency，DARPA）、国防威胁降低局（Defense Threat Reduction Agency，DTRA）等。美国国防部和卫生与公众服务部针对生物防御医学应对措施的研发有交叉，也有所侧重。图 2-2 列出了 DOD 与 HHS 生物威胁医学应对措施研发重点。

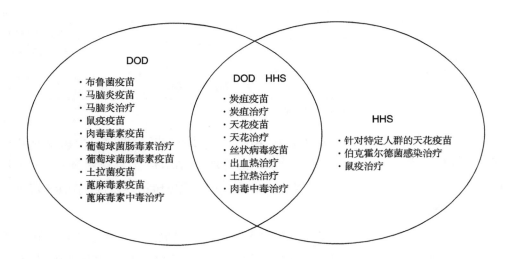

**图 2-2　美国国防部和卫生与公众服务部生物防御医学应对措施研发重点** [10]

2001—2013 年，美国国防部用于研究、发展生物威胁应对措施的经费达到 43 亿美元，其中 37.5 亿美元用于研发新型医学应对措施 [10]。美国国防部不仅通过 USAMRIID 等军队科研机构进行研发工作，而且支持地方一些研究机构和企业进行相应的研发工作。

美国 USAMRIID 的《生物事件医学管理手册》[11] 确定重点应对的病毒类病原体包括天花病毒、委内瑞拉马脑炎病毒以及病毒性出血热。病毒性出血热包括埃博拉病毒，在其说明中，认为由于其潜在的被气溶胶和武器化的特点而被列入该手册。由此可以看出，美国国防部对埃博拉病毒的应对高度重视。

美国国防部 CBDP 开始于 1994 年，包括监测、防护、洗消等非医学生物防御项目，也包括诊断、治疗、疫苗等医学生物防御项目。CBDP 在 DTRA 的管理之下，CBDP 中具有针对埃博拉病毒相关的研究部署。根据美国国防部的报道，从 2003 年开始，DTRA（包括 CBDP）共投入 3 亿美元发展应对丝状病毒的医学应对措施 [12]。

CBDP 医学应对措施研发部署包括基础研究、应用研究、高级技术发展（Advanced Technology Development，ATD）、高级组件发展与原型（Advanced Component Development & Prototypes，ACD&P）、工程制造发展（Engineering Manufacturing Development，EMD）等类别，2015 年度预算 14 亿美元 [13]，见表 2-7。

表 2-7 美国国防部 2015 年度 CBDP 预算与埃博拉病毒应对相关的部分

| 序号 | 类别 | 项目 | 主要内容 | 预算 / 百万美元 | | |
|---|---|---|---|---|---|---|
| | | | | 2013 年 | 2014 年 | 2015 年 |
| 1 | 基础研究 | 生命科学 | 进行分子标签、作用机制、识别机制、相互作用、进化等方面的研究 | 29.606 | 34.646 | 31.727 |
| 2 | 应用研究 | 疫苗平台与研究工具 | 发展多价疫苗平台，无针疫苗递送技术，免疫评价体外模型等 | 3.098 | 2.618 | 6 |
| 3 | 应用研究 | 病毒治疗 | 确定、优化和评估针对病毒性病原体的治疗措施 | 8.15 | 14.178 | 13 |
| 4 | 高级技术发展 | 多剂医学应对措施 | 发展针对出血热病毒和胞内细菌病原体的医学应对措施 | 34.101 | | |
| 5 | 高级技术发展 | 下一代诊断措施 | 发展下一代诊断技术，包括便携式诊断平台，纳米技术应用等 | 12.872 | | |
| 6 | 高级技术发展 | 病毒治疗 | 确定、优化和评估潜在针对病毒威胁的治疗措施 | 6.1 | 14.066 | 2 |
| 7 | 高级技术发展 | 病毒疫苗 | 发展针对甲病毒和丝状病毒的疫苗，发展疫苗的动物评价模型 | 22.532 | 14.417 | 3.3 |
| 8 | 高级组件发展与原型 | 出血热病毒 | 埃博拉病毒医学应对措施的临床前研究 | 15.837 | | |
| 9 | 高级组件发展与原型 | 出血热病毒 | 针对气溶胶化的出血热病毒进行非人灵长类动物的模型研究 | 3.959 | | |
| 10 | 工程制造发展 | 出血热病毒 | 在生物安全四级实验室进行出血热病毒医学应对措施的有效性研究 | | 28.478 | 39.64 |

在国防部内部，美国 USAMRIID 也支持地方一些机构和企业进行相应的研究工作。除此以外，美国国家科学基金（National Science Foundation）也支持了针对埃博拉病毒的一些科研项目，主要针对非医学方面的一些研究，包括环境工程、计算机模型、应急管理等。另外，斯卡格化学生物学研究所（Skaggs Institute for Chemical Biology）、巴洛兹·魏尔康基金会（Burroughs Wellcome Fund）、波士顿大学等也有相关的研究支持。

## （三）美国埃博拉病毒相关科研产出

### 1. 科研论文发表

通过 *Web of Sciene* 检索埃博拉病毒相关的论文，共得到 715 篇检索结果，其中美国有 501 篇，占 70%。进一步分析确定美国机构作为通讯作者地址的论文有 411 篇，占 57%。对美国机构作为通讯作者地址论文的年度变化情况进行分析（图 2-3），可以看出，美国针对埃博拉病毒的科研论文年度变化较为平稳，其中USAMRIID、NIAID、CDC 是发表相关论文数量较多的机构。

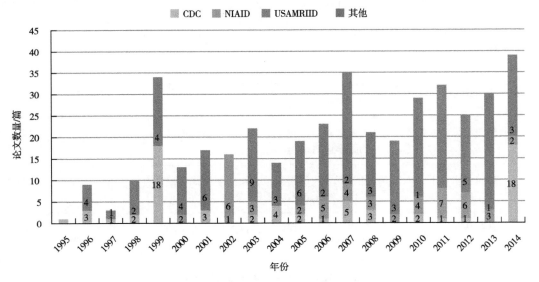

**图 2-3　美国埃博拉病毒相关科研论文数量年度变化（见书末彩插）**

我们选取了几篇美国在一些国际权威期刊发表的埃博拉病毒相关的科研论文，分析了其主要完成机构及受基金资助情况（表 2-8）。斯克里普斯研究所等 2013 年发表在 *Cell* 的论文揭示了埃博拉病毒组装的分子机制；波士顿大学等 2010 年发表在 *Lancet* 的文章报道了将 RNA 干扰技术用于埃博拉感染的治疗；布列根和妇女医院等 2011 发表在 *Nature* 的论文发现转运分子 Niemann-Pick C 1 是埃博拉病毒穿入细胞的关键分子；马普制药公司等 2014 年发表在 *Nature* 的论文报道了抗埃博拉病毒的实验性药物 ZMapp 在猴子身上的试验结果；华盛顿大学 2014 年发表在 *Science* 的论文阐述了通过杂交小鼠揭示埃博拉病毒感染转归的基因影响。可以看出，以上研究均为多个研究机构的协作，同时很多研究得到了 NIAID、DTRA、USAMRIID 等的资金资助。

**表 2-8　美国在一些权威期刊发表的部分埃博拉病毒相关科研论文**

| 序号 | 期刊 | 年份 | 机构 | 主要基金资助 |
|---|---|---|---|---|
| 1 | *Cell*[14] | 2013 | 美国斯克里普斯研究所<br>日本东京大学<br>美国威斯康星大学 | 巴洛兹·魏尔康基金会<br>斯卡格化学生物学研究所<br>美国过敏与感染性疾病研究所 |
| 2 | *Lancet*[15] | 2010 | 美国波士顿大学<br>美国陆军传染病医学研究所<br>加拿大 Tekmira Pharmaceut 公司 | 美国国防威胁降低局 |

续表

| 序号 | 期刊 | 年份 | 机构 | 主要基金资助 |
|---|---|---|---|---|
| 3 | *Nature*[16] | 2011 | 美国布列根和妇女医院<br>美国波士顿儿童医院<br>美国哈佛大学<br>美国陆军传染病医学研究所<br>美国华盛顿大学 | PIDS–Sanofi–Pasteur Fellowship<br>加拿大 Fonds de la Recherche en Sante du Quebec<br>美国陆军传染病医学研究所 |
| 4 | *Nature*[17] | 2014 | 美国马普制药公司<br>加拿大公共卫生署<br>加拿大曼尼托巴大学<br>中国河南疾病预防控制中心<br>美国 Kentucky BioProc 公司<br>美国陆军传染病医学研究所<br>美国宾夕法尼亚大学 | 美国国防威胁降低局<br>美国国立卫生研究院<br>加拿大公共卫生署（PHAC）<br>加拿大安全与安保计划（CSSP）<br>加拿大健康研究所（CIHR） |
| 5 | *Science*[18] | 2014 | 美国华盛顿大学<br>美国北卡罗来纳大学<br>美国过敏与感染性疾病研究所<br>美国华盛顿国家灵长类动物研究中心 | 美国过敏与感染性疾病研究所 |

### 2. 主要药品疫苗研发

我们分析了美国针对埃博拉病毒几种重要的治疗措施和疫苗的研发机构和受资助情况（表 2-9）。

表 2-9　针对埃博拉病毒的主要生物防御药品疫苗研发

| 序号 | 药品名称 | 主要研发机构 | 基金资助情况 |
|---|---|---|---|
| 1 | Zmapp[17,21-22] | 美国马普制药公司<br>加拿大 Defyrus Inc 公司<br>美国陆军传染病医学研究所<br>美国 Kentucky BioProc LLC 公司<br>加拿大公共卫生署<br>加拿大曼尼托巴大学 | 美国过敏与感染性疾病研究所<br>美国生物医学高级研发管理局<br>美国国防威胁降低局<br>美国国防高级研究计划局<br>加拿大公共卫生署（PHAC）<br>加拿大安全与安保计划（CSSP）<br>加拿大健康研究所（CIHR） |
| 2 | TKM–Ebola[15] | 加拿大 Tekmira Pharmaceut 公司<br>美国陆军传染病医学研究所<br>美国波士顿大学 | 美国国防威胁降低局 |
| 3 | VSV–EBOV[23-24] | 美国 NewLink Genetics 公司<br>Merck 公司<br>加拿大公共卫生署<br>加拿大曼尼托巴大学<br>美国陆军传染病医学研究所<br>德国马尔堡大学<br>美国过敏与感染性疾病研究所<br>法国国家健康与医学研究院<br>美国健康科学统一服务大学 | 美国国防威胁降低局<br>美国生物医学高级研发管理局 |

续表

| 序号 | 药品名称 | 主要研发机构 | 基金资助情况 |
|---|---|---|---|
| 4 | cAd3–ZEBOV[25] | 美国过敏与感染性疾病研究所<br>葛兰素史克公司<br>美国陆军传染病医学研究所<br>意大利 Okairos 制药公司 | 美国过敏与感染性疾病研究所<br>美国生物医学高级研发管理局 |

ZMapp 是由加拿大 Defyrus 公司和美国马普生物制药公司共同开发的抗体组合，包括 2 种产品（MB–2003 和 ZMAb 的重组和优化）。MB–2003 由 3 株人源单克隆抗体组成，由马普生物制药开发；ZMAb 由 3 株鼠源单克隆抗体组成，由加拿大 Defyrus 公司开发。2014 年 7 月，Defyrus 公司将 ZMAb 的专利许可给马普生物制药公司，由马普生物制药将 MB–2003 与 ZMAb 进行优化组合，进而开发成为 ZMapp。在 2014 年埃博拉疫情应对中，ZMapp 应用于感染埃博拉病毒的美国医护人员的治疗，发挥了重要作用[19]。

TKM–Ebola 是加拿大 Tekmira 制药公司开发的基于 RNA 干扰技术的抗埃博拉病毒药物，由分别作用于埃博拉病毒 L 聚合酶、病毒蛋白 VP24、VP35 的 siRNA 组合而成。2010 年，Tekmira 公司与美国国防威胁降低局签订了 1.4 亿美元的委托研发合同。TKM–Ebola 于 2014 年 1 月开始 I 期临床试验，因健康受试者的安全性问题，FDA 在 2014 年 7 月暂停此项临床试验。2014 年 8 月，FDA 宣布，考虑到西非埃博拉疫情仍在持续，决定取消对该药临床试验的安全性限制，允许继续开展临床试验[19]。

VSV–EBOV 埃博拉疫苗最初由加拿大公共卫生署研发，2010 年授权给位于美国爱荷华州的 NewLink Genetics 公司。该疫苗是在一种减毒的水疱性口炎病毒（VSV）中表达埃博拉病毒糖蛋白。2014 年 10 月，该疫苗的 I 期临床试验在美国马里兰州的华尔特·里德陆军研究所开展[20]。

cAd3–ZEBOV 埃博拉疫苗由英国葛兰素史克公司与美国 NIAID 合作开发。该疫苗使用源自黑猩猩的减毒 3 型腺病毒载体，在其中嵌入埃博拉病毒糖蛋白。该疫苗 I 期临床试验于 2014 年 9 月份开始在马里、英国和美国开展。

对以上治疗措施以及疫苗的研发与受资助情况分析表明，研发工作都是多机构合作，并且其中很多得到了 HHS、DOD 的经费资助，包括 NIAID、BARDA、DTRA 等。

## 三、讨论

### （一）应对生物威胁需要政府持续投入

2001 年 "9·11" 事件和随后的 "炭疽邮件" 事件后，为了有效应对生物威胁，美国在 2003 年启动了"生物盾牌计划"（Project BioShield），发展针对生物威胁的新的医学应对措施。生物盾牌计划实施的出发点是基于一些生物威胁病原体所造成疾病的发病率较低，应对措施缺乏商业市场，医药企业不愿意投入基金研发，通过生物盾牌计划可以刺激和发展针对生物防御的医疗应对措施研发[26]。

烈性及罕见病原体等生物威胁应对与其他普通感染性疾病的应对有很大的不同，其不像流感等一些医学应对措施研发有广泛的市场需求。如果没有政府的资助和支持，很难引起医药企业足够的兴趣。本次埃博拉疫情应对中没有有效的疫苗和治疗措施，一方面与埃博拉病毒药品疫苗研发的难度较高，以及较高的生物安全实验室条件要求有关；另一方面也与该疾病发病区域较为局限、医学应对措施研发没有广泛的市场有关。对于此类疾病的应对措施研究，政府支持是必不可少的。

### （二）生物防御能力建设要做好资源合理分配

目前，我国对生物防御能力建设重视程度不断提升，但如何合理分配有限的资源是需要面对的一个问题。本研究中检索到 NIH 埃博拉病毒相关的科研项目总经费大约 1.8 亿美元，较炭疽等相关研究要少很多。美国 CDC 所列的 A 类病原体和毒素包括炭疽芽孢杆菌、肉毒梭菌毒素、鼠疫耶尔森菌、天花病毒、土拉热弗朗西斯菌、埃博拉病毒、马尔堡病毒、拉沙病毒等。针对 A 类病原体，美国的应对投入并不是平均分配的，美国生物盾牌计划支持的生物防御措施研究与国家储备主要针对炭疽芽孢杆菌、肉毒梭菌毒素、天花病毒等。埃博拉病毒虽然被认为是一种重要的潜在生物武器，但其病原体获取及武器化存在较大的难度，如苏联生物武器计划期间虽进行过埃博拉病毒相关研究，但最终并未成功武器化[27]。另外，埃博拉病毒相关研究有较高的实验室条件要求，也在一定程度上限制了相关研究的开展。

新发、突发传染病、生物恐怖、生物武器威胁涉及国家安全。应对生物威胁需要处理好几个方面的关系，包括应对新发突发传染病与应对生物恐怖、生物武器的关系，应对流感等发病率较高疾病的威胁与应对埃博拉病毒病等发病较为局限性疾病的关系，应对传统感染性疾病与应对新型感染性疾病的关系，生物防御药品疫苗等应对措施研发中处理好"有""好""优""急"等的关系等[28]。处理好这些关系，做好生物防御能力建设资源的合理分配，可以借鉴美国等一些国家的做法，但更重要的是根据我国的实际情况，如所面临的威胁情况、经济实力、研究基础等进行科学部署。

### （三）重视广谱性医学应对能力建设

面对越来越多的新型病原体及潜在人为改造病原体的威胁，在疾病发生后开始应对措施的研究往往会造成应对的滞后。为此，美国非常重视广谱性应对措施的研发。

BARDA 在其发展战略中强调应对未知和新发病原体，发展广谱抗生素及抗病毒药物[7]。美国 NIAID 重视发展"广谱"性能力，在其发展战略中指出，要提高 3 个方面的广谱性能力：①广谱应对措施，使一种特定的产品能够应对多种生物剂的威胁；②广谱性技术，如热稳定性技术，可以应用于大量现有和研发的产品；③广谱性平台，如发展单克隆抗体研发平台，进行体外安全性快速评价等[8]。

新发与复燃传染病会不断出现，埃博拉病毒病等一些以往发病较为局限的感染性疾病可能流行范围不断扩大，同时，禽流感病毒等一些不断变异的病原体存在发生人群大流行的可能性。面对越来越多的威胁病原体，发展广谱性的应对措施与技术平台是今后的发展趋势。尤其是建立一些通用的技术平台，做好应对能力的储备，在今后应对类似埃博拉病毒病的疫情中会发挥重要的作用。

### （四）生物防御能力建设须加强军地多部门协作

从美国发表的埃博拉病毒相关科研论文以及正在研发的生物防御产品可以看出，生物防御能力建设须多部门合作，军队与地方、科研机构与企业的密切合作是非常必要的。在一些生物防御产品研发中，美国 USAMRIID、NIAID 提供资金，支持地方一些企业进行相应产品的研发，并为其提供高等级的生物安全实验室条件；同时，地方一些企业利用其在医药产品研发方面的经验，加速了产品的研发；另外，一些大学和研究所开展的基础研究工作支持了新型药品疫苗的研发。

生物防御药品疫苗研发时间长，经费投入多，如美国国防部一个生物防御产品的研发平均需投入 12 亿美元[10]。军队与地方的科研机构、大学以及企业等在生物防御产品研发中各有优势，只有加强相互间的协作才能更好地推进产品研发，如加强优势单位的基础研究，为产品研发提供创新支持；加强产品研发中企业作用的发挥；加强基础设施的共享等。我国很早就提出产学研结合的科研模式，在类似埃博拉病毒应对等生物防御能力建设中，也需要大力加强产学研的结合。

# 参考文献

[ 1 ] Yang R F. Pandora of ebola virus：are we ready[J]. Chin Sci Bull，2014，59(32)：4235-4236.

[ 2 ] ZHANG L，WANG H. Forty years of the war against ebola[J]. J Zhejiang University SCIENCE B，2014，15(9)：761-765.

[ 3 ] http://www.who.int/mediacentre/factsheets/fs 103/en/.

[ 4 ] http://www.cdc.gov/vhf/ebola/outbreaks/2014-west-africa/case-counts.html (2015-01-02).

[ 5 ] TIAN D Q，ZHENG T. Comparison and analysis of biological agent category lists based on biosafety and biodefense[J]. PLoS ONE，2014，9(6)：e101163.

[ 6 ] 田德桥，朱联辉，王玉民，等. 美国生物防御经费投入情况分析 [J]. 军事医学，2013，37(2)：141-145.

[ 7 ] NIAID Strategic Plan for Biodefense Research[EB/OL].[2015-01-01]. http://www.niaid.nih.gov/topics/BiodefenseRelated/Biodefense/Pages/strategicplan.aspx.

[ 8 ] BARDA Strategic Plan 2011-2016[EB/OL]. [2015-01-01]. http://www.phe.gov/about/barda/Documents/barda-strategic-plan.pdf.

[ 9 ] HHS supports efforts to speed ebola vaccine delivery[EB/OL]. (2014-12-23)[2015-01-01]. http://www.hhs.gov/news/press/2014pres/12/20141223a.html .

[10] Government Accountability Office (GAO) Report to Congressional Committees. DOD Has Strengthened Coordination on Medical Countermeasures but Can Improve Its Process for Threat Prioritization[EB/OL]. [2015-01-01]. http://www.gao.gov/products/GAO-14-442.

[11] USAMRIID's medical management of biological casualties handbook(Fifth Edition，August 2004)[EB/OL]. [2015-01-01]. http://www.usamriid.army.mil/education/bluebookpdf/USAMRIID%20BlueBook%206th%20Edition%20-%20Sep%202006.pdf.

[12] DTRA Medical Countermeasures Help West African ebola Crisis[EB/OL]. (2014-12-12)[2015-01-01]. http://www.defense.gov/news.

[13] Department of Defense Fiscal Year (FY) 2015 Budget Estimates-Chemical and Biological Defense Program[EB/OL]. [2015-01-01]. http://www.globalsecurity.org/military/library/budget/fy 2015/dod/rdte-cbdp.pdf.

[14] BORNHOLDT Z A，NODA T，ABELSON D M，et al. Structural rearrangement of ebola virus VP 40 begets multiple functions in the virus life cycle[J]. Cell, 2013，154(4)：763-774.

[15] GEISBERT T W，LEE A C，ROBBINS M，et al. Postexposure protection of non-human primates against a lethal ebola virus challenge with RNA interference：a proof-of-concept study[J]. Lancet，2010，375(9729)：1896-1905.

[16] CÔTÉ M，MISASI J，REN T，et al. Small molecule inhibitors reveal Niemann-Pick C 1 is essential for ebola

virus infection[J].Nature，2011，477(7364)：344–348.

[17]　QIU X，WONG G，AUDET J. Reversion of advanced ebola virus disease in nonhuman primates with ZMapp[J]. Nature，2014，514(7520)：47–53.

[18]　RASMUSSEN A L，OKUMURA A，FERRIS M T，et al. Host genetic diversity enables ebola hemorrhagic fever pathogenesis and resistance[J]. Science，2014，346(6212)：987–991.

[19]　刁天喜，徐守军，赵晓宇，等 . 埃博拉出血热药物和疫苗研究开发态势分析 [J]. 军事医学，2014，38 (8)：569–575.

[20]　杨臻峥，邢爱敏，康银花，等 . 抗埃博拉病毒药物研究近期动态 [J]. 药学进展，2014，3838 (9)：707–711.

[21]　OLINGER G G，PETTITT J，KIM D，et al. Delayed treatment of ebola virus infection with plant–derived monoclonal antibodies provides protection in rhesus macaques[J]. Proc Natl Acad Sci U S A，2012，109(44)：18030–18035.

[22]　QIU X，AUDET J，WONG G，et al. Sustained protection against ebola virus infection following treatment of infected nonhuman primates with ZMAb[J]. Sci Rep，2013，3：3365.

[23]　JONES S M，FELDMANN H，STRÖHER U，et al. Live attenuated recombinant vaccine protects nonhuman primates against ebola and Marburg viruses[J]. Nat Med，2005，11(7)：786–790.

[24]　FELDMANN H，JONES S M，DADDARIO–DICAPRIO K M，et al. Effective post–exposure treatment of ebola infection[J]. PLoS Pathog，2007，3(1)：e2.

[25]　STANLEY D A，HONKO A N，ASIEDU C，et al. Chimpanzee adenovirus vaccine generates acute and durable protective immunity against ebolavirus challenge[J]. Nat Med，2014，20(10)：1126–1129.

[26]　CRS Report for Congress：Project BioShield[EB/OL].(2004–12–27)[2015–01–01]. http://www. fas.org/irp/crs/RS21507.pdf.

[27]　LEITENBERG M，ZILINSKAS R A，KUHN J H. The Soviet Biological Weapons Program：A History[M]. Cambridge：Harvard University Press，2012.

[28]　郑涛，沈倍奋，黄培堂 . 我国生物安全能力可持续发展的重点 [J]. 军事医学，2012，36(10)：728–731.

## 第五节　冠状病毒及其疫苗研究*

感染性疾病自古以来对民众健康和人类社会构成巨大威胁。历史上，死于鼠疫的人数超过所有战争死亡人数的总和[1]。1918年，甲型H1N1流感在西班牙暴发并传遍全球，造成全世界2.5%、近5000万人死亡[2]。近20年来，严重急性呼吸综合征（Severe Acute Respiratory Syndrom，SARS）、H5N1禽流感、2009 H1N1流感、中东呼吸综合征（Middle East Respiratory Syndrome，MERS）、H7N9禽流感、埃博拉病毒病、寨卡病毒病、基孔肯雅病毒病等新发再发传染病层出不穷，对民众健康、社会稳定、经济发展和国家安全产生巨大影响。2015年12月，世界卫生组织（WHO）公布了最需加强应对研发的8种病原体所致感染性疾病清单，其中包括冠状病毒（Coronavirus，CoV）所致的SARS和MERS。SARS 2002年和2003年导致32个国家或地区8098例病例和774例死亡[3]，给中国经济造成约253亿美元的损失[4]。SARS之后10年，MERS在中东沙特阿拉伯等国家出现，根据WHO公布的数据，截至2019年12月底，全球共报告2499例病例，861例死亡。2019年末开始的新型冠状病毒（2019-nCoV）导致的肺炎疫情对全球造成巨大影响，根据WHO公布的数据，截至2020年2月18日，全球共有73 332例确诊病例，1873例死亡。

人类和冠状病毒的斗争是一个长期的过程，新的冠状病毒今后可能还会出现，对于传播能力较强的病原体，单纯通过防控手段遏制存在巨大难度，因此，疫苗是应对当前和今后冠状病毒威胁的关键。本文对SARS-CoV、MERS-CoV和2019-nCoV 3种人用冠状病毒的疫苗研发情况以及相关的生物学特点进行综述。

### 一、生物学特点

#### （一）病毒分类

冠状病毒是一类广泛存在、对人及家畜具有重大潜在威胁的病原体，最初于1937年从鸡的感染组织中被发现，病毒呈球形，表面具有王冠般的钉状突起，因此被命名为冠状病毒[5]。1965年从普通感冒患者分离出首个人类冠状病毒（HCoV）[6]。1975年，国际病毒分类委员会（International Committee on Taxonomy of Viruses，ICTV）正式命名了冠状病毒科（Coronaviridae）[7]。

冠状病毒隶属于套式病毒目（Nidovirales），是冠状病毒科冠状病毒亚科（Coronavirinae）的成员，具有囊膜，基因组为线性单股正链RNA，基因组全长

---

*完成时间：2020年2月23日。

27 ~ 32 kb，是目前已知 RNA 病毒中基因组最大的病毒[8]。冠状病毒分为 4 个属，即 α 冠状病毒、β 冠状病毒、γ 冠状病毒和 δ 冠状病毒。β 冠状病毒又可以进一步细分为 A、B、C 和 D 4 个群。2018 年，β 冠状病毒属的 4 个群被 ICTV 重新命名为 *Embecovirus* 亚属（先前的 A 群）、*Sarbecovirus* 亚属（先前的 B 群）、*Merbecovirus* 亚属（先前的 C 群）和 *Nobecovirus* 亚属（先前的 D 群），此外，还增加了第 5 个亚属 *Hibecovirus*[9]。

冠状病毒与人类和动物多种疾病有关，可引起人和动物呼吸道、消化道和神经系统疾病[8]。α 冠状病毒和 β 冠状病毒仅感染哺乳动物，γ 冠状病毒和 δ 冠状病毒主要感染鸟类[10]。动物冠状病毒包括哺乳动物冠状病毒和禽冠状病毒，哺乳动物冠状病毒可感染包括猪、犬、猫、鼠、牛、马等多种动物，包括猪传染性胃肠炎病毒、猪肠道腹泻病毒（porcine enteric diarrhea virus，PEDV）、猪急性腹泻综合征冠状病毒（swine acute diarrhea syndrome coronavirus，SADS–CoV）等[10]。禽冠状病毒可引起多种禽鸟类，如鸡、火鸡、麻雀、鸭、鹅、鸽子等发病[8]。

除当前 2019–nCoV 新型冠状病毒外，共发现 6 种可感染人类的冠状病毒（HcoV–229E、HcoV–OC43、SARS–CoV、HcoV–NL63、HcoV–HKU1 和 MERS–CoV）。HcoV–229E 和 HcoV–NL63 属于 α 属；HcoV–OC43、SARS–CoV、HcoV–HKU1 和 MERS–CoV 属于 β 属，其中，HcoV–OC43 和 HcoV–HKU1 属于 A 亚群，SARS–CoV 属于 B 亚群，MERS–CoV 属于 C 亚群[8]。SARS–CoV 和 MERS–CoV 在人类引起严重的呼吸综合征，其他 4 种仅引起轻微上呼吸道感染[10]。HcoV–229E、HcoV–OC43、HcoV–NL63、HcoV–HKU1 分别分离于 1966 年、1967 年、2004 年和 2005 年[6]。

### （二）病毒结构与基因组

SARS 冠状病毒、MERS 冠状病毒和 2019 新型冠状病毒基因组长度分别为 29.7 kb[11]、30.1 kb[12] 和 29.8 kb[13]。冠状病毒基因组编码 3 类蛋白：非结构蛋白、结构蛋白和附属蛋白。非结构蛋白基因占基因组长度的大约 2/3，被翻译成两个大的多聚蛋白 pp1a 和 pp1b，经其自剪切成为成熟的 16 个非结构蛋白（nsp1 至 nsp16），构成病毒复制—转录酶复合物[5]。切割蛋白酶包括木瓜蛋白酶样蛋白酶（Plpro，对应 nsp3）和 3CL 蛋白酶（3Clpro，对应 nsp5），Plpro 负责剪切 nsp1 到 nsp4 这一区域的位点，3Clpro 负责剪切 nsp4 到 nsp16 的位点[5]。冠状病毒基因组编码的具有 RNA 依赖的 RNA 聚合酶活性蛋白共有两个，即 nsp12 与 nsp8[5]。冠状病毒的一个独特特征是 nsp14 的外切核糖核酸酶（ExoN）功能，该功能提供了维持大型 RNA 基因组的有害突变校正能力[12]。

结构蛋白是病毒壳体的基本结构，参与成熟病毒的组装释放以及宿主识别与侵入，包括刺突蛋白（S）、膜蛋白（M）、包膜蛋白（E）和核衣壳蛋白（N）。刺突蛋白形成一层突出包膜的糖蛋白，膜蛋白和包膜蛋白为另外两种跨膜糖蛋白，病毒内部有螺旋核衣壳，它由被核衣壳蛋白包裹的病毒正链 RNA 组成[12]。S 蛋白的作用是附着于宿主细胞膜并与宿主细胞膜融合而进入细胞，决定病毒感染的种属特异性和组织亲嗜性，是病毒毒力的主要决定部分；M 蛋白是负责病毒颗粒组装的主要蛋白，与病毒囊膜形成与出芽有关；E 蛋白在病毒组装和释放过程中起重要作用[5,14]；N 蛋白能与病毒 RNA 紧密结合，保护病毒的 RNA 基因组，同时也是干扰素的拮抗剂和 RNA 干扰（RNAi）的抑制因子[14]。与 β 属其他冠状病毒不同，A 群冠状病毒还编码血凝素酯酶（hemagglutinin esterase，HE），其功能与 S 蛋白相似[6]。S 蛋白由信号肽和 3 个结构域（胞外域、跨膜域和胞内域）组成，胞外域由 2 个亚单位 S1 和 S2 组成，S1 亚单位中间区域是受体结合域（receptor-binding domain，RBD）[15]，其中受体结合基序（receptor-binding motif，RBM）是与受体结合的关键部位[16]。RBD 与细胞受体的结合引起 S 蛋白构象变化，促进融合过程完成[17]。

附属蛋白在各类冠状病毒中存在较大的种间差异，一般认为其参与辅助病毒基因组复制、宿主选择以及干扰宿主先天免疫应答等[5,12]。冠状病毒多聚蛋白和大多数结构蛋白较为保守，但其 S 蛋白和辅助蛋白却高度可变[10]。

冠状病毒结构和冠状病毒基因组结构分别见图 2-4、图 2-5。

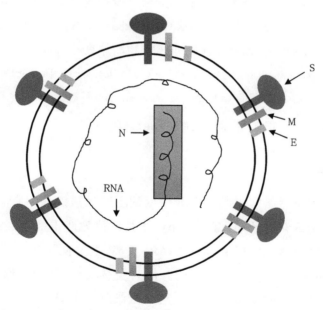

S（spike，刺突蛋白），M（membrane，膜蛋白），E（envelope，包膜蛋白），N（nucleocapsid，核衣壳蛋白），RNA（ribonucleic acid，核糖核酸）。

**图 2-4 冠状病毒结构示意**[15]

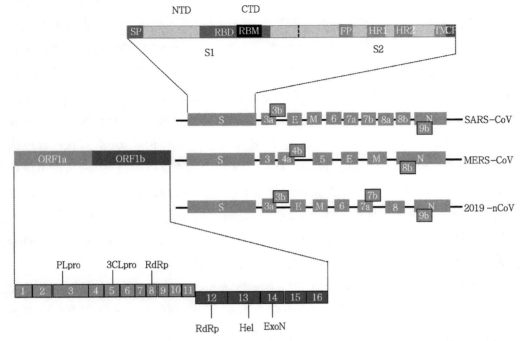

NTD（N-terminal domain，N 端结构域），CTD（C-terminal domain，C 端结构域），SP（signal peptide，信号肽），RBD（receptor binding domain，受体结合结构域），RBM（receptor binding motif，受体结合基序），FP（fusion peptide，融合肽），HR（heptad repeat，七肽重复序列），TM（transmembrane domain，跨膜结构域），CP（cytoplasm domain，胞质结构域），Plpro（papain-like protease，木瓜蛋白酶），3Clpro（3C-like protease，3CL 蛋白酶），RdRp（RNA-dependent RNA polymerase，RNA 依赖性 RNA 聚合酶），Hel（helicase，解旋酶），ExoN（exonuclease，核酸外切酶）。

**图 2-5  冠状病毒基因组结构示意**[12, 15-18]

## （三）致病特点

常见的人冠状病毒通常引起轻度或中度的上呼吸道疾病，有时会引起肺炎等下呼吸道疾病。SARS-CoV 和 MERS-CoV 可引起较为严重症状，SARS 病死率约为 9.6%，MERS 病死率约为 34.4%[8]。SARS-CoV 主要使用血管紧张素转化酶 2（angiotensin-converting enzyme 2，ACE2）作为受体[19]，但也可通过 DC-SIGN 或 L-SIGN 作为受体[15]，主要感染纤毛支气管上皮细胞、Ⅰ型和Ⅱ型肺泡壁细胞[10,20]。HcoV-NL63 也使用血管紧张素转化酶 2（ACE2）受体[20]。MERS-CoV 使用二肽基肽酶 4（dipeptidyl peptidase 4，DPP4，也称为 CD26）作为受体[21]，主要感染非纤毛支气管上皮细胞和Ⅱ型肺泡壁细胞[10,20]。

先天性免疫应答是宿主细胞防御病毒的第一道防线，冠状病毒会拮抗先天免疫反应，非结构蛋白 nsp3、nsp4 和 nsp6 与冠状病毒复制和免疫逃避相关[22]。

HcoV-229E 和 HcoV-NL 63 的 nsp 1 蛋白可以作为干扰素（IFN）拮抗剂[22]。与 SARS 患者相比，MERS 患者的病死率更高，可能因为 MERS-CoV 可感染人类 T 淋巴细胞，并诱导患者体内的 T 淋巴细胞凋亡；而由于受体 ACE 2 的表达量较少的原因，SARS-CoV 一般不感染 T 淋巴细胞[23]。MERS-CoV S 蛋白与 DPP 4 受体的相互作用不仅促进病毒进入宿主细胞，还触发诱导感染患者免疫抑制的信号，阻断 IFN 产生[24]。

SARS 冠状病毒抗体在感染后 24 个月仍可检测到，然后逐渐减少，直到感染后 6 年完全消失[24]。也有报道称，SARS-CoV 的 IgG 抗体可持续长达 12 年以上[25]。检测到抗 MERS-CoV 抗体反应一般在感染后的第 14 ~ 21 天，抗体浓度会随时间增加并持续超过 34 个月，而抗体反应时长取决于感染的严重程度[24]。从一些康复期 SARS 患者的血清中回收的抗体可与 MERS-CoV 发生交叉中和反应[24]。治疗 SARS 和 MERS，包括基于病毒和基于宿主的治疗策略，如病毒或宿主蛋白酶抑制剂、抗体、干扰素等[26]。

### （四）流行病学

全球 10% ~ 30% 的上呼吸道感染由 HcoV-229E、HcoV-OC 43、HcoV-NL 63 和 HcoV-HKU 1 4 种冠状病毒引起，在造成普通感冒的病因中占第 2 位，仅次于鼻病毒[8]。SARS 2002 年年底出现，2003 年 7 月，世界卫生组织宣告 SARS 大流行结束[12]。2003 年 12 月至 2004 年 1 月，中国广东省报告了与感染 SARS-CoV 毒株动物接触导致的人散在感染病例[15]。

在 SARS 出现 10 年后的 2012 年 6 月，沙特阿拉伯一名男子死于急性肺炎，从他的痰液中分离出一种新型冠状病毒，即中东呼吸综合征冠状病毒（MERS-CoV）[27]。2012 年 4 月，约旦的一家医院发生了一系列严重呼吸系统疾病病例，回顾性诊断为 MERS[12]。MERS 持续出现并传播到阿拉伯半岛以外的国家。2015 年 5 月，韩国暴发了一次中东呼吸综合征的医院内感染，涉及 16 家医院、186 名患者[12]。截至 2019 年 12 月，MERS 在全球已波及中东、亚洲、欧洲等 27 个国家和地区。MERS-CoV 可在人与人之间传播，传播能力有限，但 2015 年 MERS 在韩国流行中，主要以人传人的方式。骆驼到人的传播主要在沙特阿拉伯等中东国家。研究认为，SARS-CoV 可能通过基因突变使其更加适合在人类的传播，而 MERS-CoV 尚未发生这种情况[28]。

2019 年 12 月 31 日，WHO 收到中国武汉地区肺炎疫情的报告。2020 年 1 月 7 日，中国确认此次疫情由一种新型冠状病毒引起，命名为"2019-nCoV"。2 月 7 日，国际病毒分类委员会将该新型冠状病毒命名为"SARS 冠状病毒 -2（severe acute respiratory syndrome coronavirus 2，SARS-CoV-2）"，其与 SARS 冠状病毒同属一个种（Species）[29]。2 月 11 日，世界卫生组织将 2019 新型冠状病毒肺炎命名为 2019 冠状病毒病（Coronavirus Disease 2019，COVID-19）。在对 44,672 例确诊病例的分析中，湖北省占比 74.7%，

生物安全科学学

80.9%属于轻中症，共有 1023 例死亡，粗病死率为 2.3%[30]。

基本再生指数（$R_0$）是在完全易感人群中由一名典型的传染病个体引起的继发病例的平均数。SARS 的 $R_0$ 值约为 3 [31]，MERS 的 $R_0$ 值为 0.95 [32]，2019–nCoV 的 $R_0$ 值约为 2.2[33]。HcoV–229E、HcoV–OC43、HcoV–NL63 和 HcoV–HKU1 4 类冠状病毒非常适应人类，在人群中广泛传播，但没有发现动物宿主。而 SARS–CoV 和 MERS–CoV 不太适合在人类维持 [6]。SARS–CoV 是非自然起源，无储存宿主库，故而很快消失，MERS–CoV 有天然动物储存库，可能会存在较长时间 [23]。

## 二、病毒溯源

### （一）SARS–CoV、MERS–CoV 及 2019–nCoV 的可能来源

SARS 流行之后，在市场果子狸检测到 SARS–CoV [34]。但在野外或繁殖场所的果子狸没有检测出 SARS–CoV 冠状病毒，故市场果子狸中发现的 SARS–CoV 可能来自其他动物。另外，对香港健康个体 2001 年的样本分析，发现针对 SARS 相关病毒抗体的阳性率为 1.8%，这表明 SARS–CoV 或相关病毒在 2003 年大流行之前就在人类中存在 [35]。由此至少有 3 次甚至更多的传播事件发生在果子狸等动物和人类之间：第 1 次发生在 SARS 流行之前；第 2 次在 2002—2003 年 SARS 流行期间；第 3 次发生在 2003—2004 年冬季的散发感染 [20]。

在 SARS 流行之前，尚不知道蝙蝠是冠状病毒的宿主。2005 年，中国科学院武汉病毒研究所 [36] 和香港大学 [37] 分别独立报告了在菊头蝠中发现了与人类 SARS–CoV 相关的冠状病毒，被称为 SARS 样冠状病毒（SARS–like coronaviruses，SL–CoVs）或 SARS 相关冠状病毒（SARS–CoV–related viruses，SARSr–CoVs）。这些发现表明，蝙蝠可能是 SARS–CoV 的天然宿主，而果子狸只是中间宿主。随后，在中国不同省份及欧洲、非洲和东南亚国家的蝙蝠中发现了许多 SARS 相关冠状病毒，表明 SARSr–CoV 具有广泛的地理分布，可能很长一段时间以来都在蝙蝠中存在 [10]。

寻找 MERS–CoV 宿主的最初目标是蝙蝠，但对阿曼等地的单峰骆驼进行的血清学调查显示，这些动物中 MERS–CoV 抗体阳性率很高 [38]。此外，在卡塔尔一家与两例人 MERS 病例相关农场的单峰骆驼中检测到 MERS–CoV RNA [39]。阿曼、沙特阿拉伯、卡塔尔、阿拉伯联合酋长国、约旦以及非洲一些国家，如埃及、肯尼亚、尼日利亚、埃塞俄比亚、突尼斯、索马里和苏丹的单峰骆驼也存在 MERS–CoV 血清抗体，在沙特阿拉伯、卡塔尔和埃及单峰骆驼分离出 MERS–CoV[12]。从骆驼分离出的 MERS–CoV 与从人分离出的基因组序列几乎完全相同 [40]。血清学证据表明，中东、东非和北非地区单峰骆驼最早在 1983 年就存在 MERS–CoV 样病毒 [10]。沙特阿拉伯的单峰骆驼携带数种冠状病毒类型，其中包括导致人类暴发的病毒类型 [41]。单峰骆

驼是人间 MERS 病例的主要传染来源。

此外，在阿拉伯半岛、墨西哥、加纳和欧洲的蝙蝠中发现的 β 冠状病毒中的几种冠状病毒与 MERS-CoV 密切相关[20]。基因组序列分析表明，MERS-CoV 与扁颅蝠属（Tylonycteris）冠状病毒 HKU 4 和伏翼属（Pipistrellus）冠状病毒 HKU 5 在系统发育上是相关的，且均为 β 冠状病毒 C 群[10]。但是，这些 MERSr-CoV 都不是 MERS-CoV 的直接来源，因为它们的 S 蛋白与 MERS-CoV 有很大不同。MERS-CoV 可能源自蝙蝠、骆驼等中不同病毒祖先之间的遗传元件交换[10]。尽管蝙蝠是大多数冠状病毒的主要宿主，目前单峰骆驼仍被认为是 MERS-CoV 唯一已知的储存宿主。被感染的单峰骆驼普遍存在于人类附近，并且由此产生的持续的人畜共患病传播可以解释为什么 MERS-CoV 持续导致人类感染，而 SARS-CoV 由于没有持续存在的中间宿主，且人与蝙蝠之间的接触相对较少，所以没有再造成人类感染[12]。

序列分析表明，2019-nCoV 与此前从中国蝙蝠分离的一株 SARS 样冠状病毒（β-冠状病毒，Sarbecovirus 亚属）具有 89.1% 的序列相似性[42]，2019-nCoV 基因组序列与 SARS-CoV 存在 79.5% 的序列相似性。在整个基因组水平，2019-nCoV 与之前在云南分离的蝙蝠冠状病毒（RaTG 13）的序列同源性为 96%，其中 7 个保守的非结构蛋白的序列分析表明，该病毒属于 SARSr-CoV 种。同时，2019-nCoV 与 SARS-CoV 使用相同的 ACE 2 受体进入细胞[13]。进化分析表明，2019-nCoV 与 RaTG 13 共同构成 SARSr-CoVs 一个独立的遗传分支[13]。

### （二）蝙蝠在新型冠状病毒产生中的作用

蝙蝠被认为是几种高致病性病毒的宿主，如狂犬病病毒、亨德拉病毒、尼帕病毒和埃博拉病毒等[9]。蝙蝠属于翼手目（Chiroptera）哺乳动物，分为两个亚目：食水果的大型蝙蝠亚目和食昆虫的小型蝙蝠亚目。蝙蝠高度多样，是种类数量排第 2 位的哺乳动物群体，有 17 个科、1100 个种，占所有哺乳动物种类的 20% 以上[20]。蝙蝠物种的高度多样化产生了各种细胞类型和受体，有助于使它们成为多种病毒的潜在宿主。蝙蝠在全球大部分地区的散布增强了它们作为病原体贮藏库的潜力[20]。另外，蝙蝠是唯一能够持续飞行的哺乳动物，这便于它们传播携带的病毒并增加种间传播的机会[9]。蝙蝠的栖息特点与生态压力，使蝙蝠易于接近人类或家畜，增加了蝙蝠向人类或其他动物传播疾病的机会[20]。

所有人类冠状病毒均具有动物起源：SARS-CoV、MERS-CoV、HcoV-NL 63 和 HcoV-229E 被认为起源于蝙蝠，HcoV-OC 43 和 HcoV-HKU 1 可能起源于啮齿动物[10]。在 4 种冠状病毒属中，在蝙蝠仅发现了 α 冠状病毒和 β 冠状病毒，故推测蝙蝠冠状病毒是 α 冠状病毒和 β 冠状病毒的祖先，而鸟冠状病毒是 γ 冠状病毒和 δ 冠状病毒的祖先[9]。蝙蝠很可能是 α 冠状病毒和 β 冠状病毒的主要天然贮藏库[10]。

对 SARS-CoV 和 MERS-CoV 这两种重要的冠状病毒的广泛研究，不仅使人们对冠状病毒生物学有了更多的了解，而且还在全球范围内推动了蝙蝠中冠状病毒的发现[10]。蝙蝠还携带其他人类冠状病毒，在加纳采样的蝙蝠携带与 HcoV-229E 在系统发育上相似的病毒，在北美采样的蝙蝠携带与 HcoV-NL 63 具有系统发育相似的病毒[20]。有研究从中国采样的蝙蝠中鉴定出 32 种 α 冠状病毒和 41 种 β 冠状病毒[43]。家畜可能作为中间宿主发挥重要作用，使病毒能够从自然宿主传播到人类[10]。家畜本身也可能产生蝙蝠来源或紧密相关的冠状病毒引起的疾病。2016 年 10 月至 2017 年 5 月，广东省 4 个养猪场发生了猪急性腹泻综合征（SADS），仔猪病死率达 90%，分离到的 SADS-CoV 与菊头蝠（*Rhinolophus*）冠状病毒 HKU 2 具有 95% 的一致性，表明其可能的蝙蝠来源[44]。

冠状病毒由于 RNA 病毒固有的高突变特性以及重组机制而能迅速适应新的宿主和生态环境，可以产生具有高度遗传多样性的新型病毒[9]。冠状病毒复制时会产生一组亚基因组 RNA，增加了其同源重组可能性[6]。研究表明，高度变异的 SARSr-CoV 在中国云南省一个洞穴的蝙蝠种群中共存，包含了中国其他地区发现的 SARSr-CoV 所有遗传类型。此外，在这一位置存在的病毒株包含形成 SARS-CoV 所需的所有遗传元件[45]。由于在 SARS 暴发期间云南省没有 SARS 病例，可以假设 SARS-CoV 的直接祖先是通过蝙蝠内的重组产生的，然后传播到养殖的果子狸或其他哺乳动物。被病毒感染的果子狸被运到广东市场时，该病毒在市场果子狸中传播，并在向人类传播之前获得了进一步的突变[10]。

研究表明，果子狸 SARS-CoV 株 SZ3 是通过两个蝙蝠冠状病毒毒株 WIV 16 和 Rf4092 重组产生的[45]；此外，蝙蝠中最接近 SARS-CoV 的毒株 WIV 16 可能是由另外两种蝙蝠 SARSr-CoV 株的重组产生的[45]；并且，SARS-CoV 可能具有 α 冠状病毒和 γ 冠状病毒重组的历史[46]，S 基因内的重组事件可能与 MERS-CoV 的出现有关[47]。研究表明，蝙蝠冠状病毒可以在两个不同亚目的蝙蝠之间传播，增加了病毒分子重组的机会[20]。另外，研究人员在果蝠鉴定了一种新型冠状病毒，其中一个基因可能来源于蝙蝠中的双链 RNA 病毒呼肠孤病毒（orthoreovirus）的 p 10 基因[48]。

中国疾病预防控制中心从贵州省采集的菊头蝠冠状病毒（SARSr-Rh-BatCoV）的基因组序列，除了 S 蛋白序列以外与 SARS-CoV 密切相关[43]。中国科学院武汉病毒研究所基于所发现的一些蝙蝠冠状病毒与 SARS-CoV 具有相同的细胞受体，认为蝙蝠中的冠状病毒也可能会直接感染人类[49]。美国北卡罗来纳大学教堂山分校研究发现，在中国菊头蝠中传播的 SARS 样冠状病毒 SHC 014-CoV 具有潜在感染人类的可能性[50]。其他一些文献也指出：SARS 将来可能会再次发生，通过实验室样品泄漏或是动物宿主中 SARS 样冠状病毒演变[15]；蝙蝠种类繁多，潜在的病原体能够在蝙蝠种群间传播，许多蝙蝠冠状病毒可能会直接感染人类[20]；鉴于蝙蝠中 SARSr-

CoVs 的广泛分布和遗传多样性，以及冠状病毒的频繁重组，预计将来会出现新的变体[10]；在人类出现一种新的冠状病毒不是能否发生的问题，而是何时发生的问题[6]。

## 三、疫苗研发

人用冠状病毒相关疫苗研发主要包括灭活疫苗、重组亚单位疫苗、核酸疫苗、病毒载体疫苗和减毒活疫苗等。虽然已经报道出许多有希望的候选疫苗，但进入临床试验阶段的很少。针对 SARS-CoV，美国过敏与感染性疾病研究所进行了 SARS-CoV 疫苗的 I 期临床研究，包括灭活疫苗（NCT00533741）、重组亚单位疫苗（S 蛋白，NCT01376765）和 DNA 疫苗（S 蛋白，NCT00099463）（https://clinicaltrials.gov/）。北京科兴生物科技有限公司的 SARS-CoV 灭活疫苗进行了 I 期临床研究[51]。针对 MERS-CoV，有 3 种疫苗进入 I 期临床试验：DNA 疫苗 GLS-5300（NCT02670187/NCT03721718 I/IIa）和两种基于病毒载体的疫苗 MVA-MERS-S（NCT03615911）、MERS 001/MERS 002（NCT03399578/NCT04170829）。

冠状病毒 S 蛋白负责与受体结合，是疫苗和治疗药物开发的主要靶标，大多数冠状病毒候选疫苗都基于全长或部分 S 蛋白[52]。针对 S 蛋白的两种特异性人单克隆抗体对 SARS-CoV 和果子狸的分离株表现出有效的交叉反应，但对蝙蝠株却没有[53]。动物冠状病毒疫苗研究表明，N 蛋白可能代表疫苗开发的另一种候选抗原[54]，SARS-CoV M 蛋白抗体也被证明具有中和活性[55]，E 蛋白和 nsp 16 是减毒活疫苗的主要基因缺失对象[22]。

受体结合结构域（RBD）在 S 蛋白中包含主要的中和表位，重组 RBD 可预防具有不同基因型的 SARS-CoV 株感染[15]。研究表明，SARS-CoV Tor2 毒株的 RBD 包含 6 种不同的构象中和表位，可在接种疫苗的动物中诱导出对所有 SARS-CoV 毒株均具有中和活性的抗体，包括那些由早期 SARS 暴发引起的毒株（如 GD03 毒株）和晚期 SARS 大流行毒株（如 Urbani），以及来自果子狸的 SARS 样冠状病毒毒株（SZ 毒株）[56]。冠状病毒 RBD 以外的某些表位可能具有中和活性，但这种能力明显低于 RBD，识别出这些非 RBD 中和表位，将其纳入疫苗设计中，可增加疫苗的效果[57]。

理想的冠状病毒疫苗应具有广谱性，并能快速应用于新的冠状病毒。在疫苗设计中必须考虑 S 蛋白的抗原变异，需靶向不同表位，以产生协同中和作用[58]。理想情况下，疫苗应有效诱导体液免疫和细胞免疫，特别是抗体反应至关重要。研究表明，在感染 SARS-CoV 期间，S 蛋白在中和抗体和 T 细胞保护性免疫中起关键作用[59]。MERS-CoV 的两种蛋白，即 S 和 N 蛋白被证明具有高度免疫原性并能够引发 T 细胞免疫反应，但仅 S 蛋白被证明可诱导中和抗体[52]。MERS-CoV 疫苗引起的 T 细胞反应也起着重要作用，病毒清除在 T 细胞缺陷小鼠中是不可能的，但在缺乏

生物安全科学学

B 细胞的小鼠中是可能的 [52]。尽管 T 细胞是急性病毒清除的关键因素，但对随后的 MERS-CoV 感染的保护很大程度上是由体液免疫介导的 [52]。

## （一）灭活疫苗

全病毒灭活疫苗（Inactivated wholE-virus，IWV）是病毒通过物理（热）或化学方法灭活，是疫情暴发后生产疫苗最快的方法 [52]。IWV 具有许多优势，具有类似于入侵病毒颗粒的抗原部分，生产成本相对较低，并且不涉及基因操作 [52]。然而，IWV 的生产要求活病毒必须在高防护等级的环境中培养，并且免疫原的抗原性可能会在病毒灭活过程中发生改变 [52]。对于 SARS-CoV，有报道紫外线灭活病毒的大量制备 [60]。

甲醛、紫外线和 β- 丙内酯灭活的 SARS-CoV 可以在免疫动物中诱导病毒中和抗体。接种灭活 SARS-CoV 疫苗的小鼠可产生针对多种蛋白的抗体，包括 S、N、M 和 3CL[61]，并证明可以有效诱导中和抗体 [62]。研究表明，灭活疫苗可阻止小鼠肺部 SARS-CoV 复制 [63]，β- 丙内酯灭活的 SARS-CoV（ToR-2 株）疫苗在小鼠模型能够通过诱导高水平的中和抗体抵抗 SARS-CoV 攻击 [64]。在雪貂实验中，灭活疫苗可诱导中和抗体并可降低病毒在上呼吸道复制和脱落，并降低肺炎的严重程度 [65]。福尔马林灭活的 SARS-CoV 全病毒 Urbani 株在雪貂实验中可诱导产生中和抗体，并在攻击后使病毒更早清除 [66]。甲醛灭活的 SARS-CoV 在猕猴实验中显示出安全性和免疫原性 [67]。对 36 名受试者的灭活 SARS-CoV 疫苗 I 期临床试验中，发现该疫苗安全，耐受性良好，并能够诱导 SARS-CoV 特异性中和抗体.[51]。SARS-CoV 特异性 T 细胞反应在灭活疫苗和腺病毒载体 S / N 疫苗接种的小鼠中相似，表明灭活疫苗能诱导 T 细胞反应 [64]。甲醛灭活的 MERS-CoV 诱导小鼠产生中和抗体，但不引起 T 细胞反应，结合佐剂明矾和 CpG 寡核苷酸（ODN）可以增强在 hDPP4 转基因小鼠的免疫保护性 [68]。

生产灭活疫苗遇到的主要困难是确保所有病毒都成功灭活，不完全灭活病毒可能会在接种人群中引起疾病暴发，生产人员在处理活的 SARS-CoV 期间有感染的风险。另外，某些病毒蛋白可能会诱导有害的免疫或炎性反应，灭活的 MERS-CoV 疫苗在 MERS-CoV 攻击后可能引起过敏性肺免疫病理反应 [69]。针对 2019 新型冠状病毒，目前没有机构宣布采用灭活疫苗研发策略。

## （二）重组亚单位疫苗

基于重组蛋白的亚单位疫苗具有较高的安全性，其利用全长 S 蛋白、S1 亚单位或受体结合域（RBD）作为抗原。在合适的佐剂配合下，这种类型的疫苗可诱导很高的中和抗体效价。亚单位疫苗目前主要集中在重组表达 S 蛋白的 RBD[52]。基于 RBD 的疫苗比基于全长 S 蛋白的疫苗更加有效和安全，大多数高效中和抗体靶向

RBD，RBD 包含关键中和结构域（critical neutralizing domain，CND）[70]。全长 S 蛋白包含一些非中和免疫结构域，可能会降低免疫原性，甚至诱导有害的免疫反应[57]。

RBD 是 S 蛋白 S1 亚单位中间的一个片段，大约 193 个氨基酸，负责病毒与靶细胞受体的结合[15]。重组 RBD 由多个构象中和表位组成，这些表位可诱导针对 SARS–CoV 的高效中和抗体，与全长 S 蛋白不同，其不包含诱导非中和抗体的免疫位点[15]。SARS 患者和经灭活 SARS–CoV 免疫的动物的抗血清与 RBD 反应强烈[71]，SARS–CoV 抗体可显著抑制 RBD 与 ACE2 的结合[72]，用 RBD 免疫的兔和小鼠产生高滴度的抗 SARS–CoV 中和抗体[73]。RBD 序列相对保守，可针对 SARS–CoV 不同基因型[15]。研究表明，基于 RBD 的 SARS–CoV 亚单位疫苗比病毒载体疫苗更为有效和安全[74]。通过基于 RBD 的疫苗免疫小鼠可诱导针对 SARS–CoV 感染的长期保护[75]。

在 MERS–CoV 疫苗开发中也需避免诱导非中和抗体。基于 S1 亚单位的 MERS–CoV 候选疫苗诱导的中和活性比基于全长 S 蛋白的候选疫苗中和活性稍强，基于更短的 RBD 的候选疫苗可诱导最强的免疫中和反应[52]。基于全长 S 和 S1 亚单位的亚单位疫苗在小鼠和非人灵长类动物模型中具有抗 MERS–CoV 感染的能力[76]。一些研究通过在烟草等植物表达了 SARS–CoV S 蛋白（S1）的 N 末端片段[77]。基于 RBD 的 MERS 亚单位疫苗已证明在小鼠模型具有抗 MERS–CoV 感染的能力[78]。基于 MERS–CoV–RBD 的亚单位疫苗的鼻内疫苗接种，可诱导针对 RBD 和 MERS–CoV S 蛋白的黏膜中和 IgA 反应[70]。一种 MERS–CoV RBD 亚单位疫苗在猕猴实验中可产生保护作用[79]。研究表明，RBD 与人 IgG 的 Fc 片段融合（RBD–Fc）可在小鼠和新西兰白兔中产生较强的中和抗体和细胞免疫应答[52,80]。

对于基于当前 MERS–CoV 株 RBD 序列的疫苗是否能够有效抵抗将来出现的 RBD 突变的 MERS–CoV 株，研究认为，由于 RBD 包含多个构象中和表位，因此，一个表位的突变可能不会显著影响其他表位引发的抗体中和活性[57]。由于存在多个构象中和表位，针对 MERS–CoV 的 RBD 疫苗可诱导针对多种 MERS–CoV 毒株的中和抗体[52]。

亚单位疫苗与佐剂或与免疫增强剂联合使用可增强免疫原性，如弗氏佐剂、明矾、单磷酰脂质 A、ISA 51、MF 59、CpG 等[52,78]。基于 S 蛋白的 MERS–CoV 疫苗与明矾佐剂在小鼠中共同施用可诱导 Th2 细胞免疫，而 CpG 寡核苷酸佐剂可产生更强的 Th1 和 Th2 免疫反应[52]，结合 MF 59 佐剂的 S1 蛋白可保护 hDPP4 转基因小鼠抵抗 MERS–CoV 攻击[81]。此外，重组 MERS–CoV S1 蛋白联合佐剂（Advax HCXL 佐剂和 Sigman 佐剂）在骆驼和羊驼都产生保护作用[82]，MERS–CoV RBD 亚单位疫苗结合明矾佐剂在猕猴可诱导强大而持续的体液和细胞免疫[79]，多种佐剂联合可协同提高基于 RBD 的亚单位疫苗的效果。与仅用明矾或 CPG 佐剂免疫的小鼠相比，联合明矾和 CpG 佐剂的 MERS–CoV 亚单位疫苗免疫小鼠可产生更强的体液和细胞免疫应答[83]，明矾与另一种佐剂吡喃葡萄糖基脂质 A 联合使用可提高基于 MERS-CoV-RBD 的亚单位疫苗的有效性[24]。基质 M1 由皂苷的两个不同组分组成：Matrix-A 和 Matrix-C，在一项针对 SARS-CoV 和 MERS-CoV S 蛋白亚单位疫苗的小鼠实验中，使用 M1 作为佐剂可显著提升抗体效价水平[84]。

　　尽管大多数亚单位疫苗研发都集中在 S 蛋白的 RBD 上，一项研究提出，可使用 MERS-CoV S 蛋白的重组 N 末端结构域（N-terminal domain，NTD）作为另一种潜在疫苗候选物，在小鼠模型中可诱导中和抗体产生[85]。其他小组也发现了 S2 亚单位的中和表位[24]。由于 MERS-CoV 的 S 蛋白以三聚体形式存在，因此也报道了模仿天然病毒 S 蛋白结构的疫苗设计，通过 S2 结构域中氨基酸替换，影响 S 蛋白融合状态的产生，而保持稳定的 S 蛋白三聚体。这种经过理性设计的抗原具有很好的潜在中和活性[86]。冠状病毒 N 蛋白和 S 蛋白的 S2 结构域更为保守，可作为广谱冠状病毒疫苗开发的潜在靶标[52]。除了专注于 S 蛋白外，研究人员还使用生物信息学方法设计包含 S、E、M、N 和 nsp 的 B 细胞和 T 细胞表位的多价疫苗[87]。膜蛋白 M 和其他结构蛋白也可能用于疫苗开发，如限制它们抑制 IFN 产生的能力[24]。

　　病毒样颗粒（virus-like particles，VLP）由可自组装的重组病毒蛋白组成，以形成较大的模拟病毒颗粒。VLP 疫苗是非复制性的，可以通过在合适的表达系统中表达病毒结构蛋白产生，VLP 本身具有佐剂作用[52]。通常，基于 VLP 的疫苗与整个灭活的病毒疫苗相似，不需要病毒灭活步骤，避免了病毒灭活可能改变病毒蛋白的抗原性和免疫原性，由于制造过程不涉及活病毒，生产更为安全[52]。研究人员通过将 SARS-CoV S 蛋白与小鼠肝炎病毒（冠状病毒科）的 E、M 和 N 蛋白共表达产生 CoV 样疫苗，在小鼠显示出诱导中和抗体能力，并减少肺部 SARS-CoV 复制[88]。通过共表达 MERS-CoV 的 S、E 和 M 蛋白，研究人员在杆状病毒表达系统中产生了 MERS-CoV 的病毒样颗粒，其与明矾联合使用可在猕猴诱导中和抗体产生[89]。除基于 VLP 的疫苗外，非病毒纳米颗粒也是 MERS-CoV 抗原的潜在载体，研究人员利用铁蛋白纳米颗粒展示 MERS-CoV RBD，当与 MF59 佐剂结合使用时，在小鼠可诱导 RBD 特异性抗体[90]。

　　针对 2019 新型冠状病毒，国内外一些机构宣布开展疫苗研发，相关技术包括酵母表达技术、"分子钳"（molecular clamp）技术、自组装纳米颗粒技术、蛋白质三聚体化（Trimer-Tag）技术、哺乳动物细胞快速表达技术、多肽合成疫苗技术、结构生物学技术、植物源疫苗生产技术及新型佐剂技术等[91]。

### （三）核酸疫苗

　　核酸疫苗包括 DNA 疫苗和 mRNA 疫苗。DNA 疫苗由编码免疫原 DNA 的重组质粒组成，通过直接注射或通过基因枪递送到宿主细胞，在宿主细胞表达免疫原并激发免疫反应。DNA 疫苗的生产不涉及蛋白质表达和纯化，因此降低了生产成本。但是，接种 DNA 疫苗通常需要外部设备，会增加免疫成本 [52]。

已经报道了几种针对 SARS-CoV 的 DNA 疫苗候选物，针对 S、M 和 N 蛋白，它们都可以产生抗体和细胞免疫应答 [3]。表达 S 蛋白的 DNA 疫苗在小鼠可诱导中和抗体和 T 细胞反应，并降低 SARS-CoV 肺中复制 [92]。使用编码 S 蛋白全长和片段的 DNA 疫苗免疫兔，可产生较高的中和抗体效价，并表明主要和次要中和表位分别位于 S1 和 S2 亚单位 [93]。针对 N 蛋白的 DNA 疫苗免疫小鼠可产生针对 N 蛋白的抗体和 T 细胞免疫反应 [54]，结合钙网蛋白的 N 蛋白 DNA 疫苗在小鼠可产生体液免疫和 T 细胞介导的免疫反应 [94]，表达 M 蛋白的 DNA 疫苗也显示出可在小鼠诱导中和抗体和 T 淋巴细胞活性 [95]。在一项比较 S、M 和 N 蛋白 DNA 疫苗的研究中，M 蛋白产生了最强的 T 细胞反应 [96]。

针对 MERS-CoV 也开展了一些 DNA 疫苗的研究。编码全长 S 蛋白的 DNA 疫苗可在小鼠、猕猴和骆驼中诱导中和抗体和细胞免疫，当免疫猕猴受到 MERS-CoV 攻击时，临床症状得到缓解 [97]。MERS-CoV DNA 疫苗（全长 S 蛋白）和亚单位疫苗（S1 亚单位）的初免 — 加强免疫，能够诱导中和抗体，并在非人类灵长类动物模型中产生保护作用 [76]。为了避免全长 S 蛋白可能引起的不良反应，用编码 S1 亚单位的 DNA 疫苗接种 hDPP4 转基因小鼠可产生对 MERS-CoV 的免疫保护作用 [98]，编码 S1 亚单位的 DNA 疫苗在诱导抗体和细胞应答方面比编码全长 S 蛋白的 DNA 效果更好 [99]。

目前在 I/II 期临床试验中的一种候选疫苗 GLS-5300（INO-4700）是 DNA 疫苗，由美国 Inovio 公司和韩国 GeneOne Life Science 公司联合研发，表达 MERS-CoV S 蛋白，需要通过电穿孔进行 2 ~ 3 次免疫。其 I 期临床试验 2016 年在美国华尔特·里德陆军研究所完成，2018 年开始进行 I 期和 II 期临床试验，以进一步评估 GLS-5300 的安全性和有效性 [52]，I 期临床试验的初步结果 2019 年 7 月发布 [100]。一些 DNA 疫苗临床前研究效果较好，但在临床研究中往往令人失望。因此，DNA 疫苗可以与重组亚单位疫苗、灭活疫苗或病毒载体疫苗初免和加强免疫联合使用 [3]。

针对 2019 新型冠状病毒，国内外一些公司开展了 DNA 疫苗的研发，同时一些机构采用 mRNA 疫苗策略，与 DNA 疫苗相比具有一些优点，如能够模拟自然感染过程，不需要穿过核膜屏障，没有潜在的人类基因组整合风险等；但 mRNA 疫苗容易降解，需与保护性物质结合使用 [91]。

### （四）病毒载体疫苗

基于病毒载体的疫苗是开发冠状病毒疫苗常用的方法之一，进入临床阶段的三种 MERS 候选疫苗中，有两种是病毒载体疫苗。该方法利用病毒载体系统表达抗原，从而诱导相应的保护性免疫，大多数基于病毒载体的疫苗不需要佐剂即可产生较好的免疫效果[52]。因为病毒载体疫苗在宿主中持续存在，具有很强的固有佐剂活性，可以有效诱导先天性免疫以及 B 细胞和 T 细胞介导的免疫反应[20]。但是，病毒载体可能会因人体内对载体的已有免疫而降低效果或诱发可能的有害免疫反应[57]。腺病毒和改良的牛痘病毒安卡拉株（modified vaccinia Ankara，MVA）载体是用于开发冠状病毒疫苗两种最常用的病毒载体。

**1. 腺病毒载体**

腺病毒载体疫苗的优势包括它们在人群一般不具有致病性，特别是复制缺陷型突变体，劣势是克隆能力有限，并且由于自然感染，很大一部分人对病毒载体具有预先存在的免疫力[3]。5 型腺病毒（Ad5）载体表达 SARS–CoV 的 S1 片段，N 和 M 蛋白在猕猴可产生中和抗体和针对 N 蛋白的 T 细胞反应[101]。腺病毒载体表达 SARS–CoV 的 S 和 N 蛋白疫苗在小鼠模型中对 SARS–CoV 攻击，能显著降低小鼠肺中的病毒水平[64]。在雪貂模型中，腺病毒编码 SARS–CoV S 和 N 蛋白疫苗可诱导中和抗体反应，减少呼吸道病毒复制，并减少肺组织损伤[65]。用腺病毒携带 SARS–CoV N 蛋白对小鼠进行接种，能够诱导特异性干扰素分泌和 T 细胞反应，但不能产生中和抗体[102]。在雪貂模型中，分别使用表达 SARS–CoV S 蛋白的人和黑猩猩腺病毒载体初免和加强免疫，可避免初免对加强免疫的影响。这种疫苗方案降低了雪貂的病毒载量和肺炎的严重程度，并且在猕猴中也显示出免疫效果[103]。用编码 MERS–CoV 全长 S 蛋白的重组人腺病毒（5 型或 41 型）载体免疫小鼠可诱导中和抗体和黏膜 T 细胞免疫[104]。编码 MERS–CoV S 蛋白 S1 区域的重组人 5 型腺病毒（rAd5）载体引起的中和抗体比编码全长 S 蛋白的中和抗体稍强[105]。

研究发现，基于腺病毒载体的 MERS–CoV S1 疫苗可能引起潜在的安全隐患，因其可能在 MERS–CoV 攻击小鼠模型中诱发肺血管周围出血，通过将 CD40L 融合入重组腺病毒疫苗中，可以减轻肺部疾病[106]。rAd5–S 载体疫苗和结合铝佐剂的 S 蛋白重组亚单位疫苗的初免和加强免疫在小鼠成功诱导了 Th1 和 Th2 免疫反应[107]。

为了克服现有针对人类腺病毒的预存免疫问题，可以将人类血清阳性率较低的黑猩猩腺病毒用作病毒载体。黑猩猩腺病毒（ChAdOx1）具有良好的安全性，在人群中缺乏预存免疫，已用于 MERS–CoV 疫苗研发[17]。重组 ChAdOx1 编码 MERS–CoV 全长 S 蛋白在小鼠中显示出免疫原性，使用 hDPP4 转基因小鼠模型的病毒攻击进一步证明了其对 MERS–CoV 的保护作用[108]。一种名为 MERS001 的 ChAdOx1 载体 MERS–CoV 候选疫苗 2018 年在牛津大学开展了 I 期临床试验，该疫苗包含 MERS–CoV S 蛋白，仅需通过肌内一次免疫[52]。

另外，研究人员开发了复制缺陷的黑猩猩腺病毒 C68（AdC68）载体表达全长 MERS–CoV S 蛋白疫苗，人群中 AdC68 的血清阳性率约为 2%，远低于常用的人 5 型腺病毒载体，DPP4 转基因小鼠 MERS–CoV 攻击实验中，鼻内接种可起到保护作用[109]。

### 2. MVA 痘病毒载体

痘病毒载体易于生产，稳定性高，具有编码大基因的能力以及可诱导持久的细胞和体液免疫反应的能力[3]。复制缺陷型痘病毒载体改良的牛痘安卡拉株（MVA），编码 SARS–CoV S 蛋白，通过鼻内或肌内接种，在小鼠可诱导中和抗体，并降低呼吸道的病毒复制[110]。在一项 SARS 疫苗雪貂研究中也使用了 MVA–S 载体疫苗，但在进行 SARS–CoV 攻毒试验后，实验动物发生了明显的肝脏病例变化[111]。

表达 MERS–CoV S 蛋白的 MVA 病毒载体疫苗鼻内和肌内途径以 4 周间隔两次免疫，可使骆驼产生黏膜免疫，并观察到病毒量显著减少[112]。MVA 病毒载体疫苗 MVA–MERS–S 已经开展 I 期临床试验，由德国汉堡–埃彭多夫大学（Hamburg-Eppendorf）医学中心 2018 年进行，评估其在健康成人中的安全性和免疫原性[52]。

### 3. 其他载体

鼻内接种副流感病毒编码 SARS–CoV S 蛋白疫苗的猴子可产生中和抗体，攻毒实验后病毒滴度显著降低[113]。编码 S 蛋白的副流感病毒还可抵抗仓鼠 SARS–CoV 攻击，M 和 E 蛋白的加入可增强免疫效果[114]。新城疫病毒（Newcastle disease virus，NDV）载体也用于冠状病毒疫苗研发，接种了表达 S 蛋白新城疫病毒的猴子在 SARS–CoV 攻击后，肺组织中的病毒显著减少[115]，基于新城疫病毒的 MERS–CoV 候选疫苗可在小鼠和双峰驼产生中和抗体[116]。表达 SARS–CoV S 蛋白的复制缺陷型水疱性口炎病毒重组体可诱导中和抗体和 T 细胞反应，并为免疫小鼠提供 SARS–CoV 攻击保护[117]。表达 SARS–CoV S 和 N 蛋白的减毒麻疹病毒均诱导针对相应抗原的高滴度抗体，抗 S 抗体可中和 SARS–CoV，N 蛋白可诱导特异性细胞免疫反应[118]。狂犬病病毒载体已用于表达 SARS–CoV S 蛋白并在小鼠中产生中和抗体[119]。重组杆状病毒表达 SARS–CoV S 或 N 蛋白可诱导接种小鼠的体液和细胞免疫反应[120]。表达 SARS–CoV N 蛋白的减毒沙门菌可诱导小鼠细胞毒性 T 淋巴细胞活性并增强产生 IFN 的 T 细胞活性[121]。编码 SARS–CoV S 蛋白的重组腺相关病毒疫苗在小鼠可诱导 SARS–CoV 中和抗体、T 细胞反应，并降低病毒滴度和肺损伤[122]。

针对 2019 新型冠状病毒疫苗研发，国内外一些研究机构也采用病毒载体技术，所用载体包括 5 型腺病毒载体、26 型腺病毒载体、MVA 载体、流感病毒载体等[91]。

### （五）减毒活疫苗

减毒活疫苗是最有效的疫苗之一，因为它类似于自然感染过程，具有高度免疫原性，在宿主中具有持久性，可激活体液和细胞免疫，不需要佐剂即可获得较好效果，单次免疫通常足以诱导保护性免疫[52]。开发减毒活疫苗往往需要删除毒力相关基因。

减毒活疫苗具有一些局限性，特别是有还原为强毒株的风险，以及需要冷链，在没有充分安全证据的情况下较难批准。

对于 SARS-CoV，已经开发了一些减毒突变体，E 基因的缺失可导致体内外病毒形态变化和病毒滴度降低[3]。在没有 E 蛋白的情况下，病毒不能传播，可以防止其毒力恢复[123]。另外，小鼠肝炎病毒（冠状病毒）中 nsp-1 基因的缺失可产生减毒疫苗，表明可尝试使用这种方法开发减毒疫苗[124]。缺失 SARS-CoV ExoN 在小鼠模型中也可降低致病性[125]。普遍认为，缺失 SARS-CoV 具有 IFN 拮抗剂活性或其他病毒防御机制的一些基因，如 nsp 1、nsp 3、nsp 16、M、3b、6 和 N 可使病毒减毒，针对 SARS-CoV nsp 1[126] 和 nsp 16[127] 进行了基因缺失减毒活疫苗研究。缺失 MERS-CoV nsp 16 的减毒活疫苗在小鼠实验中也产生了保护作用[128]。同时缺失辅助蛋白基因 3、4a，4b 和 5，与全长 MERS 冠状病毒相比，病毒滴度显著降低[129]。针对 2019 新型冠状病毒，国外也有机构正在进行减毒疫苗的研究[91]。冠状病毒疫苗研发类型与主要机构见表 2-10。

表 2-10　重要冠状病毒疫苗研发类型与主要机构

| 类型 | SARS | MERS |
|---|---|---|
| 灭活疫苗 | 北京科兴生物科技有限公司[51] | 中国疾控中心病毒病预防控制所[68] |
| | 日本国家传染病研究所[60] | 美国得克萨斯大学加尔维斯顿分校[131] |
| | 暨南大学[61] | |
| | 中国科学院广州生物医药与健康研究院[62] | |
| | 意大利凯龙疫苗公司[63] | |
| | 加拿大大不列颠哥伦比亚大学[64-65] | |
| | 美国 FDA 生物制品评价与研究中心[66] | |
| | 中国科学院武汉病毒研究所[67] | |
| | 美国北卡罗来纳大学教堂山分校[130] | |
| 重组亚单位疫苗 | 美国纽约血液中心[73] | 美国纽约血液中心[70,78,80,133] |
| | 清华大学[55] | 中国医学科学院[79] |
| | 北京微生物与流行病研究所[75] | 温州医科大学[81] |
| | 美国托马斯杰斐逊大学[77] | 美国科罗拉多州立大学[82] |
| | 美国马里兰大学[84] | 中国科学院微生物研究所[83] |
| | 美国得克萨斯大学加尔维斯顿分校[88] | 中国疾控中心病毒病预防控制所[85] |
| | 香港大学巴斯德研究中心[132] | 美国斯克利普斯研究所[86] |
| | | 印度曼加拉亚坦大学[87] |
| | | 军事医学科学院军事兽医研究所[89] |
| | | 韩国延世大学[90] |

| 类型 | SARS | MERS |
|---|---|---|
| 核酸疫苗 | 美国过敏与感染性疾病研究所[92] | 美国过敏与感染性疾病研究所[76] |
| | 华东医学生物技术研究所[54] | 美国宾夕法尼亚大学[97] |
| | 美国马萨诸塞大学医学院[93] | 军事医学科学院军事兽医研究所[98] |
| | 美国约翰斯·霍普金斯大学医学院[94] | 沙特阿卜杜拉阿齐兹大学[99] |
| | 日本金基哲胸科医疗中心[95] | 韩国 GeneOne Life Science 公司[100] |
| | 美国康奈尔大学[96] | |
| 病毒载体疫苗 | 美国匹兹堡大学医学院[101] | 美国匹兹堡大学医学院[105] |
| | 加拿大萨斯喀彻温大学[102] | 中国疾控中心病毒病预防控制所[104] |
| | 美国宾夕法尼亚大学医学院[103] | 沙特法赫德国王医学研究中心[106] |
| | 美国过敏与感染性疾病研究所[110,113-115] | 韩国天主教大学[107] |
| | 美国耶鲁大学医学院[117] | 英国牛津大学[108] |
| | 瑞士伯纳生物技术公司[118] | 清华大学医学院[109] |
| | 美国托马斯杰斐逊大学[119] | 荷兰伊拉斯姆斯大学医学中心[112] |
| | 中国科学院武汉病毒研究所[120] | 中国农业科学院哈尔滨兽医研究所[116] |
| | 武汉大学医学院[121] | 德国慕尼黑大学[135-136] |
| | 北京微生物流行病研究所[122] | |
| | 加拿大人类与动物健康科学中心[111,134] | |
| 减毒活疫苗 | 美国北卡罗来纳大学教堂山分校[125,127] | 美国北卡罗来纳大学教堂山分校[126,128] |
| | 西班牙马德里自治大学[126,137-138] | 西班牙马德里自治大学[123] |

注：机构名称参照期刊论文通讯作者所在单位，未标注国家名称的为中国机构。

## 四、思考与展望

### （一）疫苗研发应重视技术创新

越来越多造福于人类社会的疫苗的产生得益于技术发展，今后疫苗研发需更加重视技术创新，包括疫苗构建、疫苗制备、疫苗评价等。现在的疫苗类型已不仅是传统的减毒活疫苗、灭活疫苗，更多技术手段用于疫苗研发，如重组表达技术、合成生物学技术、病毒载体技术、基因递送技术、纳米技术等。疫苗制备技术的趋势是更加快速高效，如细胞培养技术、新型生物反应器技术等。疫苗评价技术产生了各种可模拟人类的动物模型以及器官芯片等体外评价技术。

动物模型技术是技术创新很好的说明。疫苗在临床试验前需进行动物评价，通常动物实验最好选择接近人类的动物模型。因此，大多数候选疫苗需要在非人灵长类动物进行评估，但使用这些动物模型非常昂贵。在进行非人类灵长类动物疫苗评估之前，通常需要进行小动物实验[139]。针对 SARS 疫苗开发的动物模型包括猕猴、非洲绿猴、雪貂、小鼠、仓鼠和果子狸等[3]。MERS–CoV 感染人类、非人类灵长类动物猕猴、绒猴和单峰骆驼等[52]。与 SARS–CoV 不同，由于病毒结合受体的差异，MERS–CoV 不容易感染较小型啮齿动物，如小鼠或仓鼠，极大地阻碍了 MERS–CoV 疫苗的开发[52]。基于动物转基因技术以及基因编辑技术的发展，现在可以生成表达人宿主细胞受体 DPP4 的腺病毒载体转基因小鼠[69,140]，使在小型动物评价 MERS–CoV 疫苗成为可能。今后随着技术的不断创新，会产生更好的疫苗评价技术手段。

对于 2019 新型冠状病毒疫苗研发，重组亚单位疫苗和病毒载体疫苗由于技术较为成熟，成功的可能性更高。

### （二）疫苗研发应基于科学认识

疫苗研发离不开对病原体生物学特点、致病机制、免疫学特点的深入研究，如疫苗安全性的提高需基于科学认识的提升。疫苗研发最大的担心是疫苗可能增强疾病。冠状病毒疫苗有增强疾病的历史，尤其是猫科动物冠状病毒[3]。疫苗可诱导抗体依赖性感染增强（antibody–dependent enhancement of infectivity，ADEI），即在感染或接种疫苗后增强后续感染症状。登革热病毒、人类免疫缺陷病毒、流感病毒、SARS–CoV 和埃博拉病毒的 ADEI 已有报道[52]。ADEI 是设计冠状病毒疫苗时应认真考虑避免的问题。在 SARS 疫苗研发中有关于疫苗诱发病理学损伤的报道[141]。用表达 SARS–CoV S 蛋白的痘病毒载体疫苗接种雪貂显示出在病毒攻击后的肝损伤[111,134]；MERS 疫苗研发中，在小鼠模型中使用灭活疫苗与过敏性肺免疫病理反应有关[131]。

研究发现，SARS–CoV 的全长 S 蛋白诱导的非中和抗体促进病毒通过 FcγR（IgG 抗体 FC 段受体）依赖性途径进入宿主细胞[52]，阻断 FcγR 可降低导致的损伤[142]。研究发现后期 SARS–CoV 毒株（Urbani 株）S 蛋白的多克隆抗体和单克隆抗体可以中和相关 SARS–CoV 后期株的感染，但会增强人类早期 SARS–CoV 分离株和果子狸 SARS 样冠状病毒的感染，导致抗体依赖性感染增强[143]。两种方法可减轻 ADEI 的不利影响：第一种方法通过糖基化作用来屏蔽 S 蛋白的非中和表位；第二种方法即免疫聚焦，旨在仅靶向关键的中和表位以产生保护性免疫[52,133]。尽管仍然诱导中和抗体，去除 1115～1194 氨基酸区域的 SARS–CoV S 蛋白不能引起抗体依赖性感染增强[143]。

对 2019 新型冠状病毒科学认识的提高，将促进当前和今后冠状病毒疫苗研发。从有效性角度考虑，冠状病毒 S 蛋白仍是疫苗研发的主要靶标；从安全性角度考虑，针对 S 蛋白 RBD 区域疫苗的安全性更高。

### （三）疫苗研发应具备战略意识

在很难预测新发传染病何时出现的时代，人类面临艰难困境。一方面，人口流动性越来越高；另一方面，将研究发现转化为预防和治疗应用的过程非常缓慢。许多在临床前阶段证明有希望的疫苗需要政府或私营企业的投资才能进入临床试验。大型制药公司由于利润回报的不确定性，往往不愿投资研发新发突发传染病疫苗。除了 MERS-CoV 和 SARS-CoV 以外，其他一些传染性病原体也存在这种情况。新发突发传染病疫苗研发应具备战略意识，要做到未雨绸缪，只有平时形成能力，才能在疫情发生时迅速提供有效的应对手段。

美国在 2001 年炭疽生物恐怖事件后，又经历了 H5N1 禽流感潜在全球大流行的威胁和 2009 年的 H1N1 流感大流行，其成立了生物医学高级研发管理局（BARDA），加强疫苗等医学应对措施研发，美国国防高级研究计划局（DARPA）也部署了一些创新性疫苗研发与制备项目。美国大量储备炭疽、天花、流感等生物威胁病原体的疫苗产品，并在全国部署提升应急生产能力。与常规"健康威胁"疫苗相比，"生物威胁"疫苗的研发能力建设更为重要，但往往由于看似需求并不迫切而容易被忽视。针对新发突发传染病应对疫苗研发的窘境，2017 年国际社会成立了流行病防御创新联盟（The Coalition for Epidemic Preparedness Innovations，CEPI），旨在通过加强疫苗研发，提升抗击传染性疾病传播的能力。CEPI 资助了 2019 新型冠状病毒疫苗研发的一些项目。

我国可生产 64 种疫苗，预防 35 种疾病，是世界上为数不多能够依靠自身能力解决免疫供应和疫苗接种的国家之一，但我国在新发突发传染病应对应急疫苗研发和生产方面的能力不足。突发的新冠肺炎疫情使我们进一步认识到前瞻性部署、加强生物安全能力建设和战略性疫苗研发的重要性。

# 参考文献

[1] 罗恩杰. 病原生物学 [M]. 5 版. 北京：科学出版社，2016：P115.

[2] TAUBENBERGER J K，MORENS D M. 1918 Influenza：the mother of all pandemics[J]. Emerg Infect Dis，2006，12(1)：15-22.

[3] ROPER R L，REHM K E. SARS vaccines：where are we? [J]. Expert Rev Vaccines，2009，8(7)：887-898.

[4] GIBNEY K B，HALL R. Infectious diseases in China in the post-SARS era[J]. Lancet Infect Dis，2017，17(7)：675-676.

[5] 赵琪，饶子和. 冠状病毒蛋白结构基因组研究进展 [J]. 生物物理学报，2010，26(1)：14-25.

[6] SU S，WONG G，SHI W F，et al. Epidemiology，Genetic Recombination，and Pathogenesis of Coronaviruses[J]. Trends Microbiol，2016，24(6)：490-502.

[7] 孙淑芳，王媛媛，刘陆世，等. 冠状病毒概述 [J]. 中国动物检疫，2013，30 (6)：68-71.

[8] 冠状病毒 [EB/OL]. [2020-02-23]. http://www.chinacdc.cn/jkzt/crb/zl/szkb_11803/jszl_2275/202001/t20200121_211326.html.

[9] WONG A C P，LI X，LAU S K P，et al. Global Epidemiology of Bat Coronaviruses[J]. Viruses，2019，11(2)：174.

[10] CUI J，LI F，SHI Z L. Origin and evolution of pathogenic coronaviruses[J]. Nat Rev Microbiol，2019，17(3)：181-192.

[11] MARRA M A，JONES S J，ASTELL C R，et al. The genome sequence of the SARS-associated coronavirus[J]. Science，2003，300(5624)：1399-1404.

[12] DE WIT E，VAN DOREMALEN N，FALZARANO D，et al. SARS and MERS：recent insights into emerging coronaviruses[J]. Nat Rev Microbiol，2016，14(8)：523-534.

[13] ZHOU P，YANG X L，WANG X G，et al. Discovery of a novel coronavirus associated with the recent pneumonia outbreak in humans and its potential bat origin[EB/OL]. [2020-02-23]. BioRxiv，2020.01.22.914952.

[14] CHEN Y，LIU Q Y，GUO D Y. Coronaviruses：genome structure，replication，and pathogenesis[J]. J Med Virol，(Epub 2020 Jan 22). doi.org/10.1002/jmv.25681.

[15] JIANG S B，HE Y X，LIU S W. SARS vaccine development[J]. Emerg Infect Dis，2005，11(7)：1016-1020.

[16] SONG Z Q，XU Y F，BAO L L，et al. From SARS to MERS，Thrusting Coronaviruses into the Spotlight[J]. Viruses，2019，11(1)：pii：E59.

[17] XU J Y，JIA W X，WANG P F，et al. Antibodies and vaccines against Middle East respiratory syndrome coronavirus[J]. Emerg Microbes Infect，2019，8(1)：841-856.

[18] CHAN J F，YUAN S F，KOK K H，et al. A familial cluster of pneumonia associated with the 2019 novel coronavirus indicating person–to–person transmission：a study of a family cluster[J]. Lancet，(Epub 2020 Jan 24)，pii：S0140–6736(20)30154–9.

[19] LI W H，MOORE M J，VASILIEVA N，et al. Angiotensin–converting enzyme 2 is a functional receptor for the SARS coronavirus[J]. Nature，2003，426(6965)：450–454.

[20] GRAHAM R L，DONALDSON E F，BARIC R S. A decade after SARS：strategies for controlling emerging coronaviruses[J]. Nat Rev Microbiol，2013，11(12)：836–848.

[21] RAJ V S，MOU H H，SMITS S L，et al. Dipeptidyl peptidase 4 is a functional receptor for the emerging human coronavirus–EMC[J]. Nature，2013，495(7440)：251–254.

[22] ENJUANES L，ZUNIGA S，CASTANO–RODRIGUEZ C，et al. Molecular Basis of Coronavirus Virulence and Vaccine Development[J]. Adv Virus Res，2016，96：245–286.

[23] 代嫣嫣，夏帅，王茜，等. 人类高致病性冠状病毒SARS–CoV和MERS–CoV的流行与突变：共性与个性特征的启示[J]. 生命科学，2016，28(3)：357–366.

[24] MUBARAK A，ALTURAIKI W，HEMIDA M G. Middle East Respiratory Syndrome Coronavirus (MERS–CoV)：Infection，Immunological Response，and Vaccine Development[J]. J Immunol Res，2019，2019：6491738.

[25] GUO X Q，GUO Z M，DUAN C H，et al. Long–Term Persistence of IgG Antibodies in SARS–CoV Infected Healthcare Workers[EB/OL]. [2020–02–23]. medRxiv，2020.02.12.20021386.

[26] ZUMLA A，CHAN J F，AZHAR E I，et al. Coronaviruses：drug discovery and therapeutic options[J]. Nat Rev Drug Discov，2006，15(5)：327–347.

[27] ZAKI A M，VAN BOHEEMEN S，BESTEBROER T M，et al. Isolation of a novel coronavirus from a man with pneumonia in Saudi Arabia[J]. N Engl J Med，2012，367(19)：1814–1820.

[28] BAUCH C T，ORABY T. Assessing the pandemic potential of MERS–CoV[J]. Lancet，2013，382(9893)：662–664.

[29] GORBALENYA A E，BAKER S C，BARIC R S，et al. Severe acute respiratory syndrome–related coronavirus：The species and its viruses——a statement of the Coronavirus Study Group[EB/OL]. [2020–02–23]. BioRxiv，2020.02.07.937862.

[30] The Novel Coronavirus Pneumonia Emergency Response Epidemiology Team. The Epidemiological Characteristics of an Outbreak of 2019 Novel Coronavirus Diseases (COVID–19)：China，2020[J]. China CDC Weekly，2020.

[31] BAUCH C T，LLOYD–SMITH J O，COFFEE M P，et al. Dynamically modeling SARS and other newly emerging respiratory illnesses：past，present，and future[J]. Epidemiology，2005，16(6)：791–801.

[32] KWOK K O，TANG A，WEI V W I，et al. Epidemic Models of Contact Tracing：Systematic

Review of Transmission Studies of Severe Acute Respiratory Syndrome and Middle East Respiratory Syndrome[J]. Comput Struct Biotechnol J, 2019, 17: 186-194.

[33] LI Q, GUAN X H, WU P, et al. Early Transmission Dynamics in Wuhan, China, of Novel Coronavirus-Infected Pneumonia[J]. N Engl J Med, 2020, (Epub 2020 Jan 29), DOI: 10.1056/NEJMoa2001316.

[34] GUAN Y, ZHENG B J, HE Y Q, et al. Isolation and characterization of viruses related to the SARS coronavirus from animals in southern China[J]. Science, 2003, 302(5643): 276-278.

[35] ZHENG B J, GUAN Y, WONG K H, et al. SARS-related virus predating SARS outbreak, Hong Kong[J]. Emerg Infect Dis, 2004, 10: 176-178.

[36] LI W D, SHI Z L, YU M, et al. Bats are natural reservoirs of SARS-like coronaviruses[J]. Science, 2005, 310(5748): 676-679.

[37] LAU S K P, WOO P C Y, LI K S M, et al. Severe acute respiratory syndrome coronavirus-like virus in Chinese horseshoe bats[J]. Proc Natl Acad Sci USA, 2005, 102(39): 14040-14045.

[38] REUSKEN C B E M, HAAGMANS B L, MULLER M A, et al. Middle East respiratory syndrome coronavirus neutralizing serum antibodies in dromedary camels: a comparative serological study[J]. Lancet Infect Dis, 2013, 13(10): 859-866.

[39] AZHAR E I, EL-KAFRAWY S A, FARRAJ S A, et al. Evidence for camel-to-human transmission of MERS coronavirus[J]. N Engl J Med, 2014, 370(26): 2499-2505.

[40] HAAGMANS B L, AL DHAHIRY S H S, REUSKEN C B E M, et al. Middle East respiratory syndrome coronavirus in dromedary camels: an outbreak investigation[J]. Lancet Infect Dis, 2014, 14(2): 140-145.

[41] SABIR J S M, LAM T T Y, AHMED M M M, et al. Co-circulation of three camel coronavirus species and recombination of MERS-CoVs in Saudi Arabia[J]. Science, 2016, 351(6268): 81-84.

[42] WU F, ZHAO S, YU B, et al. A new coronavirus associated with human respiratory disease in China[J]. Nature, (Epub 2020 Feb 03), DOI: 10.1038/s41586-020-2008-3.

[43] LIN X D, WANG W, HAO Z Y, et al. Extensive diversity of coronaviruses in bats from China[J]. Virology, 2017, 507: 1-10.

[44] ZHOU P, FAN H, LAN T, et al. Fatal swine acute diarrhoea syndrome caused by an HKU2-related coronavirus of bat origin[J]. Nature, 2018, 556(7700): 255-258.

[45] HU B, ZENG L P, YANG X L, et al. Discovery of a rich gene pool of bat SARS-related coronaviruses provides new insights into the origin of SARS coronavirus[J]. PLOS Pathog, 2017, 13(11): e1006698.

[46] STANHOPE M J, BROWN J R, AMRINE-MADSEN H. Evidence from the evolutionary analysis of nucleotide sequences for a recombinant history of SARS-CoV[J]. Infect Genet Evol,

2004, 4(1): 15-19.

[47] CORMAN V M, ITHETE N L, RICHARDS L R, et al. Rooting the phylogenetic tree of middle East respiratory syndrome coronavirus by characterization of a conspecific virus from an African bat[J]. J Virol, 2014, 88(19): 11297-11303.

[48] HUANG C P, LIU W J, XU W, et al. A Bat-Derived Putative Cross-Family Recombinant Coronavirus with a Reovirus Gene[J]. PLoS Pathog, 2016, 12(9): e1005883.

[49] GE X Y, LI J L, YANG X L, et al. Isolation and characterization of a bat SARS-like coronavirus that uses the ACE2 receptor[J]. Nature, 2013, 503(7477): 535-538.

[50] MENACHERY V D, YOUNT B L, DEBBINK K, et al. A SARS-like cluster of circulating bat coronaviruses shows potential for human emergence[J]. Nat Med, 2015, 21(12): 1508-1513.

[51] LIN J T, ZHANG J S, SU N, et al. Safety and immunogenicity from a Phase I trial of inactivated severe acute respiratory syndrome coronavirus vaccine[J]. Antivir Ther, 2007, 12(7): 1107-1113.

[52] YONG C Y, ONG H K, YEAP S K, et al. Recent Advances in the Vaccine Development Against Middle East Respiratory Syndrome-Coronavirus[J]. Front Microbiol, 2019, 10: 1781.

[53] ZHU Z Y, CHAKRABORTI S, HE Y, et al. Potent cross-reactive neutralization of SARS coronavirus isolates by human monoclonal anti-bodies[J]. Proc Natl Acad Sci USA, 2007, 104(29): 12123-12128.

[54] ZHU M S, PAN Y, CHEN H Q, et al. Induction of SARS-nucleoprotein-specific immune response by use of DNA vaccine[J]. Immunol Lett, 2004, 92(3): 237-243.

[55] PANG H, LIU Y G, HAN X Q, et al. Protective humoral responses to severe acute respiratory syndrome-associated coronavirus: implications for the design of an effective protein-based vaccine[J]. J Gen Virol, 2004, 85(Pt 10): 3109-3113.

[56] HE Y X, LI J J, LI W H, et al. Cross-neutralization of human and palm civet severe acute respiratory syndrome coronaviruses by antibodies targeting the receptor-binding domain of spike protein[J]. J Immunol, 2006, 176(10): 6085-6092.

[57] DU L Y, JIANG S B. Middle East respiratory syndrome: current status and future prospects for vaccine development[J]. Expert Opin Biol Ther, 2015, 15(11): 1647-1651.

[58] YING T L, PRABAKARAN P, DU L Y, et al. Junctional and allele-specific residues are critical for MERS-CoV neutralization by an exceptionally potent germline-like antibody[J]. Nat Commun, 2015, 6: 8223.

[59] DU L Y, HE Y X, ZHOU Y S, et al. The spike protein of SARS-CoV: a target for vaccine and therapeutic development[J]. Nat Rev Microbiol, 2009, 7(3): 226-236.

[60] TSUNETSUGU-YOKOTA Y. Large-scale preparation of UV-inactivated SARS coronavirus

virions for vaccine antigen[J]. Methods Mol Biol, 2008, 454: 119–126.

[61]　XIONG S, WANG Y F, ZHANG M Y, et al. Immunogenicity of SARS inactivated vaccine in BALB/c mice[J]. Immunol Lett, 2004, 95(2): 139–143.

[62]　ZHANG C H, LU J H, WANG Y F, et al. Immune responses in Balb/c mice induced by a candidate SARS–CoV inactivated vaccine prepared from F 69 strain[J]. Vaccine, 2005, 23(24): 3196–3201.

[63]　STADLER K, ROBERTS A, BECKER S, et al. SARS vaccine protective in mice[J]. Emerg Infect Dis, 2005, 11(8): 1312–1314.

[64]　SEE R H, ZAKHARTCHOUK A N, PETRIC M, et al. Comparative evaluation of two severe acute respiratory syndrome (SARS) vaccine candidates in mice challenged with SARS coronavirus[J]. J Gen Virol, 2006, 87(Pt 3): 641–650.

[65]　SEE R H, PETRIC M, LAWRENCE D J, et al. Severe acute respiratory syndrome vaccine efficacy in ferrets: whole killed virus and adenovirus–vectored vaccines[J]. J Gen Virol, 2008, 89(Pt 9): 2136–2146.

[66]　DARNELL M E, PLANT E P, WATANABE H, et al. Severe acute respiratory syndrome coronavirus infection in vaccinated ferrets[J]. J Infect Dis, 2007, 196(9): 1329–1338.

[67]　ZHOU J, WANG W, ZHONG Q, et al. Immunogenicity, safety, and protective efficacy of an inactivated SARS–associated coronavirus vaccine in rhesus monkeys[J]. Vaccine, 2005, 23(24): 3202–3209.

[68]　DENG Y, LAN J M, BAO L L, et al. Enhanced protection in mice induced by immunization with inactivated whole viruses compare to spike protein of middle east respiratory syndrome coronavirus[J]. Emerg Microbes Infect, 2018, 7: 60.

[69]　AGRAWAL A S, GARRON T, TAO X, et al. Generation of a transgenic mouse model of middle East respiratory syndrome coronavirus infection and disease[J]. J Virol, 2015, 89(7): 3659–3670.

[70]　MA C Q, WANG L L, TAO X R, et al. Searching for an ideal vaccine candidate among different MERS coronavirus receptorbinding fragments: the importance of immunofocusing in subunit vaccine design[J]. Vaccine, 2014, 32(46): 6170–6176.

[71]　HE Y X, ZHU Q Y, LIU S W, et al. Identification of a critical neutralization determinant of severe acute respiratory syndrome (SARS)–associated coronavirus: importance for designing SARS vaccines[J]. Virology, 2005, 334(1): 74–82.

[72]　HE Y X, LU H, SIDDIQUI P, et al. Receptor–binding domain of SARS coronavirus spike protein contains multiple conformation–dependent epitopes that induce highly potent neutralizing antibodies[J]. J Immunol, 2005, 174(8): 4908–4915.

[73] HE Y X, ZHOU Y S, LIU S W, et al. Receptor–binding domain of SARS–CoV spike protein induces highly potent neutralizing antibodies: implication for developing subunit vaccine[J]. Biochem Biophys Res Commun, 2004, 324(2): 773–781.

[74] DU L Y, HE Y X, ZHOU Y S, et al. The spike protein of SARS–CoV: a target for vaccine and therapeutic development[J]. Nat Rev Microbiol, 2009, 7(3): 226–236.

[75] DU L Y, ZHAO G Y, HE Y X, et al. Receptor–binding domain of SARS–CoV spike protein induces long–term protective immunity in an animal model[J]. Vaccine, 2007, 25(15): 2832–2838.

[76] WANG L S, SHI W, JOYCE M G, et al. Evaluation of candidate vaccine approaches for MERS–CoV[J]. Nat Commun, 2015, 6: 7712.

[77] POGREBNYAK N, GOLOVKIN M, ANDRIANOV V, et al. Severe acute respiratory syndrome (SARS) S protein production in plants: development of recombinant vaccine[J]. Proc Natl Acad Sci USA, 2005, 102(25): 9062–9067.

[78] ZHANG N R, CHANNAPPANAVAR R, MA C Q, et al. Identification of an ideal adjuvant for receptor–binding domain–based subunit vaccines against Middle East respiratory syndrome coronavirus[J]. Cell Mol Immunol, 2016, 13(2): 180–190.

[79] LAN J M, YAO Y F, DENG Y, et al. Recombinant receptor binding domain protein induces partial protective immunity in rhesus macaques against middle east respiratory syndrome coronavirus challenge[J]. EBioMedicine, 2015, 2(10): 1438–1446.

[80] MA C Q, LI Y, WANG L L, et al. Intranasal vaccination with recombinant receptor–binding domain of MERS–CoV spike protein induces much stronger local mucosal immune responses than subcutaneous immunization: implication for designing novel mucosal MERS vaccines[J]. Vaccine, 2014, 32(18): 2100–2108.

[81] WANG Y F, TAI W B, YANG J, et al. Receptor–binding domain of MERS–CoV with optimal immunogen dosage and immunization interval protects human transgenic mice from MERS–CoV infection[J]. Hum Vaccin Immunother, 2017, 13(7): 1615–1624.

[82] ADNEY D R, WANG L, VAN DOREMALEN N, et al. Efficacy of an adjuvanted middle east respiratory syndrome coronavirus spike protein vaccine in dromedary camels and alpacas[J]. Viruses, 2019, 11(3): E212.

[83] LAN J M, DENG Y, CHEN H, et al. Tailoring subunit vaccine immunity with adjuvant combinations and delivery routes using the middle east respiratory coronavirus (MERS–CoV) receptor–binding domain as an antigen[J]. PLoS One, 2014, 9: e112602.

[84] COLEMAN C M, LIU Y V, MU H, et al. Purified coronavirus spike protein nanoparticles induce coronavirus neutralizing antibodies in mice[J]. Vaccine, 2014, 32(26): 3169–3174.

[85] LAN J M, YAO Y F, YAO D, et al. The recombinant N–terminal domain of spike proteins is a

potential vaccine against Middle East respiratory syndrome coronavirus (MERS–CoV) infection[J]. Vaccine, 2017, 35(1): 10–18.

[86]  PALLESEN J, WANG N, CORBETT K S, et al. Immunogenicity and structures of a rationally designed prefusion MERS–CoV spike antigen[J]. Proc Natl Acad Sci USA, 2017, 114(35): E 7348–E 7357.

[87]  SRIVASTAVA S, KAMTHANIA M, SINGH S, et al. Structural basis of development of multi–epitope vaccine against middle east respiratory syndrome using in silico approach[J]. Infect Drug Resist, 2018, 11: 2377–2391.

[88]  LOKUGAMAGE K G, YOSHIKAWA–IWATA N, ITO N, et al. Chimeric coronavirus–like particles carrying severe acute respiratory syndrome coronavirus (SCoV) S protein protect mice against challenge with SCoV[J]. Vaccine, 2008, 26(6): 797–808.

[89]  WANG C, ZHENG X X, GAI W W, et al. MERS–CoV virus–like particles produced in insect cells induce specific humoural and cellular imminity in rhesus macaques[J]. Oncotarget, 2017, 8(8): 12686–12694.

[90]  KIM Y S, SON A, KIM J, et al. Chaperna–mediated assembly of ferritin–based middle east respiratory syndrome–coronavirus nanoparticles[J]. Front Immunol, 2018, 9: 1093.

[91]  Coronavirus Vaccines[EB/OL].[2020–02–23].https://www.precisionvaccinations.com/vaccines/coronavirus–vaccines.

[92]  YANG Z Y, KONG W P, HUANG Y, et al. A DNA vaccine induces SARS coronavirus neutralization and protective immunity in mice[J]. Nature, 2004, 428(6982): 561–564.

[93]  WANG S, CHOU T H, SAKHATSKYY P V, et al. Identification of two neutralizing regions on the severe acute respiratory syndrome coronavirus spike glycoprotein produced from the mammalian expression system[J]. J Virol, 2005, 79(3): 1906–1910.

[94]  KIM T W, LEE J H, HUNG C F, et al. Generation and characterization of DNA vaccines targeting the nucleocapsid protein of severe acute respiratory syndrome coronavirus[J]. J Virol, 2004, 78(9): 4638–4645.

[95]  OKADA M, OKUNO Y, HASHIMOTO S, et al. Development of vaccines and passive immunotherapy against SARS coronavirus using SCID–PBL/hu mouse models[J]. Vaccine, 2007, 25(16): 3038–3040.

[96]  WANG Z J, YUAN Z H, MATSUMOTO M, et al. Immune responses with DNA vaccines encoded different gene fragments of severe acute respiratory syndrome coronavirus in BALB/c mice[J]. Biochem Biophys Res Commun, 2005, 327(1): 130–135.

[97]  MUTHUMANI K, FALZARANO D, REUSCHEL E L, et al. A synthetic consensus anti–spike protein DNA vaccine induces protective immunity against middle east respiratory syndrome

coronavirus in nonhuman primates[J]. Sci Trans Med, 2015, 7: 301ra132.

[98] CHI H, ZHENG X X, WANG X W, et al. DNA vaccine encoding middle east respiratory syndrome coronavirus S1 protein induces protective immune responses in mice[J]. Vaccine, 2017, 35(16): 2069–2075.

[99] AL–AMRI S S, ABBAS A T, SIDDIQ L A, et al. Immunogenicity of candidate MERS–CoV DNA vaccines based on the spike protein[J]. Sci Rep, 2017, 7: 44875.

[100] MODJARRAD K, ROBERTS C C, MILLS K T, et al. Safety and immunogenicity of an anti–Middle East respiratory syndrome coronavirus DNA vaccine: a phase 1, open–label, single–arm, dose–escalation trial[J]. Lancet Infect Dis, 2019, 19(9): 1013–1022.

[101] GAO W, TAMIN A, SOLOFF A, et al. Effects of a SARS–associated coronavirus vaccine in monkeys[J]. Lancet, 2003, 362(9399): 1895–1896.

[102] ZAKHARTCHOUK A N, VISWANATHAN S, MAHONY J B, et al. Severe acute respiratory syndrome coronavirus nucleocapsid protein expressed by an adenovirus vector is phosphorylated and immunogenic in mice[J]. J Gen Virol, 2005, 86(Pt1): 211–215.

[103] KOBINGER G P, FIGUEREDO J M, ROWE T, et al. Adenovirus–based vaccine prevents pneumonia in ferrets challenged with the SARS coronavirus and stimulates robust immune responses in macaques[J]. Vaccine, 2007, 25(28): 5220–5231.

[104] GUO X J, DENG Y, CHEN H, et al. Systemic and mucosal immunity in mice elicited by a single immunization with human adenovirus type 5 or 41 vector–based vaccines carrying the spike protein of Middle East respiratory syndrome coronavirus[J]. Immunology, 2015, 145(4): 476–484.

[105] KIM E, OKADA K, KENNISTON T, et al. Immunogenicity of an adenoviral–based middle east respiratory Syndrome coronavirus vaccine in BALB/c mice[J]. Vaccine, 2014, 32(45): 5975–5982.

[106] HASHEM A M, ALGAISSI A, AGRAWAL A, et al. A highly immunogenic, protective and safe adenovirus–based vaccine expressing MERS–CoV S1–CD40L fusion protein in transgenic human DPP4 mouse model[J]. J Infect Dis, 2019, 220(10): 1558–1567.

[107] JUNG S Y, KANG K W, LEE E Y, et al. Heterologous prime–boost vaccination with adenoviral vector and protein nanoparticles induces both Th1 and Th2 responses against middle east respiratory syndrome coronavirus[J]. Vaccine, 2018, 36(24): 3468–3476.

[108] ALHARBI N K, PADRON–REGALADO E, THOMPSON C P, et al. ChAdOx1 and MVA based vaccine candidates against MERS–CoV elicit neutralising antibodies and cellular immune responses in mice[J]. Vaccine, 2017, 35(30): 3780–3788.

[109] JIA W X, CHANNAPPANAVAR R, ZHANG C, et al. Single intranasal immunization with chimpanzee adenovirus based vaccine induces sustained and protective immunity against MERS–

CoV infection[J]. Emerg Microbes Infect, 2019, 8(1): 760–772.

[110] BISHT H, ROBERTS A, VOGEL L, et al. Severe acute respiratory syndrome coronavirus spike protein expressed by attenuated vaccinia virus protectively immunizes mice[J]. Proc Natl Acad Sci USA, 2004, 101(17): 6641–6646.

[111] CZUB M, WEINGARTL H, CZUB S, et al. Evaluation of modified vaccinia virus Ankara based recombinant SARS vaccine in ferrets[J]. Vaccine, 2005, 23(17–18): 2273–2279.

[112] HAAGMANS B L, VAN DEN BRAND J M, RAJ V S, et al. An orthopoxvirus–based vaccine reduces virus excretion after MERS–CoV infection in dromedary camels[J]. Science, 2016, 351(6268): 77–81.

[113] BUKREYEV A, LAMIRANDE E W, BUCHHOLZ U J, et al. Mucosal immunisation of African green monkeys (Cercopithecus aethiops) with an attenuated parainfluenza virus expressing the SARS coronavirus spike protein for the prevention of SARS[J]. Lancet, 2004, 363(9427): 2122–2127.

[114] BUCHHOLZ U J, BUKREYEV A, YANG L, et al. Contributions of the structural proteins of severe acute respiratory syndrome coronavirus to protective immunity[J]. Proc Natl Acad Sci USA, 2004, 101(26): 9804–9809.

[115] DINAPOLI J M, KOTELKIN A, YANG L, et al. Newcastle disease virus, a host range–restricted virus, as a vaccine vector for intranasal immunization against emerging pathogens[J]. Proc Natl Acad Sci USA, 2007, 104(23): 9788–9793.

[116] LIU R Q, GE J Y, WANG J L, et al. Newcastle disease virus–based MERS–CoV candidate vaccine elicits high–level and lasting neutralizing antibodies in Bactrian camels[J]. J Integrat Agri, 2017, 16(10): 2264–2273.

[117] KAPADIA S U, SIMON I D, ROSE J K. SARS vaccine based on a replication–defective recombinant vesicular stomatitis virus is more potent than one based on a replication–competent vector[J]. Virology, 2008, 376(1): 165–172.

[118] LINIGER M, ZUNIGA A, TAMIN A, et al. Induction of neutralising antibodies and cellular immune responses against SARS coronavirus by recombinant measles viruses[J]. Vaccine, 2008, 26(17): 2164–2174.

[119] FABER M, LAMIRANDE E W, ROBERTS A, et al. A single immunization with a rhabdovirus–based vector expressing severe acute respiratory syndrome coronavirus (SARS–CoV) S protein results in the production of high levels of SARS–CoV–neutralizing antibodies[J]. J Gen Virol, 2005, 86(Pt 5): 1435–1440.

[120] BAI B K, LU X Y, MENG J, et al. Vaccination of mice with recombinant baculovirus expressing spike or nucleocapsid protein of SARS–like coronavirus generates humoral and cellular

immune responses[J]. Mol Immunol, 2008, 45(4): 868–875.

[121] LUO F L, FENG Y, LIU M, et al. Type IVB pilus operon promoter controlling expression of the severe acute respiratory syndrome–associated coronavirus nucleocapsid gene in Salmonella enterica serovar Typhi elicits full immune response by intranasal vaccination[J]. Clin Vaccine Immunol, 2007, 14(8): 990–997.

[122] DU L Y, ZHAO G Y, LIN Y P, et al. Intranasal vaccination of recombinant adeno–associated virus encoding receptor–binding domain of severe acute respiratory syndrome coronavirus (SARS–CoV) spike protein induces strong mucosal immune responses and provides long–term protection against SARS–CoV infection[J]. J Immunol, 2008, 180(2): 948–956.

[123] ALMAZAN F, DEDIEGO M L, SOLA I, et al. Engineering a replication–competent, propagation–defective middle east respiratory syndrome coronavirus as a vaccine candidate[J]. MBio, 2013, 4(5): e00650–13.

[124] ZUST R, CERVANTES–BARRAGAN L, KURI T, et al. Coronavirus non–structural protein 1 is a major pathogenicity factor: implications for the rational design of coronavirus vaccines[J]. PLoS Pathog, 2007, 3(8): e109.

[125] GRAHAM R L, BECKER M M, ECKERLE L D, et al. A live, impaired–fidelity coronavirus vaccine protects in an aged, immunocompromised mouse model of lethal disease[J]. Nat Med, 2012, 18(12): 1820–1826.

[126] JIMENEZ–GUARDENO J M, REGLA–NAVA J A, NIETO–TORRES J L, et al. Identification of the mechanisms causing reversion to virulence in an attenuated SARS–CoV for the design of a genetically stable vaccine[J]. PLoS Pathog, 2015, 11(10): e1005215.

[127] MENACHERY V D, YOUNT B L, JOSSET L, et al. Attenuation and restoration of severe acute respiratory syndrome coronavirus mutant lacking 2'–O–methyltransferase activity[J]. Eur J Haematol, 2014, 88(8): 4251–4264.

[128] MENACHERY V D, GRALINSKI L E, MITCHELL H D, et al. Middle east respiratory syndrome coronavirus nonstructural protein 16 is necessary for interferon resistance and viral pathogenesis[J]. MSphere, 2017, 2(6): e00346–17.

[129] SCOBEY T, YOUNT B L, SIMS A C, et al. Reverse genetics with a full–length infectious cDNA of the Middle East respiratory syndrome coronavirus[J]. Proc Natl Acad Sci USA, 2013, 110(40): 16157–16162.

[130] BOLLES M, DEMING D, LONG K, et al. A double–inactivated severe acute respiratory syndrome coronavirus vaccine provides incomplete protection in mice and induces increased eosinophilic proinflammatory pulmonary response upon challenge[J]. J Virol, 2011, 85(23): 12201–12215.

［131］ AGRAWAL A S, TAO X, ALGAISSI A, et al. Immunization with inactivated middle east respiratory syndrome coronavirus vaccine leads to lung immunopathology on challenge with live virus[J]. Hum Vaccin Immunother, 2016, 12(9)：2351-2356.

［132］ KAM Y W, KIEN F, ROBERTS A, et al. Antibodies against trimeric S glycoprotein protect hamsters against SARS-CoV challenge despite their capacity to mediate FcgRII-dependent entry into B cells invitro[J]. Vaccine, 2007, 25(4)：729-740.

［133］ DU L Y, TAI W B, YANG Y, et al. Introduction of neutralizing immunogenicity index to the rational design of MERS coronavirus subunit vaccines[J]. Nat Commun, 2016, 7：13473.

［134］ WEINGARTL H, CZUB M, CZUB S, et al. Immunization with modified vaccinia virus Ankara-based recombinant vaccine against severe acute respiratory syndrome is associated with enhanced hepatitis in ferrets[J]. J Virol, 2004, 78(22)：12672-12676.

［135］ SONG F, FUX R, PROVACIA L B, et al. Middle east respiratory syndrome coronavirus spike protein delivered by modified vaccinia virus Ankara efficiently induces virus-neutralizing antibodies[J]. J Virol, 2013, 87(21)：11950-11954.

［136］ VOLZ A, KUPKE A, SONG F, et al. Protective efficacy of recombinant modified vaccinia virus ankara delivering middle east respiratory syndrome coronavirus spike glycoprotein[J]. J Virol, 2015, 89(16)：8651-8656.

［137］ DEDIEGO M L, ALVAREZ E, ALMAZAN F, et al. A severe acute respiratory syndrome coronavirus that lacks the E gene is attenuated in vitro and in vivo[J]. J Virol, 2007, 81(4)：1701-1713.

［138］ DEDIEGO M L, PEWE L, ALVAREZ E, et al. Pathogenicity of severe acute respiratory coronavirus deletion mutants in hACE-2 transgenic mice[J]. Virology, 2008, 376(2)：379-389.

［139］ GONG S R, BAO L L. The battle against SARS and MERS coronaviruses：Reservoirs and Animal Models[J]. Animal Model Exp Med, 2018, 1(2)：125-133.

［140］ ZHAO J C, LI K, WOHLFORD-LENANE C, et al. Rapid generation of a mouse model for Middle East respiratory syndrome[J]. Proc Natl Acad Sci USA, 2014, 111(13)：4970-4975.

［141］ YIP M S, CHEUNG C Y, LI P H, et al. Investigation of antibody-dependent enhancement (ADE) of SARS coronavirus infection and its role in pathogenesis of SARS[J]. BMC Proc, 2011, 5(Suppl. 1)：P80.

［142］ LIU L, WEI Q, LIN Q Q, et al. Anti-spike IgG causes severe acute lung injury by skewing macrophage responses during acute · SARS-CoV infection[J]. JCI Insight, 2019, 4(4)：e123158.

［143］ YANG Z Y, WERNER H C, KONG W P, et al. Evasion of antibody neutralization in emerging severe acute respiratory syndrome coronaviruses[J]. Proc Natl Acad Sci USA, 2005, 102(3)：797-801.

## 第六节 芯片上的器官技术*

药物研发是一个漫长且耗资巨大的过程。药物研究临床试验失败的一个重要原因是由于现有临床前模型可靠性的不足。根据美国国立卫生研究院（NIH）的统计数据，大约 80% 的候选药物在临床试验中会由于药物安全性或有效性问题而失败，30% 以上的临床试验会因为药物在人体中的作用方式和在动物中不同而导致失败[1]。在新药研发的有效性和毒性评价中，2D 细胞培养评价与实际情况存在较大差距，而动物实验往往并不能很好地代替在人体的情况。当前，一些国家，如美国储存了大量生物防御相关药品、疫苗。由于伦理原因，其中大部分没有在人体进行测试，其实际使用效果存在疑问。药物研发需要新的可以更好地判断药物有效性和安全性的方法。正在发展中的芯片上的器官（Organs-on-Chips）技术可以弥补这方面的不足。

### 一、概述

目前的药物评价技术主要有两种：一是细胞培养模式；二是动物实验。传统的 2D 细胞培养在生物医学研究中具有重要价值，但其不能支持组织特异性的、不同功能的多种细胞，或体外准确预测组织功能和药物效果。在药物研发中，动物试验是必不可少的一个环节。但是由于人体的复杂性，动物试验并不能完全反映人体对药物的反应情况[2-3]。动物试验与人体真实情况之间的差异可能导致某种药物通过了动物实验，却无法通过人体实验，因而无法真正投产上市，造成了严重的成本浪费。

芯片上的器官是一种具有很好发展前景的药物评价途径，其模拟人体器官的结构、微环境和生理机能，可以被用于在体外模拟复杂的人体过程。芯片上的器官由一根透明的、约为一根计算机内存条大小的柔性聚合物构成，在其上面有中空的微流体通道，通道内衬活的人体细胞。这种技术使得研究人员能够呈现出人体器官的生理功能，实时观察所发生的现象，提供更具可预测性、更有效地评估新药在人体有效性与安全性的手段。芯片上的器官技术与其他一些概念密切相关，如微生理系统（microphysiological systems）、微流体（microfluidic）、3D 细胞培养（three-dimensional cell culture）、芯片上的组织（tissue-on-a-chip）、芯片上的人体（human-on-a-chip）等。

---

*内容参考：陈薇，王绍良 . 生物技术发展年鉴（2014）[M].北京：军事医学出版社，102-109.

### （一）研发资助情况

2010 年美国 NIH 和食品与药品管理局（FDA）共同资助了一个 3 年的研究项目，以加速发展新的技术、标准来有效评估治疗措施的安全性、有效性。随后，NIH、美国国防高级研究计划局（DARPA）和 FDA 在 2012 年发布了微生理系统（microphysiological systems，MPS）项目，该项目是一个 5 年的研究项目，发展在药物研发中除传统的细胞培养和动物模型以外的评价技术。MPS 项目针对 10 个主要的器官系统，包括肠、肝脏、中枢和外周神经系统、血脑屏障、血管系统、骨骼肌、心脏、肺脏、肾、女性生殖系统[4]。MPS 项目长远的目标是整合 10 个最主要的器官芯片形成芯片上的人体，进行多器官药物毒性、有效性测试。

NIH 所资助的项目由 NIH 国家高级转化科学中心（national center for advancing translational sciences，NCATS）负责。从 2011 年开始，NIH 计划在 5 年内投入 7000 万美元用于该项目，而 DARPA 也将投入类似的经费。DARPA 2011 年 9 月发布了微观生理系统项目（DARPA-BAA-11-73）进行相关的研发部署。DARPA 资助的两个项目支持将 10 个芯片上的器官整合建立芯片上的人体。2012 年 7 月，美国哈佛大学维斯研究所（Wyss Institute for Biologically Inspired Engineering at Harvard University）获得了 DARPA 3700 万美元合同，用于发展整合 10 个人体器官芯片的芯片上的人体，用于快速评估新药的效果，提供安全性和有效性的重要信息[5]。2012 年 7 月，麻省理工学院（MIT）与 DARPA 和 NIH 签订了 3255 万美元合同，用于芯片上的人体研究[6]，其中 DARPA 支持 2630 万美元、NIH 支持 625 万美元，其将模拟人体的一些器官，包括循环、内分泌、免疫、胃肠道、皮肤、骨骼、神经、生殖、泌尿系统等，目标是产生一个准确预测药物和疫苗的效果、毒性、药代动力学等的平台。

美国用于该研究的其他经费来源包括国家环境保护局（EPA）、防御威胁降低局（DTRA）等，总经费将达到 2 亿美元[7]。欧盟及日本也具有相关的研发部署。

### （二）历史进展

2010 年，哈佛大学维斯研究所研发了芯片上的肺脏芯片（lung-on-a-chip），其对于人体肺泡和毛细血管屏障进行模拟[8]。"芯片肺"由肺细胞、渗透膜以及毛细血管组成，类似于网孔的渗透膜上排列着人体细胞，其一侧是肺部细胞，另一侧是血液细胞。利用空气泵，可以使空气和液体围绕着膜流动，像真正的人肺一样（图 2-6）。"芯片肺"可以用于检验新药效果以及人体对环境污染的反应。

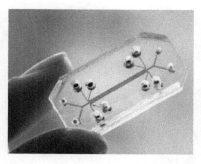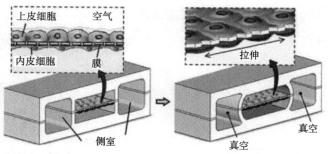

图2-6 芯片上的肺脏[5,8]（见书末彩插）

维斯研究所同时研发了"心脏芯片""肠芯片"等。除此以外，其他一些研究机构的其他一些芯片上的器官也已研发成功，包括肝脏、肾脏、肌肉、骨骼、骨髓、角膜、血管、血脑屏障等[9]。

另外，整合各个器官上的芯片，发展芯片上的人体也正在进行相关的研究[10-11]。2010年11月，日本东京大学应用生物化学系的科研人员构建了一种芯片，将肠道细胞、肝脏细胞以及乳腺细胞分别培养于3个微型腔室中，两条微型通道则起着肠道和血管的作用，其可以同时试验肝脏、肠道以及乳腺癌细胞对抗癌药物的反应[12]（图2-7）。

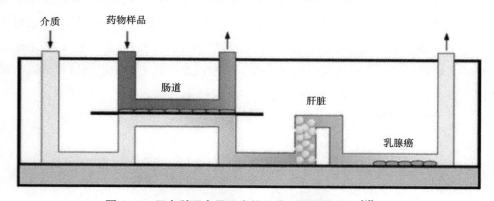

图2-7 日本科研人员研发的芯片上的器官组合[12]

## （三）与传统模型的比较

对于药物有效性和安全性的评价，芯片上的器官技术较其他体外细胞培养模型更加具有优势。虽然2D细胞培养模型费用较低、应用广泛，但是其不能很好地代表复杂的患者病理生理过程。和2D细胞培养不同，芯片上的器官技术可以重新构建复杂的器官水平的生理功能、临床相关的疾病模型和药物反应。这些特性可以更为详尽和准确地预测药物体内反应。微流控技术可以模拟人体不同的机能，如血液循环、呼吸、肠道蠕动、心脏跳动等。

动物实验往往需要大剂量的试验药物。芯片上的器官可以减少细胞、培养基和试验药物的量，可以在药物开发的早期阶段，早于动物实验使用[13]。同时，芯片上

生物安全科学学

的器官可以更好地预测药物的有效性、毒性和药代动力学，使一些无效或存在毒性的药物及早停止。

## 二、年度主要进展

### （一）骨髓芯片

2014 年 5 月 *Nature Methods* 刊登了哈佛大学维斯研究所"骨髓芯片"（bone marrow-on-a-chip）研究结果[14]。骨髓是一种复杂的组织，之前往往仅限于在活体动物中的研究。维斯研究所构建的"骨髓芯片"可用于预防或治疗辐射对骨髓的致死效应研究，而不仅仅依赖动物试验；另外，其也可以用于检测新药或毒性药物对骨髓的影响。

该研究首先将骨骼诱导材料放入一个环形模具。骨髓诱导材料包括脱钙骨粉末（demineralized bone powder，DBP）以及骨形成蛋白（bone morphogenetic proteins，BMP）BMP2 和 BMP4。然后在小鼠背部皮下种植。8 周后，手术切除已经在模具中形成的盘状骨。这种基因工程骨髓看起来像真的一样，显微镜下观察就像取自活体小鼠的骨髓一样。为了在活体动物外维持这种人工骨髓，研究人员将其放置于模拟人体组织循环的微流体系统。骨髓在该装置能够保持健康状态长达 1 周时间。这段时间足够可以检测新药的毒性和有效性，如在这个系统中，可以测试粒细胞集落刺激因子促进骨髓暴露于 γ 射线后的恢复等（图 2-8）。

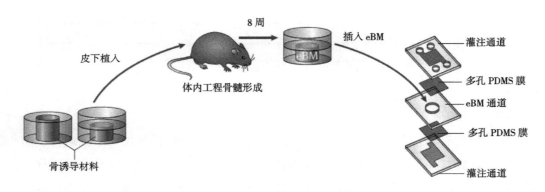

图 2-8　维斯研究所骨髓芯片制备过程[13]

### （二）芯片上的心脏病模型

罕见疾病的应对最近一些年引起了越来越多的关注。然而，发展针对这些疾病的新药受阻于缺乏合适的临床前模型和临床中较少的患者。芯片上的器官技术可以发展所需的模型。哈佛大学等研究机构的研究人员利用干细胞技术制备器官芯片，模拟了一种罕见的心血管疾病巴斯综合征（barth syndrome）病变组织的生长情况，研究结果发表在 2014 年 3 月的 *Nature Medicine*[15]。这项研究由哈佛干细胞研究所、哈佛大学维斯研究所、波士顿儿童医院、哈佛大学工程与应用科学学院和哈佛医学院进行。

巴斯综合征与染色体上一个基因 Tafazzin（TAZ）引起的突变有关，目前无法治愈，患有该病症会引起心脏和骨骼肌的相关功能损伤。研究人员使用巴斯综合征患者的皮肤细胞，将其诱导成携带患者 TAZ 突变的干细胞。研究人员将这些干细胞培养在人细胞外基质蛋白环境的芯片上，从而模拟该组织生长的自然环境，使其形成类似患有巴斯综合征患者的心脏细胞。如同巴斯综合征患者心肌，这种工程病原组织收缩无力。研究人员向这些病变的人工心脏组织中提供基因产物从而纠正其缺陷，创建了人工心脏病组织模型。同时，研究人员正在利用这种"芯片上的心脏病"模型作为测试平台，来检测一些或许可用于治疗这一疾病的药物。

### （三）微流控血管芯片用于纳米药物评价

最近纳米技术的发展对于诊断和治疗领域有很深远的影响，特别是对于肿瘤和动脉粥样硬化。通过纳米颗粒可以包裹、递送药物到特定的组织，但是纳米药物聚集在目标位置的准确机制仍有待研究，特别是对于动脉粥样硬化等疾病。同时，这种新的方式可能存在潜在的不良反应。临床前评估药物毒性和有效性非常重要，但是缺乏合适的测试平台可以模拟人复杂的生理系统。

2014 年 1 月 *Proceedings of the National Academy of Sciences* 发表了一篇论文，报道了美国佐治亚理工学院的研究人员研发的微流控血管芯片用于纳米药物评价[16]。在这项研究中，研究人员开发了一种微流体装置，其包括两层分离的微流体通道，上面通道中的纳米颗粒可通过内皮组织膜到下面的通道。研究人员可以控制内皮细胞的渗透率，以及改变液体流动的速度，或在细胞中引入化学物质等。这种芯片通过模拟纳米颗粒在微血管内皮细胞的转运和动脉粥样硬化血管内皮屏障功能失调，可以加速纳米药物的研发过程，并能在动物模型上更好地预见纳米药物的功效，减少试验动物的使用。

### （四）2014 年 NIH 研发部署

2012 年 NIH 投入了 900 万美元用于组织芯片药物筛选（Tissue Chip for Drug

Screening）项目。NIH 计划在 5 年内投入 7000 万美元。2014 年，NIH 资助了 11 个该项目二期的研究 [1]，包括：哥伦比亚大学 —— 整合心脏、肝脏、血管系统进行药物评测；杜克大学 —— 循环系统和整合的肌肉组织进行药物毒性评测；哈佛大学 —— 人心肺系统芯片；麻省理工学院 —— 人体肿瘤转移治疗模型；威斯康星大学莫格里奇研究所 —— 人诱导的多能干细胞和胚胎干细胞基础的模型预测神经毒性和致畸性；西北大学 —— 体外女性生殖道微生理系统；加利福尼亚大学伯克利分校 —— 疾病特异的整合人组织微生理系统模型；匹兹堡大学 —— 3D 人肝脏模型药物评测；华盛顿大学 —— 组织工程人肾脏微系统；范德堡大学 —— 血脑屏障，药物毒性反应；圣路易斯华盛顿大学 —— 心脏和循环组织，实体肿瘤模型。

## 三、展望

### （一）医药研究中的巨大潜力 [17]

芯片上的器官在医药研究中具有巨大潜力，包括：①提高药物测试的效果。芯片上的器官可以模拟真正的人体试验，透明的芯片让药物测试变得易于研究者进行观测。当需要测试一种新的药物时，只需要将药物所含的化合物加入芯片中，即可观察芯片中细胞的反应情况。②降低了药物研发的成本与风险。利用芯片上的器官进行药物试验，可以尽可能地模拟人体真实情况，从而降低药物研发的成本与风险。③帮助更好理解人类疾病。许多人类疾病是没有动物模型可供测试的，而利用"芯片上的器官"可以解决这个问题。④避免动物试验的伦理问题。在疾病研究与药物试验中，传统的方法不可避免地要利用到动物，利用芯片上的器官技术则可以避免许多动物保护方面的问题。

### （二）与 iPSC 技术的结合

使用诱导多能干细胞技术（induced pluripotent stem cell，iPSC）可以满足细胞来源的需求，重编程可以使皮肤细胞成为纤维细胞或血液细胞成为干细胞。芯片上的器官技术和 iPSC 技术的结合可以扩大和降低药物筛选费用，可以提高个体医疗，如预测药物或毒物的反应等。虽然 iPSC 具有很大的潜力，但是也存在困难。到目前为止，没有 iPSC 可以分化成所有的主要器官组织。提高 iPSC 技术发展可靠的细胞来源也是 NIH 的 MPS 项目的一部分 [4]。

### （三）面临的挑战 [13]

当前，芯片上的器官技术也面临一些挑战。例如，其依赖于细胞培养基板 [ 如二甲基硅氧烷（PDMS）]，其理化性质与细胞外基质不同，可以吸收小的疏水性分子，这可以导致药物浓缩和药理活性的降低；另外一个需要考虑的问题是芯片上的器官的复杂性和可操作性间的平衡，增加复杂性需要提高生理相关性，但是其对于操作和系统的管理带来挑战。

芯片上的器官不是药物评测唯一的解决方案，模拟复杂的激素、免疫、神经系统目前还不是芯片上的器官所具备的。对药物有效性的判断，仍然在一定的时候需要动物模型。除此以外，芯片上的器官技术还存在自身的一些缺陷。这种模型仅包括一部分的细胞类型、组织、器官和系统，因此不能探测可能的脱靶毒性；而动物实验可以代表整个系统的毒性试验，因此需要动物实验作为补充。

同时，"器官芯片"只能植入单一类型的器官细胞，而人们利用动物进行药物测试的一大原因是可以观察到药物对整个生命系统的作用，各种器官之间的相互作用是其中非常重要的因素。所以，这种新型实验芯片未来能否真正取代动物实验，还有待时间验证。

芯片上的器官发挥所有的潜力需要应用于商业的药物开发。这需要其适用于制药工业，需要可靠和耐用，操作简便。

### （四）芯片上的人体

单独的器官模型提供了各自的优势，但是如果将芯片上的器官更好地发挥临床前评价的作用，需要整合这些模型形成一个整体水平。最普遍的一种途径是通过流体网络连接多种器官模型，发展整合多个器官的模拟人体生理功能的芯片上的人体（human-on-a-chip）（图 2-9）。

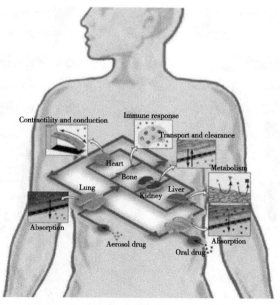

图 2-9  芯片上的人体[18]（见书末彩插）

### （五）保障生物安全

芯片上的器官技术与生物安全密切相关。例如，美国国土安全部对于器官上的芯片的兴趣包括通过该系统判定多少炭疽孢子可以造成人体疾病[19]，而 DARPA 的兴趣是由于其在潜在疫情应对中的作用。

当前，芯片上的器官技术的首要应用是用于药物有效性和毒性的筛选，同时也包括其他一些领域，如许多感染性疾病需要进行致病机制研究。如果芯片上的器官技术可以模拟人的致病机制，其可以作为致病机制研究的模型，加速发展有效的治疗措施。

同时，对于一些特定的治疗，如针对放射、化学和生物剂的医学应对措施，进行人体试验是不人道的，芯片上的器官技术可以作为 FDA 动物规则的补充。

# 参考文献

[1] NIH funds next phase of tissue chip for drug screening program[EB/OL].(2014–09–23)[2015–12–10]. http://www.nih.gov/news/health/sep2014/ncats–23.htm.

[2] SEOK J, WARREN H S, CUENCA A G, et al. Genomic responses in mouse models poorly mimic human inflammatory diseases[J]. Proc Natl Acad Sci USA, 2013, 110: 3507–3512.

[3] MAK I W, EVANIEW N, GHERT M. Lost in translation: animal models and clinical trials in cancer treatment[J]. Am J Transl Res, 2014, 6(2): 114–118.

[4] FABRE K M, LIVINGSTON C, TAGLE D A. Organs–on–chips (microphysiological systems): tools to expedite efficacy and toxicity testing in human tissue[J]. Exp Biol Med (Maywood), 2014, 239(9): 1073–1077.

[5] Wyss Institute to Receive up to $37 Million from DARPA to Integrate Multiple Organ–on–Chip Systems to Mimic the Whole Human Body[EB/OL]. (2012–07–24)[2015–12–10]. http://wyss.harvard.edu/viewpressrelease/91.

[6] DARPA and NIH to fund 'human body on a chip' research[EB/OL]. (2012–07–24)[2015–12–10]. http://newsoffice.mit.edu/2012/human–body–on–a–chip–research–funding–0724.

[7] WIKSWO J P. The relevance and potential roles of microphysiological systems in biology and medicine[J]. Exp Biol Med (Maywood), 2014, 239(9): 1061–1072.

[8] HUH D, MATTHEWS B D, MAMMOTO A. et al. Reconstituting organ–level lung functions on a chip[J]. Science, 2010, 328(5986): 1662–1668.

[9] BHATIA S N, INGBER D E. Microfluidic organs–on–chips[J]. Nat Biotechnol, 2014, 32(8): 760–772.

[10] ESCH M B, KING T L, SHULER M L. The Role of Body–on–a–Chip Devices in Drug and Toxicity Studies[J]. Annu Rev Biomed Eng, 2011, 13: 55–57.

[11] LUNI C, SERENA E, ELVASSORE N. Human–on–chip for therapy development and fundamental science[J]. Curr Opin Biotechnol, 2014, 25: 45–50.

[12] MURA Y, SATO K, YOSHIMURA E. Micro Total Bioassay System for Ingested Substances: Assessment of Intestinal Absorption, Hepatic Metabolism, and Bioactivity[J]. Anal Chem, 2010, 82(24): 9983–9988.

[13] ESCH E W, BAHINSKI A, HUH D. Organs–on–chips at the frontiers of drug discovery[J]. Nat Rev Drug Discov, 2015, 14(4): 248–260.

[14] TORISAWA Y S, SPINA C S, MAMMOTO T, et al. Bone marrow on a chip replicates hematopoietic niche physiology in vitro[J]. Nat Methods, 2014, 11(6): 663–669.

[15] WANG G, MCCAIN M L, YANG L, et al. Modeling the mitochondrial cardiomyopathy of

Barth syndrome with induced pluripotent stem cell and heart–on–chip technologies[J]. Nat Med，2014，20(6)：616–623.

[16] KIM Y，LOBATTO M E，KAWAHARA T，et al. Probing nanoparticle translocation across the permeable endothelium in experimental atherosclerosis[J]. Proc Natl Acad Sci USA，2014，111(3)：1078–1083.

[17] Wyss 研究所与 Sony 合作推动芯片上的器官技术发展 [EB/OL].(2013–03–19)[2015–12–10]. http://www.biodiscover.com/news/research/104198.html.

[18] https://upload.wikimedia.org/wikipedia/commons/5/52/Conceptual_Schematic_of_a_Human–on–a–Chip.jpg.

[19] SARA REARDON. Biodefence projects aim to mimic the human body using networks of simulated organs[J]. Nature，2015，518(19)，285–286.

# 第三章　生物安全科技政策

科技政策是科技发展的指引，由于生物安全问题的复杂性，生物安全科技政策制定面临严峻挑战，需要政策制定部门及研究人员的深入调研。

## 第一节　基于词频分析的美英生物安全战略比较*

战略（strategy）一词最早是指军事将领指挥军队作战的谋略，在现代其泛指统领性的、全局性的、左右胜败的谋略、方案和对策[1]。在生物安全领域，美国发布了多个国家战略，包括《21世纪生物防御》(*Biodefense for The 21st Century*，2004)[2]、《应对生物威胁国家战略》(*National Strategy for Countering Biological Threats*，2009)[3]和《国家生物防御战略》(*National Biodefense Strategy*，2018)[4]。2018年，英国政府发布了首份《英国生物安全战略》(*UK Biological Security Strategy*)[5]。这些战略在体现美、英政府的生物安全立场同时，充分显示了两国对生物安全的高度重视，是其生物安全的纲领性指导文件。

我国当前对生物安全重视程度不断提高，分析比较美、英生物安全战略，对我国生物安全能力建设及相应战略与法规的制定具有重要借鉴意义。本研究采用词频定量分析的策略，对美、英生物安全战略进行比较。词频分析是对词汇出现的次数进行统计与分析，是文本挖掘的重要手段。通常，通过软件完成的词频分析存在不够精准的问题，本研究采取"手工"词频分析方法：从相应官方网站下载美、英4个战略报告的PDF格式全文，转化为Word文档格式，并删除页眉、页脚、目录、参考文献、术语解释等内容，保留有效信息；通过Word查找、替换功能将空格、标点等整体替换为回车，并将结果复制到Excel中；通过Excel软件的排序、分类汇总等功能，统计各单词的词频；将词性不同、含义相同的词合并分析；筛选有意义的词进行对比分析。本研究未针对"词组"分析，主要是为了避免其产生的交叉混杂问题。

### 一、美、英生物安全战略内容与特点

#### （一）美国《21世纪生物防御》

##### 1. 防御生物武器，应对未来威胁

该战略将生物武器作为重点防御对象，同时认为，随着生命科学和生物技术的快

---

*内容参考：田德桥，王华. 基于词频分析的美英生物安全战略比较[J]. 军事医学，2019，43(7)：481-487.

速发展，预防和控制未来生物武器威胁将更为困难。在篇幅不长的战略中，weapon（武器）以及 WMD（大规模杀伤性武器）共出现 51 次，在各战略中出现次数最多。另外，defense（防御）和 biodenfese（生物防御）共出现 39 次，attack（进攻）出现 42 次，均在各战略中出现次数最多（图 3-1、图 3-2）。

**2. 打击恐怖主义，提高溯源能力**

2001 年美国"9·11"恐怖袭击事件和"炭疽邮件"事件后，美国认为恐怖主义对其构成巨大威胁，迫切需要提高生物恐怖应对能力。在该战略中，terrorism（恐怖）和 bioterrorism（生物恐怖）共出现 8 次。同时，该战略强调溯源能力的重要性，attribute（溯源）一词出现了 4 次（图 3-1、图 3-2）。

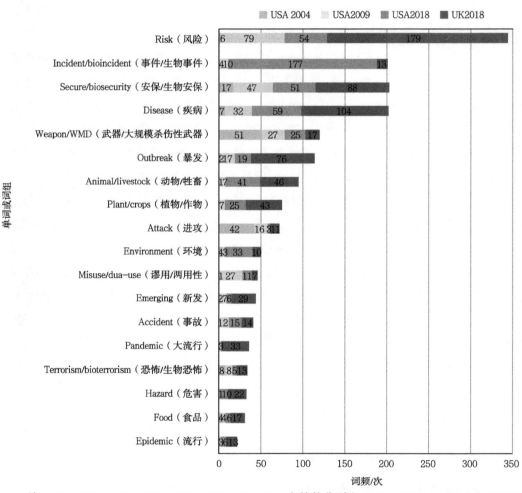

注：USA 2004、USA 2009、USA 2018、UK 2018 字符数分别为 3243、7836、9541、14 703（不含数字）；词频分析包括相同词头、不同词性的所有词。

**图 3-1　美、英生物安全战略词频分析比较（威胁层面）（见书末彩插）**

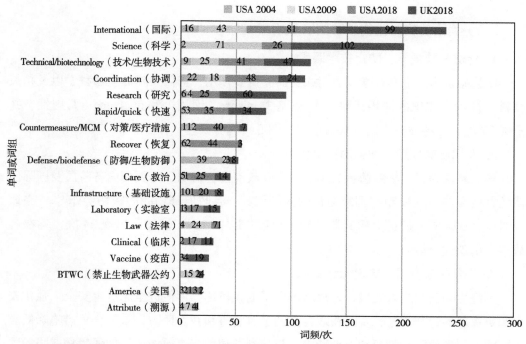

注：USA 2004、USA 2009、USA 2018、UK 2018 字符数分别为 3243、7836、9541、14 703（不含数字）；词频分析包括相同词头、不同词性的所有词。

**图 3-2 美、英生物安全战略词频分析比较（应对层面）（见书末彩插）**

### 3. 加强能力建设，构筑四大支柱

该战略分析了美国生物防御能力建设已开展的一些行动，如生物监测项目（Biowatch Program）、生物盾牌计划（Project Bioshield）、国家战略储备计划等，并确立了今后生物防御能力建设的 4 个支柱：威胁感知、预防和保护、监测和检测、应对和恢复（图 3-3）。

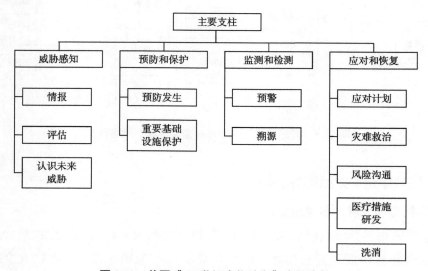

**图 3-3 美国《21 世纪生物防御》主要支柱**

## （二）美国《应对生物威胁国家战略》

### 1. 促进科技发展，防止技术谬用

该战略认为，生命科学发展对人类具有重要作用，但需要降低生命科学以及相关材料、技术和知识的误用风险。该战略中 misuse（误用）和 dual-use（两用性）共出现 27 次，在各战略中出现次数最多（图 3-1）。

### 2. 发挥全球作用，加强国内协作

该战略认为，生物威胁挑战不能由联邦政府独自面对，需要国内各阶层及国际伙伴的共同参与，需要动用国家力量的各种工具，各政府部门间的密切协作[3]。在该战略中，BTWC（禁止生物武器公约）出现 15 次，law（法律）出现 24 次，均在各战略中出现次数最多（图 3-2）。

### 3. 面向未来发展，确定七大目标

围绕生物安全未来发展，该战略确立了七大目标，即促进全球卫生安全，强化安全和负责任的行为规范，及时获取并准确了解已有和新发风险，采取合理措施降低滥用可能，拓展预防、溯源和抓捕能力，与各利益相关方有效沟通，加强生物威胁的国际对话（图 3-4）。

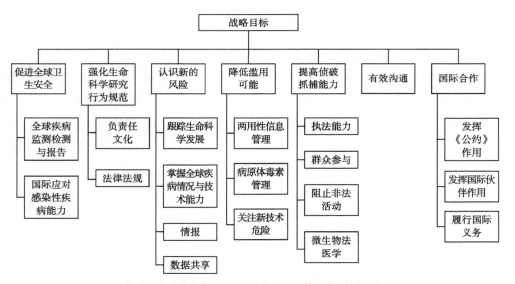

**图 3-4 美国《应对生物威胁国家战略》战略目标**

## （三）美国《国家生物防御战略》

### 1. 审视形势发展，多重威胁应对

在指导思想上，该战略强调"全领域"治理生物威胁，指出，生物威胁包括自然发生的生物威胁以及蓄意和意外的生物威胁。与美国既往 2 个生物安全战略相

比，该战略针对的生物威胁范围更广。在该战略中，accidents（事故）出现 15 次，environment（环境）出现 33 次，incident/bioincident（事件 / 生物事件）出现 177 次，均是各战略中最多的（图 3-1）。

**2. 整合各种力量，美国利益优先**

在战略布局上，该战略强调整合各种力量"全维度"聚焦生物防御，并与《2018年美国国家安全战略》保持一致，包括保护"美国人民、国土和美国的生活方式"。在该战略中，America（美国）一词出现 13 次。

该战略重视国内、国际各种力量的协调，指出，需要建立具有全球影响力的强大生物防御体系，同时需要广泛协调政府部门和非政府部门，军队力量和地方力量。该战略中，coordination（协调）出现 48 次，是各战略中最多的（图 3-2）。

**3. 基于应对过程，确定五大目标**

在危机应对上，该战略强调"全链条"处置生物事件，基于生物事件应对时间轴，确定了五大目标，即通过情报与风险评估指导决策；确保生物防御体系能力，以预防生物事件发生；确保生物防御体系为降低生物事件的影响做好准备；迅速响应，降低生物事件影响；促进事件发生后常态恢复（图 3-5）。

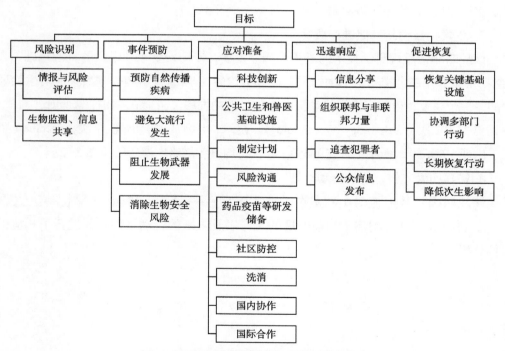

**图 3-5 美国《国家生物防御战略》目标**

该战略重视生物事件后的恢复重建，recover（恢复）出现44次，countermeasure/MCM（对策/医疗措施）出现40次，care（救治）出现25次，clinical（临床）出现17次，rapid/quick（快速）出现35次（图3-2），均是各战略中最多的。该战略重视基础设施建设，infrastructure（基础设施）出现20次，laboratory（实验室）出现17次，均是各战略中最多的（图3-2）。

### （四）《英国生物安全战略》

#### 1. 应对多重风险，重视海外行动

该战略认为，生物威胁包括自然发生的、实验室意外，或是蓄意的生物攻击。该战略认识到全球化时代，海外事件会迅速对英国利益构成威胁，要"开展海外行动以减少生物风险源头"。在该战略中，risk（风险）出现179次，hazard（危害）出现22次，security/biosecurity（安全/生物安全）出现88次，international（国际）出现99次，disease（疾病）出现104次，emerging（新发）出现29次，epidemic（流行）出现13次，outbreak（暴发）出现76次，pandemic（大流行）出现33次，animal/livestock（动物/牲畜）出现46次，plant/crops（植物/作物）出现43次，food（食品）出现17次，均是各战略最多的（图3-1、图3-2）。

#### 2. 依靠科技创新，促进产业发展

该战略非常重视科学技术的进步和产业发展，专门设置了"强大的科学基础"和"企业和学术界在生物安全中的作用"两部分内容。认为科学和技术贯穿应对生物风险的每一个要素，生物安全可推动英国生物经济的发展。在该战略中，science（科学）一词出现102次，technology/biotechnology（技术/生物技术）出现47次，vaccine（疫苗）出现19次，research（研究）出现60次，均是各战略中最多的（图3-2）。

#### 3. 构建四大支柱，明确行动计划

该战略确定政府应对生物威胁的四大支柱——认识、预防、探测、响应（图3-6），并且在每部分阐述了当前开展的工作以及未来的行动计划，并进行了相应的案例分析。

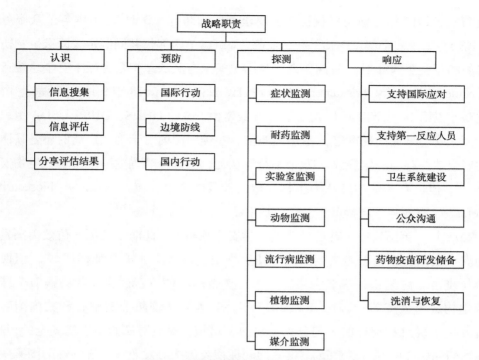

图3-6 《英国生物安全战略》战略职责

## 二、美、英生物安全战略比较

### （一）战略背景

"9·11"事件后，从2001年10月开始，美国总统小布什开始以国土安全总统指令（Homeland Security Presidential Directives，HSPD）形式发布国土安全政策。2004年，小布什总统签署了国土安全总统令10（HSPD-10）《21世纪生物防御》。此前美国分别发布了《应对大规模杀伤性武器国家战略》（2002）和《应对恐怖主义国家战略》（2003）等战略性文件。《21世纪生物防御》是在美国反恐大背景下发布的，确定的主要威胁是生物武器和生物恐怖，其确立了美国生物防御体系的总框架。

2009年，美国奥巴马政府以国家安全委员会名义发布了《应对生物威胁国家战略》。进入21世纪后，生物技术安全问题广受关注，如澳大利亚科学家鼠痘病毒实验[6]、脊髓灰质炎病毒合成[7]、重构1918流感病毒等[8]。2004年，美国国家科学院发布了《恐怖主义时代的生物技术》[9]，2006年发布了《全球化、生物安全和未来的生命科学研究》[10]等报告。《应对生物威胁国家战略》强调生物技术安全以及要通过生命科学研究提高生物防御能力。

特朗普上任后，美国会两院以美国优先和鹰派思维为指导，要求制定新战略，更有效地预防、准备和应对生物威胁，提高国家生物安全治理能力。2016年12月美国发布的《2017 年度国防授权法案》要求美国国防部（DoD）、卫生与公众服务部（DHHS）、国土安全部（DHS）和农业部（USDA）四部长共同制定《国家生物防御战略》和相关实施计划。特朗普政府与国土安全有关的总统令为国土安全总统备忘录（National Security Presidential Memoranda，NSPM），2018 年 9 月，《国家生物防御战略》以第 14 号 NSPM 形式发布。该战略由 DoD、DHHS、DHS、USDA 组织撰写，国家安全事务助理审定。战略发布前，在美国国内对于确立广泛的还是具体的生物安全战略存在一定争议。蓝带小组等认为，美国应当确立一个整合的生物安全战略[11]，但也有一些学者认为生物安全所涉及的 3 个领域（biosafety、biosecurity、biodefense）有各自不同特点，没有必要非要一个总体的战略[12]。

2018 年，英国发布了首份《英国生物安全战略》。此前，英国未仿效美国发布生物安全战略，原因可能是英国认为其生物安全形势不如美国那样严峻。但西非埃博拉疫情、禽流感、寨卡病毒病、基孔肯雅病毒病等新发再发传染病对全球公共卫生构成重大威胁；2014 年和 2015 年，美国疾病预防控制中心和美国国防部先后发生了炭疽芽孢杆菌未充分灭活事故，增加了民众对实验室生物安全的担心；细菌耐药问题在欧洲日益严重。这些问题促使英国决心发布一个统领性的国家生物安全战略。该战略由英国内政部、卫生与社会保障部、环境食品和农村事务部等组织撰写。

### （二）针对的生物威胁与面临的挑战

美国《21 世纪生物防御》主要针对生物武器和生物恐怖威胁；美国《应对生物威胁国家战略》同时涉及新发突发传染病和生物技术谬用；《英国生物安全战略》除此以外同时强调实验室生物安全事故；美国《国家生物防御战略》针对自然发生以及事故性或人为蓄意的威胁，包括生物武器、生物恐怖、突发传染病、实验室事故等。

在这 4 份战略文件名称中，英国采用生物安全（biological security），美国的 3 个战略分别使用生物威胁（biological threat）和生物防御（biodefense）。可见，英国采用的为生物安全常规的一个词 biosecurity，美国所用词生物威胁和生物防御体现了一种积极防御应对的思想。应对生物威胁面临严峻挑战，与核威胁与化学威胁相比，生物威胁有其自身的特点，其可广泛传播，造成全球影响，并且更易造成人群恐慌。4 个战略均强调生物技术发展对生物安全的影响，生物技术发展极易产生更具威胁的生物剂，并且生物技术的两用性使其监管更为困难。《21 世纪生物防御》强调面临的挑战包括生物技术的两用性使情报获取更为困难；《应对生物威胁国家战略》强调生物威胁的不可预测性；美国《国家生物防御战略》强调生物威胁是持久的，传染病无国界等；《英国生物安全战略》强调全球化对生物安全的影响。

### （三）重点领域

4个战略阐述的重点领域均包括认识威胁、预防事件发生、监测事件发生、事件发生后的有效应对等。美国《21世纪生物防御》和《应对生物威胁国家战略》强调溯源和微生物法医学问题；《21世纪生物防御》强调应对计划和灾难救治问题；《应对生物威胁国家战略》强调要建立生物技术安全负责任的文化，提高溯源和捕捉能力，要发挥《禁止生物武器公约》的作用；美国《国家生物防御战略》强调社区防控、追查犯罪者、恢复关键基础设施、长期恢复行动等方面的内容；《英国生物安全战略》强调要加强动物、植物和媒介的监测，以及支持世界卫生组织等国际组织的工作。

### （四）机构职责

美国《21世纪生物防御》确定DHS部长是国内生物事件应对的首要协调官员。美国《应对生物威胁国家战略》总体上确定了联邦政府、地方等的角色与职责，但未明确牵头机构；美国《国家生物防御战略》明确由国家安全事务助理负责政策协调，在DHHS设立生物防御协调小组，评估战略实施效果，DHHS部长作为联邦实施该战略的牵头负责人。《英国生物安全战略》要求战略实施要融入现有政府机制，要建立一个跨部门的委员会，通过安全大臣（Security Minister）向国家安全委员会报告。

## 三、启示与思考

我国生物安全能力取得长足发展，但我们必须保持冷静的头脑，我国仍面临着严峻的生物安全形势，而在技术装备、应对手段等方面，与美、英等发达国家还存在一定差距。

### （一）生物威胁日趋多元，生物安全范畴扩大

生物安全是由所涉及的不同领域以及应对环节相互交织形成的一个网络。其涉及的领域包括：①生物武器、生物恐怖应对；②新发突发传染病应对；③生物技术安全；④病原微生物和高等级生物安全实验室安全；⑤感染与耐药等医院生物安全；⑥外来物种入侵等生态环境安全；⑦遗传资源安全。应对环节包括：①生物安全（biosafety），防止非人为蓄意产生的生物安全问题；②生物安全（biosecurity），防止人为蓄意产生的生物安全问题；③生物防御（biodefense），生物安全事件发生后的有效应对（此为狭义的生物防御，广义的生物防御也包括事件发生前的预防准备）。

生物安全各领域虽存在差异，隶属不同管理部门，但具有共性的方面（应对环

节），可统一在共同的战略或法规之下。

## （二）我国当前生物安全领域面临的突出问题

我国当前在生物安全领域面临一些严峻的问题和挑战。

### 1. 新型生物威胁多样化，侦检消防治更为困难

除传统的基因重组技术的应用外，近年来合成生物学、基因编辑等技术的发展使新型生物威胁的发展更为容易，更为多样化，可产生使常规检测、治疗和预防措施失效的生物剂，以及其他意想不到的生物剂。而多种可能的新型生物威胁，目前普遍缺乏有效的应对措施。

### 2. 新发传染病频发，应对手段不足

近年来，禽流感、埃博拉病毒病、寨卡病毒病、基孔肯雅热等新发突发传染病不断发生，对人类健康构成巨大威胁。随着人类活动范围的扩大和交通工具的便捷，新发传染病的发生频率和影响不断增大。目前，我国对于很多新发突发传染病缺乏有效的应对措施和快速反应能力。

### 3. 生物技术快速发展带来潜在安全风险

促进生物技术发展和保证生物安全需要同时兼顾。我国生物技术发展迅速，但对生物技术安全问题的管理与研究不够，一方面从管理角度，我国生物技术安全相关法律不健全；另一方面从科技支撑角度，防控生物技术安全风险的有效手段较少。

### 4. 医院感染与病原体耐药问题持续存在

我国巨大的人员健康需求与有限的医疗资源存在矛盾，医院感染和不合理用药导致的病原体耐药性问题对人民健康、经济发展甚至国家安全构成巨大威胁。

### 5. 外来物种入侵等生态环境安全威胁

人员和物资流动性加大以及气候变化等增加了外来物种入侵的可能性，对生态环境安全构成巨大威胁。

### 6. 遗传资源安全威胁

随着精准医疗和生物大数据的发展，遗传资源安全性问题日益凸显，我国人类遗传资源、重要物种资源和生物大数据资源存在流失风险，对国家安全构成威胁。

## （三）我国生物安全能力建设需采取的措施

生物安全是国家安全的重要组成部分，涉及国土安全、军事安全、科技安全等多个方面。为提高我国生物安全保障能力，需要采取多种措施，建立多种机制，但总体来说需要从"管理"与"科技"两方面加强，"两手都要抓，两手都要硬"。

### 1. 在管理层面，要重视以下几个方面

①战略法规制定：国家应当制定明确的生物安全战略、规划，并进一步加强相关

法规体系建设。

②组织指挥机制：明确各相关部委职责，建立沟通与协调机制，生物安全保障要形成体系，不同机构群体要发挥合力，同时加强军队与地方协作，主责部门认真负责，相关部门职责分工明确，相互协调有力。

③决策支持机制：加强各类专家委员会、情报机构、智库建设，发挥好决策支持作用。

④经费投入机制：建立持续稳定的经费投入机制，合理分配投入经费，提高经费使用效率。

⑤应急管理机制：在药品、疫苗、装备等研发方面建立和完善快速审批机制和国家储备机制。

**2. 在科技层面，要重视以下几个方面**

①创新发展机制：加强生物安全相关基础研究和颠覆性技术的发展，跨越式提升我国生物安全保障能力。

②动态评估机制：做好威胁评估、风险评估、能力评估和效果评估，为生物防御能力建设提供科学决策支撑。

③教育培训机制：加强本科阶段和研究生阶段生物安全相关人才的培养和从业人员培训，提高公众生物安全意识。

④军地融合机制：建立军队和地方硬件条件资源共享机制，建立军民融合生物防御园区，加强人员交流与合作。

⑤国家扶持机制：在缺乏商业市场的研发领域，国家加强对相关领域的研发扶持，提高企业积极性，培育一批优势企业。

<h1>参考文献</h1>

[1] 田德桥，朱联辉，黄培堂，等.美国生物防御战略计划分析[J].军事医学，2012，36(10)：772-776.

[2] Biodefense for the 21st Century，2004[EB/OL].[2019-07-01]. https://www.fas.org/irp/offdocs/nspd/hspd-10.html.

[3] National Strategy for Countering Biological Threats[EB/OL]. [2019-07-01]. https://www.whitehouse. gov/National_Strategy_for_Countering_BioThreats.pdf.

[4] National Biodefense Strategy[EB/OL]. [2019-07-01]. https://www.whitehouse.gov/wp-content/uploads/2018/09/National-Biodefense-Strategy.pdf.

[5] UK Biological Security Strategy[EB/OL]. [2019-07-01]. https://www.gov.uk/government/publications/biological-security-strategy.

[6] JACKSON R J，RAMSAY A J，CHRISTENSEN C D，et al. Expression of mouse interleukin-4 by a recombinant ectromelia virus suppress-es cytolytic lymphocyte responses and overcomes genetic resistance to mousepox[J]. J Virol，2001，75(3)：1205-1210.

[7] CELLO J，PAUL A V，WIMMER E. Chemical synthesis of poliovirus cDNA：generation of infectious virus in the absence of natural template[J]. Science，2002，297(5583)：1016-1018.

[8] TUMPEY T M，BASLER C F，AGUILAR P V，et al. Characterization of the reconstructed 1918 Spanish influenza pandemic virus[J]. Science，2005，310(5745)：77-80.

[9] National Research Council(US). Biotechnology Research in an Age of Terrorism[M]. Washington DC：National Academies Press，2004.

[10] National Research Council (US). Globalization，Biosecurity，and the Future of the Life Sciences[M]. Washington DC：National Academies Press，2006.

[11] Blue Ribbon Study Panel on Biodefense. A National Blueprint for Biodefense：Leadership and Major Reform Needed to Optimize Efforts[EB/OL]. [2019-07-01]. Hudson Institute：Washington DC，(2015-10).http://www.biodefensestudy.org/a-national-blueprint-for-biodefense.

[12] A L MAURONI. We Don't Need Another National Biodefense Strategy[EB/OL].(2017-08-01) [2019-07-01]. https://mwi.usma.edu/dont-need-another-national-biodefense-strategy.

## 第二节　美国生物防御能力建设的特点与启示*

　　生物武器、生物恐怖和新发传染病是当今国际社会面临的重大安全问题。《禁止生物武器公约》(*Biological and Toxin Weapons Convention，BTWC*)并不能完全阻止一些国家和地区秘密研发生物武器。2001年，美国"9·11"恐怖袭击事件及"炭疽邮件"生物恐怖袭击事件后，各国意识到，生物恐怖已经成为一种现实的威胁。同时，SARS、禽流感、甲型H1N1流感等一些新发传染病给人民健康、经济发展和社会稳定构成了严重的威胁。生物防御(biodefense)最早是指军队应对生物武器的威胁，随着生物威胁范畴的扩大，生物防御所包含的领域也在不断扩大，包括应对生物战、生物恐怖、生物事故、新发突发传染病等[1]。生物防御能力关系国家安全，许多国家都在加强生物防御能力建设。美国将生物防御能力建设纳入国家安全战略，予以高度重视，并投入巨资，不断提高生物防御能力水平。本节简要分析了美国生物防御能力建设的主要特点，希望能对我国及其他发展中国家的生物防御能力建设提供一些启示和借鉴。

### 一、方法

　　本节数据均来源于互联网可获得的公开资料，包括PubMed可以检索到的期刊论文，国外一些政府机构、学术机构的研究报告。

### 二、结果

#### (一)明确的生物防御战略

　　美国政府和军队均颁发了一系列与生物防御相关的战略及法规文件。2004年，美国政府发布的《21世纪生物防御》(*Biodefense for 21st Century*)确定了美国生物防御威胁评估、预防保护、监测检测、应对恢复等方面的主要目标和措施[2]。2009年，又发布了《应对生物威胁国家战略》(*National Strategy for Countering Biological Threats*)，分析了美国面临的生物威胁，提出了应对生物威胁的7个目标[3]。美国政府颁发的其他一些相关法律法规文件包括《公共卫生安全与生物恐怖应对法》(*Public Health Security and Bioterrorism Preparedness and Response Act of 2002*)、《大规模杀伤

*内容参考：田德桥，朱联辉，王玉民，等. 美国生物防御能力建设的特点与启示[J]. 军事医学，2011，35(11)：824-827.

性武器医学应对措施》（*Medical Countermeasures against Weapons of Mass Destruction*）（2007）及《公共卫生与医学准备预案》（*Public Health and Medical Preparedness*）（2007）等[4-6]。这些战略与法律法规文件明确了美国生物防御在国家安全中的地位，确定了生物防御能力建设的目标和实现途径，使生物防御能力建设有法可依、有章可循。

为了有效应对生物恐怖的威胁，美国国会通过了"生物盾牌计划"法案（*Project BioShield Act of 2004*），支持药品和疫苗等的研发以应对生物和化学恐怖袭击[7]。确立生物防御生物剂清单，明确生物防御研究与应对的重点。1999年，美国疾病预防控制中心根据生物剂引起大规模灾难的能力、人群间传播的能力、引起公众恐慌的可能性、是否需要特别的公共卫生准备等几个标准将威胁病原体或毒素分成3类，其中A类包括天花病毒、炭疽芽孢杆菌、鼠疫耶尔森菌、肉毒梭菌毒素、土拉热弗朗西斯菌、马尔堡病毒、埃博拉病毒等[8]。在美国国家生物防御战略下，生物防御经费大幅增加，2001—2012年度累积民口生物防御经费及预算达669.1亿美元[9]。

### （二）充分的预防预警准备

生物事件发生前的预防与预警工作非常重要。美国具有庞大的情报体系，包括联邦调查局（Federal Bureau of Investigation，FBI）、中央情报局（Central Intelligence Agency，CIA）、国防情报局（Defense Intelligence Agency，DIA）等，2004年又设立了国家情报总监（National Intelligence Director，NID），统筹国家情报工作。有效的情报工作对于阻止生物袭击事件的发生具有重要作用。阻止袭击事件发生的另一个目标是使恐怖分子不能获得危险病原体和大规模生产病原体的能力。美国等发达国家对生物"两用性"（dual-use）产品和设备的出口实施严格的管控措施。同时，美国对于持有、使用和运输威胁公共安全、动物或植物健康的病原体或毒素进行严格管理，建立了"威胁病原体和毒素监管计划"（The Select Agent Program）[10]。另外，生命科学研究在造福人类的同时，也可能因滥用而危害国家安全。2005年，美国组建了国家生物安全科学顾问委员会（The National Science Advisory Board for Biosecurity，NSABB），用来帮助政策制定者和研究人员评估生命科学研究的危险性，对于生物"两用性"研究及其他生物安全问题提出建议[11]。

病原微生物的早期监测及快速准确地检测对于生物事件的及时处置具有重要作用。2003年，美国建立了生物监测计划（Project BioWatch），监测空气中威胁病原体的释放，提供政府和公共卫生机构潜在的生物恐怖事件的预警[12]。美国生物袭击预警的另外一个计划是生物传感计划（Project Bio-Sense），其获取和分析医院的诊断数据，以达到早期发现生物袭击的目的[13]。为了提高威胁病原体实验室检测能力，美国疾病预防控制中心于 1999 年建立了生物恐怖应对实验室网络（The Laboratory Response Network，LRN），其在提高威胁病原体检测能力方面发挥了重要的作用[14]。

### （三）有效的后果处置能力

生物事件发生后的有效处置能够减少人员伤亡和财产损失。美国是一个应急反应体系较为健全的国家，国土安全部于 2008 年发布了国家应急反应框架（National Response Framework，NRF），确定了灾害和紧急事件应对的主要原则、任务以及地方、州、联邦政府和私人团体、非政府组织如何共同形成有效的国家应对能力。国家应急反应框架包括 15 项紧急事态支持功能（emergency support function，ESF）以及生物事件应对等几个附件[15]。为了有效应对生物恐怖的威胁，美国地方及军队都建立了大量的应急救援队伍。美国 1984 年建立了国家灾难医疗系统（national disaster medical system，NDMS）[16]，该系统具有各种应急救援队，包括灾难医疗救援队（disaster medical assistance teams，DMATs）、国家医疗反应队（national medical response teams，NMRTs）、灾难尸体处置队（disaster mortuary operational response teams，DMORTs）等。同时，军队也建立了一些核化生事件应急救援队，包括化生快速反应队（chemical/biological rapid response team，CB-RRT）、陆军技术护送队（U.S. army technical escort unit）、化生事故反应队（the chemical and biological incident response force，CBIRF）、国民警卫队大规模杀伤性武器民事支援队（weapons of mass destruction civil support team，WMD-CST）、陆军特种医疗反应队（US army special medical augmentation response teams，SMARTs）等[17-19]。这些救援队装备精良，一些救援队还可以利用国家和军队空中运输资源，在事件发生后迅速到达现场。

美国非常重视通过各种类型的演习来对其生物防御能力进行检验。2001 年 6 月，美国约翰斯·霍普金斯大学生物防御战略中心在华盛顿组织了一次代号为"黑暗的冬天"（Dark Winter）的反生物恐怖桌面演习（tabletop exercises）[20]，通过模拟对美国隐蔽的天花袭击检测高级决策者应对生物恐怖袭击的能力。2005 年 1 月，美国匹兹堡大学生物安全中心在华盛顿组织了一次代号为"大西洋风暴"（Atlantic Storm）的反生物恐怖桌面演习[21]，模拟了一次生物恐怖主义者针对大西洋两岸国家的天花生物恐怖袭击，讨论应对生物恐怖袭击的国际反应。此外，美国政府举行了高官（TOPOFF）系列大规模演习（full-scale exercises）[22-24]，通过演习来检验领导层的决策能力、新成立机构的作用、联邦机构间的协作能力、国际合作能力等。

### （四）强大的科技支撑体系

美国非常重视科技支撑体系在生物防御能力建设中的作用。在美国生物防御体系中，疾病预防控制中心（Centers for Disease Control and Prevention，CDC）、过敏与感染性疾病研究所（National Institute of Allergy and Infectious Diseases，NIAID）、陆军传染病医学研究所（United States Army Medical Research Institute of Infectious Diseases，USAMRIID）、埃基伍德化生中心（Edgewood Chemical and Biological Center，ECBC）等研究机构发挥着非常重要的作用。美国疾病预防控制中心位于佐治亚州亚特兰大，在传染病监测与病原体检测中发挥重要作用，其负责生物恐怖应对实验室网络和国家药品储备系统（national pharmaceutical stockpile）。美国过敏与感染性疾病研究所位于马里兰州贝塞斯达，隶属于国立卫生研究院（National Institutes of Health，NIH），主要进行病原微生物的基础研究及药品、疫苗、诊断措施等方面的研究[25-26]。美国陆军传染病医学研究所位于马里兰州迪特里克堡，隶属于陆军医学研究与物资司令部（U.S. Army Medical Research and Materiel Command，USAMRMC），是国防部进行病原微生物医学研究的一个主要机构[27]。埃基伍德化生中心位于马里兰州阿伯丁，是美国首要的非医学化学和生物防御研究机构，隶属于美国陆军研究、发展和工程司令部（Research，Development and Engineering Command，RDECOM），其在化学和生物剂探测预警装置的研发方面具有一定的优势[28]。

除此以外，其他一些生物防御相关科研机构包括华尔特·里德陆军研究所（Walter Reed Army Institute of Research，WRAIR）、海军医学研究中心（Naval Medical Research Center，NMRC）、国防高级研究计划局（Defense Advanced Research Projects Agency，DARPA）、国防威胁降低局（The Defense Threat Reduction Agency，DTRA）等。同时，一些大学，如哈佛大学、马里兰大学、得克萨斯大学[29]以及一些国家实验室，如劳伦斯·利弗莫尔国家实验室（Lawrence Livermore national Laboratory）、洛斯·阿拉莫斯国家实验室（Los Alamos national Laboratory）等也参与生物防御研究。高等级生物安全实验室对于生物防御科技支撑能力的提升是必不可少的。近几年，美国生物安全三级（Biosafety level，BSL-3）和生物安全四级（BSL-4）实验室都有非常快速的增长。截至2007年，美国隶属联邦、学术机构、州及私人机构的生物安全四级实验室有15个，生物安全三级实验室有1356个[30]。

## 三、讨论

### （一）生物防御能力建设要公开透明

1975年生效的《禁止生物武器公约》没有有效的核查机制，以致降低了该公约的有效性。2001年，美国退出了关于建立核查机制的公约议定书草案谈判，认为其不能从根本上阻止秘密进行的生物武器研究，并且会损害美国国家安全及国内生物工业的利益[31]。美国的生物防御研究并不是完全公开的。2001 年，美国《纽约时报》披露了美国秘密开展的 3 个生物防御研究计划：杰弗逊计划（Project Jefferson）、Project Clear Vision 和巴克斯计划（Project Bacchus）[32-33]。另外，美国开展的基因工程破坏材料武器（genetically engineered anti-material weapons）研究也引起了一些非政府组织的关注与担忧[34]。美国是世界上最大的发达国家，应当对《禁止生物武器公约》的履行及全球生物安全发挥更为积极的作用。各国生物防御能力建设要保持公开透明，以便更好地进行合作交流，同时避免国家间的相互猜疑。

### （二）生物防御能力建设要保证安全

美国大幅增加的生物防御设施及生物防御人员使其实验室生物安全面临严峻考验。2008 年，美国国会委托美国审计总署（GAO）对 5 个生物安全四级实验室的安全管理进行了检查，检查结果显示，其中一些实验室存在严重的安全管理问题[35]。调查人员设定了 15 个安全标准，其中得分最低的 2 个生物安全四级实验室只具备了其中的 3 个和 4 个标准。另外，美国也曾发生一些实验室生物安全事故，如 2004 年，马萨诸塞州波士顿大学曾发生 3 例实验室土拉菌感染；2006 年，得克萨斯农工大学曾发生实验室布鲁菌感染等[36]。根据美国联邦调查局的调查结果，2001 年美国"炭疽邮件"恐怖袭击来源于美国陆军传染病医学研究所的科研人员[37]。各国在进行生物防御能力建设中，如何保证足够的生物安全是必须要认真考虑的问题。

### （三）生物防御能力建设要因地制宜

生物防御能力建设可以促进生物医学的发展，带动国家传染病整体应对能力的提高。但是生物防御能力建设要因地制宜，量力而行。美国生物防御能力建设与其面临的威胁形式有关，也与其经济、军事、国家整体实力有关。对于一些发展中国家来说，可能艾滋病、肺结核、病毒性肝炎等感染性疾病的应对比生物防御更为迫切。在生物防御能力建设中，中国等发展中国家要借鉴美国的一些做法，但不是要完全照搬美国的方式，要结合本国国情，进行适合本国特点的生物防御能力建设。

# 参考文献

[1]  WENGER A，MAUER V，DUNN M. International Biodefense Hand book[M].ETH Zurich：Center for Security Studies，2007.

[2]  HSPD10：Biodefense for 21st Century[EB/OL]. [2011–11–01]. http://www.fas.org/irp/offdocs/nspd/hspd–10.html.

[3]  National Strategy for Countering Biological Threats[EB/OL]. [2011–11–01]. http://www.whitehouse.gov/sites/default/files/National_Strategy_for_Countering_BioThreats.pdf.

[4]  Public Health Security and Bioterrorism Preparedness and Response Act of 2002[EB/OL]. [2011–11–01]. http://www.selectagents.gov/resources/PL 107–188.pdf.

[5]  HSPD–18：Medical Countermeasures against Weapons of Mass Destruction[EB/OL]. [2011–11–01]. http://www.dhs.gov/xabout/laws/gc_1219175362551.shtm.

[6]  HSPD–21：Public Health and Medical Preparedness[EB/OL]. [2011–11–01]. http://www.fas.org/irp/offdocs/nspd/hspd–21.htm.

[7]  President Details Project BioShield[EB/OL]. (2003–02–03)[2011–11–01]. http://www.whitehouse.gov/news/releases/2003/02/20030203.html.

[8]  Bioterrorism Agents/Diseases[EB/OL]. [2011–11–01]. http://www.emergency.cdc.gov/agent/agentlist–category.asp (2008).

[9]  FRANCO C，SELL TK. Federal agency biodefense funding，FY 2011–FY 2012[J]. Biosecur Bioterror，2011，9(2)：117–137.

[10]  http://www.selectagents. gov [2011–11–01].

[11]  http://www.biosecurityboard.gov/index.asp [2011–11–01].

[12]  The BioWatch Program：Detection of Bioterrorism[EB/OL]. [2011–11–01]. Congressional Research Service Report No.RL 32152(2003). http://www.fas.org/sgp/crs/terror/RL 32152.html.

[13]  Loonsk J W. BioSense：A national initiative for early detection and quantification of public health emergencies[J]. MMWR Morb Mortal Wkly Rep，2004，53(Suppl)：53–55.

[14]  http://www.bt.cdc.gov/lrn [2011–11–01].

[15]  http://www.fema.gov/pdf/emergency/nrf [2011–11–01].

[16]  FRANCO C，TONER E，WALDHORN R，et al. The national disaster medical system：past，present，and suggestions for the future[J]. Biosecur Bioterror，2007，5(4)：319：325.

[17]  FM 3–11–21 Appendix D：Department–Of–Defense Response Agencies[EB/OL]. [2011–11–01]. http://www.globalsecurity.org/military/library/policy/army/fm/3–21–11/index.html.

[18]  http://www.cbirf.usmc.mil/ [2011–11–01].

[19]  http://www.globalsecurity.org/security/library/policy/army/fm/3–11–21/appd.htm [2011–11–01].

[20] O'TOOLE T，MAIR M，INGLESBY T V. Shining Light on "Dark Winter" [EB/OL]. [2011–11–01]. Clinical Infectious Diseases，2002，34：972–983. http://www.journals.uchicago.edu/CID/journal/issues/v34n7/020165/020165.html.

[21] http://www.atlantic–storm.org.

[22] INGLESBY T V，GROSSMAN R，O'TOOLE T. A Plague on Your City：Observations from TOPOFF[EB/OL]. [2011–11–01]. Clinical Infectious Diseases，2001，32：436–445. http://www.journals.uchicago.edu/CID/journal/issues/v32n3/001347/001347.web.pdf.

[23] TOPOFF 2 After Action Summary Report[EB/OL]. [2011–11–01]. http://www.dhs.gov/interweb/assetlibrary/T2_Report_Final_Public.doc.

[24] A Review of the Top Officials 3 Exercise[EB/OL]. [2011–11–01]. http://www. dhs.gov/interweb/assetlibrary/OIG_06–07_Nov05.pdf.

[25] NIAID Strategic Plan for Biodefense Research (2007)[EB/OL]. [2011–11–01]. http://www3.niaid.nih.gov/about/whoWeAre/pdf/strategic.pdf.

[26] NIAID Biodefense Research Agenda for CDC Category A Agents[EB/OL]. [2011–11–01]. Overview of 2006 Progress Report.http://www3.niaid.nih.gov/Biodefense/PDF/catA_overview.pdf.

[27] http://www.usamriid.army.mil [2011–11–01].

[28] http://www.edgewood.army.mil [2011–11–01].

[29] Malakoff D. U.S. biodefense boom：eight new study centers[J].Science，2003，301(5639)：1450–1451.

[30] High–Containment Biosafety Laboratories：Preliminary Observa–tions on the Oversight of the Proliferation of BSL–3 and BSL–4 Laboratories in the United States[EB/OL]. GAO–08–108T (2007–10–04)[2011–11–01]. http://www.gao.gov/new.items/d08108t. pdf.

[31] http://www.armscontrol.org/act/2011_01–02/Tucker.

[32] ROSENBERG B H. Defending Against Biodefence：The Need for Limits[EB/OL]. [2011–11–01]. http://www. acronym.org.uk/bwc/spec01.htm.

[33] MILLER J，ENGELBERG S，BROAD W J. US Germ Warfare Research Pushes Treaty Limits[N]. New York Times，2001–09–04.

[34] http://www.sunshine–project.org/ [2010–10–05].

[35] World At Risk. The Report of the Commission on the Prevention of WMD Proliferation and Terrorism[EB/OL]. (2008–12–02)[2011–11–01]. http://www.absa.org/leg/WorldAtRisk.pdf.

[36] KAISER J. Accidents spur a closer look at risks at biodefense labs[J]. Science，2007，317(5846)：1852–1854.

[37] United States Department of Justice. AMERITHRAX Investigative Summary[EB/OL]. (2010–02–19) [2011–11–01]. http://www.justice.gov/amerithrax/docs/amx–investigative–summary. pdf.

## 第三节　美国生物防御战略计划分析[*]

病原微生物在微生物世界中所占比重虽不大，但对人类健康、经济发展与社会稳定构成了极大的威胁，新发传染病不断出现，曾被控制的传染病死灰复燃，一些难以应对的传染病持续存在[1-3]。随着疫苗、抗生素等预防和治疗措施的发展以及卫生环境的改善，传染病在全球人类死亡原因的排序有所下降，但其仍然对人类健康构成了极大威胁。同时，一些新发传染病不断威胁人类健康与社会稳定。更为严重的是，病原微生物及生物毒素可以作为生物武器或生物恐怖剂被蓄意释放，对国家安全构成严重威胁[4]。战略（strategy）一词最早是指军事将领指挥军队作战的谋略，在现代其被引申至政治和经济领域，泛指统领性的、全局性的、左右胜负的谋略、方案和对策。2001年"炭疽邮件"事件后，美国加强了生物防御能力建设，确立了国家生物防御战略，并且实施了一系列相应的生物防御计划。

我国是一个人口众多的发展中国家，生物恐怖与新发传染病将对人民健康、经济发展与社会稳定造成非常大的影响。近年来，我国非常重视应对生物恐怖与新发传染病，能力水平有所提高，但与发达国家相比还有很大的差距，系统研究美国生物防御相关的战略与计划将为我国生物防御能力建设提供参考和借鉴。

### 一、研究方法

通过互联网等途径，检索美国国家及军队生物防御战略与生物防御计划以及相关机构网站，对相关论文、研究报告等进行分析。

### 二、结果

#### （一）美国生物防御战略

2001年"炭疽邮件"事件后，美国发布了多项生物防御相关的战略与指导性文件。2002年12月美国发布了《抗击大规模杀伤性武器国家战略》（*National Strategy to Combat Weapons of Mass Destruction*），该战略指出："敌对国家和恐怖分子所拥有的大规模杀伤性武器（WMD）——核武器、生物武器和化学武器是摆在美国面前最大的安全挑战，对抗WMD战略是美国国家安全战略一个不可缺少的组成部分"[5]。

*内容参考：田德桥，朱联辉，黄培堂，等 . 美国生物防御战略计划分析[J]. 军事医学，2012，36（10）：772-776.

2004 年美国发布了《21 世纪生物防御》(*Biodefense for 21st Century*),确定了生物防御的重点目标,包括威胁感知、预防和保护、监测和检测、应对和恢复等[6]。2009 年美国发布了《应对生物威胁国家战略》(*National Strategy for Countering Biological Threats*),该战略强调生物威胁不能由联邦政府独自面对,需要国内各阶层及国际的共同努力。美国颁布的其他一些与生物防御相关的战略性文件包括[7]《防御大规模杀伤性武器法案》(*Defense against Weapons of Mass Destruction Act*)(1996)、《抗击大规模杀伤性武器国家战略》(2002)、《2002 公共卫生安全与生物恐怖准备和应对法案》(*Public Health Security and Bioterrorism Preparedness and Response Act of 2002*)、《应对恐怖主义国家战略》(*National Strategy for Combating Terrorism*)(2006)、《大规模杀伤性武器医学应对措施》(*Medical Countermeasures against Weapons of Mass Destruction*)(2007)、《公共卫生与医学准备》(*Public Health and Medical Preparedness*)(2007)等。

美国 2004 年发布的《21 世纪生物防御》指出,美国生物防御的重点方向包括以下方面。

(1)威胁感知(threat awareness):①生物武器相关的情报;②评估、确定生物防御相关的研究、发展、计划和准备,确定存在的差距和弱点;③评估现有的防御手段,加快发展安全和有效的应对措施。

(2)预防和防护(prevention and protection):①扩大多边努力来限制邪恶国家、组织和个人为了寻求发展、生产和使用生物武器而获取原料、技术等;②防护重要的基础设施,避免受到生物武器的袭击。

(3)监测和检测(surveillance and detection):①袭击预警——早期预警、发现和识别生物武器的袭击以及时的应对;②溯源——提高溯源与微生物法医学分析能力。

(4)应对和恢复(response and recovery):①应对计划——发展与国家应对计划相一致的州和地方的应对计划;②医疗救治——在生物武器袭击后,快速进行人员救治,控制潜在的感染性疾病的传播,保持社会的稳定;③应急通信——发展通信策略、计划、产品,保证在生物袭击或其他公共卫生危机中国家和国际信息的及时发布;④医疗应对措施——研究发展更好的医疗应对措施;⑤洗消——提高联邦支持州与地方在事件发生后快速评估、净化、恢复的能力。

美国军队也发布了相关的战略及指导性文件,如《国防部应对大规模杀伤性武器策略》(*Department of Defense Combating WMD Policy*)(2007)等。美国军队生物武器防御的战略基于 4 个方面[8],即感知(sense)、决策(shape)、防护(shield)和恢复(sustain)。感知包括气溶胶监测、气象学监测、医学监测、流行病学分析、医学诊断、实验室分析、情报等。决策涉及生物防御的指挥、领导、计划和情报,包括有效的预测、战场的管理、战场分析、综合的早期预警。防护包括呼吸防护、皮肤防护、集体防护、医学预防等。恢复是保持和恢复军事作业能力，使军事力量或部分军事力量恢复到生物袭击发生前的能力，包括医学治疗、医学诊断、人员和装备洗消、限制人员流动、检疫、换防、尸体处理等。

### （二）美国生物防御计划

根据生物防御战略，美国开展了一系列的生物防御计划，主要包括卫生与公众服务部（DHHS）的国家战略储备、国家灾难医疗系统、生物传感计划，国土安全部的生物盾牌计划、生物监测计划、大都市医疗反应系统，国防部的化学和生物防御项目，国务院的全球威胁降低项目等。

#### 1. 生物盾牌计划 [9-10]

2001 年"9·11"事件和随后的"炭疽邮件"事件后，美国积极应对生物、化学和放射性武器的袭击。为了有效应对生物恐怖的威胁，美国总统布什在 2003 年宣布了"生物盾牌计划"（Project BioShield），该计划在 2004 年 7 月 21 日以法律的形式通过。生物盾牌计划的主要内容包括：①发展下一代的医学应对措施。由于生物恐怖病原体所造成疾病的发病率较低，一些应对措施缺乏商业市场，致使一些公司不愿意投入大量的资金来研究新的应对措施。该计划设立持续的基金来刺激和发展针对生物恐怖的医疗应对措施，允许政府采购针对天花病毒、炭疽菌、肉毒毒素、鼠疫菌和埃博拉病毒等有效的疫苗和药品。②加强国立卫生研究院（NIH）研究和发展新的医学应对措施。NIH 通过新的授权在有希望的领域加速研究和发展新的医学应对措施。③授权某些未获食品与药品管理局（FDA）批准的应对措施在紧急情况下应急使用。当恐怖袭击发生时，一些新的治疗措施可能正在 FDA 的审批当中。该计划授权在没有其他替代措施的紧急情况下允许使用这些有效的应对措施。

#### 2. 生物监测计划 [11-12]

2001 年的"炭疽邮件"事件增加了美国公众和政府对于恐怖主义者使用生物武器袭击的担心。对许多病原体来说，早期的应对，特别是症状发生前的应对是非常重要的。2003 年，美国建立了国家应对生物恐怖袭击的早期监测计划——生物监测计划（Project BioWatch），该计划由国土安全部负责。生物监测计划的目的是监测空气中病原体的释放，提供政府和公共卫生机构潜在的生物恐怖事件的预警。监测设备安装在国家环境保护局（EPA）的空气监测点，过滤空气，通过 PCR 的方法分析潜在的生物武器的袭击。该计划包括 3 个主要组成部分，每一部分由不同的联邦机构完成，其中 EPA 负责取样，疾病预防控制中心（CDC）负责实验室样品检测，联邦调查局负责恐怖袭击的应对。

#### 3. 生物传感计划 [13-14]

生物传感计划（Project Biosense）的主要目的是提高国家快速监测公共卫生紧急

事件，特别是生物恐怖事件的能力，包括快速发现、判定数量、确定位置等。生物传感计划通过获得和分析诊断后和诊断前的数据，通过实时的电子数据传输的方式，把数据从国家、地区和地方的数据源传输到地方、州和联邦公共卫生机构。生物传感计划主要有 3 个方面的数据来源——国防部、退伍军人事务部和美国实验室协会。2004 年 6 月，CDC 设立了一个生物信息中心来支持州和地方的早期监测。生物信息中心的主要功能是负责每天的数据管理和调查，支持州和地方对异常数据的调查，发展标准的数据处理程序。早期监测主要集中于诊断前监测或症状监测。根据美国 CDC 公布的数据，生物传感计划的诊断前症状监测范围包括 11 种症状组：肉毒毒素中毒症状、出血性疾病、淋巴结炎、局部皮肤损伤、胃肠道症状、呼吸系统症状、神经系统症状、皮疹、异常的感染、发热、感染造成的严重疾病等。

### 4. 国防部化学和生物防御项目 [15]

美国国防部化学和生物防御项目（Chemical and Biological Defense Program，CBDP）于 1994 年建立，主要目的是将化学与生物防御集中于国防部统一的管理之下，其主要研发项目包括：①感知，包括联合生物点监测系统（Joint BioPoint Detection System，JBPDS）、联合生物遥测系统（Joint BioStandoff Detection System，JBSDS）、核化生侦查装置（NBC Recon Vehicle，NBCRV）、联合化学毒剂监测器（Joint Chemical Agent Detector，JCAD）等；②防护，主要包括联合疫苗研发计划（Joint Vaccine Acquisition Program，JVAP）、联勤轻型联合防护服技术（Joint Service Lightweight Integrated Suit Technology，JSLIST）、联勤通用防护面具（Joint Service General Purpose Mask，JSGPM）、化学生物防护掩体（CB Protective Shelter）等；③恢复，主要包括联合生物剂鉴定与诊断系统（Joint BioAgent Identification & Diagnostic System，JBAIDS）、解毒剂与神经性毒剂自动注射针（AntI-dote Treatment，Nerve Agent Autoinjector，ATNAA）、联勤移动洗消系统（Joint Service TraNSPortable Decon System）等；④决策，主要包括联合效应模型（Joint Effects Model，JEM）、联合预警与报告系统网络（Joint Warning and Reporting Network，JWARN）等。

### 5. 其他应对计划

国家战略储备（Strategic National Stockpile）用来保证有效应对病原体和化学毒剂的药品、疫苗和医疗装备的供应，这些物资被储存在美国战略性的位置并保证能快速分发到国家的任何位置 [16-17]。国家灾害医疗系统（National Disaster Medical System）是跨部门的综合医疗救治系统，目的是在灾害和紧急事件期间补充州和地方政府医疗资源的不足，包括现场紧急救援、伤员转运、医院救治等几个方面 [18]。大都市医疗应对系统（The Metropolitan Medical Response System）确保城市在发生突发公共卫生事件的最初 48 小时能有效应对，在全国应急资源调配到达现场之前能以自身力量控制危机事态的发展[19]。全球威胁降低项目（Global Threat Reduction）由国务院国际安全防扩散局（Bureau of International Security and Nonproliferation）负责，主要目标是降低恐怖主义者和一些国家获得 WMD 相关的材料、技术和专家的可能[20]。

## 三、讨论

### （一）美国生物防御战略与计划的特点

#### 1. 生物防御战略引领生物防御计划实施

美国重视战略的制定，其定期发布《国家防御战略》《国家安全战略》《国家军事战略》等不同的战略。这些战略的制定明确了目标，为相应计划的实施提供依据。美国把生物防御纳入国家安全战略范畴，发布了生物防御相关的国家战略，生物防御计划的实施以相应的战略为指引。美国在生物防御战略中确定了威胁感知、预防和保护、监测和检测、应对和恢复等生物防御的几个主要方面，在生物防御计划实施中也是围绕这几个方面开展。美军将生物防御划分为感知、决策、防护和恢复4个方面，其相应的生物防御计划也按照这4个方面进行。生物防御战略的确定使美国的生物防御能力建设与生物防御计划实施有法可依，有据可循。

#### 2. 生物防御计划推动生物防御能力提升

美国实施了许多生物防御计划，如生物盾牌计划、国防部化学和生物防御项目、国家战略储备等，这些计划的实施提升了国家生物防御能力水平。在生物盾牌计划的支持下，美国对于炭疽、天花、肉毒毒素等生物防御产品的研发取得了显著的进展。美国有大量不同的部门参与生物防御计划，如 DHHS 所属的 CDC、NIH 过敏与感染性疾病研究所（NIAID）、国防部所属的陆军传染病医学研究所以及哈佛大学等一些大学[21]、劳伦斯·利弗莫尔国家实验室等国家实验室、达因·波登疫苗公司等公司[22]。美国通过不同机构共同参与的一系列的生物防御计划提升了其整体的生物防御能力水平。

#### 3. 生物防御能力建设结合自然疫情应对

美国的生物防御能力建设是与新发、突发传染病应对相结合的。美国的生物防御经费只有相对较少的一部分用于生物武器以及生物恐怖应对等严格意义上的生物防御，大约占 17.4%；其大部分的生物防御经费同时兼顾突发、新发传染病应对，包括病原体的基础研究，发病机制研究，免疫学研究，新发、突发传染病监测等。CDC 的准备和应对能力建设以及提高州与地方应对能力建设，国土安全部的国家灾难医疗系统、大都市医疗反应系统等都是将生物防御与传染病应对结合在一起的。在美国提高生物恐怖应对能力的同时，也提高了国家对于自然发生突发、新发传染病的应对能力。

（二）美国生物防御战略计划的启示

通过对美国生物防御战略与生物防御计划的分析，对照我国生物防御能力建设现状，可以得出以下启示。

**1. 立足国情建立切实可行的生物防御战略**

我国也发布了多项战略性、指导性的文件，如国务院发布的《国家中长期科学和技术发展规划纲要（2006—2020年）》等，其对相关部门的工作起到了很好的指导作用。在生物防御领域，我国目前还没有一个明确的国家战略。当前，有必要结合我国国情，确立我国生物防御战略。广义的生物安全涉及很多方面，既包括生物恐怖与新发、突发传染病应对，也包括外来物种入侵、转基因生物安全等。从美国的生物防御战略来看，其主要考虑的是生物恐怖与新发、突发传染病应对。我国军队应当以国家生物防御战略为基础，建立相应的发展战略。军队在国家生物防御体系中较其他部门发挥着更为重要的作用。军队应确立自身的生物防御发展规划，明确军队生物防御的主要目标、实现途径、各机构的职责，确定军队生物防御战略如何与国家生物防御战略相衔接。

**2. 有计划分阶段建立与实施生物防御计划**

生物防御能力的提升是以生物防御计划的实施为基础的。生物防御能力可概括为战略管理能力、预防准备能力、结果处置能力、科技支撑能力。我国近几年实施了"艾滋病和病毒性肝炎等重大传染病防治"国家科技重大专项，863计划、973计划、国家自然科学基金等也设有病原微生物研究相关的资助项目，但我国在病原微生物侦、检、消、防、治各个方面的科研与应对能力仍需不断加强。我国生物防御相关的药品与疫苗的研发、国家储备、救治能力、监测能力、检测能力等远不及美国等发达国家，与有效的生物防御应对还有很大的差距，迫切需要开展与加强相应的计划，不断提高能力水平。

**3. 切实提升新发，突发传染病应对能力水平**

虽然生物毒素也可用于生物恐怖袭击，但更多的生物恐怖袭击事件以及新发、突发传染病表现为传染病的流行，而且这更容易产生人群的恐慌和对社会的影响。生物防御能力建设中一个非常重要的方面是提升新发、突发传染病的应对能力。在传染病发生的早期可能并不清楚是自然发生的还是人为产生的，而应对措施与应对手段是相似的。SARS、禽流感、甲型H1N1流感等新发、突发传染病一再考验着我们的应对能力水平。我国在提高生物恐怖剂应对能力的同时，不能放松对于一些新发、突发传染病的应对能力建设。

# 参考文献

[1]    MORENS D M，FOLKERS G K，FAUCI A S. The challenge of emerging and re–emerging infectious diseases[J].Nature，2004，430(8)：242–249.

[2]    FAUCI A S. Emerging and re–emerging infectious diseases：influenza as a prototype of the host–pathogen balancing act[J].Cell，2006，124(4)：665–670.

[3]    http://www.who. int/mediacentre/factsheets/fs310/zh/index.html.

[4]    FRISCHKNECHT F. The history of biological warfare[J]. EMBO Rep，2003，4(Suppl)：S47–S52.

[5]    National Strategy to Combat Weapons of Mass Destruction[EB/OL]. [2012–10–01]. http://www. fas.org/irp/offdocs/nspd/nspd–wmd.pdf.

[6]    Biodefense for the 21st Century[EB/OL]. [2012–10–01]. http://www.fas.org/irp/offdocs/NSPd/hspd–10.html.

[7]    Chemical，Biological，Radiological，Nuclear，and High–Yield Explosives Consequence Management[EB/OL]. [2012–10–01]. Joint Publication，3–41. http://www.fas.org/irp/doddir/dod/jp3_41.pdf.

[8]    Joint Strategy For Biological Warfare Defense[EB/OL]. [2012–10–01]. http://www.fas.org/irp/doddir/dod/cjcsi3112_01.pdf.

[9]    President Details Project BioShield[EB/OL]. (2003–02–03)[2012–10–01]. http://www. whitehouse.gov/news/releases/2003/02/20030203.html.

[10]   CRS Report for Congress[EB/OL]. Project BioShield，(2004–12–27)[2012–10–01]. http://www. fas.org/irp/crs/RS21507.pdf.

[11]   SHEA D A，LISTER S A. The biowatch program：detection of bioter rorism[EB/OL]. (2003–11–19)[2012–10–01]. http://www.fas.org/sgp/crs/terror/RL32152. html.

[12]   BioWatch program aims for nationwide detection of airborne pathogens[EB/OL]. [2012–10–01]. http://www.cidrap.umn.edu/cidrap/content/bt/bioprep/news/biowatch.html.

[13]   LOONSK J W. BioSense：a national initiative for early detection and quantification of public health emergencies[J]. MMWR，2004，53(Suppl)：53–55.

[14]   BRADLEY C A，ROLKA H，WALKER D，et al. BioSense：implementation of a national early event detection and situational awareness system[J].MMWR，2005，54(Suppl)：11–19.

[15]   Department of Defense Chemical Biological Defense Program[EB/OL]. [2012–10–01]. Annual Report to Congress 2010.http:/www.pubs/chembio02012000.pdf.

[16]   http://www.cdc.gov/phpr/stockpile/stockpile.htm(2011).

[17]   于双平，姜晓舜，王松俊 . 美国的灾害救援应急医疗物资国家战略储备 [J]. 中国急救复苏与灾害医学杂志，2008，3(4)：228–230.

[18] http://www.phe.gov/preparedness/responders/ndms/pages/default.aspx [2012–10–01].

[19] https://www.mmrs.fema.gov/default.aspx [2012–10–01].

[20] http://www.state.gov/t/isn/rls/rm/136802.htm [2012–10–01].

[21] MALAKOFF D. U.S. Biodefense boom：eight new study centers[J]. Science，2003，301(5639)：1450–1451.

[22] BROWER V. Biotechnology to fight bioterrorism[J].EMBO Rep，2003，4(3)：227–229.

## 第四节　美国生物防御经费投入情况分析*

随着疫苗、抗生素等预防和治疗措施的发展以及卫生环境的改善，传染性疾病在全球死亡原因的排序有所下降，但其对人类健康仍然构成了极大的威胁。世界卫生组织（WHO）2008 年公布的全球十大死亡原因中，艾滋病、肺结核等传染性疾病仍名列其中[1]。同时，SARS、甲型 H1N1 流感等一些新发传染病不断威胁人类健康与社会稳定。更为严重的是，一些传染性疾病病原体可以被用于制造生物武器或生物恐怖剂威胁国家安全。

生物防御（biodefense）最初主要是指应对生物战的威胁，如今其范畴不断扩大，包括应对生物恐怖、新发传染病等[2]。美国在 2001 年"炭疽邮件"袭击事件后大幅增加了生物防御经费投入，其分布及年度变化可以在一定程度上反映其国家生物防御整体规划，对我国的生物防御能力建设也有一定的借鉴作用。自 2004 年起，美国匹兹堡大学生物安全中心的 Schuler 和 Franco 等对美国历年的生物防御经费投入情况分别进行了汇总[3-10]。本节以此数据为基础，同时结合其他资料，分析了 2001—2012 财年美国生物防御经费投入情况。

### 一、方法

从互联网和一些学术期刊搜集美国生物防御经费投入相关的文献资料、研究报告等，对其加以分析。本节列出的生物防御经费为民口生物防御经费，不包括专门针对军队的生物防御经费。民口生物防御经费包含严格意义上的生物恐怖应对等生物防御经费，另外很大一部分同时用于提高新发、突发传染病应对能力。本节所列生物防御经费中，2010 年度为实际经费，2011 年度为估计经费，2012 年度为预算经费。

### 二、结果

本节从美国民口生物防御经费投入涉及的最主要的几个联邦行政部门（表 3-1）、应对机构（表 3-2）、生物防御计划（表 3-3）等 3 个方面对美国生物防御经费投入情况进行了分析。

---

*内容参考：田德桥，朱联辉，王玉民，等．美国生物防御经费投入情况分析[J]．军事医学，2013，37（2）：141-145.

**表 3-1 美国联邦政府 2001—2012 财年民口生物防御经费**

单位：百万美元

| 行政部门 | 2001 年 | 2002 年 | 2003 年 | 2004 年 | 2005 年 | 2006 年 | 2007 年 | 2008 年 | 2009 年 | 2010 年 | 2011 年 | 2012 年 | 总 计 |
|---|---|---|---|---|---|---|---|---|---|---|---|---|---|
| 卫生与公众服务部 | 271.0 | 2940.0 | 3738.0 | 3818.9 | 4148.2 | 4132.3 | 4069.3 | 3993.3 | 4359.9 | 4068.4 | 3849.6 | 4476.2 | 43 865.0 |
| 国土安全部 | — | — | 422.0 | 1788.0 | 2981.2 | 567.3 | 353.8 | 359.4 | 2550.1 | 477.6 | 487.1 | 511.4 | 10 497.9 |
| 国防部 | 273.9 | 823.7 | 422.1 | 417.4 | 429.6 | 583.0 | 555.0 | 578.0 | 717.6 | 675.1 | 733.7 | 1025.1 | 7234.3 |
| 农业部 | — | — | 200.0 | 109.0 | 298.0 | 247.0 | 186.0 | 215.0 | 218.0 | 92.0 | 90.0 | 106.0 | 1761.0 |
| 环境保护局 | 20.0 | 187.2 | 132.9 | 118.7 | 97.4 | 129.1 | 153.1 | 157.4 | 162.3 | 150.4 | 153.4 | 103.2 | 1565.2 |
| 商务部 | 64.7 | 64.7 | 76.7 | 73.9 | 77.0 | 75.0 | 76.3 | 76.3 | 85.3 | 100.3 | 100.3 | 111.2 | 981.7 |
| 国务院 | 3.8 | 70.9 | 67.2 | 67.1 | 67.2 | 74.3 | 65.1 | 60.6 | 66.1 | 74.0 | 75.2 | 74.4 | 765.9 |
| 国家科学基金 | 0 | 9.0 | 31.3 | 31.0 | 31.0 | 31.3 | 26.9 | 15.0 | 15.0 | 15.0 | 15.0 | 15.0 | 235.4 |
| 总经费 | 633.4 | 4095.5 | 5090.2 | 6424.0 | 8129.6 | 5839.3 | 5485.5 | 5455.1 | 8174.3 | 5652.8 | 5504.3 | 6422.4 | 66 906.4 |

表 3-2 美国生物防御主要应对机构 2001—2012 财年经费投入

单位：百万美元

| 应对<br>机构 | 2001 年 | 2002 年 | 2003 年 | 2004 年 | 2005 年 | 2006 年 | 2007 年 | 2008 年 | 2009 年 | 2010 年 | 2011 年 | 2012 年 | 总 计 |
|---|---|---|---|---|---|---|---|---|---|---|---|---|---|
| CDC | 209.0 | 2304.0 | 1634.0 | 1108.9 | 1623.2 | 1630.3 | 1479.3 | 1480.3 | 1575.9 | 1523.0 | 1523.0 | 1453.0 | 17 543.9 |
| NIH | 53.0 | 291.0 | 1305.0 | 1940.0 | 1742.0 | 1634.0 | 1638.0 | 1633.0 | 1681.0 | 1316.2 | 1012.4 | 1347.7 | 15 593.3 |
| FDA | 9.0 | 157.0 | 157.0 | 176.0 | 214.0 | 222.0 | 236.0 | 234.0 | 287.0 | 316.4 | 396.8 | 374.4 | 2779.7 |
| DARPA | 146.2 | 571.9 | 157.9 | 141.9 | 155.4 | 132.8 | 99.9 | 64.1 | 164.0 | 41.3 | 32.7 | 30.4 | 1738.6 |
| DTRA | 12.0 | 17.0 | 54.7 | 67.7 | 68.7 | 69.9 | 72.4 | 174.5 | 177.4 | 169.1 | 169.1 | 259.5 | 1312.0 |
| APHIS | — | — | 37.0 | 70.0 | 118.0 | 126.0 | 120.0 | 189.0 | 194.0 | 52.0 | 52.0 | 53.0 | 1011.0 |
| ARS | — | — | 155.0 | 19.0 | 152.0 | 94.0 | 36.0 | — | — | — | — | — | 456.0 |
| FSIS | — | — | 8.0 | 12.0 | 19.0 | 17.0 | 20.0 | 15.0 | 13.0 | 28.0 | 26.0 | 39.0 | 197.0 |

注：CDC 疾病预防控制中心，NIH 国立卫生研究院，FDA 食品与药品管理局，DARPA 国防高级研究计划局，DTRA 国防威胁降低局，APHIS 动植物卫生检疫局，ARS 美国农业研究署，FSIS 食品安全检疫局。

表3-3 美国主要生物防御计划2001—2012财年经费投入

单位：百万美元

| 项 目 | 2001年 | 2002年 | 2003年 | 2004年 | 2005年 | 2006年 | 2007年 | 2008年 | 2009年 | 2010年 | 2011年 | 2012年 | 总计 |
|---|---|---|---|---|---|---|---|---|---|---|---|---|---|
| 国家战略储备 | 81.0 | 1157.0 | 398.0 | 398.0 | 467.0 | 474.0 | 496.0 | 552.0 | 570.0 | 596.0 | 596.0 | 655.0 | 6440.0 |
| 生物盾牌计划 | — | — | — | 885.0 | 2507.0 | — | — | — | 2175.0 | — | — | — | 5567.0 |
| 化学和生物防御项目 | 109.1 | 206.0 | 183.5 | 189.9 | 177.2 | 307.2 | 328.8 | 302.0 | 341.6 | 419.2 | 452.1 | 680.3 | 3696.8 |
| 国家灾难医疗系统 | — | — | 5.0 | 82.0 | 34.0 | 181.0 | 47.0 | 46.0 | 50.0 | 52.0 | 53.0 | 53.0 | 603.0 |
| 生物监测计划 | — | — | — | — | — | — | 85.1 | 78.2 | 77.7 | 88.1 | 89.5 | 115.2 | 533.8 |
| 全球威胁降低项目 | — | — | — | — | 50.1 | 52.1 | 51.4 | 56.9 | 62.0 | 70.0 | 70.0 | 69.0 | 481.5 |
| 大都市医疗反应系统 | — | — | 50.0 | 50.0 | 30.0 | 30.0 | 33.0 | 39.8 | 41.0 | 39.4 | 41.0 | 0.0 | 354.2 |
| 生物传感计划 | — | — | — | 17.9 | 59.4 | 57.2 | 57.2 | 34.4 | 34.4 | — | — | — | 260.5 |

### （一）行政部门

美国民口生物防御经费投入最多的联邦行政部门是卫生与公众服务部（Department of Health and Human Services，HHS）、国土安全部（Department of Homeland Security，DHS）、国防部（Department of Defense，DOD）、农业部（Department of Agriculture，USDA）、环境保护局（Environmental Protection Agency，EPA）、商务部（Department of Commerce）、国务院（Department of State）、国家科学基金（National Science Foundation）等。DHHS获得的生物防御经费数量最多，占民口生物防御总经费的65.6%，之后为国土安全部（15.7%）、国防部（10.8%）、农业部（2.6%）、环境保护局（2.3%）、商务部（1.5%）、国务院（1.1%）、国家科学基金（0.4%）。受生物盾牌计划2005年和2009年两次较大经费投入的影响，美国民口生物防御经费在2009年最多，其次是2005年。如果排除生物盾牌计划的影响，总体生物防御经费在2001—2006年持续增长，随后有所波动，2012年达到历史最高水平。

DHHS生物防御经费主要分配到疾病预防控制中心（Centers for Disease Control and Prevention，CDC）、国立卫生研究院（National Institutes of Health，NIH）、食品和药品管理局（Food and Drug Administration，FDA）、负责准备和紧急应对的助理部长（Assistant Secretary for Preparedness and Response，ASPR）、健康资源与服务管理局（Health Resources and Services Administration，HRSA）。国土安全部负责一些生物防御项目，包括生物盾牌计划（Project Bioshield）、大都市医疗反应系统（Metropolitan Medical Response System，MMRS）、生物监测计划（Biowatch Program），并在2003—2006年负责国家灾难医疗系统（National Disaster Medical System，NDMS），2004年负责国家战略储备（Strategic National Stockpile）。国防部民口生物防御经费主要用于国民警卫队大规模杀伤性武器民事支援队（WMD Civil Support Teams）、国防高级研究计划局（Defense Advanced Research Projects Agency，DARPA）、国防威胁降低局（The Defense Threat Reduction Agency，DTRA）以及化学生物防御项目（Chemical and Biological Defense Program，CBDP）等。农业部的生物防御经费包括食品防御和农业防御两部分，相应机构包括美国农业研究署（Agricultural Reserch Service，ARS）、动植物卫生检疫局（Animal and Plant Health Inspection Service，APHIS）、食品安全检疫局（Food Safety and Inspection Service，FSIS）等。环境保护局负责突发事件后的洗消、环境的恢复以及一些重要基础设施的保护，同时是水安全和防护的主要机构[11]。商务部的生物防御经费主要用于工业和安全局（Bureau of Industry and Security），该局的主要职能是进行出口控

制，阻止大规模杀伤性武器的扩散[12]。国务院开展了一些生物防御项目，其中 BioRedirection 项目主要目标是让苏联一些流散到国外的曾经从事生物武器研究的科研人员能够进行和平性的研究活动[13]，另外包括全球威胁降低（Global Threat Reduction）项目等[14]。美国国家科学基金生物防御相关的研究主要包括微生物基因组项目等[15]。

### （二）应对机构

美国生物防御经费投入较多的一些应对机构包括 DHHS 下属的 CDC、NIH、FDA，国防部下属的国防高级研究计划局、国防威胁降低局，农业部下属的美国农业研究署、动植物卫生检疫局、食品安全检疫局等。

在 DHHS 中，各机构的生物防御经费所占比例不同。CDC 占 40.0%，主要用于提高该中心的准备和应对能力、提高州与地方准备和应对能力、国家战略储备以及传染病监测项目等。NIH 占 35.5%，经费主要分配到过敏与感染性疾病研究所（National Institute of Allergy and Infectious Diseases，NIAID）进行生物防御与新发传染病研究，其经费累计达到 143.343 亿美元，占 NIH 生物防御总经费的 91.93%。FDA 占 6.3%，主要用于食品防御（Food Defense）以及医学应对措施（Medical Countermeasures）等。

国防部国防高级研究计划局成立于 1958 年，主要目标是保持美国军队在技术上的领先优势，1996 年开始进行生物防御研究[16]，其经费占到 DoD 生物防御总经费的 24.0%。国防威胁降低局成立于 1998 年，主要目标是应对化学、生物、放射性、核以及高爆炸武器的威胁[17]，其经费占 DoD 总经费的 18.1%。军队另外一个重要的生物防御研究机构美国陆军传染病医学研究所（US Army Medical Research Institute of Infectious Diseases，USAMRIID）的生物防御经费未在相关文献中单独列出[3-10]。

在农业部的生物防御经费中，动植物卫生检疫局占 57.4%，主要用于动物健康监测及兽医诊断等方面[18]；其次为农业研究署（25.9%），其经费很大一部分用于位于爱荷华州艾姆斯（Ames）的生物安全三级实验室建设，经费总计 3.22 亿美元[19]，占到农业研究署总经费的 70.6%；食品安全检疫局为 11.2%，主要用于公共卫生数据通信基础设施建设系统（Public Health Data Communication Infrastructure System）等[20]。

### （三）生物防御计划

美国生物防御经费投入较多的生物防御计划包括 DHHS 的国家战略储备、国家灾难医疗系统、生物传感计划、国土安全部的生物盾牌计划、生物监测计划、大都市医疗反应系统、国防部的化学和生物防御项目以及国务院的全球威胁降低项目等。

国家战略储备计划用来保证有效应对病原体和化学毒剂的药品、疫苗和医疗装备的供应，这些物资被储存在美国战略性的位置并保证能快速分发到国家的任何位置[21]。国家战略储备经费 2002 财年较上一年增加了 13 倍，2003 财年有所降低，随后逐年缓慢上升。

国家灾难医疗系统是跨部门的综合医疗救治系统，目的是在灾难和紧急事件期间补充州和地方政府医疗资源的不足，包括现场紧急救援、伤员转运、医院救治等几个方面[22]。国家灾难医疗系统的经费投入变化不大，其 2006 财年的经费投入最多。

生物传感计划主要目的是提高国家快速监测公共卫生紧急事件，特别是生物恐怖事件的能力，通过实时数据电子传输的方式，将获得的医院诊断数据传输到地方、州和联邦公共卫生机构进行分析[23]。

生物盾牌计划的主要目标是发展高效的药品和疫苗等，以应对生物和化学武器袭击[24]。该计划于 2004 年 7 月以法律的形式通过，即《2004 生物盾牌法案》(*The Project BioShield Act of 2004*)。生物盾牌计划在 2004 财年、2005 财年和 2009 财年分别投入 8.9 亿、25 亿和 22 亿美元，共计 55.9 亿美元经费。

生物监测计划旨在提供生物威胁的早期预警，在一些城市日夜监测大气样本中的生物威胁剂，由 CDC 实验室应对网络（laboratory response network，LRN）进行样品分析，以发现生物威胁剂[25]。生物监测计划年度经费投入变化不大。

大都市医疗反应系统确保城市在突发公共卫生事件的最初 48 小时能有效应对，在全国应急资源调配到达现场之前能以自身力量控制危机事态的发展[26]。大都市医疗反应系统各年度经费投入变化不大。

美国国防部化学和生物防御项目开始于 1994 年，主要目的是将国防部化学与生物防御项目集中统一管理[27]，包括监测、防护、洗消等非医学生物防御项目，以及诊断、治疗、疫苗等医学生物防御项目。本节所列化学和生物防御项目的经费是指医学生物防御项目经费，总计 36.96 亿美元，其各年度经费数量有所波动，但总体上增长比较明显，2012 财年较 2001 财年经费增长了 5 倍。

全球威胁降低项目（global threat reduction，GTR）由国务院国际安全和防扩散局（Bureau of International Security and Nonproliferation，ISN）负责，主要目标是降低恐怖主义者或一些国家获得大规模杀伤性武器相关材料、技术和专家的可能性[14]，其年度经费投入变化不大。

## 三、讨论

从对美国生物防御经费投入情况分析可以看出，美国生物防御经费投入具有以下 5 个特点：

### （一）生物防御经费大幅增加

美国 2001—2012 财年民口生物防御经费累计 669.064 亿美元。与 2001 财年的 6.334 亿美元相比，2002 财年生物防御经费增长到 40.955 亿美元，增长了 5.5 倍，其中 DHHS 增长了将近 10 倍。在美国生物防御经费的支持下，针对生物防御病原微生物的经费投入大幅提高，相应降低了一些普通微生物的经费投入。NIAID 2002—2004 财年与 1999—2001 财年比较，针对主要细菌生物恐怖剂的经费增长了 2388%，针对主要病毒生物恐怖剂经费增长了 1917%，而针对其他一些普通病原微生物的经费有所降低，艾滋病和肺结核的相关研究经费分别减少了 20%[28]。

### （二）建立新的机构加强统筹管理

为了加强对包括生物恐怖事件在内的紧急事件的统筹管理，2002 年，美国整合一些相关机构成立了国土安全部，国防部也成立了北方司令部。2006 年 12 月，DHHS 增设了负责准备和应对的助理部长[29]，为部长提供生物恐怖以及其他公共卫生紧急情况的建议，在 ASPR 之下成立了生物医学高级研发管理局（Biomedical Advanced Research and Development Authority，BARDA）。ASPR 同时负责国家灾难医疗系统的管理，其总经费占到 DHHS 生物防御经费的 13.2%。BARDA 支持研发药物、疫苗以及其他与国家健康安全相关的产品，应对化学、生物、核以及放射性武器的威胁以及流感大流行、新发传染病等，同时负责生物盾牌计划的管理。

### （三）企业获得大量生物防御经费

美国生物防御经费并不是完全投入到国家或军队的研究机构，企业也获得了足够的经费。在生物盾牌计划支持下，卫生与公众服务部与一些企业签署了生物防御产品的研发与生产合同[30]。DHHS 与美国加州的瓦克斯根（VaxGen）公司于 2004 年签订了 rPA 重组炭疽疫苗的研发与生产合同，经费 8.79 亿美元，但由于该公司未能按期完成，DHHS 于 2006 年 12 月取消了该合同。生物盾牌计划支持的其他一些企业研发项目包括：马里兰州 Emergent BioSolutions 公司的炭疽吸附疫苗（anthrax vaccine adsorbed，AVA）研发生产项目，经费 6.91 亿美元；马里兰州人类基因组科学公司（Human Genome Sciences）的炭疽治疗药物 Raxibacumab 研发生产项目，经费 3.26 亿美元；加拿大 Cangene 公司的炭疽免疫球蛋白（anthrax immune globulin）研发生产项目，经费 1.44 亿美元；丹麦 Bavarian Nordic 公司的改进天花疫苗（modified vaccinia ankara，MVA）研发生产项目，经费 5.05 亿美元；加拿大 Cangene Corp 公司的肉毒毒素抗毒素（botulinum antitoxin）研发生产项目，经费 4.14 亿美元。以上项目总计 29.59 亿美元。

### （四）生物防御与传染病应对相结合

美国生物防御经费只有相对较少的一部分用于生物恐怖应对等严格意义上的生物防御，其大部分的生物防御经费同时兼顾新发、突发传染病的应对。美国2001—2012财年严格意义上的生物防御经费为116.319亿美元，占生物防御总经费的17.4%[10]。CDC的州与地方应对能力（state and local preparedness and response capability）经费投入累计达90.39亿美元，CDC的准备和应对能力建设（CDC preparedness and response capability）经费投入达12.41亿美元。这些经费都同时包含生物恐怖与新发、突发传染病应对。国土安全部的国家灾难医疗系统、大都市医疗反应系统等也都是将生物防御与传染病应对以及其他一些职能结合在一起。

### （五）重视基础设施建设与应对产品研发

美国生物防御经费中很大的一部分用于基础设施建设，尤其是一些高等级生物安全实验室的建设。新成立的国土安全部进行了一些生物防御高等级实验室建设，包括位于马里兰州迪特里克堡的国家生物防御分析和应对中心（National Biodefense Analysis and Countermeasures Center，NBACC），位于堪萨斯州曼哈顿岛的国家生物和农业防御设施（National Bio and Agro–Defense Facility，NBAF），以及位于纽约普拉姆岛的动物疾病中心（Plum Island Animal Disease Center，PIADC）等的建设[31]。农业部包括位于爱荷华州艾姆斯（Ames）的生物安全三级实验室建设。以上生物安全高等级实验室建设与运营费用总计7.843亿美元。另外，美国生物防御经费中很大一部分用于产品研发，NIAID与USAMRIID等一些研究机构在进行基础研究的同时，也与企业合作进行一些生物防御诊断、预防、治疗产品的研发。高等级生物安全实验室支持了一些危险病原体的生物防御产品研发。

我国虽然在生物防御经费投入上尚不能达到美国的水平，但适当增加生物防御和新发、突发传染病应对的经费投入，合理规划，加强管理，提高生物防御能力水平是非常必要的。我国一方面应当与一些发达国家在生物防御领域加强交流合作；另一方面应当"厚积薄发"，扎扎实实地提高自身能力。在生物防御经费投入上，可以结合传染病应对能力建设，根据我国国情适当增加；在生物防御科研规划上，应当进一步明确近期、中期、远期各阶段的目标；在生物防御管理部门设置上，应当采取更为灵活的方式加强集中管理，必要的情况下成立一些新的管理部门；在生物防御科研机构设置上，可考虑增加一些有针对性的科研机构；在基础设施建设上，要加快高等级生物安全实验室的建设；在生物防御产品研发上，要吸引一些有实力的企业积极参与，并且提高企业的综合研发实力；在生物防御计划实施上，对国内尚未开展而国外已有的一些计划，尽快对于开展的必要性进行论证。

# 参考文献

[1] http://www.who.int/mediacentre/factsheets/fs 310/zh/index.html，Accessed 2008.

[2] WENGER A，MAUER V，DUNN M. International Biodefense Handbook[M].ETH Zurich：Center for Security Studies，2007.

[3] SCHULER A. Billions for biodefense：federal agency biodefense funding，FY 2001–FY 2005[J].Biosecur Bioterror，2004，2(2)：86–96.

[4] SCHULER A. Billions for biodefense：Federal Agency Biodefense Budgeting，FY 2005–FY 2006[J].Biosecur Bioterror，2005，3(2)：94–101.

[5] LAM C，FRANCO C，SCHULER A. Billions for biodefense：Federal Agency Biodefense Funding，FY 2006–FY 2007[J]. Biosecur Bioterror，2006，4(2)：113–127.

[6] FRANCO C，DEITCH S. Billions for biodefense：Federal Agency Biodefense Funding，FY 2007–FY 2008[J].Biosecur Bioterror，2007，5(2)：117–133.

[7] FRANCO C. Billions for biodefense：Federal Agency Biodefense Funding，FY 2008–FY 2009[J].Biosecur Bioterror，2008，6(2)：131–146.

[8] FRANCO C. Billions for biodefense：Federal Agency Biodefense Funding，FY 2009–FY 2010[J].Biosecur Bioterror，2009，7(3)：291–309.

[9] FRANCO C，SELL T K. Federal Agency Biodefense Funding，FY 2010–FY 2011[J].Biosecur Bioterror，2010，8(2)：129–149.

[10] FRANCO C，SELL T K. Federal Agency Biodefense Funding，FY 2011–FY 2012.FY 2010–FY 2011[J].Biosecur Bioterror，2011，9(2)：117–137.

[11] http://www.epa.gov/. [2011].

[12] http://www.bis.doc.gov/. [2011].

[13] http://www.state.gov/documents/organization/28971.pdf. [2011].

[14] http://www.state.gov/t/isn/rls/rm/ 136802.htm. [2011].

[15] http://www.nsf.gov/. [2011].

[16] http://www.darpa.mil/. [2011].

[17] http://www.dtra.mil/. [2011].

[18] http://www.aphis.usda.gov/. [2011].

[19] http://www.ars.usda.gov/. [2011].

[20] http://www.fsis.usda.gov/. [2011].

[21] http://www.cdc.gov/phpr/stockpile/stockpile.htm. [2011] .

[22] http://www.phe.gov/preparedness/responders/ndms/pages/default.aspx. [2011].

[23] http://www.cdc.gov/biosense/. [2011].

[24]  http://www.whitehouse.gov/infocus/bioshield/. [2011].

[25]  http://www.fas.org/sgp/crs/terror/RL 32152.html. [2011].

[26]  http://www.mmrs.fema.gov/. [2011].

[27]  http://www.acq.osd.mil/cp/cbdreports/cbdpreporttocongress 2010.pdf. [2011].

[28]  http://www.sunshine–project.org. [2006].

[29]  http://www.phe.gov/about/aspr/pages/default.aspx. [2011].

[30]  http://www.fas.org/sgp/crs/terror/R 41033.pdf. [2011].

[31]  http://www.fas.org/sgp/crs/terror/R 40418.pdf. [2009].

# 第五节　生物安全相关病原体清单比较*

在过去的一个世纪里，有超过 5 亿人因感染性疾病而死亡，其中几万人死于病原体或毒素的蓄意释放[1]。生物武器使用历史较长，很多国家都曾拥有过生物武器计划[2]。近几年，生物恐怖越发受到国际社会的广泛关注。2001 年，美国继 "9·11" 恐怖事件后又发生了 "炭疽邮件" 生物恐怖袭击事件，进而引发了全世界对生物防御和生物安全前所未有的高度重视。生物安全是指全球化时代国家有效应对生物及生物技术因素的影响和威胁，维护和保障自身安全与利益的状态和能力，而生物剂清单是生物防御能力建设的基础。美国[3-6]、欧盟[7]、俄罗斯[8]等国家和地区的一些机构和部门先后确定了生物威胁病原体及毒素的分类清单或重点防御对象，并据此突出了研究重点。

## 一、国外不同生物威胁生物剂清单分类标准的比较

美国疾病预防控制中心（CDC）在 1999 年组织专家就病原体或毒素对民众的威胁进行了评估，评估标准主要考虑病原体引起大规模疾病暴发的能力，病原体通过气溶胶或其他方式播散的能力以及病原体在人群中的传播能力和人员的易感性等。根据这些标准，其将具有潜在生物威胁的病原微生物及毒素分为 3 类[9-10]，明确了威胁病原体清单并在美国 CDC 网站上公布[3]，其清单内容虽进行过调整，但 A 类病原体一直没有变化。

欧盟在 2001 年美国 "炭疽邮件" 事件后对生物威胁进行了评估，其中部分工作是制定威胁生物剂清单。欧盟确定病原体或毒素威胁程度以公式 $T=（B×M×A×D）-Tr+C$ 表示[11]，其中 $T$ 表示威胁程度，$B$ 表示基础得分，$M$ 为死亡率，$A$ 为气溶胶播散能力，$D$ 为人与人之间的传播能力，$Tr$ 为可能的药物及疫苗应对措施，$C$ 为生产潜力。其中基础得分考虑病原体的一些基础特性，包括当前欧洲流行情况，同时参考了美国 CDC 的生物威胁生物剂清单。人与人之间的传播能力包括易感人群的数量等。生产潜力包括潜在病原体的获得、稳定性和潜在的生产能力等。

俄罗斯在 2003 年公开发表的文献中，提及了俄罗斯的生物威胁生物剂清单[8]，

---

*内容参考：①田德桥，孟庆东，朱联辉，等．国外生物威胁生物剂清单的分析比较[J]．军事医学，2014，38（2）：94-97.

②TIAN D Q, ZHENG T. Comparison and Analysis of Biological Agent Category Lists Based On Biosafety and Biodefense[J]. PLoS ONE, 2014, 9（6）: e101163.

其将威胁病原体分为 3 类，主要考虑的因素包括：①人的易感性；②通过气溶胶感染的剂量；③传染性；④可能的感染途径；⑤病原体在气溶胶或环境中的存活能力；⑥疾病的严重性、致死性、病程；⑦大规模生产的可能性；⑧快速诊断的可能性；⑨可能的预防措施；⑩可能的治疗手段。

从各国或地区生物威胁生物剂清单制定标准可以看出，清单制定一般都考虑生物剂自身的特性；生物剂的获得、生产和播散能力；生物剂被蓄意释放所造成的危害和结果；是否具备应对措施等方面的因素。此外，美国 CDC 还会考虑需要采取的特别公共卫生应对措施；欧盟对疾病的流行病学状况及人群的易感性等因素进行了考虑；而俄罗斯考虑的因素还包括疾病周期、通过气溶胶感染的剂量、可能的感染途径等。另外，一些相关研究考虑了生物剂是否曾经过基因改造以增强致病性，历史上是否作为生物武器使用[12] 以及是否容易获得等因素[13]。国外不同生物威胁生物剂清单分类标准如表 3-4 所示。

表 3-4　国外不同生物威胁生物剂清单分类标准的综合比较

| 标准 | | 美国CDC | 欧盟 | 俄罗斯 | 文献[12] | 文献[13] |
|---|---|---|---|---|---|---|
| 生物剂的特性 | 疾病周期 | | | √ | | |
| | 通过气溶胶感染的剂量 | | | √ | | |
| | 可能的感染途径 | | | √ | | |
| | 在环境中的稳定性 | √ | | √ | √ | |
| | 人群间传播能力 | √ | | √ | | |
| | 疾病的流行病学状况 | | √ | | | |
| 获得、生产和播散能力 | 易获得 | | | | | √ |
| | 大规模生产可能性 | √ | √ | √ | | √ |
| | 易武器化 | | | | √ | |
| | 易播散 | √ | √ | | | √ |
| 生物剂所造成的结果 | 发病率 | √ | √ | | √ | √ |
| | 死亡率 | √ | √ | √ | √ | √ |
| | 公众恐慌和社会混乱 | √ | √ | | | |
| | 需要采取特别的公共卫生应对措施 | √ | | | | |
| 其他 | 是否具备疫苗、药品等医疗应对措施 | | √ | √ | √ | √ |
| | 历史上是否作为生物武器使用 | | | | √ | |
| | 人群的易感性 | | √ | √ | | |
| | 曾经基因改造以增强致病性 | | | | √ | |

## 二、国外不同生物威胁生物剂清单的比较

美国 CDC 将对民众健康威胁较大的病原体或毒素分为 A、B、C 3 类。A 类包括炭疽芽孢杆菌、肉毒梭菌毒素、鼠疫耶尔森菌、天花病毒、土拉热弗朗西斯菌、埃博拉病毒、马尔堡病毒、拉沙病毒、马丘波病毒；B 类包括布氏菌属、产气荚膜梭菌毒素、沙门菌属、O157 ：H7 大肠杆菌、志贺菌属、鼻疽伯克霍尔德菌、类鼻疽伯克霍尔德菌、鹦鹉热衣原体、贝氏柯克斯体、蓖麻毒素、葡萄球菌肠毒素 B、普氏立克次体、委内瑞拉马脑炎病毒、东部马脑炎病毒、西部马脑炎病毒、霍乱弧菌、微小隐孢子虫等；C 类包括尼巴病毒和汉坦病毒等 [3]。

美国国立卫生研究院（NIH）过敏与感染性疾病研究所（NIAID）将威胁病原体及毒素分为 3 类。其 A 类与 CDC 类似，但增加了裂谷热病毒、登革热病毒等。汉坦病毒在 CDC 的清单中列在 C 类，而 NIAID 将其列在 A 类。B 类中与美国 CDC 相比，增加了日本脑炎病毒和西尼罗病毒等 [6]。

美国国防部 2003 年度医学生物防御研究和发展项目中确立的潜在生物威胁生物剂清单包括炭疽芽孢杆菌、鼠疫耶尔森菌、土拉热弗朗西斯菌、布氏菌属、鼻疽伯克霍尔德菌、贝氏柯克斯体、天花病毒、脑脊髓炎病毒、埃博拉病毒、马尔堡病毒、肉毒梭菌毒素、葡萄球菌肠毒素 B、蓖麻毒素、海洋神经毒素、真菌毒素、产气荚膜梭菌毒素等 [4]。

美国陆军传染病医学研究所在其 2004 年的《生物伤害医疗处置手册》（*Medical Management of Biological Casualties Handbook*）中介绍了具有潜在生物威胁的病原体，其未完全包括 CDC 所列病原体，但是增加了黄热病毒、裂谷热病毒等 [5]。

欧盟的生物威胁生物剂清单分为两组，与美国 CDC 生物威胁生物剂清单相比未列入葡萄球菌肠毒素 B、微小隐孢子虫、产气荚膜梭菌毒素，但包括黄热病病毒、裂谷热病毒、流感病毒、日本脑炎病毒、河豚毒素、西尼罗病毒等 [7]。

俄罗斯的生物威胁生物剂清单将威胁病原体分为 3 类，与美国 CDC 的清单相比增加了流感病毒、日本脑炎病毒、黄热病毒、白喉棒杆菌等，但未包括美国 CDC 所列的埃博拉病毒和拉沙病毒 [8]。

美国 CDC、欧盟、俄罗斯的生物威胁生物剂分级清单比较如表 3-5 所示。

表 3-5 生物威胁生物剂清单比较

| 病原体或毒素 | 美国CDC | 欧盟 | 俄罗斯 |
|---|---|---|---|
| 天花病毒、炭疽芽孢杆菌、鼠疫耶尔森菌、肉毒梭菌毒素、土拉热弗朗西斯菌、马尔堡病毒 | A | A | A |
| 埃博拉病毒、拉沙病毒、马丘波病毒 | A | A | |

| 病原体或毒素 | 美国CDC | 欧盟 | 俄罗斯 |
|---|---|---|---|
| 鼻疽伯克霍尔德菌 | B | A | A |
| 蓖麻毒素 | B | A | |
| 普氏立克次体、贝氏柯克斯体 | B | B | A |
| 布氏菌属、霍乱弧菌 | B | B | B |
| 沙门菌属、志贺菌属 | B | B | C |
| O157：H7大肠杆菌、类鼻疽伯克霍尔德菌、鹦鹉热衣原体、委内瑞拉马脑炎病毒、东部马脑炎病毒、西部马脑炎病毒 | B | B | |
| 葡萄球菌肠毒素 B | B | | C |
| 产气荚膜梭菌毒素、微小隐孢子虫 | B | | |
| 尼巴病毒、汉坦病毒 | C | B | |
| 刚果·克里米亚出血热病毒、瓜纳瑞托病毒、胡宁病毒、鄂木斯克出血热病毒、萨比亚出血热病毒、河豚毒素 | | A | |
| 流感病毒 | | B | A |
| 白喉棒杆菌、日本脑炎病毒、黄热病毒 | | B | B |
| 粗球孢子菌、基孔肯亚病毒、裂谷热病毒、荚膜组织胞浆菌、嗜肺军团菌、脑膜炎奈瑟球菌、猴痘病毒、岩沙海葵毒素、立氏立克次体、恙虫病立克次体、芋螺毒素、微囊藻毒素、蛤蚌毒素、结核分支杆菌、盖他病毒、马麻疹病毒、疱疹病毒、科萨努尔森林病毒、LaCrosse 病毒、Louping III 病毒、淋巴细胞脉络丛脑膜炎病毒、墨累谷脑炎病毒、玻瓦桑病毒、罗西奥病毒、圣路易脑炎病毒、蜱传脑炎病毒、Toscana 病毒、西尼罗病毒 | | B | |
| 人类免疫缺陷病毒、狂犬病毒 | | | C |

## 三、生物威胁生物剂清单与其他生物剂清单的比较

世界卫生组织（WHO）[14]、NIH[15]、欧盟[16]及我国[17]都对病原体的实验室生物安全进行了分级，而且 NIH、欧盟和我国都确立了相应的分级清单。在对病原体的实验室生物安全分级清单与生物威胁清单进行比较中发现，大部分生物剂所处级别是一致的，即实验室生物安全级别较高的病原体的生物威胁清单级别也较高，如天花病毒、埃博拉病毒、马尔堡病毒等；实验室生物安全级别较低的病原体的生物威胁清单级别也较低，如沙门菌属、志贺菌属等。但也存在一些例外，如炭疽芽孢杆菌、鼠疫耶尔森菌、土拉热弗朗西斯菌等的生物威胁清单级别最高，但其实验室生物安全级别不是最高。也有一些病原体的实验室生物安全级别较高，如人类免疫缺陷病毒

（HIV），但其生物威胁清单级别不高或未列出。这种差别与生物威胁生物剂清单和实验室生物安全生物剂清单制定的目的不同有关。

美国对于持有、使用和运输可能危及公共安全、动物或植物健康的病原体或毒素进行严格管理。这些病原体或毒素被称为"select agents"，是指任何对公共健康和安全、动植物健康或产量具有威胁的病原体或毒素。美国病原体及毒素监管计划在制定监管生物剂清单的过程中，考虑的因素包括：病原体或毒素对人、动物、植物的影响；病原体或毒素的毒力以及其传播到人、动物或植物的方式；针对病原体或毒素引起疾病的现有有效药物及疫苗情况等[18]。威胁病原体或毒素监管计划的管理由美国健康与公众服务部（HHS）疾病预防控制中心（CDC）以及美国农业部动植物卫生检疫署负责。病原体或毒素监管清单于 2002 年 12 月发布，随后不断进行修订。根据当前清单，其与 CDC 生物威胁生物剂清单比较，CDC 所列的 A 类生物剂全部在其监管清单内，监管清单中还包括重新构建的具有复制能力的 1918 H1N1 流感病毒各基因片段操作、SARS 相关的冠状病毒以及裂谷热病毒等[19]。

《禁止生物武器公约》核查议定书草案中也明确了核查生物剂清单，议定书草案要求各国通报列入清单的病原体及毒素相关的研究设施、研究活动情况。清单制定中考虑的一些因素包括：①病原体或毒素已知被作为生物武器发展、生产或使用；②病原体或毒素具有严重的公共卫生和社会经济影响；③高发病率和病死率；④低感染剂量；⑤传播和传染性强；⑥无有效和经济的预防和治疗措施；⑦易于生产和传播；⑧在环境中稳定性强；⑨潜伏期短，不易诊断。2001 年，《禁止生物武器公约》特别工作组会议确定的核查生物剂清单包括 58 种，其中人和人畜共患病原体 28 种、动物病原体 11 种、植物病原体 8 种、毒素 11 种。美国 CDC 所列的生物威胁生物剂清单中的 A 类均在核查清单中，B 类的霍乱弧菌和微小隐孢子虫以及 C 类的尼巴病毒和汉坦病毒未在核查清单中。但该核查生物剂清单与 CDC 清单比较，增加了裂谷热病毒、黄热病毒和猴痘病毒等[20]。

## 四、结语

目前，我国经济和科技总体实力与美国相比还有较大差距，在生物防御科学技术研究和能力建设方面能够投入的科技资源有限。面对严峻的生物威胁应对形势和有限的科技资源投入，必须要有所为有所不为，要在研究确定重点生物威胁生物剂清单的基础上，有针对性地重点提高若干生物剂的防御能力。清单的制定应结合生物剂的致病性，流行病学特点，获得、生产和播散能力，造成的危害，是否具备疫苗、药品等医疗应对措施进行综合评估确定。同时，立足国情是制定生物威胁生物剂清单的重要基础。我国生物威胁生物剂清单的制定，既要参考国外的清单及制定标准，又要考虑我国的实际情况。要特别注意一些在国外发病及研究较多而在国内罕见和研究较少的病原体，同时应重视对民众、家畜健康威胁较大的一些新发传染病病原体的研究。生物防御能力建设需要有明确的生物剂清单，以便更好地明确生物防御的重点方向，但生物防御能力建设又不能仅限于生物剂清单。随着合成生物学、基因组改造等技术的发展，生物威胁可能不仅是传统的病原体，还有可能是经过改造的生物剂或其他新型生物剂，如何应对需引起高度重视。在重点提高重要威胁生物剂的应对能力基础上，也要提高改构或未知病原体应对能力，包括提高未知病原体的检测、溯源能力以及提高广谱预防和治疗措施的研发能力等。

# 参考文献

[1] FRISCHKNECHT F. The history of biological warfare[J].EMBO Re-ports，2003，4：47-52.

[2] MARTIN J. Center for Nonproliferation Studies. Chemical and Biological Weapons：Possession and Programs Past and Present[EB/OL]. [2014-02-01]. http://cns.miis.edu/research/cbw/possess. htm.

[3] CDC Bioterrorism Agents/Diseases (by Category)[EB/OL]. [2014-02-01]. http://www.bt.cdc.gov/ agent/agentlist-category.asp(2013) .

[4] Giving Full Measure to Countermeasures：Addressing Problems in the DoD Program to Develop Medical Countermeasure Against Biological Warfare Agents (2004)[EB/OL]. [2014-02-01]. http://www.nap.edu/catalog/10908.htm.

[5] U. S. Army Medical Research Institute of Infectious Diseases (USAMRIID) . Medical Management of Biological Casualties Handbook[M/OL].5th ed. Maryland， USA.(2004-08-01). http://www. usamriid.army.mil/education/bluebook.htm.

[6] NIAID Category A，B，and C Priority Pathogens[EB/OL].[2013-10]. http://www.niaid.nih.gov/ topics/biodefense related/biodefense/pages/cata.aspx.

[7] Technical Guidance on Generic Preparedness Planning-Interim Document[EB/OL]. [2014-02-01]. http://ec.europa.eu/health/ph_threats/Bioterrorisme/keydo_bio_01_en.pdf.

[8] WESTERDAHL K S，NORLANDER L. The role of the new Russian anti-bioterrorism centres (2006)[EB/OL]. [2014-02-01]. http://www2.foi.se/rapp/foir1971.pdf.

[9] KHAN A S. Biological and Chemical Terrorism：Strategic Plan for Preparedness and Response. Morbidity and Mortality Weekly Report. Centers for Disease Control and Prevention[EB/OL]. [2014-02-01]. http://www.cdc.gov/mmwr/preview/mmwrhtml/rr4904a1.htm，April21，2000/49(RR04)；1-14.

[10] KOPLAN J，HA M P. CDC's Strategic Plan for Bioterrorism Pre-paredness and Response. Centers for Disease Control and Prevention[R]. Public Health Reports，2001，116(Suppl 2)：9-16.

[11] TEGNELL A，VAN LOOCK F，BAKA A，et al. Development of a matrix to evaluate the threat of biological agents used for bioterrorism [J]. Cell Mol Life Sci，2006，63(19)：2223-2228.

[12] MACINTYRE C R，SECCULL A，LANE J M，et al. Development of a risk-priority score for category A bioterrorism agents as an aid for public health policy[J]. Mil Med，2006，171(7)：589-594.

[13] REYES M D，SILVER K，ZAMORA M，et al. Are Certain Category A Biological Agents More Suitable for Bioterrorism Than Others (2005)[EB/OL]. [2014-02-01]. http://www.biosecurity.

sandia. gov/subpages/papersBriefings/2005/reyes–btr–2005.pdf.

[14] World Health Organization. Laboratory Biosafety Manual[M/OL]. 3rd ed. Geneva：WHO，2004. http://www.who.int/csr/resources/publications/biosafety/Biosafety 7.pdf.

[15] NIH Guidelines for Research Involving Recombinant DNA Molecules (Revised Edition)[EB/OL]. [2014–02–01]. http://oba.od.nih.gov/rdna/nih_guidelines_oba.html，2011–10.

[16] Directive 2000/54/EC of the European Parliament and of the Council of 18 September 2000[EB/ OL]. [2014–02–01]. http://osha.europa.eu/en/legislation/directives/exposure–to–biological– agents/77.

[17] 人间传染的病原微生物名录，2006[EB/OL]. [2014–02–01]. http://www.chinacdc.net.cn/ n 272442/n 272530/n 275462/n 275477/n 292895/11276.html.

[18] A Guide for Laboratories Working with Select Agents[EB/OL].(2009–07)[2014–02–01]. http:// www.sph.uth.edu/biosecurity/selectagentsguide.pdf.

[19] HHS and USDA select agents and toxins[EB/OL].(2008–11)[2014–02–01]. http://www. selectagents.gov.

[20] BWC/AD HOC GROUP/56–1.Twenty–third Session[EB/OL].(2001–05–18)[2014–02–01]. http://www.opbw.org/ahg/docs/23rd%20session/23rd%20session%20part%201.pdf.

# 第四章　生物技术安全

生物技术发展不仅涉及科学问题，也涉及社会问题，会影响社会的方方面面，并且生物技术是一把双刃剑，既可造福于人类社会，也可能产生危害，所以必须充分认识生物技术发展的潜在风险。

## 第一节　生物技术安全概述*

### 一、生物安全

习近平总书记 2014 年 4 月 15 日在中央国家安全委员会第一次会议强调："要准确把握国家安全形势变化新特点新趋势，坚持总体国家安全观，走出一条中国特色国家安全道路。"2015 年 7 月，第十二届全国人民代表大会常务委员会第十五次会议通过了《中华人民共和国国家安全法》，对政治安全、国土安全、军事安全、文化安全、科技安全等 11 个领域的国家安全任务进行了明确。

生物安全是国家安全的重要组成部分，涉及国土安全、军事安全、科技安全等很多方面。目前国内生物安全的定义尚不统一，不同领域、不同角度及不同年代理解的生物安全的概念有所不同。2005 年，在黄培堂研究员、沈倍奋院士主编的《生物恐怖防御》一书中，将生物安全定义为"生物安全是指在生物资源研究及生物技术发展的过程中，给人类社会带来的安全方面的影响"。2011 年中国工程院《新时期我国生物战略研究总报告》中，将生物安全定义为"生物安全是生物生存和发展不受侵害或损害的一种状态，而生物安全受到侵害或威胁所涉及的问题就是生物安全问题"。生物安全涉及很多领域，中国工程院的《新时期我国生物安全战略研究总报告》将生物安全问题归结为四个大的方面：一是生态环境破坏，包括环境污染、外来物种入侵、遗传资源丧失；二是人类健康危害，包括人兽共患病、食源性疾病、医院感染；三是国家安全隐患，包括生物战、生物恐怖、生物实验室事故；四是生物技术的潜在风险，包括合成生物技术、转基因技术、其他现代生物技术等。

《中华人民共和国生物安全法》由中华人民共和国第十三届全国人民代表大会常务委员会第二十二次会议于 2020 年 10 月 17 日通过，自 2021 年 4 月 15 日起施行。其中生物安全的定义为"国家有效防范和应对危险生物因子及相关因素威胁，生物技术能够稳定健康发展，人民生命健康和生态系统相对处于没有危险和不受威胁的状

---

*内容参考：田德桥. 生物技术安全[M]. 北京：科学技术文献出版社，2021.

态，生物领域具备维护国家安全和持续发展的能力"。 根据该法，从事下列活动，适用本法：①防控重大新发突发传染病、动植物疫情；②生物技术研究、开发与应用；③病原微生物实验室生物安全管理；④人类遗传资源与生物资源安全管理；⑤防范外来物种入侵与保护生物多样性；⑥应对微生物耐药；⑦防范生物恐怖袭击与防御生物武器威胁；⑧其他与生物安全相关的活动[1]。

生物安全的英文对应词包括 biosafety 和 biosecurity。 根据瑞士苏黎世联邦理工大学 2007 年编写的《生物防御手册》(*biodefense handbook*)[2]，biosafety 主要是指采取措施预防生物剂的非蓄意释放，biosecurity 主要是指采取措施应对生物剂的蓄意释放，生物防御（biodefense）主要是指为了保证生物安全，应对自然发生、事故性或蓄意的病原体或毒素释放而建立政策、机制、方法、计划和程序等。

## 二、生物技术

生物技术（biotechnology）是指人们以现代生命科学为基础，结合其他基础学科的科学原理，采用先进的工程技术手段，按照预先的设计改造生物体或加工生物原料，为人类生产出所需产品或达到某种目的[3]。 先进的工程技术手段包括基因工程、细胞工程、蛋白质工程、抗体工程、酶工程、发酵工程、生物分离工程等。 生物技术涉及生物医药和健康、农业、能源、环保、制造等多个领域。

### （一）生命科学与生物技术的重要进展

1953 年 Watson 和 Crick 阐明了 DNA 双螺旋结构，奠定了分子生物学的基础，生物技术和生命科学较以往有突飞猛进的发展[4]。 詹姆斯·沃森（James D. Watson）、弗朗西斯·克里克（Francis Crick）、莫里斯·威尔金斯（Maurice Wilkins）因此获得 1962 年的诺贝尔生理和医学奖。

1972 年，美国斯坦福大学生化学家 Berg 将 λ 噬菌体基因和大肠杆菌乳糖操纵子基因插入猴病毒 SV40 DNA 中，首次构建出 DNA 重组体。1973 年，美国斯坦福大学的 Cohen 和美国加州大学的 Boyer 成功地将细菌质粒通过体外重组后导入 E.coli 细胞中，得到了基因的分子克隆，由此产生了基因工程（genetic engineering）[4]。 基因工程是按照人们的意愿对携带遗传信息的分子进行设计和改造，通过体外基因重组、克隆、表达和转基因等技术，将一种生物体的遗传信息转入另一种生物体，有目的地改造生物种性，创制出更符合人类需要的新生物类型的分子工程[4]。

基因工程的核心是 DNA 重组技术。DNA 重组技术也称为 DNA 克隆、分子克隆、基因克隆，是将 DNA 限制性酶切片段插入克隆载体，导入宿主细胞，经无性繁殖，获得相同的 DNA 扩增分子。 保罗·伯格（Paul Berg）因"对核酸生物化学，特别是重组 DNA 的基础研究"获 1980 年诺贝尔化学奖。 生物技术发展催生了大量诺贝尔生理学或医学奖及化学奖获奖项目[5-7]。

### （二）生物技术对科技发展的推动作用

生物技术是当今国际科技发展的主要推动力，生物产业已成为国际竞争的焦点，对解决人类面临的人口、健康、粮食、能源、环境等主要问题具有重大战略意义。

**1. 生物技术是当今高技术发展最快的领域之一**

生命科学、生物技术及相关领域的论文总数占全球自然科学论文的 50% 以上；每年由 *Science* 评选的年度 10 项科技进展中，生命科学和生物技术领域常常占 50% 以上。 为纪念创刊 125 周年，*Science* 杂志于 2005 年 7 月提出了 125 个重要的科学问题，其中包括 25 个最突出的重点问题，涉及生命科学的问题有 15 个。 基因组学、蛋白质组学及干细胞等前沿生物技术的发展使人类对生命世界的认识水平发生质的飞跃；医药生物技术将大幅提高人类健康水平，提高生活质量。

**2. 生物技术是解决人类重大问题的重要手段**

进入 21 世纪，人类社会发展面临的健康、粮食、能源、环境等问题日益严重。现代生命科学与生物技术研究为应对这些重大挑战提供了科学可行的解决思路与方案。 在农业方面，生物技术是提高农业科技水平、保障国家粮食安全的重要途径。在医药方面，组学技术、生物信息等技术的发展为预防医学、个体化治疗提供了可能。 生物技术的进步和产业发展将为我们的生活和社会经济发展方式带来巨大变革。

**3. 生物技术是维护保障生物安全的重要支撑**

随着全球化进程的不断加快和生物技术的飞速发展，生物安全问题逐渐成为一个涉及政治、军事、经济、科技、文化和社会等诸多领域的世界性安全与发展的基本问题。2003 年以来，严重急性呼吸综合征（SARS）、高致病性禽流感、甲型 H1N1 流感、H7N9 禽流感、新冠病毒肺炎的流行，警醒我们需要更加关注新发传染病带来的安全问题。 生物技术的快速发展可以为应对生物威胁提供支撑。

## 三、生物技术安全

"生物技术安全"是在促进生物技术发展的同时，防止其对人类健康、动植物、环境、社会秩序等造成危害，并符合生物伦理学有关要求。 生物技术安全是生物安全的重要组成部分，并且与生物安全的其他各方面密切相关。

生物技术安全包括生物技术应用中个体的安全问题，但更重要的是其可能导致的公共卫生安全。 同时，在很多领域，生物安全与生命伦理问题相互交织。 生命伦理学亦称"生物伦理学"，是伦理学的一门分支学科，属于应用伦理学范畴，是以人的生命为主，同时对其他物种生命展开的伦理研究[8]。生命伦理学是运用伦理学的理论和方法，在跨学科、跨文化的情景中，对生命科学和医疗保健的伦理学方面，包括决定、行动、政策、法律所进行的系统研究[9]。当前生命伦理学中，对世界影响较大并占主流地位的伦理原则是美国学者比彻姆和丘卓斯在其合著的《生物医学伦理学原则》一书中提出的"四大原则"，即自主、不伤害、行善、公正四原则[8]。

生物技术安全包括生物技术应用本身的安全风险及生物技术两用性问题。生物技术的发展伴随着一些安全风险，新的药品、疫苗在临床试验中都可能造成一些不良反应，一些新的治疗手段也可能产生意外的后果。生物技术安全当前更多的是关注生物技术可能的公共卫生风险及两用性问题。

### （一）生物技术两用性问题的产生

2014年，在美国政府发布的《美国政府生命科学两用性研究研究机构监管政策》[10]中，对"两用性研究"（dual use research）及"值得关注的两用性研究"（dual use research of concern，DURC）进行了定义：生命科学研究对于科技的进步及在公共卫生、农作物、畜牧业和环境领域都具有重要的作用，然而一些可以合法进行的研究也可以用于有害的目的，这类研究被称为"两用性研究"。"值得关注的两用性研究"是指"生命科学研究所提供的知识、信息、产品或技术可能直接被误用，对公众健康和安全、农作物和其他植物、动物、环境、材料或国家安全构成重大威胁，产生广泛的潜在后果的研究"。该定义基于美国国家生物安全科学顾问委员会（National Science Advisory Board for Biosecurity，NSABB）既往对两用生物技术相关的定义[11]。

生物技术两用性问题的产生源于随着生物技术的发展，生命科学领域一些研究成果的发表引起了人们对其被恶意利用的担心。2001年，澳大利亚联邦科学与工业研究组织（Commonwealth Scientific and Industrial Research Organisation，CSIRO）的Jackson等人在《病毒学》上发表了通过在鼠痘病毒中加入白细胞介素-4（*interleukiN-4*，IL-4）基因，意外产生强致死性病毒的研究[12]。2002年，*Nature*刊登了美国纽约州立大学石溪分校完成的通过化学方法合成脊髓灰质炎病毒的文章[13]。2005年10月，*Science*刊登了美国疾病预防控制中心（Centers for Disease Control and Prevention，CDC）的Tumpey等人重新构建1918流感病毒，并对其特性进行分析的文章[14]。2012年5月，*Nature*刊登了美国威斯康星大学Kawaoka等人对H5N1流感病毒突变使其在哺乳动物间传播的研究结果[15]。2012年6月，*Science*刊登了荷兰伊拉斯姆斯大学医学中心的Fouchier等人进行的H5N1禽流感病毒突变在哺乳动物间传播的研究结果[16]。

许多科学家、政策研究人员及国际组织对生物技术两用性研究所带来的后果深为担忧。2002年，人工合成脊髓灰质炎病毒文章发表后，美国国会议员戴夫·韦尔登等人提出了对一些期刊发表此类研究结果的担心，认为"这给恐怖主义者描绘了合成危险病原体的蓝图"[17]。另外，对于是否要在互联网发布天花病毒等的基因组序列，一些人认为应当慎重考虑[18]。2012 年，美国威斯康星大学麦迪逊分校 Kawaoka 和荷兰伊拉斯姆斯大学医学中心 Fouchier 的 H5N1 禽流感病毒基因突变研究的生物安全问题引起了广泛争论[19]。有人担心变异的病毒可能会无意中泄漏出来，或者重要的信息会落入恐怖分子之手，因此，呼吁终止研究或者不对公众发布重要信息。一些学者也就两用生物技术的风险进行分析[20-21]，美国科学院就两用生物技术的生物安全问题发布了相关报告[22-24]。

在美国学者乔纳森·塔克 2012 年主编的《创新、两用性与生物安全：管理新兴生物和化学技术风险》一书中[25]，列举了 14 项两用生物和化学技术，并对其潜在风险性和可管控性进行了评估。

除此以外，近些年基因编辑及基因驱动技术的两用性问题也引起了学者的广泛关注。基因编辑技术能够对目标基因进行"编辑"，实现对特定 DNA 片段的敲除、加入等。理论上，通过设计不同的核糖核酸（ribonucleic acid，RNA），可以引导 Cas 核酸酶对任何一个 DNA 位点进行改造，这为基因治疗和物种改造创造了极大的便利[26]。但基因编辑技术有被滥用的可能性，其被美国情报部门列为一种重要的潜在威胁[27]。

"基因驱动"是指特定基因有偏向性地遗传给下一代的一种自然现象。一般来讲，一个生物体基因的两个副本（等位基因）每个都有 50% 的概率传递给后代，但也有一些等位基因被遗传的概率超过 50%，这就是基因驱动。将基因驱动元件和某一特定功能元件（如不孕基因、抗病毒基因）整合至目标物种体内，实现特定功能性状的快速遗传是当前控制虫媒疾病、保护农业和生态环境的研究方向之一。CRISPR/Cas9 等技术的发展使基因驱动变得更容易实现[28]。基因驱动技术也存在潜在两用性风险，如发展一种对特定病原体更易传播的蚊子，或将一种非传播媒介改造成传播媒介[28]。

## （二）生命科学两用性研究的类型

2004 年，美国国家研究委员会（National Research Council，NRC）发布了名为《恐怖主义时代的生物技术研究》（*Biotechnology Research in an Age of Terrorism*）的报告。该报告确定了 7 种类型的试验需要在开展前进行评估，分别为导致疫苗无效、导致抵抗抗生素和抗病毒治疗措施、提高病原体毒力或使非致病病原体致病、增强病原体的传播能力、改变病原体宿主、使诊断措施无效、使生物剂或毒素武器化[22]。

澳大利亚国立大学的 Selgelid 在 2007 年发表于 *Science and Engineering Ethics* 的文章中，列举了除上述美国国家研究委员会报告中的生命科学两用性研究类别外其他一些需要关注的研究，包括病原体测序、合成致病微生物、对天花病毒的实验、恢复灭绝的病原体等[20]。

2007年，美国国家生物安全科学顾问委员会（NSABB）发布了《生命科学两用性研究监管建议》（*Proposed Framework for the Oversight of Dual Use Life Sciences*）[29]。其列举的需要关注的生命科学两用性研究包括：①提高生物剂或毒素的危害；②干扰免疫反应；③使病原体或毒素抵抗预防、治疗和诊断措施；④增强生物剂的稳定性、传播能力和播散能力；⑤改变病原体或毒素的宿主趋向性；⑥提高人群敏感性；⑦产生新的病原体或毒素，以及重新构建已消失或灭绝的病原体。

2013年2月，美国白宫科学和技术政策办公室发布了《美国政府生命科学两用性研究监管政策》（*US Government Study of DuaL-use Life Sciences Regulatory Policy*）[30]。该监管策略重点针对以下几个方面的研究：①提高生物剂或毒素的毒力；②破坏免疫反应的有效性；③抵抗预防、治疗或诊断措施；④增强生物剂或毒素的稳定性、传播能力、播散能力；⑤改变病原体或毒素的宿主范围或趋向性；⑥提高宿主对生物剂或毒素的敏感性；⑦重构已经灭绝的生物剂或毒素。

为了加强对流感病毒功能获得性研究（gain of function，GOF）的监管，2013年，美国国立卫生研究院（National Institutes of Health，NIH）发布了《卫生与公众服务部基金资助框架》（*A Framework for Guiding U.S. Department of Health and Human Services Funding*）[31-32]，该框架列举了开展生命科学两用性研究需达到的7个标准，所有标准必须同时满足才可接受卫生与公众服务部的资金资助。这些标准包括：①被研究的病毒可以自然进化产生；②研究的科学问题对公共卫生非常重要；③没有其他可行的降低风险的策略；④实验室生物安全（biosafety）风险可控；⑤被蓄意利用的生物安全（biosecurity）风险可控；⑥研究结果可被广泛分享，使全球健康受益；⑦研究工作可被容易地监管。

### （三）生物技术两用性的管控措施

针对生物技术两用性管控，一些国际组织做出了很多努力，同时，一些国家也采取了有针对性的措施。

#### 1. 加强病原微生物实验室生物安全管控

病原微生物遗传改造是生物技术两用性的重点关注领域，规范病原微生物的实验室操作可以降低生物技术两用性风险。世界卫生组织（World Health Organization，WHO）及一些国家和地区确定了病原微生物的实验室危险性分类，明确了各种病原微生物应在何种生物安全级别的实验室进行操作。世界卫生组织在2004年发布的《实验室生物安全手册》（第三版）中阐述了病原微生物实验室生物安全4个类别的分类标准。美国国立卫生研究院（NIH）1976年发布并随后不断修订了《NIH涉及重组DNA研究的生物安全指南》，其将病原微生物分为4类，并公布了各类清单。欧盟（欧洲议会和理事会）在 2000 年 9 月《关于保护从事危险生物剂操作人员安全的第 2000/54/EC 号指令》中将病原微生物分为 4 类，并确定了各类清单。

**2. 建立生物技术两用性监管咨询机构**

生物技术两用性往往涉及一些前沿技术，无既往可借鉴的管理措施，需要权威部门提供咨询、指导。美国卫生与公众服务部（Department of Health and Human Services，HHS）于 2005 年成立了国家生物安全科学顾问委员会（NSABB），对生物技术两用性研究在国家安全和科学研究需要上提供建议。生物安全科学顾问委员会的主要任务包括对于生物技术两用性研究建立确定标准、对生物技术两用性研究提出指导方针、为政府对出版潜在敏感研究及科研人员进行安全教育方面提供建议[33]。生物安全科学顾问委员会由美国国立卫生研究院负责管理，有 25 名具有投票权的成员，从事的领域包括生物伦理学、国家安全、情报、生物防御、出口控制、法律、出版、分子生物学、微生物学、临床感染性疾病、实验室安全、公共卫生、流行病学、药品生产、兽医医学、植物医学、食品生产等方面。另外，这个委员会还包括来自 15 个联邦机构的成员，这些联邦机构包括卫生与公众服务部、能源部、国土安全部、国防部、内务部、环境保护局、农业部、国家科学基金、司法部、国务院、商务部等。

**3. 确定需要重点监管的生物技术两用性研究类别**

2013 年 2 月，美国白宫科技政策办公室（Office of Science and Technology Policy，OSTP）发布了《美国政府生命科学两用性研究监管政策》，确定了需要重点监管的生物技术两用性研究类别[30]。随后在 2014 年 9 月又发布了《美国政府生命科学两用性研究研究机构监管政策》[10]。

**4. 加强生物技术两用性科研项目审批监管**

对具有潜在生物技术两用性风险的科研项目进行严格审批是降低风险的重要途径。为了进一步加强对流感病毒功能获得性研究的监管，2013 年 2 月，美国国立卫生研究院（NIH）发布了加强 H5N1 禽流感病毒功能获得性研究（GOF）项目经费审批的指导意见[31-32]。该指导意见列出了 7 条标准，所有标准必须同时具备才可获得卫生与公众服务部（HHS）的经费资助。

# 参考文献

[1] 中华人民共和国生物安全法 [EB/OL].[2021-10-01]. http://www.npc.gov.cn/npc/c30834/202010/bb 3bee 5122854893a 69acf 4005a 66059.shtml.

[2] ETH Zurich. International biodefense handbook，2007[EB/OL].[2021-10-01]. https://www.files. ethz.ch/isn/31146/Biodefense_HB.pdf.

[3] 宋思扬，楼士林.生物技术概论 [M].4 版.北京：科学出版社，2014.

[4] 吕虎，华萍.现代生物技术导论 [M].4 版.北京：科学出版社，2011.

[5] All Nobel Prizes in physiology or medicine[EB/OL].[2021-10-01]. https://www.nobelprize.org/ nobel_prizes/medicine/laureates/.

[6] 豆麦麦.改变人类的诺贝尔科学奖 [M].西安：陕西科学技术出版社，2017.

[7] 李雨民，陈洪.诺贝尔奖和诺贝尔奖学 [M].2 版.上海：上海科学技术出版社，2011.

[8] 沈秀芹.人体基因科技医学运用立法规制研究 [M].济南：山东大学出版社，2015.

[9] 邱仁宗，翟晓梅.生命伦理学概论 [M].北京：中国协和医科大学出版社，2003.

[10] United States government policy for institutional oversight of life sciences dual use research of concern[EB/OL].[2021-10-01]. http://www.phe.gov/s3/dualuse/Documents/oversight-durc.pdf.

[11] NSABB draft guidance documents(July 2006)[EB/OL].[2021-10-01]. https://osp.od.nih.gov/wp-ontent/uploads/2013/12/NSABB%20Draft%20Guidance%20Documents.pdf.

[12] JACKSON R J，RAMSAY A J，CHRISTENSEN C D，et al. Expression of mouse interleukin-4 by a recombinant Ectromelia virus suppresses cytolytic lymphocyte responses and overcomes genetic resistance to mousepox[J]. Journal of virology，2001，75(3)：1205-1210.

[13] CELLO J，PAUL A V，WIMMER E . Chemical synthesis of poliovirus cDNA：generation of infectious virus in the absence of natural template[J]. Science，2002，297(5583)：1016-1018.

[14] TUMPEY T M，BASLER C F，AGUILAR P V，et al. Characterization of the reconstructed 1918 Spanish influenza pandemic virus[J]. Science，2005，310(5745)：77-80.

[15] IMAI M，WATANABE T，HATTA M，et al. Experimental adaptation of an influenza H5 HA confers respiratory droplet transmission to a reassortant H5 HA/H1N1 virus in ferrets[J]. Nature，2012，486(7403)：420-428.

[16] HERFST S，SCHRAUWEN E J，LINSTER M，et al. Airborne transmission of influenza A/ H5N1 virus between ferrets[J].Science，2012，336(6088)：1534-1541.

[17] WIMMER E，PAUL A V. Synthetic poliovirus and other designer viruses：what have we learned from them[J]. Annual review of microbiology，2011，65(1)：583-609.

[18] COUZIN J BIOTERRORISM. A call for restraint on biological data[J]. Science，2002，297(5582)：749-751.

[19] KAISER J. The catalyst[J]. Science, 2014, 345(6201): 1112–1115.

[20] MILLER S, SELGELID M J. Ethical and philosophical consideration of the dual–use dilemma in the biological sciences[J]. Science and engineering ethics, 2008, 13(4): 523–580.

[21] AKEN V J. When risk outweighs benefit. Dual–use research needs a scientifically sound risk–benefit analysis and legally binding biosecurity measures[J]. Embo Reports, 2006, 7: S10.

[22] National Research Council. Biotechnology research in an age of terrorism[M]. Washington, D.C.: The National Academies Press, 2004.

[23] Institute of Medicine and National Research Council. Globalization, biosecurity, and the future of the life sciences[M]. Washington, D.C.: The National Academies Press, 2006.

[24] National Research Council. Life sciences and related fields: trends relevant to the biological weapons convention[M].Washington, D.C.: The National Academies Press, 2011.

[25] TUCKER J B. Innovation, dual–use, and security: managing the risks of emerging biological and chemical technologies[M]. Cambridge: The MIT Press, 2012.

[26] 李凯, 沈钧康, 卢光明. 基因编辑 [M]. 北京: 人民卫生出版社, 2016.

[27] REGALADO A. Top U.S. intelligence official calls gene editing a WMD threat[J]. MIT Technology Review, 2016–02–09.

[28] National Academies of Sciences, Engineering, and Medicine. Gene drives on the horizon: advancing science, navigating uncertainty, and aligning research with public values[M]. Washington, D.C.: The National Academies Press, 2016.

[29] NSABB. Proposed framework for the oversight of dual–use life sciences research: strategies for minimizing the potential misuse of research information[EB/OL].[2021–10–01].http://osp.od.nih.gov/officebiotechnology–activities/nsabb–reports–and–recommendations/proposed–framework–oversightdual–use–life–sciences–research.

[30] United States government policy for oversight of life sciences dual–use research of concern[EB/OL]. [2021–10–01]. https://phe.gov/s3/dualuse/Documents/us–policy–durc–032812.pdf.

[31] HHS. A framework for guiding U.S. department of health and human services funding decisions about research proposals with the potential for generating highly pathogenic avian influenza H5N1 viruses that are transmissible among mammals by respiratory droplets[EB/OL].[2021–10–01]. http://www.phe.gov/s3/dualuse/Documents/funding–hpai–h5n1.pdf.

[32] PATTERSON A P, TABAK L A, FAUCI A S, et al. Research funding. A framework for decisions about research with HPAI H5N1 viruses[J].Science, 339(6123): 1036–1037.

[33] SHEA D. Oversight of dual–use biological research: the national science advisory board for biosecurity[EB/OL].(2007–04–27)[2021–10–01]. https://fas.org/programs/bio/resource/documents/RL33342.pdf.

## 第二节　两用生物技术风险评估[*]

生物技术是当今世界发展最快的技术领域之一。生物技术的快速发展推动着科技的进步，促进着经济的发展，改变着人们的生活，并影响着人类社会的发展进程。然而，生物技术是典型的两用性（duaL-use）技术，具有"双刃剑"的特点，也可能被谬用产生灾难性的后果。如何避免和防止生物技术谬用是世界各国面临的紧迫问题。

### 一、两用生物技术及其风险评估

#### （一）生物技术的两用性

2014年，在美国政府发布的《美国政府生命科学两用性研究研究机构监管政策》[1]中，对"两用性研究（dual use research）"及"值得关注的两用性研究（dual use research of concern，DURC）"进行了定义：

生命科学研究对于科技的进步，以及公共卫生、农作物、畜牧业和环境领域都具有重要的作用。然而，一些可以合法进行的研究也可以用于有害的目的，这类研究被称为"两用性研究（dual use research）"。"值得关注的两用性研究（dual use research of concern，DURC）"是生命科学研究所提供的知识、信息、产品或技术可能直接被误用，对公众健康和安全、农作物和其他植物、动物、环境、材料或国家安全构成重大威胁，产生广泛潜在影响的研究。

该定义基于美国国家生物安全科学顾问委员会（NSABB）既往对两用生物技术相关的定义[2]。

#### （二）风险评估

##### 1. 术语和定义

在由中国合格评定国家认可中心编写的《生物安全实验室认可与管理基础知识——风险评估技术指南》[3]及国家标准《风险管理术语》[4]中列出了风险评估的相关术语与定义。

①风险（risk）：某一事件发生的概率和其后果的组合。

②概率（probability）：某一事件发生的可能程度。

③事件（event）：一系列特定情况的发生。

---

*内容参考：田德桥，王华，曹诚. 流感病毒功能获得性研究风险评估[M]. 北京：科学出版社，2018.

④风险准则（risk criteria）：评价风险严重性的依据。

⑤风险管理（risk management）：指导和控制某一组织与风险相关问题的协调活动。

⑥风险管理体系（risk management system）：组织的管理体系中与管理风险有关的要素集合。

⑦风险沟通（risk communication）：决策者和其他利益相关者之间交换或分享关于风险的信息。

⑧风险评估（risk assessment）：包括风险分析和风险评价在内的全部过程。

⑨风险分析（risk analysis）：系统地运用相关信息来确认风险的来源，并对风险进行估计。

⑩风险识别（risk identification）：发现、列举和描述风险要素的过程。

⑪风险评价（risk evaluation）：将估计后的风险与给定的风险准则对比，来决定风险严重性的过程。

⑫风险处理（risk treatment）：选择及实施调整风险应对措施的过程。

⑬风险控制（risk control）：实施风险管理决策的行为。

⑭风险承受（risk acceptance）：接受某一风险的决定。

⑮剩余风险（residual risk）：风险处理后还存在的风险。

**2. 风险评估的含义**

我国专家提出的"风险"的定义是：不确定性对目标的影响。在安全领域，风险相关定义是"对伤害的一种综合衡量，包括伤害发生的概率和伤害的严重程度"[5]。

风险评估包括风险识别、风险分析和风险评价的整个过程，是风险管理的基础。风险识别的目的是尽可能全面地找出那些可能妨碍、降低或延迟安全目标实现的因素、影响范围、事件及其原因和潜在的后果。风险分析是了解风险的性质，为风险评价，以及决定最适当的风险处理策略和方法提供信息。风险分析可以有不同的详细程度，包括定性的、半定量的、定量的或以上的组合。风险评价是在风险分析结果的基础上做出关于哪个风险需要处理的决策，并决定优先处理方案。

常用的风险分析方法可简单分为基于知识（knowledge–based）的分析方法和基于模型（model–based）的分析方法，定性（qualitative）分析方法和定量（quantitative）分析方法。其中，定性分析方法是凭借分析者的知识、经验和直觉，对事件发生的概率和后果的大小或高低程度进行定性与分级，可分为"很可能""有可能""实际不可能""极大""重大""可以忽略"等（表4-1）。定量分析是对风险通过一定的模型和运算进行量化分析。

表 4-1　概率分级示例 [3]

| 发生情况 | 概率 |
|---|---|
| 实际不可能发生 | $10^{-7} \sim 10^{-6}$ |
| 极为不可能发生 | $10^{-6} \sim 10^{-5}$ |
| 非常不可能发生 | $10^{-5} \sim 10^{-4}$ |
| 一般不可能发生 | $10^{-4} \sim 10^{-3}$ |
| 发生的可能性较小 | $10^{-3} \sim 10^{-2}$ |
| 有可能发生 | $10^{-2} \sim 10^{-1}$ |
| 很可能发生 | $10^{-1} \sim 1$ |

风险识别和风险分析的目标是要回答以下 3 个问题：①会有什么问题发生？②发生的概率有多大？③如果发生，后果是什么？为了追求收益（如研究成果），一般不需要消除所有的风险或消除所有的风险是不现实的。

风险评估需要回答的问题是：风险是否低至可以忽略？风险是否已降到合理可行的低水平？是否所有的风险是可以接受的？

风险评估的目的就是要做出决策 —— 哪些风险是可以接受的？哪些是需要处理的？优先方案是什么？

### （三）两用生物技术风险管理

根据美国化学和生物武器军备控制专家乔纳森·塔克（Jonathan B. Tucker）主编的《创新、两用性和安全：对新兴生物和化学技术的风险管理》一书 [6]，两用生物技术风险评估决策框架包括 3 个相互关联的过程：①技术监测用来发现新兴两用技术滥用的潜在风险；②技术评估以确定新兴两用技术滥用的可能性和对技术进行监管的可行性；③基于技术评估和成本效益分析选择管理措施。

#### 1. 技术监测

有效的技术监管的先决条件是有效的技术监测（technology monitoring），监测公共和私营部门新兴技术滥用的可能性。一些基本的技术监测机制已经存在，如《禁止生物武器公约》（Biological Weapons Convention，BWC）和《禁止化学武器公约》（Chemical Weapons Convention，CWC），每 5 年召开一次审议会议，对公约相关条款中有影响的科学技术进展进行评估。其他一些组织也会对生物和化学领域的两用技术进行评估。澳大利亚集团（The Australia Group）成立了特别委员会，以审查某些关注的技术，就一些技术是否应加入该集团的统一出口管制清单提供咨询意见。政府也要求一些独立的科学咨询机构，如美国国家研究委员会（National Research Council）（美国国家科学院的一个机构）和英国皇家学会（British Royal Society）对新兴技术进行评估。另外，学术界和智库的一些学者也监测新兴技术，并评估其两用性的风险，如麻省理工学院的新兴技术计划（PoET）、加利福尼亚大学伯克利分校的合成生物工程研究中心（SynBERC）、华盛顿伍德罗威尔逊国际学者中心（Woodrow Wilson International Center for Scholars）的合成生物学项目等。

## 2. 技术评估

一旦出现了一种新兴的两用技术，就必须系统地评估其特性。技术评估（technology assessment）侧重于两个关键点：滥用的风险及可管控性。基于以下4个方面来评估技术滥用的风险。

（1）可获得性

该参数评估获取技术的难易程度。滥用技术的第一步就是获取硬件、软件和相关的信息。这些硬件、软件和信息可能是商业上可获得的，也可能由于保密原因等受到限制。可获得性参数还考虑到购买技术所需的资金，以及这种支出是否在个人、集团或国家的承受范围之内。可获得性的另一个组成部分是给定的两用技术对其他技术的依赖。因此，在某些情况下获取某种技术也需要获取其上游技术。

（2）易于滥用

该参数考虑了掌握技术所需的专业知识水平，以及技术在多大程度上可成为非专业技能，使具有较少专业知识和实践经验的个人也可以使用。

（3）潜在危害程度

此参数衡量潜在危害的严重程度，包括：恶意使用导致的死亡人数，与事件处置相关的经济损失，诸如破坏、恐怖袭击和失去对政府信任所造成的社会影响。

（4）潜在滥用的紧迫性

该参数衡量恶意使用者能够多快造成损害。一般来说，在研发的早期阶段，技术滥用的风险较低；随着技术的成熟，滥用的风险增加。

描述滥用风险的4个参数中的每一个都分为3个等级（高、中、低），然后计算4个参数的平均数，以提供给定技术的总体风险水平。总体来说，总分高意味着该技术既有即时的滥用风险，又有很大的潜在造成大规模危害的可能性；而较低的分数则意味着该技术所带来的风险较久远，或者不具有能够造成大规模危害的潜力；总分为中等的技术，其风险在高分和低分之间。

决策框架包括对技术评估中具有高、中等风险的技术将采用何种管控措施。如果新兴技术的风险较低，当前无须制定相应管控措施，但需继续进行技术监测。

## 3. 可管控性评估

（1）管控措施

两用技术管控方法包括多种措施：硬法（hard-law）措施（强制性、基于法规的）、软法（soft-law）措施（自愿、非约束性的）、非正式（informal）措施（基于道义上的劝诫等）（表4-2）。 硬法措施包括许可证、认证等；软法措施包括自愿准则和行业自我管理等；非正式措施包括教育、提高认识、行为守则等。

表4-2　两用技术管控措施

| | |
|---|---|
| 硬法 | 法令规定 |
| | 强制许可、认证、注册 |
| | 出口管制 |
| | 呈报规定 |
| 软法 | 安全准则 |
| | 工业科学界自我管理 |
| | 采用国际标准 |
| | 出版前审查 |
| 非正式 | 行为准则 |
| | 风险教育与意识提升 |
| | 举报通道 |
| | 透明度措施 |

（2）管控措施评价指标

如果风险评估确定新兴技术具有高或中等的滥用风险，则决策框架将进入下一步，即确定技术对各种管控措施的适用性。 根据5个不同的参数来衡量可管控性。

1）表现形式

一些技术主要基于硬件形式，一些技术主要基于信息形式，而另外一些则是两者结合而成。 由硬件形式体现的技术，通过出口管制等措施来管理相对容易。 相比之下，以信息形式体现的技术难以管理和控制，因为数据可以相对容易地进行传输。

2）成熟度

影响可管控性的第二个参数是技术的成熟度，即其在从基础研究到商业化过程中所处的阶段。 不同程度的成熟度包括早期研究、高级研发和原型设计、早期市场化和广泛商业化。

3）聚合度

该参数是指组合在一起以创建新设备或技术的不同学科的数量。 例如，NBIC（nanotechnology, biotechnology, information technology, cognitive neuroscience）技术就是结合纳米技术、生物技术、信息技术和认知神经科学。 同样，纳米生物技术涉及纳米技术和生物技术的融合。 依靠多学科高度融合的技术比只涉及一个或两个学科的技术更难管控。

4）进步速度

进步速度是指技术的有效性（可靠性、发展速度、准确度等）随着时间的推移是线性增加、呈指数增长，还是停滞不前。一些技术进展缓慢，也有一些技术可能会迅速发展并具有更为直接的两用潜力。一般来说，技术进步越快，管控就越困难。

5）国际传播

新兴技术在国际市场上可用程度差别很大。一些技术仅被一个或几个国家掌握，也有一些技术可以被广泛使用。在美国麻省理工学院举办的一年一度的国际遗传工程机器大赛（International Genetically Engineered Machine Competition，iGEM）通过吸引来自世界各地的学生团队参与，加速了合成生物学的发展。一般来说，掌握技术的国家数量越少，协调沟通的需求越少，其管控就越简单。相比之下，管控广泛存在的技术是一项艰巨的任务，它需要相关国际协调的规章或准则。

与定义滥用风险的4个参数一样，定义可管控性的5个参数以高、中、低进行评估。表4-3中总结了5个参数中的每个参数和新兴技术的可管控性评估结果之间的关系。

表4-3　参数和可管控性之间的关系

| 管控性 | 表现形式 | 成熟度 | 聚合度 | 进步速度 | 国际传播 |
|---|---|---|---|---|---|
| 低管控性 | 信息 | 未成熟 | 高聚合水平 | 高进步速度 | 高国际传播水平 |
| 中管控性 | 混合（结合信息形式和硬件） | 成熟 | 中聚合水平 | 中进步速度 | 中国际传播水平 |
| 高管控性 | 硬件 | 适度 | 低聚合水平 | 低进步速度 | 低国际传播水平 |

**4. 成本效益分析**

在确定了一套合适的管控措施之后，需进行成本效益分析。这一步骤包括衡量每项管控措施的收益与经济和其他成本的关系，包括技术的某些期望效益（健康、经济或环境）是否因管控措施而丧失等。

**5. 监管决策框架**

总体来说，新兴两用技术监管决策框架包括以下步骤。

①监督学术界、政府和私营企业技术的发展，目标是确定生物和化学领域是否有潜在滥用的新兴技术。

②根据4个参数来评估滥用新兴技术的风险：可获得性、易于滥用、潜在危害程度及潜在滥用的紧迫性。

③如果滥用总风险低，则不需要急于制定管控措施，但应继续监测其滥用的可能性是否随时间而增加。

④如果滥用的总体风险水平是中等或较高，则按照以下5个参数来评估技术的可管控性：表现形式、成熟度、聚合度、进步速度和国际传播。

⑤如果该技术的总体可管控性较低，则侧重于非正式管控措施。

⑥如果该技术的总体可管控性是中等的，除了非正式管控措施之外，还要考虑软法管理措施。

⑦如果该技术的总体可管控性很高，则应考虑到全部的管控措施，即非正式的、软法的和硬法的措施。

⑧如果与该技术相关的滥用风险异常严重和迫在眉睫，则应考虑采取更为严格的管控措施。

⑨根据成本效益分析，制定一套相应的管控措施，以可接受的成本和主要利益相关者可接受的方式降低滥用风险。

### 6. 案例分析

对以下两用生物技术的风险（表4-4）与管控（表4-5）进行分析：

①组合化学和高通量筛选（combinatorial chemistry and high-throughput screening, HTS）；

② DNA 改组和定向进化（DNA shuffling and directed evolution）；

③蛋白质工程（protein engineering）；

④病毒基因组合成（synthesis of viral genomes）；

⑤标准件合成生物学（synthetic biology with standard part）；

⑥精神药物研发（development of psychoactive drug）；

⑦肽生物调节剂的合成（synthesis of peptide bioregulator）；

⑧免疫调节（immunological modulation）；

⑨个人基因组学（personal genomics）；

⑩ RNA 干扰（RNA interference）；

⑪经颅磁刺激（transcranial magnetic stimulation）；

⑫化学微加工设备（chemical micro process device）；

⑬基因治疗（gene therapy）；

⑭气溶胶疫苗（aerosol vaccine）。

表 4-4 两用生物技术风险评估

| 两用生物技术 | 基于可获得性的滥用风险 | 基于易于滥用的滥用风险 | 基于潜在危害程度的滥用风险 | 潜在滥用风险的紧迫性 | 总体滥用风险 |
|---|---|---|---|---|---|
| 组合化学和高通量筛选 | 高，已高度商业化，可在国家或恐怖组织的财政支持下发展 | 中等，有效利用该技术需要博士水平的专业知识来设计实验系统并筛选所得化合物库，以确定高毒性小分子 | 高，可以通过国家计划促进新型化学战剂的开发 | 高，紧迫，鉴于目前该技术发展的普遍性 | 高 |
| DNA 改组和定向进化 | 高，具有可用的专利或非专利方法 | 中等，该技术只需要基本的分子生物学技能；即便如此，应用仍需要专业知识 | 高，技术可以用于发展高度危险的微生物和毒素，而不需要了解其生物学机制 | 中等，风险的滥用取决于有害者病原体的筛选程序 | 高 |
| 蛋白质工程 | 中等，取决于研发基础设施和专业知识 | 中等，理性设计需要高水平的专业知识，但定向进化是相对容易的 | 中等，可能导致新型毒剂的开发 | 中等，目前技术成熟所造成的风险可被知识水平的专业知识抵消 | 中 |
| 病毒基因组合成 | 高，可以通过互联网从供应商订购许多病毒合成所需的基因序列 | 中等，合成大于 180 个碱基对的序列仍然需要一定技巧，并且病毒构建存在技术障碍 | 高，可能会重构危险的病原体，包括已灭绝或被高度控制的病毒 | 高，存在技术障碍，但随着技术进步可能会减少 | 高 |
| 标准件合成生物学 | 中等，该领域仍然处于初期，但由于出现了商业化的生物部件（BioBrick）试剂盒，其可获得性很快的增长 | 低，目前由于没有可武器化的生物部件，滥用很难实现 | 中等，从长远来看，可能会用于开发新型和高度危险的合成生物 | 低，长期而言，如果出现恶意想不到的科学突破，可能达到中等水平 | 低 |

续表

| 两用生物技术 | 基于可获得性的滥用风险 | 基于易于滥用的滥用风险 | 基于潜在危害程度的滥用风险 | 潜在滥用风险的紧迫性 | 总体滥用风险 |
|---|---|---|---|---|---|
| 精神药物研发 | 高，精神活性药物可用于治疗和实验；个人、团体或国家可通过一定的渠道购买 | 中等，药物研发需要博士水平的技术技能 | 高，可能会导致新的军事，以及恐怖分子的使用 | 高 | 高 |
| 肽生物调节剂的合成 | 高，可以获得从千克到千克的规模，一些供应商可以生产数吨；可以通过互联网的供应商订购定制的肽 | 中等，滥用不容易，需要相应的知识、经验和技术 | 中等，可能会导致新的军事，以及恐怖分子的使用 | 高，鉴于目前对"非致命"武器的兴趣和生物调节剂研究的快速发展，有短期至中期的风险；如果选择一种肽生物调节剂作为战剂，则短时间内可以生产 | 中等 |
| 免疫调节 | 中等，需要具有博士水平的技能 | 低，由于要求懂得各种领域的知识，需要动物和临床测试，因而难以滥用 | 中等，具有秘密和大规模实施的可能性 | 中等 | 中等 |
| 个人基因组学 | 低，需要科学知识的进一步深入 | 低，武器化的能力还不存在 | 中等，如果可以开发与遗传靶点相关的生物剂，导致的危害可能很高，但这只是理论性的 | 低，大型基因组学数据库尚未存在，与武器化相关的科学知识需要更长的时间 | 低 |
| RNA干扰 | 中等，大多数分子生物学研究实验室可以实施该技术，但它需要大量的资源投入 | 低，该技术的具体应用需要来自各领域的知识 | 高，通过将RNAi与病毒结合，可能会发展出高感染性和毒性的感染因子，甚至可以开发针对种族的优化基于RNAi的武器 | 低，长期，由于需要多年的研发才能创建和优化基于RNAi的武器 | 中等 |

续表

| 两用生物技术 | 基于可获得性的滥用风险 | 基于易于滥用的滥用风险 | 基于潜在危害程度的滥用风险 | 潜在滥用风险的紧迫性 | 总体滥用风险 |
|---|---|---|---|---|---|
| 经颅磁刺激 | 高，个人、团体或国家可通过一定的方式在商业市场上购买相应设备 | 中等，某种程度上是非专业技能 | 低，没有大规模伤亡风险 | 低，该技术是可获得的，但没有造成大量伤亡的潜力 | 低 |
| 化学微加工设备 | 高，已商业化 | 中等，需要一定的知识 | 中等，可以促进小型、易隐藏的生产工厂大规模生产化学战剂 | 高，立即，鉴于硬件和软件的商业可用性 | 高 |
| 基因治疗 | 中等，病毒载体技术是可获得的 | 低，该领域需要大量专业知识 | 中等，如果可以创建"隐形"病毒载体技术，则危害可能会很高 | 低，长期，使用病毒载体技术的风险 | 低 |
| 气溶胶疫苗 | 中等，经典气溶胶疫苗在科学文献中被广泛描述 | 低，需要环境和呼吸系统中的气溶胶的技术技能和相关知识 | 低，潜在的造成大规模伤亡 | 低，长期 | 低 |

表4-5 两用生物技术可管控性评估

| 两用生物技术 | 基于表现形式的管控 | 基于成熟度的管控 | 基于聚合度的管控 | 基于技术进步的管控 | 基于国际传播的管控 | 总体可管控性 |
|---|---|---|---|---|---|---|
| 组合化学和高通量筛选 | 中等（融合），硬件和软件集成 | 中等（非常成熟），商业化 | 中等（适度聚合），小型化、实验室机器人、药物筛选 | 高（低进展率），在1988—1992年期间呈指数增长，之后处于平稳状态 | 中等（适度的国际传播），主要供应商在美国、欧洲和日本 | 中等 |
| DNA改组和定向进化 | 低（信息），该技术是现有生物技术的延伸 | 中等（非常成熟），广泛应用于蛋白质工程研究与工业 | 高（低聚合） | 低（高进展速率），在20世纪90年代取得了重大进展 | 低（高国际传播），技术在很大程度上是全球性的 | 低 |
| 蛋白质工程 | 中等（融合），主要是技术，但具有一些专有软件 | 高（适度成熟），技术进步明显；一些融合毒素商业化 | 中等（适度聚合），化学合成DNA、蛋白质生物化学、分子建模生物信息学软件 | 中等（适度的进展率），从20世纪80年代中期到90年代中期快速增长 | 低（高国际传播），与现代分子生物学发展相一致 | 中等 |
| 病毒基因组合成 | 中等（融合），DNA合成技术加上科学知识的进步 | 中等（非常成熟），从私人供应商处获得 | 中等（适度聚合），整合生物技术、工程、纳米技术、生物信息学 | 低（高进展率），快速提高其速度、准确性和成本 | 中等（适度的国际传播），全球约50家公司可合成基因长度的序列 | 中等 |
| 标准件合成生物学 | 中等（融合），以材料为基础，融合重要的硬件（DNA合成仪）和生物信息学 | 低（不成熟），仍处于发展阶段 | 低（高聚合），DNA合成、分子生物学、工程、生物信息学 | 中等（适度的进展速率），标准件数量剧增加，但每种应用仍然需要充分的研究开发和细化 | 中等（适度的国际传播） | 中等 |

续表

| 两用生物技术 | 基于表现形式的管控 | 基于成熟度的管控 | 基于聚合度的管控 | 基于技术进步的管控 | 基于国际传播的管控 | 总体可管控性 |
|---|---|---|---|---|---|---|
| 精神药物研发 | 低(信息) | 中等(非常成熟),许多精神药物是商业化的 | 中等(适度聚合),神经科学、神经成像、药理学和分子遗传学 | 低(高进展速率),中发现新的神经递质/受体系统 | 中等(适度的国际传播),任何具有药物研发能力的国家都可以进行 | 中等 |
| 肽生物调剂的合成 | 中等(融合,应用主要基于专业知识,但肽的大规模生产需要专门的自动合成仪 | 中等(非常成熟,肽合成技术商业化 | 中等(适度聚合),脑研究、受体研究、系统生物学、肽自动合成 | 低(高进展速率,药物研发快速增长 | 中等(适度的国际传播),加拿大、中国、欧洲、印度、日本、韩国和美国均有 | 中等 |
| 免疫调节 | 低(信息),涉及科技的融合 | 高(适度成熟),一些商业应用可用 | 低(高聚合),生物技术和免疫学、动物和人体测试 | 低(高进展速率) | 中等(适度的国际传播),具有药物研发能力的所有国家都可以进行 | 低 |
| 个人基因组学 | 低(信息),基于信息技术,但数据库可能受到监管 | 中等(非常成熟),个人基因组学服务和DNA测序技术商业化 | 中等(适度聚合),DNA测序、系统生物学、生物信息学和流行病学 | 低(高进展速率),自2007年以来迅速发展,之前进展很慢 | 中等(适度的国际传播),大多数个人基因组学服务遍及北美和欧洲,现已扩展到世界其他地区 | 中等 |
| RNA干扰 | 低(信息) | 中等(非常成熟),试剂可商购;药物应用正在进行临床试验 | 中等(适度聚合),人类基因组学、小分子物化学、基因工程和RNA合成 | 低(高进展速率),应用仍然需要深入的研发 | 低(高国际传播),工业和发展中国家正在进行研究;大量的公司提供试剂和研究服务 | 低 |

续表

| 两用生物技术 | 基于表现形式的管控 | 基于成熟度的管控 | 基于聚合度的管控 | 基于技术进步的管控 | 基于国际传播的管控 | 总体可管控性 |
|---|---|---|---|---|---|---|
| 经颅磁刺激 | 高（融合），主要是具有专业功能的硬件 | 中等，FDA批准用于重度抑郁症 | 高（低聚合度，有限的聚合，尽管它可以与功能性核磁共振成像（MRI）和其他脑成像结合使用 | 中等（适度的进展率），神经科医师和精神科医师临床使用的增加 | 高（低国际传播），但至少有9家美国和欧洲公司提供该技术 | 高 |
| 化学微加工设备 | 高（融合），主要是硬件，同时需要专门的计算机软件 | 高（适度成熟），商业上可用，但制造商数量有限 | 中等（适度聚合），高级加工专业材料、纳米级反应理论 | 中等（适度的进展率），越来越多的应用和设备的多样性 | 高（低国际传播），在欧洲、美国、日本和中国约有20家供应商 | 高 |
| 基因治疗 | 低（信息） | 高（适度成熟），仍在临床实验阶段 | 中等（适度聚合），重组DNA、病毒学、免疫学 | 高（低进展速率） | 中等（适度的国际传播），29个国家正在进行临床试验（大多数在北美和欧洲） | 中等 |
| 气溶胶疫苗 | 中等（融合），主要基于专业技术（信息），但需要使用气溶胶发生器 | 高（适度成熟），包括市售的几种兽药疫苗，以及一种新的人类疫苗（FluMist）；政府过去资助过相关研发 | 中等（适度聚合） | 中等（适度的进展速率），从1970年到1980年迅速发展，从21世纪初至今增长缓慢 | 高（低国际传播），限于几个先进的工业国家 | 中等 |

### 7. 两用生物技术综合评估

基于滥用风险和可管控性两个关键变量，表4-6中的三乘三矩阵提供了14种新兴的两用技术的评估。位于矩阵右上角的阴影区域中的6种技术具有高或中等程度的滥用风险，以及高或中等程度的可管控性。因此，这些技术需要制定具体的管控策略来进行相关的安全风险管理。

表4-6 两用生物技术评估

| | | 可管控性 | | |
|---|---|---|---|---|
| | | 低 | 中 | 高 |
| 滥用风险 | 高 | DNA 改组和定向进化 | 病毒基因组合成 | 化学微加工设备 |
| | | | 组合化学和高通量筛选 | |
| | | | 精神药物开发 | |
| | 中 | 免疫调节 | 蛋白质工程 | |
| | | RNA 干扰 | 肽生物调节剂的合成 | |
| | 低 | | 标准件合成生物学 | 经颅磁刺激 |
| | | | 个人基因组学 | |
| | | | 基因治疗 | |
| | | | 气溶胶疫苗 | |

# 参考文献

[1] United States Government Policy for Institutional Oversight of Life Sciences Dual Use Research of Concern[EB/OL]. [2018–09–01]. http://www.phe.gov/s3/dualuse/Documents/oversight–durc.pdf.

[2] NSABB Draft Guidance Documents. Criteria for Indentifying Dual Use Research of Concern(July 2006).

[3] 中国合格评定国家认可中心. 生物安全实验室认可与管理基础知识：风险评估技术指南 [M]. 北京：中国质检出版社、中国标准出版社，2012.

[4] 《风险管理术语》（GB/T 23694—2009/ISO/IEC Guide 73：2002）.

[5] 《标准化工作指南 第4部分：标准中涉及安全的内容》（GB/T 20000. 4—2003）.

[6] TUCKER J B. Innovation，dual use，and security：Managing the risks of emerging biological and chemical technologies[M]. Cambridge，Massachusetts (United States)：The MIT Press，2012.

## 第三节 流感病毒功能获得性研究风险评估*

流感病毒功能获得性研究是生物技术两用性研究的典型事例，近些年一些研究成果的发表引起了广泛的关注和争论。

### 一、相关案例

#### （一）美国威斯康星大学流感突变研究 [1-3]

2012 年 5 月 2 日，*Nature* 刊登了美国威斯康星大学 Yoshihiro Kawaoka 等对于 H5N1 流感病毒突变使其在哺乳动物间传播的研究结果。Yoshihiro Kawaoka（河冈义裕）1983 年在日本北海道大学获得博士学位，后从日本搬到美国田纳西州的孟菲斯市，在圣犹达儿童研究医院进行流感病毒学方面博士后研究，包括流感病毒如何引起疾病、为什么仅在人类发现某些流感病毒类型而其他类型只存在于鸟类，以及流感病毒是如何随时间变化而发生改变的。Kawaoka 后来在威斯康星大学麦迪逊分校担任教授，继续进行流感病毒研究。他建立了反向遗传学（reverse genetics）技术，这使得可以生成"设计的"流感病毒。除了研究流感以外，Kawaoka 还进行埃博拉病毒研究。

从 1997 年开始，H5N1 流感病毒已经在全球造成了几百人死亡。其没有造成大流行的一个主要原因是其不能在人与人之间广泛传播。要造成大流行，病毒必须要通过空气传播。美国威斯康星大学的 Yoshihiro Kawaoka 和荷兰鹿特丹伊拉斯姆斯大学医学中心（Erasmus MC）的 Ron Fouchier 团队的研究主要是确定哪些突变可以使 H5N1 流感病毒实现在哺乳动物间空气传播。

美国威斯康星大学 Kawaoka 的实验产生了一个杂和的病毒，该病毒的血凝素（HA）基因来源于人感染 H5N1 流感病毒株（A/Vietnam/1203/2004），其他 7 个基因节段来源于 2009—2010 年流行的 H1N1 流感病毒株。该研究仅仅在血凝素基因发生 4 个突变就可以使 H5N1 流感病毒通过空气传播感染雪貂。雪貂是人类感染流感和传播的一个很好的动物模型。

Yoshihiro Kawaoka 采取对 HA 的 120 ~ 259 区域随机突变的方式，在生成的 210 万个不同的突变株中，确定了 Q226L 和 N224K 两个突变。随后，Kawaoka 将突变的 HA 基因与 2009 年流行的 H1N1 流感病毒株重组。重组的病毒感染雪貂，6 天后，研究人员发现 HA 的编码基因发生了 N158D 突变。这个新的突变使其可以在雪貂间

---

*内容参考：田德桥，王华，曹诚 . 流感病毒功能获得性研究风险评估[M]. 北京：科学出版社，2018.

传播。此后，发生了第 4 个突变，即 T318I，使其更容易在雪貂间传播。在该实验中，病毒并没有使受感染的雪貂死亡。

### （二）荷兰伊拉斯姆斯大学流感突变研究 [4-5]

2012 年 6 月 22 日，*Science* 刊出了荷兰鹿特丹伊拉斯姆斯大学医学中心（Erasmus MC）的 Ron Fouchier 进行的 H5N1 流感病毒突变在哺乳动物间传播的研究结果。Ron Fouchier 于 1995 年在荷兰阿姆斯特丹大学获得医学博士学位，1995—1998 年在美国费城宾夕法尼亚大学医学院 Howard Hughes 医学研究所进行艾滋病病毒（HIV）有关的博士后研究。随后，他加入荷兰伊拉斯姆斯大学医学中心病毒学部，开始呼吸道病毒特别是甲型流感病毒的分子生物学研究，研究重点是流感病毒在人类和动物体内的进化及分子生物学特征。

对于 H5N1 流感病毒传播的研究从 1998 年开始在鹿特丹伊拉斯姆斯大学医学中心病毒学部已经开始讨论。但这项研究一直没有开展，主要原因是考虑当时的研究设施不适合开展这项研究。1998—2007 年，研究团队进一步讨论了 H5N1 流感病毒的传播实验，同时与 Erasmus MC 的生物安全官员及全球流感和感染性疾病领域的专家进行了讨论。2005 年，荷兰鹿特丹伊拉斯姆斯大学医学中心病毒学部与美国研究团队合作获得了 NIH 过敏与感染性疾病研究所（National Institute of Allergy and Infectious Diseases，NIAID）流感研究项目资助。该研究在 Erasmus MC 动物生物安全三级实验室（ABSL-3）进行，该实验室于 2007 年完工。

Fouchier 的研究从一个实际的 H5N1 流感病毒出发，其分离于印度尼西亚，为 A/Indonesia/5/2005（A/H5N1），从人体分离。该病毒所有的 8 个基因片段经反转录 PCR 扩增克隆入一个改造的反向遗传质粒 pHW2000。突变试验通过 QuikChange MultI-sitE-directed Mutagenesis Kit 试剂盒进行。

该研究团队最初获得了一些突变，主要针对血凝素分子与受体的结合区域。另外的突变在聚合酶，其使病毒适应人体呼吸道温度较低的环境。但最初的突变并没有完全发挥作用，随后他们使这种病毒从一个感染的雪貂感染另一个未感染的雪貂，一共经过了 10 次。最终的结果是，病毒可以通过空气从一个笼子中的雪貂传播给另外一个笼子中的雪貂。每一个具有空气传播能力的病毒至少具有 9 个突变，其中 5 个突变是所有获得传播能力雪貂都具有的。该研究团队认为这 5 个突变应该是足够的，其中包括 3 个人工发生的突变和 2 个在雪貂传代中发现的突变。该实验中，通过空气传播的雪貂没有发生死亡。

Fouchier 的研究结果中包括 5 个突变，即 HA（Q222L、G224S、T156A、H103Y）和 PB2（E627K）。其中，在 HA，222 位的谷氨酰胺由亮氨酸替代，224 位的甘氨酸由丝氨酸替代，156 位的苏氨酸由丙氨酸替代，103 位的组氨酸由酪氨酸替代；在 PB2，627 位的谷氨酸由赖氨酸替代。

Kawaoka 的研究包括 4 个突变，均在 HA（N220K、Q222L、N154D、T315I），即 220 位的天冬酰胺由赖氨酸替代，222 位的谷氨酰胺由亮氨酸替代，154 位的天冬酰胺由天冬氨酸替代，315 位的苏氨酸由异亮氨酸替代。

两个研究团队都发现了在受体结合区的两个突变，其中一个是相同的。在 Kawaoka 和 Fouchier 的文章发表之后，英国剑桥大学的研究团队研究了自然发生 H5N1 流感大流行的可能性[6]。监测数据发现，N220K 在 3392 个 H5N1 病毒序列中有两个发生，其中一个 2007 年在越南分离，另一个 2010 年在埃及分离。T315I 和 H103Y 在 2002 年从中国分离的两个病毒中发现。

两项研究成果分别投到 *Nature* 和 *Science* 期刊后，2011 年 11 月 21 日，美国国家生物安全科学顾问委员会（NSABB）建议期刊重新编辑这两篇论文，将结论发表，但是不刊载具体的方法和数据。2012 年 1 月 20 日，Fouchier 和 Kawaoka 及其他 37 个研究人员同意 60 天的流感病毒突变研究暂停期。2012 年 2 月，世界卫生组织在瑞士日内瓦召开了一次会议，会上 Kawaoka 和 Fouchier 介绍了该研究的意义，包括可以监测自然界中流感病毒的潜在危险突变，并有助于疫苗的发展，其益处大于风险。参加会议的都是流感病毒研究知名专家，他们建议这两篇文章全文发表。美国国立卫生研究院（NIH）要求 NSABB 重新考虑其建议。NSABB 在 3 月 29—30 日举行了一次会议，参加会议的成员投票一致同意发表 Kawaoka 的论文，以 12∶6 的比例同意发表 Fouchier 的论文。2012 年 5 月 2 日，Kawaoka 的文章在 *Nature* 刊出；2012 年 6 月 22 日，Fouchier 的文章在 *Science* 刊出。

2013 年 2 月，全球 40 名科学家分别在美国 *Science* 和英国 *Nature* 杂志上发表公开信[7-8]，宣布将重启暂停 12 个月的、曾引起争议的有关 H5N1 型禽流感病毒的研究。这些研究人员认为，由于自然界中仍存在 H5N1 型禽流感病毒在哺乳动物间传播的风险，研究人员有责任重启这项"重要工作"。

2013 年 8 月，发表于 *Science* 和 *Nature* 杂志上的文章中，22 位研究人员主张启动 H7N9 禽流感病毒潜在风险实验[9-10]。

## 二、功能获得性研究争论

功能获得性研究（GOFR）是"两用性研究"的一部分，即该研究既有有利的用途，也有恶意目的[11-12]。"需要关注的两用性研究"（DURC）指的是两用性研究的恶意使用后果将非常严重（几乎任何研究都可能被认为具有"两用性"，因为几乎任何研究都可被用于某些恶意目的）。在生命科学研究中特别令人关注的是，生物技术的进步可能会开发和使用新一代具有巨大破坏作用的生物武器。

因此，DURC 已成为 21 世纪争论最激烈的科学政策问题之一。 一些已发表的研究引起了广泛的争论，这些研究包括：2001 年的鼠痘病毒基因工程研究[13]，2002 年的人工合成脊髓灰质炎病毒研究[14]，2005 年的重构 1918 流感病毒研究[15-16]，2012 年的流感病毒功能获得性研究[1,4] 等。

虽然所有这些研究都具有合法目的，但反对者认为他们不应实施研究及发表研究结果。 一些人认为发表这样的研究会为特别危险的潜在生物武器病原体研发提供"路线图"。 另外，虽然许多人承认这种潜在危险，但认为发表研究结果的收益超过其风险。

针对流感病毒功能获得性研究，前任 NSABB 主席 Paul Keim 指出："我完全无法想象还有哪个病原体比 Fouchier 团队所生成的病毒株更可怕"。[17]一些批评者也认为，该研究应该在生物安全防护水平最高的实验室中进行，即生物安全 4 级（BSL-4），而不是 BSL-3 实验室[18]。 虽然基于结果发表后的收益远远大于其风险的判断，NSABB 才决定将 Ron Fouchier 和 Yoshihiro Kawaoka 研究小组所做的 H5N1 流感病毒雪貂空气传播研究结果全文发表，但仍有许多批评者质疑这些研究的实际收益。 支持发表的主要观点是，这些研究结果将有助于：①研发和生产抗流感大流行病毒株的疫苗；②监测流感病毒株，以便能够对可能天然发生的大流行病毒株尽早进行鉴定并及时应对。 批评者认为这些收益毕竟有限，因为自然产生的大流行病毒株可能与实验获得的病毒株不同。 而且，在这种天然生成的传播性病毒株真正出现之前，不太可能研发和储存其对应的疫苗。

有关两用性（duaL-use）的争论主要侧重于与潜在恶意利用研究结果有关的生物安全（biosecurity）风险，功能获得性研究（GOFR）争论涉及两种生物安全（biosecurity 和 biosafety）的风险。

同时，此前一些研究表明，1977 年出现的 H1N1 流感病毒可能来源于实验室泄漏[19]，增加了人们对当前流感病毒功能获得性研究产生潜在大流行病毒株（potential pandemic pathogen，PPP）的担心。

2014 年 7 月，哈佛大学的 Lipsitch 建立了 The Cambridge Working Group（http://www.cambridgeworkinggroup.org），主要观点是：涉及产生潜在大流行病原体（potential pandemic pathogen）的研究在进行定量、客观、可信的风险和收益评估，且收益大于风险前应该进行限制。 主要发起人包括哈佛大学公共卫生学院的 Marc Lipsitch、匹兹堡大学健康安全中心的 Thomas Inglesby、斯坦福大学的 David Relman。

与此对应，荷兰伊拉斯姆斯大学的 Ron Fouchier 等人建立了专门的网站 http://www.scientistsforscience.org/，主要观点是针对潜在大流行性病原体的生物医学研究可以安全地进行，其对于理解病原体的致病性、预防和治疗都有重要作用。 此类研究的风险和收益很难定量准确评估。 主要发起人包括荷兰伊拉斯姆斯大学的 Ron

Fouchier、美国威斯康星大学的 Yoshihiro Kawaoka、美国 NIH 过敏与感染性疾病研究所的 Kanta Subbarao 等。

### 三、美国评估与审议行动

针对文章发表有关的争议，流感病毒研究团队自发中止了高致病性 H5N1 型禽流感病毒的 GOF 研究。在此期间，政策制定者考虑：是否应该使用联邦基金来进行这些 GOF 研究；如果能够使用联邦基金的话，如何能够安全地进行这些研究。由于 H5N1 型禽流感病毒可获得经呼吸道在哺乳动物之间传播的能力，美国卫生与公众服务部（HHS）制定框架指导如何对这些病毒的 GOF 研究项目提供资助[20]。

2014 年 6 月，由于没有遵循严格的安全措施，美国疾病预防控制中心（CDC）位于亚特兰大实验室的工作人员无意中接触了未灭活的炭疽杆菌，具有潜在感染风险的人数达 86 人。2015 年 5 月 27 日，美国国防部发表声明，因"工作疏忽"，美军杜格威基地误送未灭活的炭疽菌，可能会影响到韩国乌山空军基地。美国国防部透露，日本、韩国、加拿大、澳大利亚和英国，以及全美 19 个州及华盛顿也都曾收到活炭疽杆菌，2005 年以来，共有 69 个实验室误收活炭疽菌的样本。

这些事故本身并没有涉及 GOF 研究，但由于其被用于病原体研究，故对实验室安全问题和生物安全问题引起广泛关注，出现了更多关于 GOF 研究生物防护风险的讨论[21]。

2014 年 10 月 17 日，美国政府启动了一项为期一年的审议过程，以解决围绕所谓"功能获得性"（GOF）研究的持续争议，以明确与功能获得性研究风险和收益有关的关键问题，并为未来的资助决策提供支持[22]。审议政策不仅包括流感病毒，也包括对导致严重急性呼吸综合征（severe acute respiratory syndrome，SARS）和中东呼吸综合征（middle east respiratory syndrome，MERS）冠状病毒开展的实验。该审议过程的核心是对某些 GOF 实验的潜在风险和收益进行评估，其评估结果将"有助于发展和采用新的美国政策对功能获得性研究的资助和实施进行管理"。作为这一审议过程的一部分，美国政府暂停了相关的新资助及正在资助的 GOF 研究项目。最初，美国国立卫生研究院（NIH）资助的 18 个研究项目都被叫停，但有几项研发 MERS 动物模型的暂停研究项目后来被豁免[21]。

美国国家生物安全科学顾问委员会（National Science Advisory Board for Biosecurity，NSABB）和美国国家科学院（包括国家科学院、国家工程院和国家医学院）均参与该项审议过程，其中，NSABB 作为官方联邦咨询机构就此提供咨询服务。为了支持 NSABB 的审议过程，NIH 委托进行了以下两项研究：①由 Gryphon 科技有限公司进行 GOF 研究风险和收益评估的定性分析与定量分析[23]；②由 Michael Selgelid 博士进行与 GOF 问题有关的伦理学研究[24]。同时，国家研究委员会（NRC）

和国家科学院医学研究所（IOM）举行了两次公开会议[25-26]。NIH 的科学政策办公室（Office of Science Policy）负责管理 NSABB，其负责整个审议过程的协调。

### （一）美国国家生物安全科学顾问委员会（NSABB）

美国国家生物安全科学顾问委员会是由卫生与公众服务部于 2005 年组建的，主要任务包括：①对于生物"两用性"研究建立确定标准；②对"生物两用性"研究提出指导方针；③对政府在出版潜在敏感研究方面及科研人员进行安全教育方面提供建议[27]。

根据美国政府要求，在本次针对流感病毒功能获得性研究的审议过程中，NSABB 是主要的官方联邦咨询机构。

NSABB 为此召开了一系列研讨会，并邀请了相关领域的一些专家参加。

一些美国政府部门也派代表参加了相关讨论。

### 1. NSABB 主要任务

2014 年 10 月 22 日，NSABB 明确了其任务：

①为 GOF 研究提供关于风险和收益评估的设计与实施的建议；

②向美国政府就 GOF 研究的监管提供建议。

NSABB 在提出其建议时，可以参考 Gryphon 风险和收益评估结果、美国国家科学院组织的研讨会、Michael Selgelid 博士进行的与 GOF 问题有关的伦理学研究等。"功能获得性"研究涵盖了大量病原体和实验操作，NSABB 的审议和建议重点侧重于会对人群构成严重风险的病原体。

为了明确其任务，NSABB 成立了两个工作小组来起草建议草案，全体委员会对草案展开讨论。

目标 1：关于风险–收益评估的建议

第一个 NSABB 工作小组的任务是为风险和收益评估的设计与实施提供建议。该小组包括 13 名成员。该小组召开多次电话会议，并举行了为期一天的面对面会议。工作组制定了《对"功能获得性"研究进行风险 – 收益评估的框架》（*Framework for Conducting Risk and Benefit Assessments of Gain-of-Function Research*）草案，并根据 NSABB 成员的意见进一步修改。2015 年 5 月 5 日，全体 NSABB 成员批准其最后框架。NSABB 框架的目的旨在帮助开展风险 – 收益评估。

目标 2：GOF 研究的监管建议

第二个 NSABB 工作小组的任务是提供 GOF 研究的政策建议。该小组包括 18 名成员。该小组召开多次电话会议，并举行了两次面对面会议。工作组的主要任务除了起草建议草案之外，还为风险 – 收益评估的实施提供意见。

2014 年 10 月至 2016 年 5 月期间，共召开 6 次全体 NSABB 成员大会。2015 年 5 月 5 日，NSABB 投票通过《对"功能获得性"研究进行风险—收益评估的框架》

（*Framework for Conducting Risk and Benefit Assessments of Gain-of-Function Research*）[28]。2016 年 5 月 24 日，NSABB 投票通过《对"功能获得性"研究进行评估和监督的推荐意见》（*Recommendations for the Evaluation and Oversight of Proposed Gain-of-Function Research*）[29]。

**2. 指导风险 – 收益评估的 NSABB 框架**

（1）在风险和收益评估中推荐包括的病原体

①流感病毒。由于流感病毒株之间存在较大差异，NSABB 推荐对 3 种病毒株进行分析，包括季节性流感病毒（如当前流行的或者曾经流行的 H1N1、H3N2，乙型流感病毒株）；高致病性 H5N1 型禽流感病毒；低致病性 H7N9 禽流感病毒。

② SARS–CoV。

③ MERS–CoV。

（2）在风险和收益评估中建议考虑的病原体特征

在实施 GOF 研究的过程中，病原体的获得特征应考虑以下几点：

①由于复制周期或生长周期的变化而增加病原体的产量；

②在适当的动物模型中增加发病率和死亡率；

③增强在哺乳动物的传播性（例如，增加宿主或组织范围、改变传播路径、在适当的动物模型中提高传染性）；

④逃避现有的天然免疫或诱导免疫；

⑤耐药性或逃避其他医疗对策，如疫苗、治疗或者诊断措施等。

（3）风险类别

1）生物安全（biosafety）

biosafety 风险常与实验室事故有关。评估这些风险应包括接触病原体的程度、初始感染、导致继发感染的传播，以及在人群或动物中的暴发。评估应分别分析对实验室工作人员的风险和对公众的风险。

2）生物安保（biosecurity）

biosecurity 风险指的是与犯罪和恐怖主义有关的风险，如病原体的物理安全、与运输病原体有关的风险，以及由"内部人员"或实验室雇员产生非法行为的风险。biosecurity 风险包括实验室人员造成的物理破坏、盗窃、遗失或故意释放、恶意行为和恐怖主义。风险评估应考虑到那些试图滥用生命科学研究信息和材料的人员类型，以及其实施能力。

3）扩散风险

风险评估应考虑某些 GOF 研究可能会导致更多的类似研究，并会随之造成风险增加（如生物安全、生物安保及其他风险等）。

4）信息风险

信息风险指的是与 GOF 研究所生成信息有关的风险，如果其被公开，可能会使世界各地均可重复此类研究，或者生成的病原体被用于恶意行为或对国家安全造成威胁。

5）农业风险

农业风险主要是指对畜牧业造成的风险。如生成一种被实验室修饰的病原体，其被有意或无意地释放到一些动物种群中，那么农业风险可能会增加。

6）经济风险

经济风险指的是与 GOF 研究所生成病原体的释放有关的经济影响，包括生产力损失、农业损失等。

7）公众信心缺失

如果发生涉及被修饰病原体的实验室事故，可能会导致科研人员对科学研究失去信心。

（4）收益类别

1）科学知识收益

这些收益包括了解所研究的病原体与疾病。收益评估应考虑尽可能量化这些收益。风险评估还应分析 GOF 研究是否能够产生独特的、其他研究方法无法获得的科学信息。

2）生物监测收益

公共卫生监测：通过检测和监测自然界中病原体，确保更好地识别或预测暴发并支持决策。

农业和家畜监测：通过检测和监测食品生产、家畜或其他动物中出现的病原体，以确保更好地识别或预测动物疾病暴发和支持决策。

野生动物监测：GOF 研究通过辅助检测和监测野生动物中出现的病原体，更好地识别或预测此类动物疾病的暴发和支持决策。

3）医疗对策

特别是对以下 3 种收益而言，收益评估应检查 GOF 研究相对于替代方法的相对收益。收益评估还应考虑 GOF 研究是否以及如何发挥特有的作用。

治疗措施：该研究是如何辅助发现和开发新治疗对策或者更有效的治疗方法。

疫苗措施：该研究是如何有助于开发新疫苗或更有效的疫苗。

诊断措施：该研究是如何有助于开发新的或更好的诊断方法和产品。

4）为决策提供信息

GOF 研究所获得的信息可提供给公共卫生部门，支持决策，如支持医学应对措施储备策略、指导疫苗研发的病毒株选择。

5）经济收益

可能的经济收益包括与 GOF 研究结果有关的成本节约，如因疫苗或治疗措施导致医疗成本下降，或者对经济的其他积极影响。

## （二）美国国家科学院

美国国家科学院在审议过程中发挥了重要作用，组织召开了两次论坛，对 GOF 研究的风险与收益展开讨论。

第一次研讨会于 2014 年 12 月 15—16 日举行，对具有大流行性潜力病原体的 GOF 研究风险和收益有关的科学与技术问题进行讨论。会议讨论指导风险和收益评估分析的一般原则，也包括应考虑的具体问题。研讨会关注与 GOF 相关的潜在风险和收益、评估风险－收益的方法、风险－收益分析的优势和局限性，以及资助和实施 GOF 研究的伦理学与政策问题。

2016 年 3 月 10—11 日，美国国家科学院举行了第二次会议，大约有 125 人参加。第二次研讨会重点讨论了国家生物安全科学顾问委员会（NSABB）关于 GOF 研究的推荐意见草案。NSABB 于 2015 年 12 月发布该草案，并于 2016 年 1 月 7—8 日在 NSABB 会议上对其展开讨论，2016 年 5 月最终发布了该报告 [29]。

## （三）Gryphon 公司的风险评估

美国 NIH 委托 Gryphon 科技有限公司开展风险－收益评估分析，为 NSABB 提供与开展 GOF 研究有关的风险－收益分析的定性和定量信息。

Gryphon Scientific 是成立于 2005 年的一个科技咨询公司，其研究主要针对生命科学、公共卫生与经济管理方面。该研究的首席研究员为 Rocco Casagrande 博士。他在 Gryphon Scientific 公司的研究重点为分析国土防御问题。在过去的十几年，Casagrande 主持超过 50 个研究项目，对美国在化学、生物、放射性以及核武器袭击或者新发传染病的各项准备措施进行评估并提出改善意见。从 2002 年 12 月到 2003 年 3 月，Casagrande 博士担任联合国监测、核查和视察委员会（UNMOVIC）驻伊拉克的生物武器检查员。Casagrande 博士在康奈尔大学获得化学和生物学学士学位，在麻省理工学院获得生物学博士学位。

Gryphon Scientific 公司于 2015 年 5 月 5 日向 NSABB 提交了一份关于 Gryphon Scientific 公司实施流感病毒功能获得性研究风险和收益评估方法的概述，其中包括定量评估生物安全（biosafety）风险、半定量评估生物安保（biosecurity）风险及收益的定性评估。2015 年 6 月，Casagrande 提出更详细的工作计划，并与 NSABB 工作小组展开讨论。在研究期间，NSABB 工作小组会收到来自 Gryphon Scientific 公司和 NIH 工作人员的进度报告。2015 年 12 月，Gryphon Scientific 公司公开发布了其报告草案，在 NSABB 和国家科学院会议上展开讨论。2016 年 4 月，在 Gryphon Scientific 公司的网站上发布了其最终报告[23]。

风险和收益分析（RBA）按照《实施"功能获得性"研究风险和收益评估的 NSABB 框架》（*NSABB Framework for Conducting Risk and Benefits Assessments of Gain-of-Function Research*），对 GOF 研究的风险和收益展开全面分析。它充分考虑 NSABB 框架中提出的各项原则，包括 NSABB 框架中提到的病原体、可能的风险类别、可能的收益类型、可能的场景等。关于评估的详细信息见：http://www.gryphonscientific.com/gain-of-function/。

### （四）伦理学分析

美国 NIH 委托澳大利亚莫纳什大学（Monash University）的 Michael Selgelid 博士对与资助和实施 GOF 研究有关的伦理学问题进行分析并提供伦理学决策框架，向 NSABB 提供指导意见。

Michael Selgelid 在位于澳大利亚墨尔本市莫纳什大学的人类生物伦理中心担任主任，其研究主要关注公共卫生伦理问题，尤其是与传染病相关的伦理问题。Selgelid 博士在杜克大学获得生物医学工程学士学位，在加州大学圣地亚哥分校获得博士学位。

该决策框架用于识别和分析伦理学问题，如社会公正、个人尊重、科学自由等。Selegelid 博士于 2015 年 12 月向 NIH 提交了一份草案，2016 年 4 月公开发布其最终版本[24]。

伦理分析提供下列信息：

调研和总结有关 GOF 研究的伦理学文献；

确定并分析现有伦理学和决策框架，包括评估 GOF 研究的风险和收益、开展 GOF 研究的决策、关于 GOF 研究的美国政策（特别是资助 GOF 研究方面）；

制定一个伦理学和决策框架，为 NSABB 提供参考。

## 四、NSABB 分析与建议

2016 年 5 月，NSABB 在经过多次会议讨论[30]，以及参考 Gryphon Scientific 公司进行的 GOF 研究风险和收益评估的定性分析及定量分析报告[23]、Michael Selgelid 博士完成的与 GOF 问题有关的伦理学研究[24]、美国科学院两次会议[25-26]的基础上形成了最终的《对"功能获得性"研究进行评估和监督的推荐意见》（*Recommendations for the Evaluation and Oversight of Proposed Gain-of-Function Research*）[29]。

## （一）美国当前的监管措施

### 1. Biosafety 监管

对病原体研究的监管，首先通过合理的生物安全操作和防护措施，来确保病原体的安全处理。按照《微生物和生物医学实验室生物安全管理办法》(*Biosafety in Microbiological and Biomedical Laboratories，BMBL*)[31]、《重组或合成核酸分子有关研究的 NIH 操作指南》(*NIH Guidelines for Research Involving Recombinant or Synthetic Nucleic Acid Molecules*)[32]（以下简称《NIH 指南》）和其他文件的要求进行。在适当的物理和生物防护水平下进行生物安全研究，有助于确保安全的实验室工作环境。

BMBL 是由 CDC 和 NIH 共同发布的指导文件，被认为是美国实验室生物安全的权威参考。BMBL 提供了许多细菌、真菌、寄生虫、病毒等病原体的概述性说明，包括病原体特征及其自然感染方式、病原体的潜在职业危害，以及对实验室安全和防护的建议。BMBL 还介绍了生物防护的基本原理，包括合理的微生物操作、安全设备和防护措施，以保护实验室工作人员、环境和公众不受实验室处理及储存感染性微生物的影响。为了预防出现与实验室相关的感染，BMBL 还介绍了生物安全风险评估的分析流程，确保选择适宜的微生物操作、安全设备和防护措施。BMBL 会定期更新，完善其指导方针，并解决与实验室工作人员和公共卫生所面临的新风险有关的问题。

虽然 BMBL 没有专门涉及 GOF 的研究，但包括对各种流感病毒株的概述性说明和生物防护指导方针。BMBL 并不是一份管理文件。虽然美国的资助机构会要求按照 BMBL 的要求进行研究并将其作为资助条件，但一般来说，是否遵守 BMBL 的要求是自愿的。

《NIH 指南》规定了安全构建和处理下列物质的操作方法：重组核酸分子、合成的核酸分子及含有这些核酸分子的细胞、生物体和病毒。《NIH 指南》适用于接受 NIH 资助的研究机构重组或合成核酸分子有关的基础研究和临床研究。NIH 要求研究机构遵守《NIH 指南》的要求，且将其作为获得资助的条件。《NIH 指南》关注风险评估、基于病原体致病性能及其医疗对策的病原体风险分类、物理和生物控制水平、实际操作、个人防护设备和职业健康。为确保研究的安全实施，《NIH 指南》明确了实验室人员和研究机构的职责。按照《NIH 指南》的要求，研究机构必须设立研究机构生物安全委员会（Institutional Biosafety Committee，IBC），对相关研究进行审批，IBC 提供监管并确保遵守《NIH 指南》的要求。重组 DNA 咨询委员会（Recombinant DNA Advisory Committee，RAC）需要对一些更高风险的实验进行审查并由 NIH 主任批准。为持续对新发病原体或实验方法提供合适指导，《NIH 指南》

会定期更新。

《NIH 指南》提供关于开展重组或合成核酸研究风险评估、加强防护和实践的指导方针。尽管《NIH 指南》常被作为生物安全指导标准,但只有接受 NIH 资助开展重组或合成核酸分子研究的研究机构,才需要遵守《NIH 指南》的规定。因此,一些 GOF 研究机构可能无须遵守《NIH 指南》的要求。

### 2. 联邦选择性病原体计划

美国对于持有、使用和运输对公共安全、动物或植物健康具有威胁的病原体或毒素进行严格管理。这些病原体或毒素被称为 "select agent",是指任何对公共健康和安全、动植物健康或产量具有威胁的病原体或毒素,这种威胁包括蓄意的或非蓄意的。

《2002 年公共卫生安全和生物恐怖主义应对法》(*The Public Health Security and Bioterrorism Preparedness and Response Act of 2002*)[33] 要求美国卫生与公众服务部(HHS)和美国农业部(United States Department of Agriculture,USDA)建立和管理选择性病原体(select agent)清单,即可能会对公共卫生和安全、动植物健康或者动植物产品构成严重威胁的病原体和毒素。选择性病原体计划(Federal Select Agent Program,FSAP)由 HHS 的疾病预防控制中心和 USDA 的动植物检验服务中心(Animal and Plant Inspection Service)联合管理(http://www.selectagents.gov)。

FSAP 监管生物剂和毒素的所有权、使用和转让,每两年对病原体和毒素清单进行一次审查和更新。按照规定,拥有、使用或转让任何选择性病原体的个人和研究机构都应进行注册、遵循适当的生物安全流程并进行定期检查。个人必须在 FSAP 注册后方可获得选择性病原体或毒素,这要求他们按照联邦调查局(FBI)的要求进行安全风险评估。如果没有遵守选择性病原体的要求,将会受到法律惩罚。选择性病原体的规定也适用于基因修饰后的病原体和毒素。选择性病原体和毒素技术咨询委员会是针对 FSAP 的咨询机构,对是否从清单中添加或删除某病原体或毒素提供建议。

在制定清单的过程中,考虑的一些标准包括:病原体或毒素对人、动物、植物的影响;病原体或毒素的毒力及其传播到人、动物或植物的方式;针对病原体或毒素引起疾病的现有有效药物及疫苗情况等。病原体或毒素清单于 2002 年 12 月 13 日发布,随后根据一些实验室、大学和私人机构的建议,清单于 2005 年进行了修订。

如果 GOF 研究的病原体位于选择性病原体清单之中,FSAP 会对该研究进行监管。开展此类研究的研究人员和研究机构都必须接受 FBI 开展的安全风险评估、FSAP 登记、接受有关处理此类病原体的适宜流程和操作培训,并遵守规定的其他要求。高致病性 H5N1 型禽流感病毒和 1918 流感病毒均为选择性病原体。在对这些病毒开展实验之前,将需要对其进行额外审批。非美国政府资助类(即私营企业资助)的病原体研究的管理规定也适用于 FSAP。

### 3. 生命科学"需关注的两用性研究"（DURC）的联邦和研究机构监管

2012 年 3 月发布的《美国政府生命科学两用性研究监管政策》，要求联邦各行政部门对拟开展和正在进行的研究项目进行审查，以确定其是否属于 DURC。该政策主要监管与 15 种高致病性病原体和毒素有关的研究项目[34]。监管的主要病原体或毒素包括禽流感（高致病）病毒、炭疽杆菌、肉毒神经毒素、鼻疽伯克霍尔德菌、类鼻疽伯克霍尔德菌、埃博拉病毒、手足口病病毒、土拉热弗朗西斯菌、马尔堡病毒、重新构建的 1918 流感病毒、牛瘟病毒、肉毒梭状芽孢杆菌产毒株、天花病毒、类天花病毒、鼠疫耶尔森菌等。

共涉及下列 7 种实验：

①增强病原体或者毒素的有害影响；

②破坏对病原体或毒素的免疫有效性；

③抵抗对病原体或毒素的有效预防、治疗或检测措施；

④增强其稳定性、传播性或播散病原体或毒素的能力；

⑤改变病原体或毒素的宿主范围或趋向性；

⑥增加宿主对病原体或毒素的敏感性；

⑦产生或重构一个已被根除的病原体或毒素。

当项目涉及 15 种病原体中任意一种且可能涉及上述 7 种实验效果中任何一种的时候，这些项目会被确定为 DURC。

2014 年 9 月发布的《美国政府生命科学两用性研究研究机构监管政策》指出研究机构在识别和管理 DURC 方面的责任。研究机构将建立研究机构审查实体（Institutional Review Entity，IRE）来审查其研究对象，以确定是否存在与上述 7 种实验结果中任何一项有关的研究；如果存在的话，则确定该研究是否属于 DURC[35]。

当 DURC 被资助部门或研究机构确定后，资助部门和研究机构将提出风险降低计划。由联邦资助机构批准 DURC 风险降低计划，并由资助部门和研究机构每年对其进行审查。

在 DURC 政策范围内的上述 7 项实验中，有一些会被认为是 GOF 研究。有 2 种流感病毒在 DURC 政策范围内，而 SARS 和 MERS 冠状病毒不在此内。

### 4. "功能获得性"研究的 HHS 资助审查

仅有一项美国政策专门针对 GOF 研究，即《美国卫生与公众服务部对具有高致病性 H5N1 型禽流感病毒生成潜力的研究（可经呼吸道在哺乳动物间传播）计划资助决定的框架》（简称《HHS 框架》）。该政策由 HHS 于 2013 年 2 月发布。按照《HHS 框架》的规定[36-37]，在得到 HHS 资助前，对一些具有呼吸道传播高致病性 H5N1 型禽流感病毒生成潜力的研究计划进行特别审批。该政策随后被扩大到对类似研究计划进行审批，如低致病性禽流感病毒 H7N9 等[38]。

在对相关研究计划进行资助之前，HHS 内的资助管理机构（如 NIH、CDC 和 FDA 等）均可对其进行审查，并将相关研究提交给部门审查小组，即 HHS 的 HPAI H5N1 "功能获得性"评估小组。来自不同学科的 HHS 专家组成审查小组。HHS 专家审查小组对 GOF 研究提案进行审查，并向 HHS 资助机构建议是否对该研究进行资助，以及是否需要采取额外措施来减轻风险。GOF 研究获得 HHS 资助必须满足下列标准：

①预期所生成的病毒可通过自然进化过程得到；

②该研究解决了对公共卫生具有重要意义的科学问题；

③没有可行的替代方法来解决同样的科学问题，使得其风险降低；

④对实验室工作人员和公众的生物安全（biosafety）风险可以得到充分缓解和管理；

⑤生物安保（biosecurity）风险可以得到充分缓解和管理；

⑥为了实现其对全球健康的潜在收益，可广泛分享该研究信息；

⑦资助机制可对研究的实施和交流进行合理监管。

《HHS 框架》要求，在决定资助一些 GOF 研究之前，应仔细考虑与之相关的风险和收益。这使得 HHS 能够在为研究提供资金之前明确潜在风险，并在一开始就对降低风险提出建议，如考虑替代方法或修改实验设计等。另外，《HHS 框架》的范围比较窄，目前只涵盖两种流感病毒有关的项目，仅涉及一种特定实验结果（经呼吸道在哺乳动物间传播）。

### （二）NSABB 的研究发现

**1. GOF 研究并不具有相同的风险水平，仅有一小部分的 GOF 研究具有潜在的较大风险，需要额外监管**

与所有涉及病原体的生命科学研究一样，GOF 研究也存在内在的生物安全（biosafety 和 biosecurity）风险。涉及具有大流行性潜力的病原体的 GOF 研究存在的风险最大，与这些病原体有关的实验室事故可能会释放该病原体，其在人群中可能迅速传播。同时，这些实验室病原体如果被恶意使用，对国家安全或公共卫生造成的威胁会比野生型病原体更严重。虽然这种事故发生的可能性很小，但并非不存在。其潜在后果虽不确定，但可能会非常严重。

根据相关风险引起关注的程度，GOF 研究可分成两类：GOF 研究和值得关注的GOF 研究。GOF 研究包括通过实验操作提高病原体某些特征的所有研究，绝大多数GOF 研究并没有引起明显关注，这些研究不涉及新风险或重大风险，并且有适当的监管来控制风险。值得关注的 GOF 研究（GOFROC）指的是一小部分生成具有大流行性潜力病原体的 GOF 研究，该病原体具有高毒力和高传染性。

**2. 美国政府具有一些政策来确定和管理与生命科学研究有关的风险。如果政策能够有效实施，可在一定程度上对值得关注的 GOF 研究的风险进行有效管控**

研究机构应按照《NIH 指南》、BMBL、联邦和研究机构监督 DURC 的政策、选择性病原体计划、出口管制条例以及其他相关政策的要求，进行美国联邦资助的生命科学研究。同时，HHS 还发展框架来指导是否对某些涉及 H5N1 和 H7N9 流感病毒的 GOF 研究进行资助。总体来说，上述这些政策旨在降低生物安全（biosafety/biosecurity）风险及与生命科学研究相关的其他风险，如引起人们关注的 GOF 研究风险等。

在研究的实施过程中，美国政策可以在整个研究周期的几个阶段进行监管，如研究提案审查、资助决定、研究实施等。除此之外，许多实体也负责提供监督、风险管理或发布指南，如资金资助部门、联邦咨询委员会、研究机构审查委员会、期刊编辑等。

即使这些政策的有效实施可以控制与生命科学研究相关的大部分风险，但需要对一些 GOFROC 进行更全面的监管。除此之外，现有政策无法完全涵盖所有 GOF 研究，如联邦政府无法对由私营企业或者在私营企业内部资助和实施的 GOFROC 进行监管。各研究机构的监管也各不相同，研究机构的资源也不相同。

**3. 各监管政策的范围和适用性不同，无法涵盖所有的潜在 GOFROC**

当前的政策适用于部分但不是全部 GOFROC。不涉及选择性病原体的功能获得性研究往往仅通过研究机构层面的监管，如《NIH 指南》和 BMBL。另外，没有使用美国政府基金的 GOFROC 也不受联邦资助机构的监管；其他国家也可以资助和开展包括 GOF 研究在内的生命科学研究，这也超出了美国政府的监管范围。

除此之外，美国各联邦政府监管政策也互不相同。不同的政策旨在管理不同的风险，不同的联邦部门执行的政策不同。由于各政策之间没有进行足够的协调，导致监管工作出现重复和空白。

**4. 不断更新的政策方法是确保监管效果和降低风险的措施**

BMBL 会定期更新，《NIH 指南》和选择性病原体计划也会定期更新或修订。而DURC 政策和《HHS 框架》都没有明确的审查与更新机制。

**5. 如果 GOF 研究的潜在风险大于潜在收益，不应该进行此类研究。在对研究建议进行审查时应重点关注研究的科学价值，但其他因素如法律、伦理、公共卫生及社会价值等也需要考虑**

因各种伦理学原因无法开展研究的示例如下所示：研究涉及人类受试者但没有提供并签署知情同意书；预计研究会对人类受试者造成严重伤害等。例如，研发生物武器是不合乎道德的行为，并被国际条约所禁止。对一项研究进行伦理学评估，需要全面了解该项研究的科学细节，如研究目的和任何可预见的不良后果等。

NSABB 并不寻求获得那些不应开展的研究清单，而是寻求一般性原则，以清楚哪些是允许资助的研究，哪些是不允许资助的研究。

**6. 像所有生命科学研究一样，对与值得关注的 GOF 研究有关的风险进行管理时，联邦和研究机构都参与监管**

通过工程控制、实验室操作、医疗监测和支持、适当培训和其他干预手段，对与生命科学研究相关的生物安全（biosafety/biosecurity）风险进行管理。然而，GOFROC 有可能产生具有重大风险的病毒株，需要对其采取额外的监管和遏制措施。负责管理与 GOFROC 有关的风险需要对联邦和研究机构两个层面的严格监管，包括严格的培训和安全承诺等。

**7. 资助和开展 GOF 研究包括许多国际性问题**

与 GOFROC 有关的潜在风险 – 收益在本质上具有国际性，实验室事故和故意滥用可能会造成全球性后果。疫苗和其他医疗对策的开发，以及疾病监测均具有重要的国际收益。虽然关于 GOFROC 的美国政府资助政策只会直接影响美国政府资助的国内研究和国际研究，但美国在这方面所做的决定会影响 GOFROC 在全球范围内的监管政策。

### （三）NSABB 的推荐意见

**1. 建议 1**

涉及 GOF 的研究建议案具有重大的潜在风险，在决定是否接受资助前，应接受额外的严格审查。如果得到资金支持，这些项目应该受到联邦和研究机构层面的持续监管。

GOFROC 可以生成具有大流行性潜力的病原体，也许是新病原体。虽然与此类研究相关的风险具有不确定性，但可能具有重大意义。该研究有可能生成具有大流行性潜力的实验室病原体，尽管大流行风险概率可能很低。因此，在开展此类研究之前，必须建立新的、资助前进行的审批机制。

（1）确定值得关注的 GOF 研究

为确定该研究项目是否是 GOFROC，必须预期其能够产生具有以下两种属性的病原体。

①所生成的病原体可能具有高传染性，且在人群中的传播具有广泛性和不可控性。被认为具有"高传染性"的病原体在人群中传播具有持续性，而且不仅限于经呼吸道传播。

②所生成的病原体具有强毒力，会引起人体发病以及死亡。被认为具有"高毒力"的病原体具有引起人体严重后果的能力，如严重疾病和高致死率等。

（2）GOFROC 研究的资助前审批

如果有资金支持的话，在进行资助之前，应对涉及 GOFROC 的研究提案进行额外的审查，且联邦政府在整个研究过程中对其进行监督。

1）评审和资助的原则

只有完全符合以下原则的研究项目才可接受资助。

①同行已对研究提案进行审查，确定其具有科学价值，且对所涉及研究领域具有重要影响。

②必须对预期所生成的病原体根据科学证据判断其可以天然产生。

很难预测自然界中能出现或将要出现的病原体类型。然而，在实验室操作生成具有大流行性潜力的病原体之前，必须考虑这种病原体能否在自然界中出现。如果GOFROC研究会生成一种预期在自然界中出现的病原体，或者它会对自然进化过程进行深入了解，那么，可允许资助该研究。但如果GOFROC研究要产生一种极不可能出现在自然界的实验室病原体，那么，不允许资助该研究。

③对与研究项目有关的潜在风险和收益进行评估。在资助GOFROC之前，必须仔细评估其预期风险和潜在收益。一般而言，与研究项目相关的潜在收益应该符合或者超过其假设风险。涉及重大风险和预期较少收益的研究项目在伦理学上是不可接受的，且不应得到资助。应对风险进行管理并应尽可能降低风险。评估研究项目时应考虑到其风险可被降低的程度。

④缺乏具有相同效果且风险更低的可行性替代方法来解决同一个科学问题。在资助GOFROC之前，须对替代方法进行仔细分析。只要有可能，就应采取风险更小的实验方案。

⑤提出研究的研究人员和研究机构应有能力并承诺安全可靠地开展研究，并有能力对实验室事故和安全漏洞作出迅速充分的反应。

在资助GOFROC之前，必须确定和评估GOFROC相关风险，并制订切实可行的风险管理计划。为了管理与GOFROC有关的风险，研究机构必须具备下列条件：充足的设施和资源、经过培训的人员、持续的职业健康和安全监测程序、与当地公共卫生部门和应急人员保持联系。

⑥按照适用法律法规的要求，预计研究结果将被共享，具有对全球健康的潜在收益。

在资助GOFROC之前，应考虑其可能产生的研究相关信息和产品类型。研究相关信息和产品应该被适当地共享。

⑦通过资助机制支持该研究，该机制允许在整个研究期间对研究的所有方面进行适当的风险管理和持续的联邦及研究机构监督。

应通过适当的机制资助GOFROC，该机制可确保使用适当的生物防护条件、适当的生物安全预防措施已经到位。

⑧拟支持的研究具有伦理合理性。

是否应开展GOFROC的决定涉及价值判断，以评估任何潜在风险是否合理。在最终决定是否资助 GOFROC 时，应考虑非恶意、有收益、合法、尊重个人、科学自由等。

2）涉及 GOF 研究申请的审查过程

NSABB 提出下列方法来指导是否决定资助 GOFROC。对可能涉及 GOFROC 的研究项目进行审查，共包括下列 5 个步骤：

①研究人员和研究机构根据所述 GOFROC 两种特性确认 GOFROC；

②资助机构确认 GOFROC；

③专家小组审查涉及 GOFROC 的研究提案，以确定其是否符合指导资助确定的 8 条原则，并对是否可以资助研究项目提出建议；

④资助机构做出资助决定，如果研究提案获得资助，建立风险消减计划，并确保持续监督；

⑤研究人员和研究机构按照适用的联邦、州和当地监管政策的要求开展研究，并采取必要的风险降低策略。联邦机构提供监督，以确保遵守既定的风险消减计划和资助条款。

研究人员和研究机构确认 GOFROC（第 1 步）：在提交资助申请之前，研究人员和研究机构应确定可能的 GOFROC 并提交研究计划的相关信息，如生物安全（biosafety/biosecurity）计划、在发生事故或盗窃时与公共卫生部门和安全官员进行协调的计划、可用设施的介绍、非 GOFROC 类替代方法的考虑等。

行政部门审查 GOFROC（第 2 步和第 3 步）：在资助机构完成科学价值评估后，资助机构确认该研究提案是否属于 GOFROC（第 2 步）。在决定资助之前，与 GOFROC 有关的研究提案将需要更高一级部门对其进行额外审查（第 3 步）。如果该研究提案与 GOFROC 无关，将按正常途径继续进行进一步的评估和资助决定。

资助决定和风险消减（第 4 步）：在部门评估的整个过程期间，应严格评估相关的风险管理计划，并建议采取必要的风险消减措施，以确保 GOFROC 能接受资助。

持续监管（第 5 步）：最后，在整个资助期间，联邦部门和研究机构的监管都是至关重要的。

**2. 建议 2**

决策咨询机构应透明化，公众参与应被作为美国政府对 GOFROC 研究的监督政策的一部分。

咨询机构，如根据联邦咨询委员会法案（Federal Advisory Committee Act）管理的委员会应对美国政府 GOFROC 的审查、资助和实施等政策进行独立审查。另外，该机制还将确保透明度、促进公众参与和促进关于 GOFROC 的持续对话。

**3. 建议 3**

美国政府应采取适时性政策，以确保其监管与 GOF 研究相关风险适用。

GOFROC 的风险 – 收益情况会随着时间的推移而发生改变，应定期对其重新评估，以确保与此类研究相关的风险得到充分管理，并使其收益得以实现。

①美国政府应建立一个系统收集和分析有关实验室安全事故、安全漏洞及消除风险措施有效性的机制。

审查这些数据将有助于更好地了解风险、为风险评估提供信息，并允许随着时间的推移对监督政策进行细化。

②美国政府应建立系统收集和分析有关研究机构审查实体（Institutional Review Entity，IRE）面临的问题、决定和经验教训的机制。审查这些数据将有助于更好地了解政策执行的有效性和一致性，并支持当地的 IRE 决策。

### 4. 建议 4

在可能情况下，应将 GOFROC 的监管机制纳入现有政策框架之中。

任何对 GOFROC 的额外监督都应建立在现有机制上，而不是让美国政府制定出一个关于 GOFROC 的具体政策。适应或协调当前的政策要比开发全新的监管框架或全新方法来管理与这些研究相关的风险更可取。

### 5. 建议 5

美国政府应考虑一些方法，无论其资金来源如何，确保在美国国内或美国研究机构所开展的所有 GOFROC 都受到监管。

由美国政府资助或者私人资助并在美国国内开展的 GOFROC 都应接受同等监管，以确保与之相关的风险得到充分管理。

### 6. 建议 6

美国政府应努力加强实验室生物安全（biosafety/biosecurity），同时，作为这些努力的一部分，美国政府还需要提高人们对有关 GOFROC 的认识。

目前关于 GOFROC 的讨论主要是国内外关于实验室防护与安全问题的广泛讨论。通过联邦政策和监管政策，采取"自上而下"的方法管理与 GOFROC 有关的风险是非常适合的。然而，仅有"自上而下"的方法可能远远不够。同样重要的是，要有足够训练有素的人员，可为开展 GOFROC 提供安全可靠的实验室环境。因此，采取"自下而上"的方法也很重要，即对科学研究的负责人，以及参与设计和实施 GOFROC 的研究工作人员，进行有关生物防护、生物安全及其研究行为责任的教育。

### 7. 建议 7

美国政府应与国际社会就有关 GOFROC 的监督和实施进行对话。

生命科学研究是一项全球性工作。随着越来越多的研究人员开始涉及病原体的研究，相关的风险变得更有可能具有国际影响。美国政府应继续与国际社会讨论有关两用性研究问题，包括政策、监督机制、科学研究行为、生物防护、生物安全、遏制、出版、资助和生物伦理学等。

# 参考文献

[1] IMAI M，WATANABE T，HATTA M，et al. Experimental adaptation of an influenza H5 HA confers respiratory droplet transmission to a reassortant H5 HA/H1N1 virus in ferrets[J]. Nature，2012，486(7403)：420–428.

[2] YONG E. Mutant–flu paper published[J]. Nature，2012，485(7396)：13–14.

[3] MAHER B. Bird–flu research：The biosecurity oversight[J]. Nature，2012，485(7399)：431–434.

[4] HERFST S，SCHRAUWEN E J，LINSTER M，et al. Airborne transmission of influenza A/H5N1 virus between ferrets[J]. Science，2012，336(6088)：1534–1541.

[5] ENSERINK M. Avian influenza. Public at last，H5N1 study offers insight into virus's possible path to pandemic[J]. Science，2012，336(6088)：1494–1497.

[6] RUSSELL C A，FONVILLE J M，BROWN A E，et al. The potential for respiratory droplet–transmissible A/H5N1 influenza virus to evolve in a mammalian host[J]. Science，2012–06–22，336(6088)：1541–1547.

[7] FOUCHIER R A，GARCIA–SASTRE A，KAWAOKA Y，et al. Transmission studies resume for avian flu[J]. Science，2013，339(6119)：520–521.

[8] FOUCHIER R A，GARCIA–SASTRE A，KAWAOKA Y. H5N1 virus：Transmission studies resume for avian flu[J]. Nature，2013，493(7434)：609.

[9] FOUCHIER R A，KAWAOKA Y，CARDONA C，et al. Gain–of–function experiments on H7N9[J]. Science，2013，341(6146)：612–613.

[10] FOUCHIER R A，KAWAOKA Y，CARDONA C，et al. Avian flu：Gain–of–function experiments on H7N9[J]. Nature，2013，500(7461)：150–151.

[11] MILLER S 1，SELGELID M J. Ethical and philosophical consideration of the dual–use dilemma in the biological sciences[J]. Sci Eng Ethics，2007，13(4)：523–580.

[12] National Research Council (NRC). Biotechnology research in an age of terrorism[M]. Washington D. C.：National Academies Press，2004.

[13] JACKSON R J，RAMSAY A J，CHRISTENSEN C D，et al. Expression of mouse interleukin–4 by a recombinant ectromelia virus overcomes genetic resistance to mousepox[J]. J Virol，2001，75(3)：1205–1210.

[14] CELLO J，PAUL A V，WIMMER E. Chemical synthesis of poliovirus cDNA：Generation of infectious virus in the absence of natural template[J]. Science，2002，297(5583)：1016–1018.

[15] TAUBENBERGER J K，REID A H，LOURENS R M，et al. Characterization of the 1918 influenza virus polymerase genes[J]. Nature，2005，437(7060)：889–893.

[16] TUMPEY T M，BASLER C F，AGUILAR P V，et al. Characterization of the Reconstructed 1918 Spanish Influenza Pandemic Virus[J]. Science，2005，310(5745)：77–80.

[17] ENSERINK M. Scientists brace for media storm around controversial flu studies[EB/OL]. [2018–09–01]. http://www. sciencemag.org/news/2011/11/scientists–brace–media–storm–around–controversial–flustudies.

[18] SWAZO N K. Engaging the normative question in the H 5N 1 avian influenza mutation experiments[J]. Philosophy ethics，and humanities in medicine，2013，8(1)：1–15.

[19] WERTHEIM J O. The re–emergence of H 1N 1 influenza virus in 1977：A cautionary tale for estimating divergence times using biologically unrealistic sampling dates[J]. PLoS one，2010，5(6)：e 11184.

[20] HHS. Framework for Guiding Funding Decisions about Research Proposals with the Potential for Generating Highly Pathogenic Avian Influenza H 5N 1 Viruses that are Transmissible among Mammals by Respiratory Droplets[EB/OL]. [2018–09–01]. http://www.phe.gov/s 3/dualuse/Documents/funding–hpai–h 5n 1.pdf.

[21] KAISER J. The catalyst[J]. Science，2014，345(6201)：112–115.

[22] White House. U.S. Government Gain–of–Function Deliberative Process and Research Funding Pause on Selected Gain–of–Function Research Involving Influenza，MERS，and SARS Viruses[EB/OL]. [2018–09–01]. http://www.phe.gov/s 3/dualuse/Documents/gain–of–function.pdf.

[23] Gryphon Scientific.Risk and Benefit Analysis of Gain–of–Function Research，Final Report[EB/OL]. [2018–09–01]. http://www. gryphonscientific.com/wp–content/uploads/2016/04/Risk–and–Benefit–Analysis–of–Gain–of–Function–Research–Final–Report.pdf.

[24] SELGELID M. Gain–of–Function Research：Ethical Analysis[EB/OL]. [2018–09–01]. http://osp. od.nih.gov/sites/default/files/Gain_of_Function_Research_Ethical_Analysis.pdf.

[25] National Research Council and the Institute of Medicine of the National Academies. Potential Risks and Benefits of Gain–of–Function Research：Summary of a Workshop，December 15 & 16，2014[M]. Washington D. C.：The National Academies Press，2015.

[26] National Academies of Sciences，Engineering，and Medicine. 2016. Gain of Function Research：Summary of the Second Symposium，March 10–11[M]. Washington D. C.：The National Academies Press，2016.

[27] http://osp.od.nih.gov/office–biotechnology–activities/biosecurity/nsabb/nsabb–meetings–and–conferences/past–meetings.

[28] NSABB. Framework for Conducting Risk and Benefit Assessments of Gain–of–Function Research[EB/OL]. [2018–09–01]. National Science Advisory Board for Biosecurity. http://osp. od.nih.gov/sites/default/files/resources/NSABB_Framework _for_Risk_and_Benefit_Assessments_

of_GOF_Research–APPROVED.pdf.

[29] NSABB. Recommendations for the Evaluation and Oversight of Proposed Gain–of–Function Research[EB/OL]. [2018–09–01]. https://osp.od. nih.gov/sites/default/files/resources/NSABB_ Final_Report_Recommendations_Evaluation_Oversight_Proposed_Ga in_of_Function_Research. pdf.

[30] Information about these meetings and activities, including agendas, summaries, and archived videocasts[EB/OL]. (2015–05–05)[2018–09–01]. http://osp.od.nih.gov/office–biotechnology– activities/biosecurity/nsabb/nsabb–meetings–and–conferences/past–meetings.

[31] Biosafety in Microbiological and Biomedical Laboratories (BMBL), 5th Edition[EB/OL]. (2015– 05–05)[2018–09–01]. http://www.cdc.gov/biosafety/publications/bmbl5/.

[32] NIH Guidelines for Research Involving Recombinant or Synthetic Nucleic Acid Molecules (NIH Guidelines)[EB/OL]. [2018–09–01]. http://osp.od.nih.gov/sites/default/files/NIH_Guidelines.html.

[33] Public Health Security and Bioterrorism Preparedness and Response Act of 2002[EB/OL]. (2015– 05–05)[2018–09–01]. https://www.gpo.gov/fdsys/pkg/STATUTE–116/pdf/STATUTE–116– Pg594.pdf.

[34] United States Government Policy for Oversight of Life Sciences Dual Use Research of Concern[EB/OL]. (2015–05–05)[2018–09–01]. https://phe.gov/s3/dualuse/Documents/us–policy– durc–032812.pdf.

[35] United States Government Policy for Institutional Oversight of Life Sciences Dual Use Research of Concern[EB/OL]. (2015–05–05)[2018–09–01]. http://www.phe.gov/s3/dualuse/Documents/ oversight–durc.pdf.

[36] A Framework for Guiding U.S. Department of Health and Human Services Funding Decisions about Research Proposals with the Potential for Generating Highly Pathogenic Avian Influenza H5N1 Viruses that are Transmissible among Mammals by Respiratory Droplets. U.S. Department of Health and Human Services, February 2013[EB/OL]. (2015–05–05)[2018–09–01]. http:// www.phe.gov/s3/dualuse/Documents/funding–hpai–h5n1.pdf.

[37] PATTERSON A P, TABAK L A, FAUCI A S, et al. A framework for decisions about research with HPAI H5N1 viruses[J]. Science, 2013, 339(6123): 1036–1037.

[38] JAFFE H, PATTERSON A P, LURIE N. Extra oversight for H7N9 experiments[J]. Science, 2013, 341(6147): 713–714.

## 第四节 生物技术安全治理*

生物技术安全治理包括 3 类措施：硬法（公约、法律和法规）、软法（自愿标准和准则）和非正式措施（提高认识、职业行为守则）。这 3 种治理措施并不相互排斥。例如，自愿标准和准则可以通过刑法或侵权法来加强，这些法律对因意外或故意滥用造成的损害进行处罚。两用性治理措施与环境保护、运输、进口、标识、保密和隐私相关的许多其他国家法律法规也可能具有相关性 [1]。

### 一、生物技术安全治理措施

#### （一）国际公约

具有法律约束力的军备控制和裁军条约为国际一级的硬法提供了重要手段。这种制度旨在阻止某些类别武器和技术的开发、生产、获取和使用。虽然公约有局限性，但它们在制定和协调国家行为规范方面发挥着至关重要的作用。国际规范《日内瓦议定书》（*Geneva Protocol*）、《禁止生物武器公约》（*Biological Weapons Convention*）和《禁止化学武器公约》（*Chemical Weapons Convention*，CWC）构成了化学和生物领域两用技术治理的国际法支柱。

##### 1. 1925 年《日内瓦议定书》

1925 年的《日内瓦议定书》禁止在战争中使用化学和生物武器。虽然 1899 年和 1907 年的海牙公约有类似的规定，但《日内瓦议定书》是第一个被广泛接受的禁止军事使用窒息性气体和细菌战剂的禁令。该条约存在一些弱点：它仅限于禁止在战争中使用，没有禁止缔约国开发、储存化学和生物武器，而且缺乏核查措施。此外，批准《日内瓦议定书》的许多国家保留了受到攻击的报复权利，实际上将禁令限制为不首先使用的声明 [2]。最后，该公约仅在缔约国之间有效，对非缔约国不具有约束力。当前，许多法律学者认为，《日内瓦议定书》已经达到了习惯国际法的地位，因此它对所有国家都具有约束力，无论它们是否已经正式批准或加入该议定书。

美国批准《日内瓦议定书》的一个主要障碍是，是否应当禁止一些非致命化学品在战争中使用，如防暴剂和脱叶剂。与绝大多数成员国相反，美国不认为防暴剂（如催泪瓦斯）是化学武器。由于这一争议，美国直到 1975 年才批准《日内瓦议定书》。此外，当福特总统签署批准文书时，他发布了一项行政命令，保留美国在总统授权下使用防暴剂的权力，如营救在敌方区域被击落的飞行员等 [1]。

---

*内容参考：田德桥. 生物技术安全[M].北京：科学技术文献出版社，2021.

### 2. 1972 年《禁止生物武器公约》

在"冷战"期间，苏联和美国一直在进行生物军备竞赛，直到 1969 年美国尼克松总统决定放弃进攻性生物武器计划，并将所有工作限制在防御性研究和开发。这项单边决定，以及苏联于 1971 年同意制定专门的条约以控制生物和化学武器，为《禁止生物武器公约》（BWC）的谈判创造了积极的政治氛围，该公约于 1972 年缔结，1975 年 3 月生效。该公约以《日内瓦议定书》为基础，禁止发展、生产、拥有和转移生物武器，并要求销毁所有现有的库存和生产设施。《禁止生物武器公约》第四条敦促每个成员国通过实施立法，使公约禁令对其公民具有约束力，并对违法行为实施刑事制裁。

然而，病原体和毒素的两用性特点使《禁止生物武器公约》不能全面禁止涉及这些材料的所有活动。20 世纪 90 年代，当叛逃者透露苏联秘密违反公约进行大规模生物战计划时，国际社会对《禁止生物武器公约》的信心受到严重动摇。1995 年，由于对《禁止生物武器公约》缺乏核查措施的关注，成员国试图通过谈判达成一项具有法律约束力的议定书，通过提高透明度和遏制违法行为来提升公约效果。但美国以议定书草案无法确定违规行为，给美国生物防御计划及生物技术和生物制药行业增加了过度负担为由否决了该议案。《禁止生物武器公约》每 5 年举行一次审查会议，评估公约的执行情况，并评估科学和技术进步对公约的影响。

### 3. 1993 年《禁止化学武器公约》

《禁止生物武器公约》缔结后几年，联合国裁军会议在日内瓦召开，开启了关于禁止化学武器公约的 1/4 世纪的谈判。1997 年 4 月生效的《禁止化学武器公约》（*Chemical Weapons Convention*，CWC）要求成员国宣布和销毁所有现有的化学武器库存，并禁止今后开发、生产、转让和使用此类武器。CWC 和 BWC 有许多相似之处。第一，为了避免技术变革的影响，《禁止化学武器公约》使用广泛的、基于目的的化学武器定义。有毒化学品的非禁止使用包括工业、农业、研究、医疗、制药和其他和平用途。第二，《禁止化学武器公约》要求成员国通过国内立法，使公约的条款对其国内外公民具有约束力，并对违法行为实施惩罚。第三，《禁止化学武器公约》的审查会议大约每 5 年举行一次。

与《禁止生物武器公约》不同，《禁止化学武器公约》有明确的核查措施，以监测其条款的遵守情况，包括对生产某些两用化学品的化学工厂的例行检查。为了为例行核查提供依据，条约附件包括有毒化学品和前体的清单或附表。

负责监督《禁止化学武器公约》执行情况的国际实体是设在荷兰海牙的禁止化学武器组织（Organization for the Prohibition of Chemical Weapons，OPCW）。其内设 3 个主要附属机构：技术秘书处，负责检查并帮助成员国履行其条约义务；缔约国会议，每年举行一次会议，以制定与公约有关的政策决定；负责执行会议决定的，

由 41 个国家代表组成的执行委员会。科学顾问委员会（Scientific Advisory Board,
SAB）监测相关的科学和技术发展，并向总干事报告。

生物安全（biosafety）治理旨在使人员免于意外暴露于他们正在使用的危险生
物剂，并防止实验室中可能威胁公共健康和环境的病原体的意外释放。生物安保
（biosecurity）措施旨在防止故意盗窃、转移或恶意释放病原体用于恶意目的。一
些国家已经引入了实验室生物安全（biosafety）和生物安保（biosecurity）指南 [ 有
时合并为"生物风险"（biorisk）]，这些指南也是世界卫生组织（WHO）、欧洲标
准化委员会（European Committee for Standardization, CEN）、经济合作与发展组织
（Organization for Economic Cooperation and Development, OECD）[3] 等组织进行国际
协调努力的基础。例如，2008 年，欧洲标准化委员会为处理危险病原体的实验室建
立了生物风险管理系统等。

### （二）国家生物安全相关法规

#### 1. 美国

美国生物技术研究开发主管部门主要包括农业部、环境保护局、食品与药品管理
局等，分别依据各自领域内的法规对生物技术不同产品类型进行风险管理。美国国
立卫生研究院科学政策办公室设立有美国国家生物安全科学顾问委员会（NSABB），
负责就生命科学"两用性"研究有关的国家安全事宜提供咨询和指导。

（1）病原微生物与实验室生物安全相关法规

1984 年，美国疾病预防控制中心（CDC）和美国国立卫生研究院（NIH）联合
出版了《微生物和生物医学实验室生物安全》（BMBL）手册，其中包括危险病原体
的分级风险评估和防控。预防措施的范围从生物安全 1 级（用于研究当前认为不能
导致人类疾病的微生物）到生物安全 4 级（用于研究危险和外来生物剂，这些生物剂
具有危及生命的感染力和人与人之间的传播风险并且没有疫苗或治疗方法）[4]。

BMBL 对美国实验室没有法律约束力，是作为最佳实践建议而非规范性法规文
件。如果实验室获得联邦资金或选择自愿约束，实验室将遵守 BMBL 的标准。由于
责任关切及与新药和疫苗的许可、营销相关的严格规定，许多商业实验室和私营制药
公司也自愿遵守 BMBL。然而，因为 BMBL 只规定了标准但没有执法机制或明确规
定的实施方法，各机构以不同方式实施该准则，从而产生不一致的生物安全水平。

一些法规在一定程度上弥补了 BMBL 的一些欠缺 [5]。例如，2002 年的《公
共卫生安全和生物恐怖主义准备和应对法》（*Public Health Security and Bioterrorism
Preparedness and Response Act*）要求从事任何危险生物剂（生物恐怖主义关注的病原
体和毒素）相关工作的人都需要遵守 BMBL 中的生物安全指南。

美国的基因工程受《NIH 指南》的约束 [6]。该指南于 1976 年制定，规定了安全

的实验室规范和适当的物理和生物控制水平，用于涉及重组 DNA 的基础和临床研究。美国国立卫生研究院指南将重组微生物的研究分为 4 类风险类别。原则上，如果不遵守《NIH 指南》，可能会导致重组 DNA 研究项目的联邦资金被撤销。

《NIH 指南》和 BMBL 都会定期修订，在此过程中，《NIH 指南》中的风险等级与 BMBL 中的生物安全等级可以交叉参考。2009 年，针对合成基因组学的发展，《NIH 指南》的覆盖范围扩展到在活细胞外构建的分子，即通过天然或合成的 DNA 片段连接到可在活细胞中复制的 DNA 分子[7]。

与 BMBL 一样，《NIH 指南》适用于接受重组 DNA 研究联邦资助的实验室和机构，以及自愿接受规则的其他机构。根据《NIH 指南》，拟开展的重组 DNA 实验必须由地方一级机构生物安全委员会（Institutional Biosafety Committee，IBC）进行审查，该委员会评估可能对公共健康和环境造成的潜在危害。根据这一风险评估，IBC 确定适当的生物防护水平，评估培训、程序和设施的充分性，评估研究者和机构是否遵守《NIH 指南》的要求。

另外一个地方审查实体为机构审查委员会（Institutional Review Boards，IRBs），其评估人类受试者的研究风险和收益，并确保人类志愿者充分知情。虽然 IBC 基于 NIH 指南，但 IRB 是通过法规建立的，因此，对于获得联邦研究资助的机构是强制性的。IBC 和 IRB 都有志愿者，并因其工作量过大和在关键领域缺乏专业知识而受到批评。事实上，越来越多的研究内容引发了复杂的生物安全和生物伦理问题，这使得 IBC 和 IRB 做出谨慎、明智的决策成为挑战。

尽管如此，地方一级的研究监督与国家监督系统相比具有某些优势。特别是，地方一级监管者往往对机构和人员十分熟悉，包括那些倾向于低估其研究风险的研究者。除了利用专业知识外，地方审查委员会比国家监督系统更高效。

同时，美国有许多关于安全处理病原体的法律、法规和指南。除了涉及人类病原体和动植物有害生物运输的法律外，1970 年的《职业安全和健康法》（*Occupational Safety and Health Act*）还规定了接触病原体的健康和安全标准[8]。

（2）生物技术安全相关法规

美国卫生与公众服务部（HHS）于 2005 年成立了国家生物安全科学顾问委员会（NSABB），主要职责包括确定两用生物技术标准、对两用生物技术研究提出指导方针、对政府在出版潜在敏感研究及对科研人员进行安全教育方面提供建议。

1）美国政府生命科学两用性研究监管政策

针对不断增多的流感病毒功能获得性研究，2013 年 2 月，美国白宫科技政策办公室（OSTP）发布了《美国政府生命科学两用性研究监管政策》。其中监管的主要病原体或毒素包括禽流感（高致病）病毒、炭疽杆菌、肉毒神经毒素、鼻疽伯克霍尔德菌、类鼻疽伯克霍尔德菌、埃博拉病毒、手足口病病毒、土拉热弗朗西斯菌、马尔堡病毒、重新构建的 1918 流感病毒、牛瘟病毒、肉毒梭状芽孢杆菌产毒株、天花病毒、类天花病毒、鼠疫耶尔森菌等。共涉及下列 7 种实验：①增强病原体或毒素的有害影响；②破坏对病原体或毒素的免疫有效性；③抵抗对病原体或毒素的有效预防、治疗或检测措施；④增强其稳定性、传播性或播散病原体或毒素的能力；⑤改变病原体或毒素的宿主范围或趋向性；⑥增加宿主对病原体或毒素的敏感性；⑦产生或重组已被根除的病原体或毒素。当项目涉及 15 种病原体中任意 1 种且可能涉及上述 7 种实验中任何 1 种的时候，这些项目会被确定为值得关注的两用性研究（DURC）。

2）美国 NIH 流感病毒功能获得性研究项目审批指导意见

为了进一步加强对流感病毒功能获得性研究的监管，2013 年 2 月，美国国立卫生研究院（NIH）发布了《卫生与公众服务部加强 H5N1 禽流感病毒在雪貂呼吸传播研究项目审批的指导意见》。该指导意见列出了 7 条标准，所有标准必须同时具备才可获得卫生与公众服务部的经费资助。这些标准包括：①病毒可以通过自然进化过程产生；②研究所解决的科学问题对公共卫生具有重要意义；③科学问题的解决没有其他风险更低的方法；④对于实验室研究人员及公众的生物安全（biosafety）风险可以消除或控制；⑤生物安保（biosecurity）风险可以消除和控制；⑥研究成果可以被广泛分享，使全球健康受益；⑦研究工作可以容易地进行监管。

（3）美国生物安保治理

美国在生物安保立法的范围和细节方面领先于世界其他地区[9]。2001 年 9 月 11 日的恐怖袭击事件及随后的"炭疽邮件"事件，使得国会通过了《提供拦截和阻止恐怖主义行为所需的适当工具法》（*Providing Appropriate Tools Required to Intercept and Obstruct Terrorism Act of 2001*，*USA PATRIOT Act*），该法案被称作"爱国者法案"，禁止"限制人员"运输、拥有或接收管制危险病原体和毒素（select agents and toxins）。"受限制人员"的定义包括国家赞助的恐怖主义、具有犯罪背景或精神不稳定或吸毒史的个人，以及与涉嫌国内或国际恐怖主义组织有关的人员。该法案将拥有一定类型和数量的危险生物剂，而无预防、保护或和平目的定为刑事犯罪。

美国"爱国者法案"明确，要越来越多地使用刑法作为打击生物武器扩散和恐怖主义的工具[10]，将涉及生物和化学剂的某些活动定为刑事犯罪，使执法官员能够调查相关的活动。这种趋势在国际舞台上也很明显，正如哈佛·苏塞克斯计划（Harvard Sussex Program）提出的一样，应将获取化学或生物武器定为刑事犯罪[11]。

卫生与公众服务部首先根据 1996 年《反恐怖主义和有效死刑法》（*Antiterrorism and Effective Death Penalty Act*）[12]制定了《选择性生物剂条例》（*Select Agent Regulations*），该条例要求转让或接收特定危险生物剂的美国实验室向疾病预防控制中心（CDC）注册并报告所有此类活动。然而，这一规则存在严重缺陷，因为它忽略了仅仅拥有或研究这些生物剂而不转移它们的设施。国会 2002 年通过《公共卫生安全和生物恐怖主义准备和应对法》中的一项规定解决了这个漏洞，该法案要求所有拥有、使用或转让影响人类的危险生物剂的机构需要注册并通知 CDC[13]。此外，使用危险生物剂清单上的植物或动物病原体的实体必须通知美国农业部动植物卫生检疫局（APHIS）[14]。

根据《选择性生物剂条例》注册的所有机构和个人必须接受联邦调查局的"安全风险评估"，该评估涉及对恐怖分子和其他数据库进行指纹识别和筛查。该审查程序旨在识别"受限制人员"及在法律上被拒绝访问"危险生物剂"的其他人。注册机构和人员还必须报告涉及危险生物剂的任何释放、丢失、盗窃或事故。法规要求美国政府每两年审查和更新一次危险生物剂清单[15]。

美国国家生物安全科学顾问委员会（NSABB）作为联邦咨询机构建议，IBC除了目前在确保重组 DNA 实验的生物安全性方面的作用外，还应负责监督两用性研究[16-17]。

生物安保治理的另一要素涉及对敏感信息发布的限制。2003 年，几家主要科学期刊的编辑发表联合声明，呼吁审查提交出版的安全敏感研究论文[18]。针对两用性信息的担忧，NSABB 建议在发表可能导致两用性问题的文章之前进行风险 – 收益分析。基于生物安保考虑，编辑可以要求作者修改文章、延迟发布或完全拒绝。2004年，美国科学院的一个专家小组考虑了对病原体基因组发表的限制，但最终决定不进行这些限制[19]。出版前安全性审查的一个主要挑战是确定哪些研究结果具有两用性风险可能非常困难。批评者还认为，科学自由和获取信息对于技术创新至关重要，限制出版会减缓利用医疗对策应对生物威胁[20]。

（4）出口管制

美国针对两用物品和材料的出口已颁布若干法规，包括 2001 年的美国"爱国者法案"（USA PATRIOT Act）、2002 年的《国土安全法》（Homeland Security Act）[21]和 1979 年的《出口管理法》（Export Administration Act）。《出口管理法》第 738 条建立了商业控制清单（commerce control list，CCL），并规定了两用性商品出口必须从商务部工业安全局（BIS）获得许可证。

虽然出口管制是两用治理的重要工具，但它们存在一些缺点，如出口管制必须在国际上协调一致，避免规则不统一，实施或执法松散等[22]。

**2. 欧盟**

美国强调生物安全和生物安保的差异，而欧盟则同时实施这两种治理形式。总的来说，欧盟在生物恐怖主义威胁方面并不像美国那么专注，并且优先考虑其他生物风险，如食品安全。欧洲在该领域的关注重点是转基因生物和农作物。比利时、法国和英国的食品污染事件，英国的疯牛病使欧洲人对基因工程的安全性更加担忧。与美国相反，欧盟关于重组 DNA 研究的法规基于硬法，并且不考虑资金来源如何。

这种方法的作用在于提供了更加一致的监督，并为所有相关实验室提供了更好的保证。欧洲生物安全治理的另一个特征是欧盟对"预防原则"的接受，这使得在批准新技术之前，严重危害可以得到控制。

欧盟关于生物安全的若干指令为成员国的国家实施提供了指导。例如，2000年9月18日发布的欧盟指令2000/54/EC规定了保护人员免受与生物剂职业暴露有关风险的立法框架。该指令包括动物和人类病原体清单，提供了风险评估和生物防护的标准。欧盟各国也采用了与这种方法相一致的生物安全法规。

欧盟2009年8月通过了《建立两用物品的出口、转让、交易和过境的制度》条例[23]。该条例规定了受出口限制和许可的受控货物清单，包括两用生物、化学材料和生产设备。成员国在法律上有义务通过国家立法实施该法规，并可以采用比欧盟标准更严格的出口管制。

1990年4月23日，欧共体《关于封闭使用转基因微生物的第90/219号指令》发布。此后，随着基因科技的迅猛发展，欧共体通过第98/81号指令及第1882/2003号条例对上述指令进行了修正。

在欧共体关于转基因生物有意环境释放的法规中，以第2001/18号指令最为重要。对于转基因食品与饲料的上市，欧盟通过第1829/2003号条例予以特别规范。欧盟第2001/18号指令与第1829/2003号条例对转基因产品的标识做了部分规定，欧盟第1830/2003号条例进一步规范了转基因产品的可追溯性与标识问题。

2003年，欧盟通过了《关于转基因生物体越境转移的第1946/2003号条例》。该条例建立了各成员国对于转基因生物体越境转移的通知与信息交流机制，确保欧盟各成员国遵守《生物多样性公约》的相关义务。

### 3. 中国

中国现行管理体制主要有以下几个方面。

（1）总体生物技术研究开发监管法规

国家科学技术委员会1993年发布了《基因工程安全管理办法》，科技部2017年发布了《生物技术研究开发安全管理办法》等。

（2）农业转基因生物安全监管法规

国务院2001年发布了《农业转基因生物安全管理条例》，农业部2002年发布了《农业转基因生物安全评价管理办法》《农业转基因生物标识管理办法》《农业转基因生物进口安全管理办法》，2006年发布了《农业转基因生物加工审批办法》等。

（3）病原微生物与实验室生物安全法规

我国在病原微生物生物安全监管方面先后发布了《病原微生物实验室生物安全管理条例》（国务院，2004）、《动物病原微生物分类名录》（农业部，2005）、《人间传染的病原微生物名录》（卫生部，2006）、《动物病原微生物菌（毒）种保藏管理办法》（农业部，2008）、《人间传染的病原微生物菌（毒）种保藏机构管理办法》（卫生部，2009）、《人间传染的高致病性病原微生物实验室和实验活动生物安全审批管理办法》（卫生部，2006）等。

（4）人类遗传资源管理

1998年由科技部、卫生部制定了《人类遗传资源管理暂行办法》，于1998年6月10日经国务院同意，由国务院办公厅转发并施行。国务院2019年通过了《中华人民共和国人类遗传资源管理条例》，2019年7月1日起施行。

（5）生物技术伦理监管

2015年7月20日颁布了由卫生计生委、食品药品监管总局制定的《干细胞临床研究管理办法》，2003年12月24日颁布了由科技部、卫生部制定的《人胚胎干细胞研究伦理指导原则》，2016年10月12日颁布了由卫生计生委制定的《涉及人的生物医学研究伦理审查办法》。

（6）出口管控

中国先后发布了《中华人民共和国生物两用品及相关设备和技术出口管制条例》（国务院，2002）、《两用物项和技术进出口许可证管理办法》（商务部、海关总署，2005）、《两用物项和技术出口通用许可管理办法》（商务部，2009）。

## （三）软法和非正式措施

治理两用生物技术的另一套治理工具涉及"软法"和非正式措施，如职业准则、道德规范及教育和提高认识。这些措施的重点是两用材料、设备相关机构和人员的自我管理。软法措施是自愿的，缺乏严格的执行机制，其目标是建立两用性研究的责任文化。

为了使自我管理能够成功降低两用性风险，必须有一个从业者社区，其成员可以自我分析。学会是法律授权的协会，其成员通常具有某种专业知识或技能。国家授予每个学会对某些领域的自我管理权，以使从业者的专业知识与公共利益保持一致[24]。

商业部门提供了一种以产品和服务为中心的自我监管模式。例如，在生物技术行业，参与商业基因合成的公司已经形成了两个协会，即国际合成生物学协会和国际基因合成协会，它们为其成员筛选客户和DNA合成订单，以防止滥用此技术构建危险病原体。参与的基因合成公司意识到，帮助减轻基因合成技术的安全风险符合他们自身的长期经济利益。为响应这一行业倡议，合成DNA的一些主要客户，如大型制药公司，已承诺从遵守责任行为准则的公司购买合成基因，从而加强自我监管。基因合成公司的自我管理为当代治理提供了一种模式。

2009年，美国实验生物学学会联合会（Federation of American Societies for Experimental Biology，FASEB）指出，"对其研究潜在的两用性进行教育，将使科学

家更加注意必要的安全控制措施"[25]。调查表明,生命科学领域的许多研究人员缺乏对两用性问题的认识,包括与他们自己的工作相关的滥用风险[26]。克服这一缺陷将需要科学和工程专业学生的道德教育,以及识别和管理两用风险的培训[27]。

为了帮助控制两用性风险,道德教育应与识别风险的机制相结合。每当学生或研究人员怀疑同事滥用某项技术用于有害目的或对其研究可能造成的风险视而不见时,应存在一个保密渠道,以便将此信息提供给相关当局,使其可以采取行动。

欧盟成员国不认为自我监管和规范建设是硬法的可行替代方案[28]。相比之下,在美国,对工业和科学界的历史尊重为自我监管创造了更多的空间。一些初步研究表明,正式监督机制可能不如个别科学家决定放弃具有潜在两用性风险的研究有效。

新兴技术的安全风险需要采用混合治理方法。在这种情况下,政府与非政府行为者(包括工业和科学界)之间的合作至关重要,以及在自上而下和自下而上的监管之间取得适当平衡[1]。

## 二、生物技术安全展望

### (一)总体态势

生命科学和生物技术是当今全球发展最快的技术领域之一,涉及健康、农业、工业、环保等多个领域,它对全球经济发展与民众生活正在产生深远影响。我国近年来加快了生物技术发展步伐,与美国等生物技术强国的差距正在逐步缩小。但是,生命科学和生物技术发展具有潜在的两用性特点,必须充分认识其潜在的风险,加强两用生物技术管控。

#### 1. 前沿生物技术风险具有不确定性

当前,生命科学和生物技术快速发展,新的科学发现不断产生,新的技术手段不断出现。在新技术发展的早期阶段,风险具有不确定性,管控也比较困难。近年来,合成生物学、基因编辑、基因驱动、神经科学等领域的发展非常迅速,人们虽对其风险有所考虑,但技术在不断发展,风险在不断变化,风险管控难度很大。

#### 2. 生物技术滥用可导致全球传染病流行

当前,病原生物相关的生物技术是生物技术风险的重点领域,致病机制研究、疫苗研发、药物研制等很多领域都涉及病原生物的改造。例如,广受争议的H5N1禽流感病毒通过生物技术手段获得在哺乳动物间传播的能力,使人们担心其实验室泄漏可能导致全球大流行传染病的发生。

#### 3. 伦理问题与生物安全问题相互交织

生物技术安全问题与伦理问题相互交织,基因编辑、克隆技术、干细胞技术等不仅存在生物安全问题,也存在涉及人的伦理问题,这两个方面相互交织。两用生物技术研发活动可能导致实验室意外，产生生物安全问题，也可能存在技术被恶意使用的生物安保问题，或者伴随伦理问题。

### 4. 两用生物技术风险评估非常困难

生物技术涉及的领域很广，不同技术、不同领域应用的风险性也不相同，两用生物技术风险评估难度很大，如转基因农作物的生物安全风险一直存在较大争议。

### 5. 两用生物技术风险管控措施滞后

两用生物技术管控措施存在滞后性，一般是在某种技术发展到一定程度，风险很明显，或发生了生物安全事件后才开始考虑相关的管控。

## （二）主要风险点

### 1. 病原生物相关生物技术风险

在当前病原生物相关基础研究及药物、疫苗研发中，许多技术手段可导致病原体的致病性、传播特性、环境稳定性等增强，并且有可能使现有诊断、预防、治疗措施无效，具有潜在的生物安全风险。

### 2. 人体应用前沿生物技术风险

干细胞技术、基因编辑等技术的人体应用具有突破伦理限制的可能性，容易引起广受关注的生物安全与伦理事件。

### 3. 动物植物相关生物技术风险

转基因植物与转基因动物虽然应用越来越广泛，但潜在的生物安全风险不容忽视，需要科学评估其对环境、人体健康的潜在风险。

### 4. 遗传资源相关生物技术风险

生物多样性与人类遗传资源存在流失及被恶意利用的风险，必须加强相关监管。

## （三）对策思路与具体举措

### 1. 对策思路

（1）抓好病原生物相关生物技术管控

生物技术多种多样，但当前最重要的还是要抓好与病原生物研究相关的生物技术监管，将生物技术管理与病原体管理相结合。

（2）加强生物技术风险监测评估

我国生物技术风险监测与评估不够，要发挥中国科学院、中国工程院、军事科学院等国家级智库的作用，及时科学评估新兴生物技术潜在风险，向相关领域科研人员及民众传递科学信息。

（3）强化生物技术监管体制保障

生物技术监管是一个长期的过程，今后其必要性可能更高，为此，需尽早布局相关机构建设，同时更好地发挥专家委员会的作用。

（4）完善生物技术监管法制保障

法规制定具有很大挑战，尤其是对生物技术相关专业性很强的领域，既需要制定明确的总体原则，又需要具有可操作性的具体方法。

（5）充分利用生物技术提升防御能力

生物技术是一把双刃剑，其带来的风险也需要通过生物技术去解决。需要大力加强生物防御能力建设，提升生物防御药品疫苗研发能力等。

**2. 具体举措**

（1）发挥生物技术安全专家委员会作用

生命科学和生物技术进展很快，政府部门政策制定人员很难全面掌握各种技术的发展趋势和潜在风险，在政策制定和实施过程中，必须依靠不同领域的专家。科技部2017年发布的《生物技术研究开发安全管理办法》指出，国务院科技主管部门要成立生物技术研究开发安全管理专家委员会。国家要充分发挥该专家委员会的作用，进一步优化该专家委员会的人员组成，使其成为生物技术安全的国家权威决策支持部门。

（2）设立生物技术安全科技政策办公室

国务院或科技部可设立生物技术安全科技政策办公室，协调科技部、卫生健康委、农业部、国家市场监督管理总局及军队等部门的相关职能。该科技政策办公室应及时发布生物技术安全相关的指导意见。

（3）加强生物技术安全风险评估研究

生物技术潜在风险的科学评估可为科学决策提供重要支撑。国家今后在生物技术风险评估领域的科技投入还需不断加强，包括两用生物技术的实验室评估研究及定性与定量相结合的评估体系研究等。

（4）加强情报与战略研究，为国家科学决策提供支撑

加强国家及军队情报研究机构对于两用生物技术国内外动态的情报研究。中国工程院、中国科学院应针对两用生物技术前沿领域，如基因编辑、合成生物学、流感病毒功能获得性研究、基因驱动技术等系统部署相关的发展战略研究并组织召开相应的研讨会，对两用生物技术当前国内外研发现状、发展趋势、潜在风险、管理对策等进行深入分析，并提出相应建议。

（5）加强两用生物技术及危险病原体研究监管

科技部与其他科研项目管理部门应进一步加强两用生物技术敏感研究的立项审批与管理。对批准的相关研究应加强项目执行及成果发表的监管。相关研究机构应设置生物安全管理部门，加强人员培训和安全管理。国家相关科研项目管理部门要做到对两用生物技术科研项目从立项、实施到成果发布的全程监管。在项目评审中要

考虑到可能存在的生物安全风险，在项目实施过程中要进行阶段性评估，同时要严格成果发布的审查机制。

加强高等级生物安全实验室从业人员的生物安全培训，防止实验室事故发生，加强科研人员的生物技术安全风险意识教育；完善危险病原体从保存、流通到销毁的全过程管理；对危险病原体及两用生物技术相关实验室进行资格认证。

（6）提升生物防御能力水平

两用生物技术监管是一方面，应对能力建设是另一个重要的方面，需要"两手都要抓，两手都要硬"。在生物防御能力建设的诊断措施、药品疫苗研发中需要考虑生命科学两用性研究危害的应对，同时加强生物防御基础设施建设，增加经费投入，全面提升我国生物防御能力水平。

# 参考文献

[1]  TUCKER J B. Innovation, dual use, and security: managing the risks of emerging biological and chemical technologies[M]. Massachusetts: The MIT Press, 2012.

[2]  SIMS N. Legal constraints on biological weapons[M]//WHEELIS M, RÓZSA L, DANDO M. Deadly cultures: biological weapons since 1945. Cambridge: Harvard University Press, 2006.

[3]  Organization for Economic Cooperation and Development.OECD best practice guidelines for biological resource centers[EB/OL].(2007-04-05)[2021-10-01]. https://mbrdb.nibiohn.go.jp/kiban01/downloadEN/2007Dowload/BIO(2007)9FINAL.pdf.

[4]  Biosafety in microbiological and biomedical laboratories(BMBL), 6th edition[EB/OL]. [2021-10-01]. https://www.cdc.gov/labs/pdf/CDC-BiosafetyMicrobiologicalBiomedicalLaboratories-2020-P.pdf.

[5]  KEENE J H. Ask the experts: non-compliant biocontainment facilities and associated liability[J]. Applied Biosafety Journal, 2006, 11(2): 99-102.

[6]  NIH guidelines for research involving recombinant or synthetic nucleic acid molecules(NIH Guidelines)[EB/OL].[2021-10-01]. http://osp.od.nih.gov/sites/default/files/NIH_Guidelines.html.

[7]  National Institutes of Health. Notice Pertinent to the September 2009 Revisions of the NIH Guidelines for Research Involving Recombinant DNA Molecules[EB/OL].[2021-10-01].http://www.ecu.edu/cs-dhs/prospectivehealth/upload/NIH_Gdlines_2002prn-1.pdf.

[8]  Occupational Safety and Health Act of 1970, 29 U.S.C. § 651 et seq[Z].

[9]  TUCKER J B. Preventing the misuse of pathogens: the need for global biosecurity standards[J]. Arms control today, 2003, 33(5): 3-10.

[10]  DAVID P F, LAWRENCE O G. Biosecurity in the global age: biological weapons, public health, and the rule of law[M].Stanford, CA: Stanford University Press, 2008: 59-73.

[11]  Harvard Sussex Program on CBW Disarmament and Arms Limitation. Draft convention on the prevention and punishment of the crime of developing, producing, acquiring, stockpiling, retaining, transferring, or using biological or chemical weapons[EB/OL].[2021-10-01]. http://www.sussex.ac.uk/Units/spru/hsp/documents/Draft%20Convention%20Feb04.pdf.

[12]  Antiterrorism and effective death penalty act of 1996, Public Law No. 104-132[Z].

[13]  Public Health Security and Bioterrorism Preparedness and Response Act of 2002, 42 U.S.C. § 262a[Z].

[14]  Agricultural Bioterrorism Protection Act of 2002, 7 U.S.C. § 8401[Z].

[15]  National Research Council. Sequence-based classification of select agents: a brighter line[M]. Washington, D.C.: The National Academies Press, 2010.

[16] U.S. Congress, Congressional Research Service. Oversight of dual—use biological research: the national science advisory board for biosecurity[R]. CRS Report for Congress, RL 33342, April 27, 2007.

[17] National Science Advisory Board for Biosecurity. Proposed framework for the oversight of dual use life sciences research: strategies for minimizing the potential misuse of research information[R]. Bethesda, MD: National Institutes of Health, 2007.

[18] ATLAS R, CAMPBELL P, COZZARELLI N R, et al. Statement on scientific publication and security[J]. Science, 2003, 299(5610): 1149.

[19] National Research Council. Seeking security: pathogens, open access, and genome databases[M]. Washington, D.C.: The National Academies Press, 2004.

[20] National Research Council. Science and security in a post 9/11 world: a report based on regional discussions between the science and security communities[M]. Washington, D.C.: The National Academies Press, 2007.

[21] Homeland Security Act of 2002, Pub. L. 107—296, November 25, 2002[Z].

[22] TUCKER J B. Strategies to prevent bioterrorism: biosecurity policies in the united states and germany[M]. Palgrave Macmillan UK, 2009.

[23] Council Regulation(EC).Setting up a community regime for the control of exports, transfer, brokering, and transit of dual—use items[J]. Official Journal L, 2009(428): 1—134.

[24] WEIR L, SELGELIDM J. Professionalization as governance strategy for synthetic biology[J]. Systems and synthetic biology, 2009(3): 91—97.

[25] Federation of American Societies for Experimental Biology. Statement on dual use education[EB/OL].(2009—01—01)[2021—10—01]. http://www.faseb.org/portals/0/pdfs/opa/2009/FASEB_Statement_on_Dual_Use _Education.pdf.

[26] DANDO M R. Dual—use education for life scientists[J].Disarmament forum, 2009(2): 41—44.

[27] National Science Advisory Board for Biosecurity.Strategic plan for outreach and education on dual use issues[EB/OL].(2008—12—10)[2021—10—01].http://www.hsdl.org/?view&did=15988.

[28] GANGULI—MITRA A, SCHMIDT M, TORGERSEN H, et al. Of Newtons and heretics[J]. Nat Biotechnol, 2009, 27(4): 321—322.

# 第五章　生物安全文献计量分析

文献计量分析是科学计量学的重要组成部分，是科学学的重要手段，将文献计量分析应用于生物安全相关领域研究，可为国家生物安全相关政策制定提供依据与支撑。

## 第一节　中美病原生物相关SCI文献计量分析[*]

病原微生物在微生物世界中所占比重不大，但是其对人类健康、经济发展与社会稳定构成了极大的威胁。新的感染性疾病不断出现，旧的感染型疾病死灰复燃，一些难以应对的传染病持续存在。全球范围内，每年大约1500万人死于感染性疾病，50岁以下的人群中感染性疾病是最主要的死亡原因[1-2]。更为严重的是，病原微生物可以作为生物武器或生物恐怖剂被蓄意释放，对国家安全构成严重威胁[3]。生物技术的发展造福于人类社会的同时也可能会产生危害更强的生物武器[4]。人类与病原微生物的斗争是一个长期的过程，一方面人类对病原微生物的认识不断加深，新的应对措施不断出现，但与此同时，病原微生物也在不断变化，与人类的努力相抗衡。

病原微生物是全人类共同的敌人，许多国家都在致力于病原微生物的研究，尤其是美国等一些发达国家依靠强大的经济实力和科研实力，对一些病原微生物研究的科研投入非常大[5-7]。中国等一些发展中国家虽然经济实力与发达国家存在差距，但是为了维护人民健康和提升国家创新能力，也在不断加强病原微生物的研究。病原微生物科研论文数量和质量是科研实力的一个重要评价手段，在一定程度上可以反映该国某种病原微生物研究的水平和受重视程度。科学引文索引（*Science Citation Index Expanded*）数据库（http://apps.isiknowledge.com）运用引文分析的方法评价期刊，是国际公认的反映期刊学术价值的重要工具[8]。并且，该数据库具有按不同国家、年度、机构等对所收录文献进行统计分析的功能。我们通过科学引文索引数据库，对美国与中国在一些重要病原微生物研究的科研论文数量及变化趋势进行分析。本研究的主要目的是分析美国和中国在生物威胁及健康威胁病原微生物研究相关文献数量和变化趋势，为我国制定相应的病原微生物科研规划以及更好地进行病原微生物研究提供参考。

---

*内容参考：TIAN D Q，YU Y Z，WANG Y M，et al. Comparison of trends in the quantity and variety of Science Citation Index（SCI）literature on human pathogens between China and the United States[J]. Scientometrics, 2012, 93: 1019-1027.

本研究选取的病原微生物包括两类，一类是生物威胁病原微生物，即可能会造成生物恐怖的病原微生物，包括炭疽芽孢杆菌、鼠疫耶尔森菌、土拉热弗朗西斯菌、埃博拉病毒、类鼻疽伯克霍尔德菌；另一类是健康威胁病原微生物，即对民众健康威胁比较大的病原微生物，包括人免疫缺陷病毒、SARS 冠状病毒、乙型肝炎病毒、结核分枝杆菌、流感病毒。炭疽芽孢杆菌引起的炭疽是一种高感染性、高致死性的疾病，2001 年美国的"炭疽邮件"生物恐怖袭击事件引起了国际社会对生物恐怖的高度重视[9]。鼠疫耶尔森菌是引起鼠疫的病原体，在历史发生了三次大的流行，分别为 6—8 世纪的汝斯丁鼠疫（Justinian plague），14—19 世纪的黑死病（Black Death），以及从 19 世纪到现在的现代鼠疫（modern plague）[10]。土拉热弗朗西斯菌由于可以通过呼吸道传播，而且所需的感染剂量很低，是一种重要的生物威胁剂[11]。埃博拉病毒引起严重的出血性疾病，致死率达 90%，主要流行于非洲地区，但是由于其潜在的用于生物恐怖袭击的可能性引起了国际社会的高度关注[12]。类鼻疽伯克霍尔德菌是引起类鼻疽的病原体，其主要流行于南亚和澳大利亚北部地区，也是一种重要的生物威胁剂[13]。人类免疫缺陷病毒最早报道于 1981 年的美国，截至 2006 年，其感染了超过 6500 万人，造成 2500 万人死亡，国际社会投入了巨资进行艾滋病相关研究，仅美国国立卫生研究院（NIH）投入的研究经费就超过 300 亿美元[7]。结核分枝杆菌感染引起的活动性肺结核人群有 1620 万人，由于其耐药性的存在以及缺乏成人疫苗，仍然是当前需要重点研究的病原微生物[14]。乙型肝炎病毒于 1965 年由澳大利亚科学家发现，其在东亚地区有较高的感染率[15]。流感病毒，尤其是禽流感病毒可能产生人群的大流行，会给人类社会造成严重的灾难，被称为"自然界的生物恐怖主义者"[16]。SARS 冠状病毒 2003 年在中国及全球的流行造成了非常大的经济损失和社会恐慌[17]。

## 一、材料与方法

通过科学引文索引（*Science Citation Index Expanded*）数据库（http://apps.isiknowledge.com）[8]检索几种重要病原微生物的 SCI 文献，从文献总体数量及年度变化趋势进行统计分析。

检索范围："标题"。检索关键词用病原微生物英文名称加双引号，其中包含两个检索关键词的用"or"连接，检索关键词分别为 "Bacillus anthracis"、"Yersinia pestis"、"Francisella tularensis"、"Ebola virus"、"Burkholderia pseudomallei"、"Human immunodeficiency virus" or "HIV"、"SARS Coronavirus" or "severe acute respiratory syndrome Coronavirus"、"Hepatitis B virus"、"Mycobacterium tuberculosis"、"Influenza virus"。病原微生物名称参考美国疾病预防控制中心网站[18]

以及谷鸿喜主编的《医学微生物学（第二版）》[19]。

检索时间：2011 年 8 月。不限制文献时间，从检索结果中选取 2006 年到 2010 年的文献进行分析。文献数量统计来源于网站的自动统计分析结果，美国和中国的文献数量分别按照 Countries/Territories=（USA）和 Countries/Territories=（PEOPLES R CHINA）进行筛选。

在确定检索条件中，检索范围为"标题"，而不是"主题"，选择这样的检索方式可能会漏掉一些在标题中未出现该检索词，而实际上是针对该病原微生物研究的文献，由于本研究主要针对的是在一种检索条件下不同年度文献数量的比较，而不是不同病原微生物间文献数量的比较，遗漏部分结果并不会在很大程度上影响分析结果，而且，这种方法也最大限度地避免了一些混杂检索结果的干扰。另外，本研究主要关注的是病原微生物相关的文献，而不是病原微生物所致疾病的文献，故只以病原微生物英文名称做检索关键词，没有将病原微生物所致疾病作为检索关键词，如果将这两部分混在一起会降低可比性。

## 二、结果

我们对炭疽芽孢杆菌、鼠疫耶尔森菌、土拉热弗朗西斯菌、埃博拉病毒、类鼻疽伯克霍尔德菌等几种生物威胁病原微生物及人免疫缺陷病毒、SARS 冠状病毒、乙型肝炎病毒、结核分枝杆菌、流感病毒等几种健康威胁病原微生物 1996—2010 年的文献总体数量及年度变化趋势进行了分析（表 5-1、表 5-2、图 5-1 至图 5-11）。

表 5-1　几种生物威胁病原微生物 SCI 文献数量比较

| 年份 | 炭疽芽孢杆菌 | | | 鼠疫耶尔森菌 | | | 土拉热弗朗西斯菌 | | | 埃博拉病毒 | | | 类鼻疽伯克霍尔德菌 | | |
|---|---|---|---|---|---|---|---|---|---|---|---|---|---|---|---|
| | 总体 | 美国 | 中国 | 总体 | 美国 | 中国 | 总体 | 美国 | 中国 | 总体 | 美国 | 中国 | 总体 | 美国 | 中国 |
| 1996 | 12 | 3 | | 24 | 10 | | 19 | 4 | 1 | 13 | 7 | | 12 | | 1 |
| 1997 | 17 | 6 | | 21 | 11 | | 10 | 3 | | 13 | 3 | | 16 | | |
| 1998 | 16 | 6 | | 41 | 21 | 1 | 7 | 1 | | 18 | 10 | | 22 | 1 | |
| 1999 | 36 | 17 | 2 | 29 | 19 | | 6 | 2 | | 40 | 19 | | 20 | 1 | |
| 2000 | 24 | 12 | | 35 | 14 | 1 | 13 | 7 | | 26 | 11 | | 29 | 1 | |
| 2001 | 30 | 11 | | 30 | 13 | | 11 | 3 | 1 | 25 | 17 | | 24 | 3 | 2 |
| 2002 | 78 | 41 | 1 | 26 | 16 | | 13 | 5 | | 25 | 17 | | 28 | | 5 |
| 2003 | 78 | 51 | 1 | 54 | 21 | 2 | 30 | 8 | | 39 | 21 | | 33 | 3 | 3 |
| 2004 | 94 | 66 | 2 | 55 | 28 | 7 | 42 | 29 | | 25 | 16 | | 37 | 6 | |

续表

| 年份 | 炭疽芽孢杆菌 | | | 鼠疫耶尔森菌 | | | 土拉热弗朗西斯菌 | | | 埃博拉病毒 | | | 类鼻疽伯克霍尔德菌 | | |
|---|---|---|---|---|---|---|---|---|---|---|---|---|---|---|---|
| | 总体 | 美国 | 中国 | 总体 | 美国 | 中国 | 总体 | 美国 | 中国 | 总体 | 美国 | 中国 | 总体 | 美国 | 中国 |
| 2005 | 124 | 79 | 3 | 63 | 39 | 9 | 34 | 16 | | 28 | 18 | | 49 | 7 | |
| 2006 | 149 | 113 | 1 | 62 | 36 | 7 | 62 | 45 | 1 | 34 | 23 | | 56 | 16 | |
| 2007 | 150 | 110 | 2 | 85 | 53 | 4 | 96 | 63 | | 51 | 41 | | 56 | 11 | |
| 2008 | 158 | 122 | 3 | 89 | 60 | 13 | 84 | 58 | 2 | 23 | 16 | | 64 | 19 | 1 |
| 2009 | 143 | 100 | 7 | 88 | 57 | 14 | 100 | 71 | | 22 | 17 | | 62 | 16 | |
| 2010 | 110 | 82 | 2 | 106 | 70 | 10 | 97 | 69 | 1 | 36 | 28 | | 54 | 12 | 1 |
| 合计 | 1219 | 819 | 24 | 808 | 468 | 68 | 624 | 384 | 6 | 418 | 264 | | 562 | 96 | 13 |

表 5-2　几种健康威胁病原微生物 SCI 文献数量比较

| 年份 | 人免疫缺陷病毒 | | | SARS 冠状病毒 | | | 乙型肝炎病毒 | | | 结核分枝杆菌 | | | 流感病毒 | | |
|---|---|---|---|---|---|---|---|---|---|---|---|---|---|---|---|
| | 总体 | 美国 | 中国 | 总体 | 美国 | 中国 | 总体 | 美国 | 中国 | 总体 | 美国 | 中国 | 总体 | 美国 | 中国 |
| 1996 | 5698 | 2714 | 12 | | | | 400 | 131 | 20 | 283 | 153 | 2 | 132 | 69 | |
| 1997 | 5582 | 2729 | 13 | | | | 381 | 123 | 12 | 287 | 129 | | 143 | 75 | |
| 1998 | 5832 | 2795 | 24 | | | | 376 | 109 | 11 | 347 | 163 | | 148 | 72 | 1 |
| 1999 | 5422 | 2645 | 28 | | | | 420 | 107 | 16 | 343 | 139 | 5 | 156 | 76 | 2 |
| 2000 | 5833 | 2832 | 55 | | | | 436 | 98 | 25 | 411 | 175 | 2 | 171 | 91 | 3 |
| 2001 | 5258 | 2589 | 47 | | | | 483 | 124 | 42 | 421 | 190 | 11 | 149 | 74 | 2 |
| 2002 | 5186 | 2536 | 57 | | | | 486 | 136 | 47 | 479 | 199 | 7 | 162 | 77 | 3 |
| 2003 | 5701 | 2873 | 71 | 52 | 13 | 24 | 555 | 118 | 57 | 523 | 215 | 18 | 180 | 89 | 8 |
| 2004 | 6106 | 3064 | 95 | 206 | 64 | 72 | 479 | 106 | 61 | 598 | 236 | 17 | 179 | 79 | 13 |
| 2005 | 6554 | 3112 | 147 | 200 | 53 | 103 | 555 | 98 | 80 | 664 | 257 | 31 | 177 | 73 | 19 |
| 2006 | 6752 | 3311 | 142 | 153 | 55 | 54 | 781 | 126 | 144 | 659 | 248 | 27 | 266 | 127 | 25 |
| 2007 | 7623 | 3618 | 203 | 118 | 46 | 39 | 686 | 122 | 133 | 686 | 227 | 33 | 283 | 119 | 20 |
| 2008 | 7658 | 3472 | 249 | 86 | 27 | 29 | 727 | 123 | 133 | 744 | 253 | 40 | 377 | 140 | 51 |
| 2009 | 8400 | 3663 | 293 | 65 | 28 | 21 | 712 | 123 | 176 | 765 | 251 | 44 | 508 | 191 | 74 |
| 2010 | 8838 | 3928 | 389 | 49 | 21 | 13 | 807 | 136 | 214 | 799 | 226 | 60 | 636 | 259 | 89 |
| 合计 | 96 443 | 45 881 | 1825 | 929 | 307 | 355 | 8284 | 1780 | 1171 | 8009 | 3061 | 297 | 3667 | 1611 | 310 |

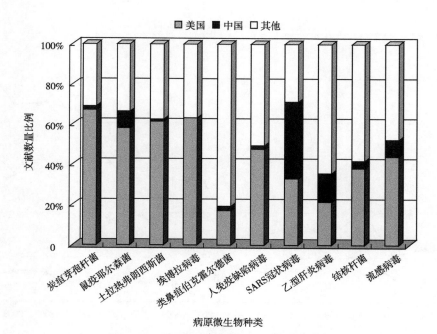

图5-1 几种病原微生物SCI文献数量比较

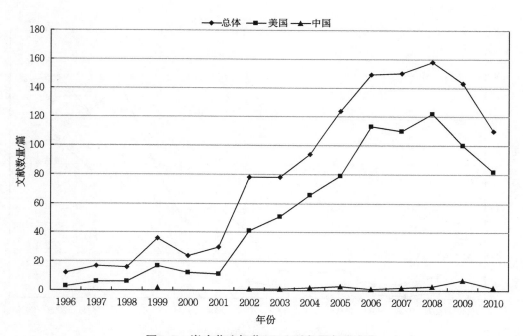

图5-2 炭疽芽孢杆菌SCI文献数量年度变化

生物安全科学学

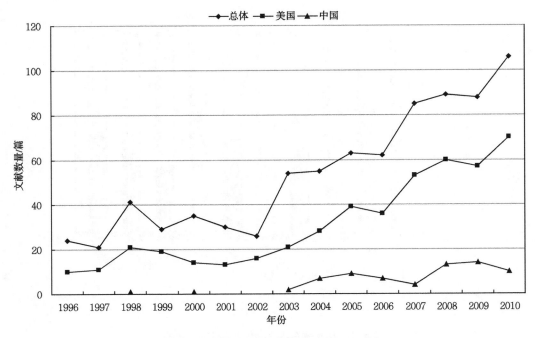

**图5-3 鼠疫耶尔森菌SCI文献数量年度变化**

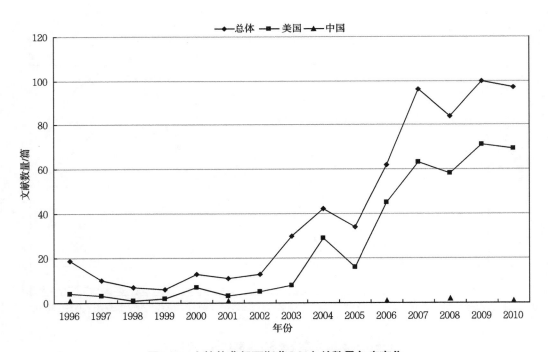

**图5-4 土拉热弗朗西斯菌SCI文献数量年度变化**

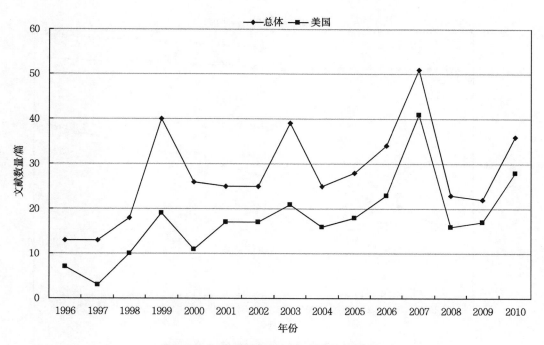

图5-5 埃博拉病毒SCI文献数量年度变化

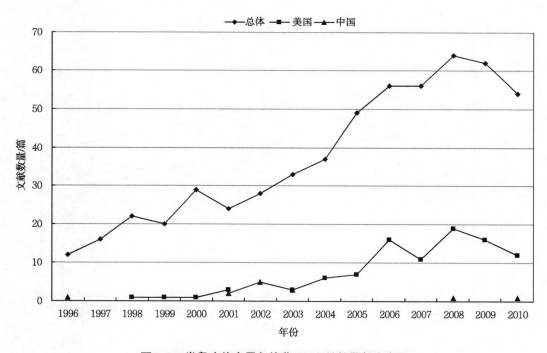

图5-6 类鼻疽伯克霍尔德菌SCI文献数量年度变化

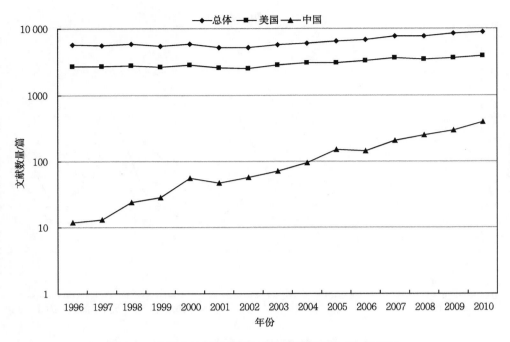

**图5-7 人类免疫缺陷病毒SCI文献数量变化（对数图）**

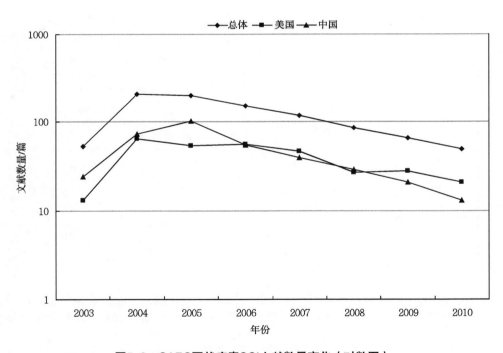

**图5-8 SARS冠状病毒SCI文献数量变化（对数图）**

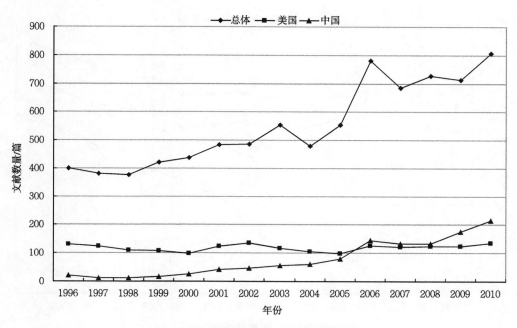

图5-9 乙型肝炎病毒SCI文献数量变化

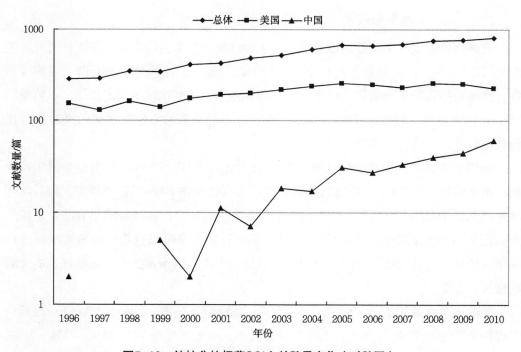

图5-10 结核分枝杆菌SCI文献数量变化（对数图）

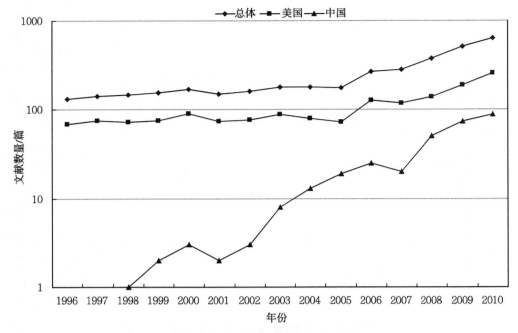

图5-11 流感病毒SCI文献数量变化（对数图）

## （一）美国文献数量较多

美国病原微生物文献整体数量较多，生物威胁病原微生物文献数量增长明显（表5-1、图5-1）。美国炭疽芽孢杆菌、鼠疫耶尔森菌、土拉热弗朗西斯菌、埃博拉病毒、类鼻疽伯克霍尔德菌等几种生物威胁病原微生物的文献数量所占总体文献数量的比例分别为67%、58%、62%、63%、17%，除了类鼻疽伯克霍尔德菌的文献所占比例较低以外，其他都在50%以上。

美国生物威胁病原微生物文献数量增长明显。从图5-2可以看出，美国炭疽芽孢杆菌文献数量在2001年后增长非常明显，文献数量在2008年达到最多，随后两年有所降低。从图5-3和图5-4可以看出，2001年后，美国在鼠疫耶尔森菌，土拉热弗朗西斯菌的文献数量也有非常明显的增长。美国类鼻疽伯克霍尔德菌文献所占比例相对较低，与该疾病在东南亚及澳大利亚发病率高、泰国及澳大利亚等国家的文献数量较多有关。

美国人免疫缺陷病毒、SARS冠状病毒、乙型肝炎病毒、结核分枝杆菌、流感病毒等健康威胁病原微生物相关文献数量也较多，所占比重分别为48%、33%、21%、38%、44%。美国人免疫缺陷病毒相关的文献数量总体上呈不断增长的趋势，但由于文献数量基数大，增长趋势并不十分明显。SARS冠状病毒是2003年引起全球暴发流行的一种新发传染病病原微生物，此后未发生大的流行，美国SARS冠状病毒文献数量在2005年达到最多，近几年文献数量不断下降。美国乙型肝炎病毒相关的文献数量变化幅度不大，可能与其发病率不是很高有关。美国结核分支杆菌相关的文献数量呈现平稳增长的趋势。美国2005年前流感病毒相关文献数量增长不很明显，2005年后，由于H5N1流感病毒潜在的全球大流行及2009年H1N1流感病毒的全球流行，使总体流感病毒相关文献数量有非常迅速的增长。

### （二）中国文献数量增长趋势明显

中国病原微生物总体文献数量与美国有较大的差距（表5-1、表5-2、图5-1），但其中一些病原微生物的文献数量增长趋势明显。炭疽芽孢杆菌、鼠疫耶尔森菌、土拉热弗朗西斯菌、类鼻疽伯克霍尔德菌几种生物威胁病原微生物的中国文献所占比例分别为2%、15%、1%、2%，埃博拉病毒没有检索到相应的文献，中国生物威胁病原微生物相关文献数量与美国差距明显。中国鼠疫耶尔森菌相关的文献数量相对较多，可能与该疾病在中国存在一定的自然疫源地，一些科研机构具有一定的研究基础有关。

相对生物威胁病原微生物，中国在一些健康威胁病原微生物研究方面的SCI文献数量较多，其中一些病原微生物的文献数量增长趋势也较明显。中国在人免疫缺陷病毒、SARS冠状病毒、乙型肝炎病毒、结核分枝杆菌、流感病毒等几种健康威胁病原微生物的文献数量所占比例分别为2%、38%、14%、4%、8%。中国人免疫缺陷病毒相关的文献数量与美国存在较大的差距，但其增长速度高于美国。中国SARS冠状病毒相关文献数量与美国文献数量相当，变化趋势也类似。中国乙型肝炎病毒的文献数量有较为明显的增长，其年度文献数量在2006年后超过了美国。中国结核分枝杆菌、流感病毒相关文献数量的增长趋势也较美国明显。

### 三、讨论

病原微生物科研论文数量及变化趋势的影响因素很多，包括国家整体科研实力，从事病原微生物研究的科研机构、科研人员数量，科研经费投入及疾病的地区流行程度等。中国SARS冠状病毒、乙型肝炎病毒的文献数量较多，与中国这两种病毒所致疾病的病例数较多、造成的危害较大有关，土拉热弗朗西斯菌、埃博拉病毒相关的文献数量较少，与这些病毒所致疾病较少或没有有关。另外，某个国家某种病原微生物科研论文的数量在一定程度上反映了该国在该领域的科研水平与关注程度。

美国生物威胁病原微生物的文献数量较多，增长也很迅速，反映了美国对于生物威胁病原微生物研究的高度重视。2001年后，美国生物防御经费投入大幅增加，截至2012年（包括2012年度预算），美国的民口生物防御经费累计达到669.064亿美元，其2001年的民口生物防御经费只有6.334亿美元，2002年大幅增加到了40.955亿美元。 同时，美国开展了"生物盾牌"计划，加强生物防御病原微生物医学应对措施的研究，生物盾牌计划累计经费投入已达 55.67 亿美元[5,20]。 美国从事病原微生物研究的主要科研机构国立卫生研究院过敏与感染性疾病研究所（NIAID）大幅提高了生物防御研究的科研投入，2004 年其科研预算中，生物防御研究、艾滋病研究及其他研究大约各占 1/3，分别为 37.2%、32.4%、30.4%[6]。 另外，美国从事生物防御的科研机构及科研人员较多，美国卫生与公众服务部所属的疾病预防控制中心、国立卫生研究院过敏与感染性疾病研究所、国防部所属的陆军传染病医学研究所等参与生物防御研究，同时哈佛大学等一些大学[21]、劳伦斯·利弗莫尔国家实验室等一些国家实验室及达因·波登疫苗公司（DynPort Vaccine Company，DVC）等公司[22]也从事生物防御研究。 美国重视生物防御研究，但并不是说其不重视其他病原微生物的研究，美国在艾滋病病毒、流感病毒等病原微生物研究方面同样投入了巨大的资金与人员。

中国等一些发展中国家最近几年对科技创新的重视程度不断增加，根据本国国情有重点地开展了一些病原微生物的研究。 中国 2008 年设置了"艾滋病和病毒性肝炎等重大传染病防治"国家科技重大专项及"重大新药创制"国家科技重大专项，促进了一些病原微生物的基础和应用研究。 国家科技部的 973 计划、863 计划及国家自然科学基金也开展了针对病原微生物的一些相关研究。 发展中国家不可能在病原微生物研究方面像美国针对艾滋病研究或是生物防御研究一样投入非常巨大的资金，但有针对性地加强一些病原微生物的研究是非常必要的。 中国是世界上人口最多的国家，艾滋病、乙型肝炎、肺结核等疾病会给人民健康和社会发展会带来巨大的影响，开展相应的研究是非常必要的。 同时，中国也面临生物恐怖的威胁，加强生物威胁病原微生物的研究，进行相应药品与疫苗的国家战略储备也是非常有必要的。

科研论文是科研人员交流科研进展信息的一种重要途径，但对于一些敏感病原微生物研究的科研论文是否公开发表存在一定的争议。2002 年，美国《科学》杂志发布了美国纽约州立大学埃卡德·温默（Eckard Wimmer）博士等人人工合成脊髓灰质炎病毒的一篇文章[23]，美国国会议员戴夫·韦尔登（Dave Weldon）等人提出了对一些期刊发表此类研究结果的担心，认为"这给恐怖主义者描绘了合成危险病原体的蓝图"[24-25]。 但一些科研人员，如美国微生物协会的会长 Abigail salyers 等人认为，"及时交流科研信息和技术可以促进科学技术的发展，为其设置障碍会最终危害生物防御"[26]。 另外，病原微生物的基因组数据在生物防御中发挥重要作用[27]，但对于是否在互联网发布天花病毒等基因组序列，一些人认为应当慎重考虑[4]。 美国基因组研究所的 Timothy D. Read 和英国桑格研究所的朱利安·帕克希尔（Julian Parkhill）等人认为，限制基因组数据并不能阻止生物恐怖，基因组数据对于生物防御的药物、疫苗研究及病原体监测非常有用，而对生物恐怖所需要的大规模培养、储存、播散等技术没有太大帮助[28]。 不管怎样，进行病原微生物研究不能忽视生物安全（biosafety，biosecurity）问题。 美国为了降低病原微生物研究可能的风险采取了一系列的措施，实施了威胁病原体和毒素监管计划（*The Select Agent Program*），对于持有、使用和运输威胁病原体或毒素进行严格管理[29]。 另外，美国成立了国家生物安全科学顾问委员会（NSABB），对生物两用性研究在国家安全和科学研究需要上提供建议[30-31]。

病原微生物是全球共同的敌人，发达国家和发展中国家要携起手来，加强相互交流与合作，共同应对其挑战。 病原微生物研究要做到 3 个平衡：一是生物防御病原微生物研究与其他病原微生物研究要保持平衡。 美国在大力加强生物防御研究后，一些人员认为其可能会影响其他病原微生物的研究[32-33]。 虽然生物防御病原微生物研究对于其他微生物研究及整个生物医学的发展会起到一定的促进作用，但是保持生物防御研究与其他病原微生物研究经费投入、科研力量分配的平衡是非常必要的。二是病原微生物的基础研究与应用研究要保持平衡。 病原微生物基础研究可以加深对病原微生物生物学特征及致病机制的认识，最终目的是为应用研究提供新的思路，应用研究是最终控制和战胜病原微生物的手段。 美国在病原微生物研究方面，从事基础研究的一些科研机构和进行应用研究的一些企业之间建立了很好的合作关系[22]，这种合作是非常必要的。 三是加快病原微生物研究与保证生物安全要保持平衡。 病原微生物研究，尤其是生物防御病原微生物研究的快速增长，生物安全高等级实验室、从事危险病原体操作人员的不断增加对于生物安全提出了越来越高的要求，我们不能因噎废食，因为担心生物安全问题而不进行相关的研究，但是进行严格的管理是非常必要的[17]。

# 参考文献

[1]    DAVID M M, GREGORY K F, ANTHONY S F. The challenge of emerging and re-emerging infectious diseases[J]. Nature, 2004, 430(8): 242-249.

[2]    FAUCI A S. Emerging and Re-emerging infectious diseases: Influenza as a prototype of the host-pathogen balancing act[J]. Cell, 2006, 124(4): 665-670.

[3]    FRISCHKNECHT F. The history of biological warfare: Human experimentation, modern nightmares and lone madmen in the twentieth century[J]. EMBO report, 2003, 4(S): S47-S52.

[4]    VAN AKEN J, HAMMOND E. Genetic engineering and biological weapons. New technologies, desires and threats from biological research[J]. EMBO report, 2003, 4(S): S57-S60.

[5]    FRANCO C, SELL T K. Federal Agency biodefense funding, FY2011-FY2012 [J]. Biosecur bioterror. 2011, 9(2): 117-137.

[6]    DEFRANCESCO L. Throwing money at biodefense[J]. Nat Biotechnol, 2004, 22(4): 375-378.

[7]    FAUCI A S. Twenty-five years of HIV/AIDS[J]. Science, 2006, 313(5786): 409.

[8]    http://apps.isiknowledge.com.

[9]    STERNBACH G. The history of anthrax[J]. J Emerg Med, 2003, 24(4): 463-467.

[10]   PARKHILL J, WREN B W, THOMSON N R, et al. Genome sequence of Yersinia pestis, the causative agent of plague[J]. Nature, 2001, 413(6855): 523-527.

[11]   OYSTON P C, SJOSTEDT A, TITBALL R W. Tularaemia: bioterrorism defence renews interest in Francisella tularensis[J]. Nat Rev Microbiol, 2004, 2(12): 967-978.

[12]   GROSETH A, FELDMANN H, STRONG J E. The ecology of ebola virus[J]. Trends Microbiol, 2007, 15(9): 408-416.

[13]   WIERSINGA W J, VAN DER POLL T, WHITE N J, et al. Melioidosis: insights into the pathogenicity of Burkholderia pseudomallei[J]. Nat Rev Microbiol, 2006, 4(4): 272-282.

[14]   GLICKMAN M S, JACOBS W R JR. Microbial pathogenesis of Mycobacterium tuberculosis: dawn of a discipline[J]. Cell, 2001, 104(4): 477-485.

[15]   KURBANOV F, TANAKA Y, MIZOKAMI M. Geographical and genetic diversity of the human hepatitis B virus[J]. Hepatol Res, 2010, 40(1): 14-30.

[16]   Michael Specter. A Reporter at Large-Nature's Bioterrorist[EB/OL]. [2011-12-17]. The New Yorker, (2005-02-28).http://www.michaelspecter.com/2005/02/a-reporter-at-large-natures-bioterrorist.

[17]   ZHONG N, ZENG G. What we have learnt from SARS epidemics in China[J]. BMJ, 2006, 333(7564): 389-391.

[18]   CDC Bioterrorism Agents/Diseases[EB/OL]. [2011-12-17]. www.bt.cdc.gov/agent/agentlist-

category.asp( 2008).

[19] 谷鸿喜. 医学微生物学 [M].2 版 . 北京：北京大学医学出版社，2009.

[20] CRS Report for Congress：Project BioShield[EB/OL].( 2004–12–27)[ 2011–12–17]. http://www. fas.org/irp/crs/RS 21507.pdf.

[21] MALAKOFF D. Research funding. U.S. biodefense boom：eight new study centers[J]. Science，2003，301( 5639)：1450–1451.

[22] BROWER V. Biotechnology to fight bioterrorism[J]. EMBO report，2003，4( 3)：227–229.

[23] CELLO J，PAUL A V，WIMMER E. Chemical synthesis of poliovirus cDNA：generation of infectious virus in the absence of natural template[J]. Science，2002，297( 5583)：1016–1018.

[24] COUZIN J B. A call for restraint on biological data[J]. Science，2002，297( 5582)：749–751.

[25] VAN AKEN J. When risk outweighs benefit[J]. EMBO report，2006，7(S)：S 10–S 3.

[26] SALYERS A. Science，censorship，and public health[J]. Science，2002，296( 5568)：617.

[27] FRASER C M. A genomics–based approach to biodefence preparedness[J]. Nat Rev Genet，2004，5( 1)：23–33.

[28] READ T D，PARKHILL J. Restricting genome data won't stop bioterrorism[J]. Nature，2002，417( 6887)：379.

[29] A guide for laboratories working with select agents[EB/OL]. [ 2011–12–17]. http://www.sph.uth. edu/biosecurity/selectagentsguide.pdf.

[30] COUZIN J. Biodefense. U.S. agencies unveil plan for biosecurity peer review[J]. Science，2004，303( 5664)：1595.

[31] KAISER J B. New panel to offer guidance on dual–use science[J]. Science，2005，309( 5732)：230.

[32] ATLAS R M. Bioterrorism and biodefence research：changing the focus of microbiology[J]. Nat Rev Microbiol，2003，1( 1)：70–74.

[33] ENSERINK M，KAISER J. Biodefense. Has biodefense gone overboard[J].Science，2005，307( 5714)：1396–1398.

## 第二节　病原生物文献计量分析[*]

随着科技的发展，人类社会发生了翻天覆地的变化，人们的生活水平得到了极大改善，但人类社会仍然面临肿瘤、心血管病、代谢性疾病、感染性疾病等健康威胁。由于卫生条件的改善和疫苗的接种，感染性疾病在全球很多地区已不是最主要的健康威胁，但一些难以应对的传染病、新发突发传染病及生物恐怖对人类社会仍构成潜在威胁。

### 一、背景情况

#### （一）感染性疾病仍是人类健康的重要威胁

2003 年严重急性呼吸综合征（SARS）疫情发生后，新发传染病似乎变得愈发频繁，从 H5N1 禽流感、H7N9 禽流感，到中东呼吸系统综合征、埃博拉病毒病、寨卡病毒病、基孔肯雅热等，人类不断面临新发、再发传染病的威胁。同时，艾滋病、病毒性肝炎、肺结核等顽固性传染病的治疗和预防虽不断取得进展，但仍对人类健康构成重大威胁。除自然发生传染病外，病原生物还可以用于生物武器、生物恐怖，2001 年美国"炭疽邮件"事件，以及历史上苏联等国家进行的大规模生物武器研发都警示我们不能忽视病原生物的蓄意使用。

#### （二）病原生物研究是感染性疾病应对的基础

病原生物是指在自然界中能够给人类、动物和植物造成危害的生物，涵盖了病原微生物与人类寄生虫两大部分，可引起感染性疾病及寄生虫病等。目前，很多感染性疾病还没有有效的应对手段，其中很重要的原因是对致病病原生物的认识不够。药物与疫苗等应对措施的研发都需要以对病原生物的生物学特征、致病机制等的充分认识为基础。

#### （三）文献计量分析是科研能力评估的重要手段

基于对病原生物相关论文的统计分析，可以判定相关研究趋势、不同国家实力、重点研究机构、主要期刊等，可明确我国病原生物研究现状、优势领域、主要差距，对我国相关战略与规划的制定具有重要指导意义。

本研究选取了威胁人类健康的 100 种重要病原生物，对其 SCI 文献年度分布、国家分布、机构分布、期刊分布情况进行了统计分析。

---

[*]内容参考：田德桥 . 病原生物文献计量[M].北京：科学技术文献出版社，2019.

## 二、研究方法

通过科学引文索引（*Web of Science*）数据库进行 SCI 文献检索，检索 SCI-EXPANDED。检索时间：2018 年 11—12 月；检索范围：标题，从检索结果筛选 Article 类型结果进行分析。通过 *Web of Science* 自身的统计功能进行统计分析（表 5-3）。

检索关键词确定为病原生物而不是疾病，主要原因是本研究主要针对的是病原生物相关研究文献情况，而不是针对疾病治疗等临床研究的文献情况。

检索范围为标题，而不是主题（包括摘要、关键词等），可能会漏掉一些结果，但可避免一些非目标结果的混杂。并且，该研究主要目的不是精确判定相关文献数量，而是在同一标准下，进行年度、国家、机构、期刊等文献的比较。

100 种病原生物的选择兼顾了对人类影响较大的传统感染性疾病病原微生物及新发病原微生物，同时包括疟原虫、血吸虫等少数寄生虫类病原生物[1-9]。

**表 5-3 检索关键词及结果**

| 序号 | 病原生物 | 检索式 | 结果/篇 | 文章数量/篇 |
|---|---|---|---|---|
| 1 | 炭疽芽孢杆菌 | TI="Bacillus anthracis" | 2026 | 1722 |
| 2 | 鼠疫耶尔森菌 | TI="Yersinia pestis" | 1428 | 1216 |
| 3 | 肉毒梭菌 | TI="Clostridium botulinum" | 932 | 794 |
| 4 | 土拉热弗朗西斯菌 | TI="Francisella tularensis" | 1260 | 1039 |
| 5 | 布鲁菌 | TI=Brucella | 3615 | 3132 |
| 6 | 鼻疽伯克霍尔德菌 | TI="Burkholderia mallei" | 158 | 141 |
| 7 | 类鼻疽伯克霍尔德菌 | TI="Burkholderia pseudomallei" | 1225 | 1041 |
| 8 | 产气荚膜梭菌 | TI="Clostridium perfringens" | 2308 | 1952 |
| 9 | 沙门菌 | TI=Salmonella | 25 665 | 21 476 |
| 10 | O 157：H 7 大肠杆菌 | TI=O 157 AND TI=H 7 | 4729 | 4261 |
| 11 | 志贺菌 | TI=Shigella | 2807 | 2283 |
| 12 | 葡萄球菌 | TI=Staphylococcus | 35 893 | 27 944 |
| 13 | 霍乱弧菌 | TI="Vibrio cholerae" | 3666 | 3151 |
| 14 | 幽门螺杆菌 | TI="Helicobacter pylori" | 32 908 | 17 677 |
| 15 | 结核分枝杆菌 | TI="Mycobacterium tuberculosis" | 16 645 | 13 511 |
| 16 | 麻风分枝杆菌 | TI="Mycobacterium leprae" | 789 | 632 |
| 17 | 流感嗜血杆菌 | TI="Haemophilus influenzae" | 3891 | 3116 |
| 18 | 白喉棒状杆菌 | TI="Corynebacterium diphtheriae" | 286 | 230 |

| 序号 | 病原生物 | 检索式 | 结果/篇 | 文章数量/篇 |
|---|---|---|---|---|
| 19 | 破伤风梭菌 | TI="Clostridium tetani" | 63 | 51 |
| 20 | 化脓性链球菌 | TI="Streptococcus pyogenes" | 1953 | 1597 |
| 21 | 肺炎链球菌 | TI="Streptococcus pneumoniae" OR TI=pneumococcus | 8262 | 6439 |
| 22 | 猪链球菌 | TI="Streptococcus suis" | 1070 | 920 |
| 23 | 脑膜炎奈瑟菌 | TI="Neisseria meningitidis" OR TI=Meningococcus OR TI=Meningococci | 2788 | 2206 |
| 24 | 淋病奈瑟菌 | TI="Neisseria gonorrhoeae" OR TI=Gonococcus OR TI=Gonococci | 2841 | 2029 |
| 25 | 百日咳鲍特菌 | TI="Bordetella pertussis" | 1502 | 1205 |
| 26 | 嗜肺军团菌 | TI="Legionella pneumophila" | 1984 | 1604 |
| 27 | 空肠弯曲菌 | TI="Campylobacter jejuni" | 3667 | 2958 |
| 28 | 伯氏疏螺旋体 | TI="Borrelia burgdorferi" OR TI="Lyme disease spirochete" | 3265 | 2731 |
| 29 | 梅毒螺旋体 | TI="Treponema pallidum" | 677 | 494 |
| 30 | 钩端螺旋体 | TI=Leptospira | 1734 | 1555 |
| 31 | 李斯特菌 | TI="Listeria monocytogenes" | 8568 | 7493 |
| 32 | 天花病毒 | TI="Smallpox virus" OR TI="Variola virus" | 116 | 72 |
| 33 | 埃博拉病毒 | TI="Ebola virus" OR TI=ebolavirus | 2493 | 1641 |
| 34 | 马尔堡病毒 | TI="Marburg virus" OR TI=marburgvirus | 251 | 211 |
| 35 | 拉沙病毒 | TI="Lassa virus" | 184 | 156 |
| 36 | 委内瑞拉马脑炎病毒 | TI="Venezuelan Equine Encephalitis virus" | 269 | 237 |
| 37 | 东部马脑炎病毒 | TI="Eastern Equine Encephalitis virus" | 104 | 85 |
| 38 | 西部马脑炎病毒 | TI="Western Equine Encephalitis virus" | 48 | 41 |
| 39 | 尼帕病毒 | TI="Nipah virus" | 413 | 307 |
| 40 | 亨德拉病毒 | TI="Hendra virus" | 203 | 141 |
| 41 | 汉坦病毒 | TI="Hantavirus" | 1581 | 1181 |
| 42 | 汉滩病毒 | TI="Hantaan virus" | 187 | 168 |
| 43 | 辛诺柏病毒 | TI="Sin nombre virus" | 99 | 84 |
| 44 | 克里米亚刚果出血热病毒 | TI="Crimean Congo hemorrhagic fever virus" | 283 | 245 |
| 45 | 裂谷热病毒 | TI="Rift Valley fever virus" | 462 | 390 |

续表

| 序号 | 病原生物 | 检索式 | 结果/篇 | 文章数量/篇 |
|---|---|---|---|---|
| 46 | 胡宁病毒 | TI="Junin virus" | 114 | 102 |
| 47 | 黄热病毒 | TI="Yellow fever virus" | 325 | 259 |
| 48 | 登革热病毒 | TI="Dengue virus" | 4129 | 3131 |
| 49 | 乙型脑炎病毒 | TI="Japanese Encephalitis virus" | 1083 | 932 |
| 50 | 蜱传脑炎病毒 | TI="Tick–borne Encephalitis virus" OR TI=TBEV | 524 | 459 |
| 51 | 西尼罗病毒 | TI="West Nile virus" | 4106 | 2802 |
| 52 | 寨卡病毒 | TI="Zika virus" | 3029 | 1486 |
| 53 | 基孔肯雅病毒 | TI="Chikungunya virus" OR TI=CHIKV | 1181 | 849 |
| 54 | 发热伴血小板减少综合征病毒 | TI="Severe fever with thrombocytopenia syndrome virus" OR TI="SFTS virus" | 130 | 113 |
| 55 | 流感病毒 | TI="Influenza virus" | 8661 | 6869 |
| 56 | H5N1流感病毒 | TI=H5N1 AND TI="Influenza virus" | 840 | 742 |
| 57 | H1N1流感病毒 | TI=H1N1 AND TI="Influenza virus" | 763 | 635 |
| 58 | H7N9流感病毒 | TI=H7N9 AND TI="Influenza virus" | 123 | 89 |
| 59 | 麻疹病毒 | TI="Measles virus" | 1824 | 1317 |
| 60 | 风疹病毒 | TI="Rubella virus" | 368 | 317 |
| 61 | 腮腺炎病毒 | TI="Mumps virus" | 303 | 259 |
| 62 | 腺病毒 | TI=Adenovirus | 14 368 | 9706 |
| 63 | 呼吸道合胞病毒 | TI="Human respiratory syncytial virus" OR TI=HRSV | 488 | 428 |
| 64 | SARS冠状病毒 | TI="SARS Coronavirus" OR TI="Severe acute respiratory syndrome Coronavirus" OR TI=SARS–CoV | 1647 | 1394 |
| 65 | 中东呼吸系统综合征冠状病毒 | TI="Middle East Respiratory Syndrome Coronavirus" OR TI="MERS coronavirus" OR TI=MERS–CoV | 895 | 610 |
| 66 | 人类免疫缺陷病毒 | TI="Human immunodeficiency virus" | 22 468 | 17 846 |
| 67 | 人类嗜T细胞病毒 | TI="Human T–lymphotropic virus" OR TI=HTLV | 5414 | 2680 |
| 68 | 甲型肝炎病毒 | TI="Hepatitis A virus" | 1367 | 1088 |
| 69 | 乙型肝炎病毒 | TI="Hepatitis B virus" | 16 111 | 10 712 |
| 70 | 丙型肝炎病毒 | TI="Hepatitis C virus" | 27 661 | 16 791 |
| 71 | 柯萨奇病毒 | TI=Coxsackievirus OR TI="Coxsackie virus" | 2059 | 1489 |

| 序号 | 病原生物 | 检索式 | 结果/篇 | 文章数量/篇 |
|---|---|---|---|---|
| 72 | 轮状病毒 | TI=Rotavirus | 6205 | 4715 |
| 73 | 肠道病毒-71 | TI="Enterovirus 71" OR TI=EV 71 | 1310 | 1111 |
| 74 | 诺如病毒 | TI=Norovirus OR TI="Norwalk virus" | 3010 | 2444 |
| 75 | 脊髓灰质炎病毒 | TI=Poliovirus | 1940 | 1577 |
| 76 | 单纯疱疹病毒 | TI="Herpes simplex virus" | 9904 | 7544 |
| 77 | 水痘带状疱疹病毒 | TI="Varicella zoster virus" | 2354 | 1611 |
| 78 | 巨细胞病毒 | TI=Cytomegalovirus | 16 490 | 10 832 |
| 79 | EB 病毒 | TI="Epstein barr virus" | 10 939 | 7497 |
| 80 | 猴痘病毒 | TI="Monkeypox virus" | 106 | 82 |
| 81 | 狂犬病病毒 | TI="Rabies virus" | 1307 | 1129 |
| 82 | 人乳头瘤病毒 | TI="Human papillomavirus" | 15 233 | 10 975 |
| 83 | 人细小病毒 B 19 | TI="Human Parvovirus B 19" OR TI="Erythrovirus B 19" | 627 | 423 |
| 84 | 口蹄疫病毒 | TI="Foot-and-mouth disease virus" | 1608 | 1487 |
| 85 | 非洲猪瘟病毒 | TI="African swine fever virus" | 478 | 416 |
| 86 | 新城疫病毒 | TI="Newcastle disease virus" | 1459 | 1317 |
| 87 | 水泡性口炎病毒 | TI="Vesicular Stomatitis" AND TI=Virus | 1096 | 932 |
| 88 | 贝氏柯克斯体 | TI="Coxiella burnetii" | 1265 | 1055 |
| 89 | 普氏立克次体 | TI="Rickettsia prowazekii" | 109 | 95 |
| 90 | 立氏立克次体 | TI="Rickettsia rickettsii" | 149 | 132 |
| 91 | 恙虫病立克次体 | TI="Rickettsia tsutsugamushi" OR TI="Orientia tsutsugamushi" | 354 | 294 |
| 92 | 巴尔通体 | TI=Bartonella | 1984 | 1504 |
| 93 | 肺炎支原体 | TI="Mycoplasma pneumoniae" | 1879 | 1289 |
| 94 | 鹦鹉热嗜衣原体 | TI="Chlamydophila psittaci" OR TI="Chlamydia psittaci" | 527 | 436 |
| 95 | 肺炎衣原体 | TI="Chlamydophila pneumoniae" OR TI="Chlamydia pneumoniae" | 2787 | 1891 |
| 96 | 沙眼衣原体 | TI="Chlamydia trachomatis" | 4686 | 3366 |
| 97 | 粗球孢子菌 | TI="Coccidioides immitis" | 163 | 134 |
| 98 | 疟原虫 | TI=Plasmodium OR TI="malaria parasite" | 21 071 | 16 098 |

| 序号 | 病原生物 | 检索式 | 结果 / 篇 | 文章数量 / 篇 |
|---|---|---|---|---|
| 99 | 隐孢子虫 | TI=Cryptosporidium | 4589 | 3862 |
| 100 | 血吸虫 | TI=Schistosome OR    TI="Blood flukes" | 1021 | 704 |

## 三、总体结果

### （一）年度分析

总体来说，一些病原生物的文献数量表现出持续增长的趋势，如葡萄球菌、结核分枝杆菌、登革热病毒、寨卡病毒、基孔肯雅病毒、乙型肝炎病毒、诺如病毒、疟原虫（图 5-12）。也有一些表现出先快速增加，又逐渐减少的趋势，如炭疽芽孢杆菌、鼠疫耶尔森菌、埃博拉病毒、H5N1 流感病毒、H1N1 流感病毒、H7N9 流感病毒、SARS 冠状病毒、肺炎衣原体（图 5-13）。

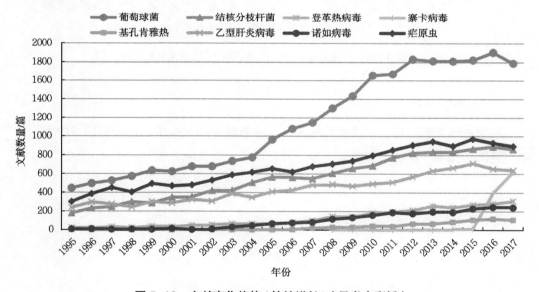

图 5-12　文献变化趋势（持续增长）（见书末彩插）

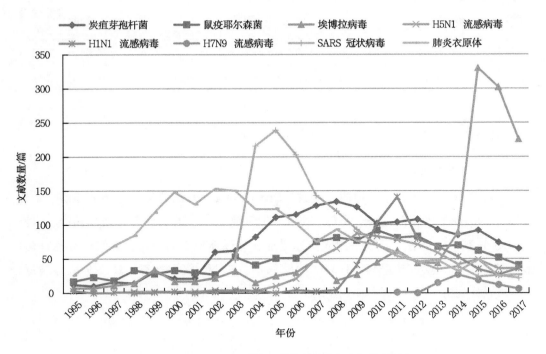

图 5-13　文献变化趋势（先增后降）（见书末彩插）

## （二）国家分析

根据总体文献数量，病原生物相关文献数量较多的一些国家包括美国、中国、日本、英国、德国、法国、加拿大、西班牙、印度、澳大利亚等（表5-4）。

表5-4 病原生物文献国家（地区）分布

单位：篇

| 病原生物 | 美国 排序 | 美国 数量 | 中国 排序 | 中国 数量 | 日本 排序 | 日本 数量 | 英国 排序 | 英国 数量 | 德国 排序 | 德国 数量 | 法国 排序 | 法国 数量 | 加拿大 排序 | 加拿大 数量 | 西班牙 排序 | 西班牙 数量 | 印度 排序 | 印度 数量 | 澳大利亚 排序 | 澳大利亚 数量 | 荷兰 排序 | 荷兰 数量 |
|---|---|---|---|---|---|---|---|---|---|---|---|---|---|---|---|---|---|---|---|---|---|---|
| 炭疽芽孢杆菌 | 1 | 1104 | 6 | 59 | 11 | 26 | 3 | 98 | 5 | 80 | 2 | 128 | 8 | 47 | 33 | 6 | 4 | 89 | 16 | 18 | 17 | 18 |
| 鼠疫耶尔森菌 | 1 | 715 | 2 | 137 | 16 | 8 | 3 | 107 | 6 | 74 | 5 | 86 | 10 | 20 | 21 | 6 | 7 | 34 | 12 | 13 | 15 | 10 |
| 肉毒梭菌 | 1 | 238 | 12 | 13 | 3 | 110 | 2 | 114 | 4 | 90 | 5 | 52 | 7 | 41 | 14 | 13 | 15 | 12 | 10 | 15 | 11 | 15 |
| 土拉热弗朗西斯菌 | 1 | 634 | 11 | 17 | 8 | 24 | 5 | 59 | 6 | 52 | 7 | 43 | 3 | 68 | 9 | 21 | 20 | 7 | 15 | 9 | 21 | 7 |
| 布鲁菌 | 1 | 713 | 5 | 234 | 17 | 67 | 10 | 130 | 11 | 120 | 2 | 348 | 15 | 88 | 4 | 240 | 8 | 169 | 24 | 33 | 21 | 40 |
| 鼻疽伯克霍尔德菌 | 1 | 97 | 27 | 1 | | | 3 | 13 | 2 | 16 | 5 | 9 | 4 | 11 | | | 8 | 6 | 15 | 2 | 17 | 2 |
| 类鼻疽伯克霍尔德菌 | 2 | 285 | 11 | 31 | 15 | 17 | 3 | 231 | 7 | 54 | 9 | 36 | 8 | 53 | 20 | 12 | 10 | 31 | 4 | 187 | 14 | 19 |
| 产气荚膜梭菌 | 1 | 635 | 8 | 90 | 5 | 267 | 7 | 94 | 3 | 144 | 6 | 96 | 5 | 113 | 14 | 42 | 10 | 47 | 4 | 128 | 17 | 34 |
| 沙门菌 | 1 | 7306 | 4 | 1282 | 5 | 1072 | 2 | 1804 | 3 | 1317 | 10 | 825 | 6 | 1020 | 8 | 874 | 7 | 899 | 14 | 464 | 15 | 421 |
| O157：H7大肠杆菌 | 1 | 2226 | 3 | 329 | 5 | 256 | 6 | 127 | 10 | 83 | 9 | 96 | 2 | 402 | 7 | 110 | 29 | 18 | 25 | 28 | 22 | 31 |
| 志贺菌 | 1 | 692 | 3 | 253 | 5 | 144 | 7 | 143 | 9 | 78 | 2 | 263 | 12 | 65 | 15 | 53 | 4 | 193 | 6 | 143 | 27 | 20 |
| 葡萄球菌 | 1 | 8383 | 3 | 1847 | 4 | 1733 | 5 | 1709 | 6 | 2247 | 6 | 1574 | 9 | 953 | 8 | 987 | 13 | 817 | 15 | 783 | 10 | 902 |
| 霍乱弧菌 | 1 | 1361 | 5 | 156 | 4 | 264 | 13 | 74 | 8 | 102 | 7 | 103 | 10 | 88 | 24 | 33 | 2 | 575 | 9 | 93 | 27 | 25 |
| 幽门螺杆菌 | 1 | 3386 | 4 | 1433 | 2 | 2571 | 6 | 1029 | 5 | 1385 | 8 | 688 | 13 | 476 | 14 | 468 | 18 | 341 | 15 | 466 | 16 | 448 |
| 结核分枝杆菌 | 1 | 4634 | 4 | 1220 | 12 | 415 | 3 | 1308 | 6 | 664 | 5 | 1002 | 14 | 349 | 10 | 464 | 2 | 1723 | 19 | 246 | 11 | 454 |
| 麻风分枝杆菌 | 1 | 212 | 13 | 14 | 4 | 80 | 5 | 59 | 10 | 15 | 6 | 52 | 14 | 13 | 32 | 5 | 3 | 115 | 9 | 15 | 7 | 50 |

续表

| 病原生物 | 美国 排序 | 美国 数量 | 中国 排序 | 中国 数量 | 日本 排序 | 日本 数量 | 英国 排序 | 英国 数量 | 德国 排序 | 德国 数量 | 法国 排序 | 法国 数量 | 加拿大 排序 | 加拿大 数量 | 西班牙 排序 | 西班牙 数量 | 印度 排序 | 印度 数量 | 澳大利亚 排序 | 澳大利亚 数量 | 荷兰 排序 | 荷兰 数量 |
|---|---|---|---|---|---|---|---|---|---|---|---|---|---|---|---|---|---|---|---|---|---|---|
| 流感嗜血杆菌 | 1 | 1261 | 17 | 54 | 3 | 229 | 2 | 363 | 11 | 109 | 7 | 155 | 5 | 197 | 9 | 129 | 16 | 63 | 4 | 210 | 10 | 115 |
| 白喉棒状杆菌 | 1 | 79 |  |  | 6 | 18 | 4 | 28 | 3 | 35 | 5 | 23 | 8 | 8 | 43 | 1 | 13 | 6 | 12 | 6 |  |  |
| 破伤风梭菌 | 2 | 8 | 9 | 3 | 12 | 2 | 4 | 4 | 3 | 7 | 1 | 8 | 10 | 2 | 25 | 1 | 8 | 3 | 16 | 1 |  |  |
| 化脓链球菌 | 1 | 490 | 14 | 34 | 3 | 150 | 5 | 110 | 2 | 177 | 8 | 79 | 11 | 34 | 7 | 80 | 15 | 33 | 9 | 72 | 17 | 25 |
| 肺炎链球菌 | 1 | 2350 | 8 | 284 | 6 | 319 | 2 | 660 | 5 | 375 | 3 | 485 | 9 | 272 | 4 | 454 | 21 | 95 | 10 | 224 | 7 | 312 |
| 猪链球菌 | 6 | 67 | 1 | 348 | 5 | 76 | 8 | 39 | 4 | 87 | 10 | 23 | 2 | 221 | 7 | 42 | 23 | 5 | 17 | 10 | 3 | 90 |
| 脑膜炎奈瑟菌 | 1 | 562 | 14 | 48 | 18 | 37 | 2 | 486 | 5 | 190 | 3 | 243 | 8 | 113 | 10 | 96 | 20 | 31 | 11 | 88 | 6 | 154 |
| 淋病奈瑟菌 | 1 | 887 | 8 | 88 | 7 | 92 | 2 | 218 | 6 | 107 | 11 | 47 | 3 | 177 | 17 | 27 | 10 | 56 | 4 | 162 | 9 | 62 |
| 百日咳鲍特菌 | 1 | 345 | 16 | 29 | 8 | 53 | 4 | 88 | 5 | 76 | 2 | 223 | 6 | 73 | 25 | 14 | 36 | 4 | 17 | 28 | 3 | 138 |
| 嗜肺军团菌 | 1 | 554 | 9 | 61 | 4 | 151 | 5 | 92 | 2 | 231 | 3 | 171 | 6 | 87 | 7 | 76 | 31 | 8 | 14 | 38 | 11 | 45 |
| 空肠弯曲菌 | 1 | 850 | 9 | 113 | 5 | 175 | 2 | 437 | 4 | 176 | 10 | 110 | 3 | 352 | 13 | 68 | 23 | 38 | 8 | 115 | 6 | 156 |
| 伯氏疏螺旋体 | 1 | 1640 | 12 | 57 | 16 | 42 | 10 | 66 | 2 | 330 | 3 | 95 | 6 | 81 | 18 | 37 | 64 | 1 | 30 | 12 | 9 | 71 |
| 梅毒螺旋体 | 1 | 232 | 2 | 78 | 14 | 10 | 9 | 14 | 3 | 32 | 7 | 19 | 5 | 24 | 11 | 12 | 23 | 6 | 12 | 11 | 16 | 9 |
| 钩端螺旋体 | 1 | 392 | 6 | 101 | 8 | 76 | 10 | 66 | 11 | 50 | 3 | 157 | 12 | 48 | 30 | 12 | 5 | 107 | 4 | 108 | 9 | 76 |
| 李斯特菌 | 1 | 2525 | 5 | 354 | 7 | 312 | 9 | 263 | 3 | 482 | 2 | 680 | 8 | 286 | 4 | 464 | 20 | 107 | 19 | 122 | 15 | 154 |
| 天花病毒 | 1 | 35 |  |  | 13 | 1 | 3 | 6 | 4 | 6 | 7 | 3 | 5 | 4 | 8 | 3 | 11 | 2 | 6 | 3 |  |  |
| 埃博拉病毒 | 1 | 996 | 6 | 123 | 7 | 115 | 4 | 174 | 2 | 205 | 5 | 153 | 3 | 184 | 16 | 35 | 25 | 17 | 14 | 38 | 19 | 32 |
| 马尔堡病毒 | 1 | 129 | 6 | 12 | 5 | 16 | 8 | 8 | 2 | 56 | 7 | 11 | 4 | 17 | 20 | 2 |  |  |  |  | 12 | 3 |

续表

| 病原生物 | 美国 | | 中国 | | 日本 | | 英国 | | 德国 | | 法国 | | 加拿大 | | 西班牙 | | 印度 | | 澳大利亚 | | 荷兰 | |
|---|---|---|---|---|---|---|---|---|---|---|---|---|---|---|---|---|---|---|---|---|---|---|
| | 排序 | 数量 | 排序 | 数量 | 排序 | 数量 | 排序 | 数量 | 排序 | 数量 | 排序 | 数量 | 排序 | 数量 | 排序 | 数量 | 排序 | 数量 | 排序 | 数量 | 排序 | 数量 |
| 拉沙病毒 | 1 | 82 | 16 | 3 | 9 | 8 | 12 | 5 | 2 | 62 | 3 | 21 | 4 | 16 | 25 | 1 | | | | | 11 | 6 |
| 委内瑞拉马脑炎病毒 | 1 | 191 | 23 | 1 | | | 2 | 26 | 9 | 4 | 8 | 5 | 4 | 12 | 9 | 1 | 5 | 8 | 10 | 3 | 13 | 2 |
| 东部马脑炎病毒 | 1 | 77 | 2 | 5 | 6 | 1 | 5 | 1 | | | | | 3 | 2 | | | | | | | | |
| 西部马脑炎病毒 | 1 | 25 | 9 | 1 | | | | | 6 | 2 | 7 | 1 | 2 | 15 | | | | | 3 | 3 | | |
| 尼帕病毒 | 1 | 170 | 13 | 6 | 8 | 21 | 10 | 12 | 7 | 23 | 5 | 27 | 6 | 23 | 21 | 2 | 11 | 8 | 3 | 45 | 15 | 5 |
| 亨德拉病毒 | 2 | 70 | 9 | 4 | 8 | 4 | 3 | 10 | 10 | 3 | 5 | 5 | 7 | 4 | | | 13 | 1 | 1 | 103 | 14 | 1 |
| 汉坦病毒 | 1 | 426 | 8 | 64 | 9 | 56 | 18 | 18 | 3 | 137 | 11 | 50 | 15 | 23 | 19 | 16 | 26 | 10 | 27 | 8 | 17 | 19 |
| 汉滩病毒 | 2 | 44 | 1 | 77 | 4 | 18 | 7 | 4 | 5 | 13 | 9 | 3 | 6 | 6 | | | | | 16 | 1 | | |
| 辛诺柏病毒 | 1 | 82 | | | | | | | 4 | 1 | | | 2 | 5 | | | | | | | | |
| 克里米亚刚果出血热 | 1 | 66 | 6 | 22 | 11 | 10 | 7 | 18 | 3 | 34 | 9 | 17 | 13 | 8 | 14 | 8 | 16 | 5 | 36 | 1 | 31 | 2 |
| 裂谷热病毒 | 1 | 198 | 15 | 8 | 19 | 6 | 13 | 9 | 4 | 34 | 2 | 63 | 9 | 14 | 8 | 16 | 49 | 1 | | | 5 | 28 |
| 胡宁病毒 | 2 | 38 | 6 | 2 | 4 | 4 | 13 | 1 | 5 | 2 | 14 | 2 | 11 | 1 | 7 | 2 | | | | | | |
| 黄热病毒 | 1 | 130 | 10 | 8 | 13 | 5 | 5 | 14 | 4 | 21 | 3 | 39 | 23 | 2 | 40 | 1 | 17 | 4 | 8 | 10 | 7 | 11 |
| 登革热病毒 | 1 | 1045 | 6 | 236 | 9 | 169 | 11 | 155 | 14 | 91 | 8 | 186 | 18 | 53 | 28 | 29 | 7 | 200 | 10 | 167 | 15 | 68 |
| 乙型脑炎病毒 | 5 | 132 | 1 | 202 | 4 | 166 | 9 | 30 | 21 | 4 | 10 | 25 | 29 | 2 | | | 2 | 199 | 8 | 33 | 39 | 1 |
| 蜱传脑炎病毒 | 8 | 31 | 20 | 6 | 5 | 39 | 7 | 31 | 3 | 60 | 13 | 14 | 31 | 2 | 22 | 6 | 33 | 2 | 38 | 1 | 25 | 4 |
| 西尼罗病毒 | 1 | 1778 | 8 | 70 | 10 | 55 | 11 | 53 | 7 | 86 | 3 | 149 | 2 | 173 | 6 | 90 | 18 | 31 | 5 | 116 | 14 | 50 |

续表

| 病原生物 | 美国 | | 中国 | | 日本 | | 英国 | | 德国 | | 法国 | | 加拿大 | | 西班牙 | | 印度 | | 澳大利亚 | | 荷兰 | |
|---|---|---|---|---|---|---|---|---|---|---|---|---|---|---|---|---|---|---|---|---|---|---|
| | 排序 | 数量 | 排序 | 数量 | 排序 | 数量 | 排序 | 数量 | 排序 | 数量 | 排序 | 数量 | 排序 | 数量 | 排序 | 数量 | 排序 | 数量 | 排序 | 数量 | 排序 | 数量 |
| 寨卡病毒 | 1 | 788 | 3 | 144 | 20 | 20 | 5 | 85 | 6 | 75 | 4 | 126 | 8 | 70 | 13 | 32 | 10 | 49 | 12 | 32 | 15 | 26 |
| 基孔肯雅病毒 | 1 | 260 | 17 | 16 | 14 | 28 | 12 | 30 | 8 | 37 | 2 | 177 | 19 | 15 | 18 | 16 | 3 | 157 | 6 | 43 | 9 | 34 |
| 发热伴血小板减少综合征病毒 | 4 | 19 | 1 | 67 | 2 | 27 | 6 | 2 | 11 | 1 | | | 5 | 2 | | | 12 | 1 | 9 | 1 | 14 | 1 |
| 流感病毒 | 1 | 2642 | 2 | 1199 | 3 | 870 | 5 | 409 | 4 | 434 | 10 | 235 | 8 | 271 | 13 | 147 | 21 | 75 | 7 | 293 | 9 | 263 |
| H5N1 流感病毒 | 1 | 241 | 2 | 223 | 3 | 99 | 6 | 39 | 4 | 55 | 12 | 23 | 15 | 17 | 22 | 8 | 19 | 15 | 10 | 25 | 7 | 34 |
| H1N1 流感病毒 | 1 | 198 | 2 | 138 | 4 | 48 | 7 | 29 | 6 | 32 | 10 | 20 | 5 | 33 | 14 | 14 | 17 | 11 | 13 | 16 | 9 | 25 |
| H7N9 流感病毒 | 2 | 29 | 1 | 57 | 9 | 2 | 4 | 5 | 8 | 3 | | | 3 | 8 | 10 | 2 | | | 7 | 3 | 5 | 5 |
| 麻疹病毒 | 1 | 480 | 6 | 61 | 2 | 220 | 5 | 99 | 3 | 197 | 4 | 176 | 9 | 49 | 13 | 24 | 22 | 10 | 12 | 24 | 8 | 50 |
| 风疹病毒 | 1 | 107 | 5 | 25 | 4 | 28 | 6 | 20 | 3 | 35 | 15 | 8 | 2 | 38 | 11 | 10 | 20 | 3 | 14 | 8 | 10 | 10 |
| 腮腺炎病毒 | 5 | 63 | 5 | 17 | 2 | 53 | 3 | 24 | 8 | 8 | 15 | 6 | 11 | 7 | 7 | 9 | 16 | 6 | 25 | 2 | 13 | 7 |
| 腺病毒 | 1 | 4390 | 2 | 1416 | 3 | 1071 | 6 | 602 | 5 | 651 | 7 | 526 | 4 | 672 | 11 | 217 | 21 | 67 | 13 | 152 | 8 | 350 |
| 呼吸道合胞病毒 | 1 | 131 | 4 | 35 | 7 | 21 | 3 | 49 | 8 | 17 | 6 | 24 | 13 | 12 | 2 | 67 | 20 | 6 | 9 | 16 | 10 | 16 |
| SARS 冠状病毒 | 2 | 481 | 1 | 551 | 6 | 95 | 9 | 43 | 4 | 98 | 10 | 42 | 7 | 82 | 12 | 37 | 16 | 18 | 14 | 26 | 8 | 50 |
| 中东呼吸综合征冠状病毒 | 1 | 251 | 3 | 138 | 13 | 16 | 8 | 33 | 5 | 55 | 9 | 28 | 10 | 21 | 16 | 12 | 27 | 4 | 12 | 20 | 6 | 48 |
| 人类免疫缺陷病毒 | 1 | 10 019 | 11 | 450 | 5 | 893 | 3 | 1070 | 8 | 677 | 2 | 1409 | 6 | 777 | 7 | 775 | 16 | 266 | 14 | 378 | 9 | 512 |
| 人类嗜T细胞病毒 | 2 | 814 | 11 | 52 | 1 | 820 | 5 | 175 | 9 | 76 | 4 | 274 | 10 | 61 | 12 | 52 | 31 | 12 | 21 | 23 | 28 | 14 |

续表

| 病原生物 | 美国 排序 | 美国 数量 | 中国 排序 | 中国 数量 | 日本 排序 | 日本 数量 | 英国 排序 | 英国 数量 | 德国 排序 | 德国 数量 | 法国 排序 | 法国 数量 | 加拿大 排序 | 加拿大 数量 | 西班牙 排序 | 西班牙 数量 | 印度 排序 | 印度 数量 | 澳大利亚 排序 | 澳大利亚 数量 | 荷兰 排序 | 荷兰 数量 |
|---|---|---|---|---|---|---|---|---|---|---|---|---|---|---|---|---|---|---|---|---|---|---|
| 甲型肝炎病毒 | 1 | 221 | 2 | 94 | 9 | 65 | 12 | 36 | 4 | 90 | 8 | 66 | 10 | 45 | 3 | 91 | 11 | 40 | 14 | 22 | 15 | 19 |
| 乙型肝炎病毒 | 2 | 2017 | 1 | 3099 | 3 | 1050 | 8 | 433 | 4 | 809 | 6 | 659 | 11 | 233 | 13 | 226 | 12 | 229 | 10 | 269 | 16 | 185 |
| 丙型肝炎病毒 | 1 | 5335 | 6 | 1077 | 2 | 2359 | 8 | 954 | 5 | 1234 | 3 | 1707 | 9 | 658 | 7 | 1036 | 20 | 219 | 11 | 461 | 18 | 268 |
| 柯萨奇病毒 | 1 | 409 | 2 | 376 | 5 | 97 | 10 | 63 | 3 | 146 | 6 | 91 | 4 | 97 | 22 | 11 | 17 | 15 | 14 | 29 | 12 | 41 |
| 轮状病毒 | 1 | 1677 | 6 | 257 | 2 | 470 | 4 | 323 | 15 | 124 | 7 | 244 | 17 | 105 | 13 | 136 | 3 | 375 | 8 | 219 | 22 | 83 |
| 肠道病毒-71 | 3 | 115 | 1 | 569 | 7 | 51 | 9 | 18 | 11 | 12 | 10 | 15 | 19 | 5 | 29 | 2 | 16 | 6 | 5 | 56 | 13 | 8 |
| 诺如病毒 | 1 | 892 | 3 | 201 | 2 | 278 | 4 | 198 | 6 | 148 | 7 | 96 | 13 | 83 | 10 | 89 | 26 | 20 | 11 | 85 | 8 | 93 |
| 脊髓灰质炎病毒 | 1 | 843 | 7 | 62 | 2 | 140 | 5 | 104 | 12 | 43 | 4 | 121 | 16 | 34 | 10 | 52 | 8 | 60 | 20 | 21 | 6 | 84 |
| 单纯疱疹病毒 | 1 | 3959 | 6 | 336 | 4 | 680 | 3 | 504 | 4 | 439 | 7 | 323 | 5 | 395 | 14 | 105 | 22 | 50 | 11 | 158 | 12 | 129 |
| 水痘带状疱疹病毒 | 1 | 667 | 14 | 36 | 5 | 208 | 5 | 120 | 3 | 161 | 6 | 66 | 9 | 46 | 13 | 37 | 33 | 8 | 7 | 53 | 8 | 50 |
| 巨细胞病毒 | 1 | 4170 | 7 | 492 | 4 | 725 | 3 | 730 | 2 | 1263 | 6 | 650 | 9 | 393 | 10 | 392 | 22 | 103 | 11 | 328 | 8 | 435 |
| EB病毒 | 1 | 2295 | 3 | 746 | 3 | 1291 | 4 | 623 | 5 | 606 | 6 | 446 | 12 | 189 | 14 | 137 | 21 | 65 | 13 | 144 | 11 | 225 |
| 猴痘病毒 | 1 | 70 | 14 | 1 | 3 | 5 | 7 | 2 | 2 | 6 | 8 | 2 | 4 | 3 | | | 13 | 1 | | | 9 | 2 |
| 狂犬病病毒 | 1 | 321 | 2 | 179 | 3 | 142 | 9 | 40 | 6 | 67 | 4 | 136 | 8 | 48 | 34 | 5 | 7 | 62 | 17 | 13 | 13 | 18 |
| 人乳头瘤病毒 | 1 | 4383 | 2 | 899 | 9 | 504 | 4 | 700 | 3 | 716 | 5 | 638 | 8 | 518 | 14 | 344 | 19 | 218 | 12 | 398 | 7 | 578 |
| 人类细小病毒B19 | 2 | 73 | 5 | 23 | 1 | 88 | 4 | 25 | 3 | 45 | 7 | 22 | 14 | 9 | 18 | 8 | 24 | 5 | 13 | 9 | 17 | 8 |
| 口蹄疫病毒 | 3 | 273 | 2 | 290 | 15 | 31 | 1 | 308 | 8 | 58 | 16 | 30 | 11 | 40 | 5 | 140 | 4 | 168 | 17 | 27 | 10 | 43 |
| 非洲猪瘟病毒 | 3 | 73 | 13 | 9 | 20 | 6 | 2 | 113 | 6 | 30 | 6 | 21 | 15 | 8 | 1 | 155 | | | 10 | 11 | 22 | 5 |

| 病原生物 | 美国 排序 | 美国 数量 | 中国 排序 | 中国 数量 | 日本 排序 | 日本 数量 | 英国 排序 | 英国 数量 | 德国 排序 | 德国 数量 | 法国 排序 | 法国 数量 | 加拿大 排序 | 加拿大 数量 | 西班牙 排序 | 西班牙 数量 | 印度 排序 | 印度 数量 | 澳大利亚 排序 | 澳大利亚 数量 | 荷兰 排序 | 荷兰 数量 |
|---|---|---|---|---|---|---|---|---|---|---|---|---|---|---|---|---|---|---|---|---|---|---|
| 新城疫病毒 | 1 | 371 | 2 | 324 | 6 | 46 | 7 | 41 | 4 | 76 | 20 | 18 | 21 | 17 | 15 | 26 | 3 | 124 | 9 | 39 | 8 | 40 |
| 水泡性口炎病毒 | 1 | 640 | 3 | 58 | 5 | 56 | 8 | 26 | 4 | 56 | 6 | 36 | 2 | 93 | 9 | 23 | 25 | 4 | 23 | 4 | 14 | 9 |
| 贝氏柯克斯体 | 1 | 292 | 16 | 18 | 7 | 59 | 10 | 29 | 4 | 84 | 2 | 172 | 13 | 20 | 5 | 72 | 36 | 4 | 8 | 47 | 3 | 101 |
| 普氏立克次体 | 1 | 69 | 11 | 1 | 8 | 2 | 7 | 2 | 4 | 4 | 2 | 12 | 6 | 2 | | | | | 9 | 1 | | |
| 立氏立克次体 | 1 | 78 | 3 | 6 | 11 | 1 | 10 | 1 | | | 6 | 3 | | | | | 9 | 2 | | | | |
| 恙虫病立克次体 | 3 | 69 | 6 | 19 | 4 | 37 | 5 | 25 | 12 | 6 | 9 | 12 | 20 | 1 | | | 8 | 13 | 7 | 15 | 21 | 1 |
| 巴尔通体 | 1 | 706 | 12 | 35 | 4 | 86 | 5 | 69 | 3 | 115 | 2 | 264 | 18 | 24 | 9 | 43 | 40 | 5 | 11 | 35 | 17 | 28 |
| 肺炎支原体 | 1 | 287 | 2 | 188 | 3 | 168 | 10 | 36 | 4 | 119 | 5 | 88 | 16 | 20 | 9 | 39 | 11 | 26 | 13 | 25 | 6 | 49 |
| 鹦鹉热衣原体 | 1 | 83 | 5 | 35 | 14 | 11 | 4 | 36 | 2 | 67 | 6 | 29 | 19 | 8 | 13 | 13 | 12 | 16 | 10 | 19 | 9 | 20 |
| 肺炎衣原体 | 1 | 476 | 10 | 66 | 4 | 145 | 8 | 84 | 2 | 247 | 12 | 58 | 7 | 87 | 19 | 31 | 20 | 28 | 11 | 60 | 9 | 67 |
| 沙眼衣原体 | 1 | 1316 | 8 | 143 | 14 | 78 | 2 | 378 | 5 | 197 | 9 | 134 | 4 | 200 | 19 | 42 | 11 | 88 | 7 | 153 | 3 | 222 |
| 粗球孢子菌 | 1 | 124 | | | 6 | 3 | 5 | 4 | 10 | 1 | | | 4 | 4 | | | | | 9 | 1 | 11 | 1 |
| 疟原虫 | 1 | 5451 | 15 | 482 | 8 | 856 | 2 | 2575 | 6 | 1290 | 3 | 1758 | 20 | 344 | 16 | 431 | 5 | 1474 | 4 | 1503 | 11 | 696 |
| 隐孢子虫病 | 1 | 1602 | 3 | 259 | 7 | 188 | 4 | 238 | 11 | 125 | 6 | 189 | 8 | 168 | 5 | 209 | 16 | 61 | 2 | 293 | 20 | 52 |
| 血吸虫 | 1 | 292 | 3 | 58 | 10 | 31 | 2 | 169 | 6 | 46 | 4 | 53 | 19 | 9 | 44 | 3 | 26 | 6 | 5 | 50 | 7 | 46 |
| 合计 | | 111 170 | | 24 645 | | 23 758 | | 22 331 | | 20 710 | | 19 925 | | 12 389 | | 10 379 | | 10 322 | | 9992 | | 9186 |

续表

| 病原生物 | 巴西 | | 韩国 | | 瑞典 | | 瑞士 | | 中国台湾 | | 比利时 | | 土耳其 | | 俄罗斯 | | 新加坡 | | 捷克 | |
|---|---|---|---|---|---|---|---|---|---|---|---|---|---|---|---|---|---|---|---|---|
| | 排序 | 数量 | 排序 | 数量 | 排序 | 数量 | 排序 | 数量 | 排序 | 数量 | 排序 | 数量 | 排序 | 数量 | 排序 | 数量 | 排序 | 数量 | 排序 | 数量 |
| 炭疽芽孢杆菌 | 18 | 15 | 7 | 56 | 12 | 22 | 14 | 20 | 26 | 8 | 20 | 14 | 15 | 19 | 19 | 15 | 43 | 3 | 36 | 4 |
| 鼠疫耶尔森菌 | 9 | 21 | 29 | 4 | 14 | 12 | 19 | 7 | 24 | 5 | 30 | 3 | 59 | 1 | 4 | 100 | 42 | 2 | 49 | 1 |
| 肉毒梭菌 | 18 | 11 | 16 | 12 | 9 | 20 | 28 | 3 | 27 | 4 | 17 | 11 | 29 | 3 | 50 | 1 | | | 39 | 1 |
| 土拉热弗朗西斯菌 | 32 | 2 | 28 | 4 | 2 | 139 | 14 | 11 | 35 | 2 | 31 | 2 | 12 | 16 | 10 | 19 | | | 4 | 63 |
| 布鲁氏菌 | 7 | 183 | 13 | 112 | 26 | 27 | 29 | 25 | 105 | 1 | 9 | 140 | 6 | 233 | 39 | 13 | 80 | 2 | 76 | 2 |
| 鼻疽伯克霍尔德菌 | 12 | 3 | 14 | 3 | | | | | | | 20 | 1 | 29 | 1 | 10 | 4 | 18 | 2 | | |
| 类鼻疽伯克霍尔德菌 | 17 | 15 | 19 | 13 | 53 | 1 | 22 | 10 | 12 | 25 | 23 | 6 | | | 28 | 3 | 6 | 71 | 39 | 1 |
| 产气荚膜梭菌 | 9 | 75 | 15 | 41 | 27 | 17 | 16 | 39 | 32 | 13 | 11 | 45 | 22 | 21 | 37 | 7 | 58 | 2 | 35 | 10 |
| 沙门菌 | 11 | 785 | 9 | 851 | 17 | 379 | 20 | 319 | 18 | 368 | 16 | 399 | 19 | 352 | 37 | 124 | 43 | 94 | 31 | 151 |
| O157：H7大肠杆菌 | 17 | 49 | 4 | 259 | 24 | 31 | 32 | 14 | 18 | 46 | 16 | 50 | 8 | 107 | 50 | 7 | 55 | 5 | 45 | 8 |
| 志贺菌 | 20 | 35 | 10 | 72 | 11 | 70 | 18 | 39 | 21 | 29 | 19 | 37 | 29 | 20 | 17 | 39 | 68 | 3 | 77 | 2 |
| 葡萄球菌 | 7 | 1067 | 12 | 891 | 16 | 689 | 14 | 788 | 21 | 498 | 18 | 562 | 19 | 557 | 39 | 142 | 45 | 96 | 32 | 199 |
| 霍乱弧菌 | 12 | 77 | 15 | 69 | 6 | 106 | 17 | 55 | 28 | 25 | 34 | 14 | 54 | 5 | 21 | 47 | 47 | 8 | 45 | 8 |
| 幽门螺杆菌 | 20 | 310 | 7 | 866 | 9 | 655 | 21 | 210 | 11 | 611 | 28 | 139 | 10 | 623 | 36 | 105 | 33 | 115 | 50 | 40 |
| 结核分枝杆菌 | 8 | 557 | 13 | 366 | 16 | 302 | 15 | 336 | 22 | 173 | 17 | 280 | 23 | 168 | 20 | 238 | 27 | 139 | 53 | 32 |
| 麻风分枝杆菌 | 2 | 145 | 8 | 30 | 25 | 8 | 15 | 13 | 47 | 2 | 20 | 10 | | | 62 | 1 | 64 | 1 | 42 | 2 |
| 流感嗜血杆菌 | 15 | 67 | 18 | 53 | 6 | 197 | 14 | 72 | 23 | 27 | 8 | 143 | 21 | 35 | 46 | 9 | 30 | 17 | 33 | 15 |

续表

| 病原生物 | 巴西 排序 | 巴西 数量 | 韩国 排序 | 韩国 数量 | 瑞典 排序 | 瑞典 数量 | 瑞士 排序 | 瑞士 数量 | 中国台湾 排序 | 中国台湾 数量 | 比利时 排序 | 比利时 数量 | 土耳其 排序 | 土耳其 数量 | 俄罗斯 排序 | 俄罗斯 数量 | 新加坡 排序 | 新加坡 数量 | 捷克 排序 | 捷克 数量 |
|---|---|---|---|---|---|---|---|---|---|---|---|---|---|---|---|---|---|---|---|---|
| 白喉棒状杆菌 | 2 | 36 | 14 | 6 | 44 | 1 | 17 | 5 | | | 22 | 2 | 29 | 2 | 7 | 11 | | | | |
| 破伤风梭菌 | 7 | 3 | 24 | 1 | | | | | 26 | 1 | 6 | 3 | | | 13 | 2 | 23 | 1 | | |
| 化脓性链球菌 | 19 | 22 | 18 | 24 | 4 | 148 | 33 | 10 | 16 | 27 | 21 | 21 | 24 | 19 | 22 | 21 | 46 | 4 | 32 | 10 |
| 肺炎链球菌 | 14 | 166 | 13 | 189 | 12 | 191 | 15 | 150 | 22 | 92 | 24 | 88 | 25 | 75 | 28 | 46 | 50 | 17 | 32 | 34 |
| 猪链球菌 | 14 | 12 | 16 | 11 | 18 | 9 | 27 | 3 | 24 | 5 | 25 | 4 | | | | | 30 | 2 | 34 | 1 |
| 脑膜炎奈瑟菌 | 9 | 97 | 33 | 15 | 12 | 78 | 19 | 37 | 34 | 14 | 15 | 47 | 29 | 18 | 30 | 17 | 49 | 6 | 16 | 45 |
| 淋病奈瑟菌 | 22 | 20 | 27 | 16 | 5 | 154 | 18 | 27 | 28 | 16 | 14 | 30 | 44 | 6 | 21 | 21 | 33 | 10 | | |
| 百日咳鲍特菌 | 18 | 19 | 39 | 4 | 9 | 52 | 20 | 19 | 32 | 6 | 13 | 43 | 26 | 13 | 24 | 14 | 34 | 5 | 14 | 43 |
| 嗜肺军团菌 | 26 | 11 | 15 | 28 | 17 | 24 | 10 | 51 | 18 | 24 | 12 | 42 | 16 | 25 | 19 | 18 | 42 | 2 | 34 | 4 |
| 空肠弯曲菌 | 21 | 44 | 16 | 64 | 15 | 65 | 25 | 37 | 48 | 10 | 18 | 57 | 27 | 33 | 43 | 13 | 49 | 8 | 30 | 24 |
| 伯氏疏螺旋体 | 21 | 29 | 35 | 9 | 13 | 51 | 5 | 87 | 29 | 14 | 19 | 35 | 22 | 26 | 23 | 25 | | | 7 | 78 |
| 梅毒螺旋体 | 13 | 10 | 19 | 7 | 28 | 5 | 10 | 14 | 20 | 7 | 17 | 8 | 31 | 4 | 26 | 5 | 75 | 2 | 4 | 31 |
| 钩端螺旋体 | 2 | 362 | 33 | 11 | 23 | 20 | 24 | 20 | 22 | 21 | 37 | 9 | 42 | 7 | 55 | 4 | 51 | 2 | 40 | 7 |
| 李斯特菌 | 11 | 241 | 10 | 258 | 27 | 78 | 18 | 127 | 38 | 32 | 17 | 132 | 14 | 168 | 36 | 32 | 51 | 15 | 42 | 30 |
| 天花病毒 | 9 | 2 | | | | | | | | | | | | | 2 | 18 | | | | |
| 埃博拉病毒 | 63 | 2 | 44 | 6 | 20 | 28 | 9 | 93 | 75 | 2 | 12 | 54 | 93 | 1 | 17 | 34 | 30 | 11 | 77 | 1 |
| 马尔堡病毒 | | | | | | | 11 | 5 | | | 15 | 2 | | | 3 | 20 | | | | |
| 拉沙病毒 | | | | | 25 | 1 | 8 | 9 | | | 10 | 6 | 26 | 1 | | | | | | |

续表

| 病原生物 | 巴西 | | 韩国 | | 瑞典 | | 瑞士 | | 中国台湾 | | 比利时 | | 土耳其 | | 俄罗斯 | | 新加坡 | | 捷克 | |
|---|---|---|---|---|---|---|---|---|---|---|---|---|---|---|---|---|---|---|---|---|
| | 排序 | 数量 | 排序 | 数量 | 排序 | 数量 | 排序 | 数量 | 排序 | 数量 | 排序 | 数量 | 排序 | 数量 | 排序 | 数量 | 排序 | 数量 | 排序 | 数量 |
| 委内瑞拉马脑炎病毒 | 12 | 2 | | | | | | | | | | | | | 24 | 1 | | | | |
| 东部马脑炎病毒 | | | | | | | | | | | | | | | | | | | | |
| 西部马脑炎病毒 | | | | | | | | | | | | | | | | | | | | |
| 尼帕病毒 | | | | | | | 14 | 6 | | | 19 | 2 | | | | | 9 | 14 | | |
| 亨德拉病毒 | | | | | | | 15 | 1 | | | | | | | | | 4 | 6 | | |
| 汉坦病毒 | 6 | 82 | 13 | 31 | 4 | 126 | 16 | 23 | 31 | 8 | 10 | 52 | 22 | 13 | 12 | 32 | 62 | 2 | 20 | 15 |
| 汉滩病毒 | 3 | 4 | 3 | 30 | 12 | 3 | 14 | 2 | 15 | 2 | | | | | 18 | 1 | | | | |
| 辛诺柏病毒 | | | 6 | 1 | 7 | 1 | | | | | | | | | | | | | | |
| 克里米亚刚果出血热 | | | | | 4 | 27 | | | | | 37 | 1 | 2 | 47 | 10 | 16 | 21 | 3 | 38 | 1 |
| 裂谷热病毒 | 20 | 5 | 26 | 4 | 12 | 10 | 38 | 2 | | | 32 | 2 | 30 | 3 | 56 | 1 | 25 | 4 | | |
| 胡宁病毒 | | | | | | | | | | | 10 | 1 | | | | | | | | |
| 黄热病毒 | 2 | 66 | | | 14 | 5 | 15 | 5 | | | 9 | 10 | 42 | 1 | | | 18 | 4 | | |
| 登革热病毒 | 3 | 292 | 24 | 35 | 31 | 27 | 26 | 32 | 5 | 238 | 30 | 27 | 44 | 8 | 57 | 5 | 4 | 248 | 30 | 1 |
| 乙型脑炎病毒 | 34 | 1 | 6 | 51 | 19 | 5 | 14 | 8 | 3 | 168 | 33 | 1 | | | | | 16 | 7 | 91 | 1 |
| 蜱传脑炎病毒 | 27 | 3 | 29 | 3 | 6 | 37 | 10 | 19 | 48 | 1 | 24 | 4 | 26 | 4 | 1 | 121 | | | 4 | 44 |
| 西尼罗病毒 | 26 | 16 | 28 | 16 | 23 | 18 | 21 | 25 | 46 | 5 | 25 | 17 | 16 | 45 | 33 | 14 | 12 | 52 | 19 | 30 |
| 寨卡病毒 | 2 | 279 | 19 | 21 | 14 | 28 | 16 | 25 | 31 | 10 | 21 | 19 | 61 | 3 | 53 | 5 | 9 | 51 | 35 | 8 |

续表

| 病原生物 | 巴西 | | 韩国 | | 瑞典 | | 瑞士 | | 中国台湾 | | 比利时 | | 土耳其 | | 俄罗斯 | | 新加坡 | | 捷克 | |
|---|---|---|---|---|---|---|---|---|---|---|---|---|---|---|---|---|---|---|---|---|
| | 排序 | 数量 | 排序 | 数量 | 排序 | 数量 | 排序 | 数量 | 排序 | 数量 | 排序 | 数量 | 排序 | 数量 | 排序 | 数量 | 排序 | 数量 | 排序 | 数量 |
| 基孔肯雅病毒 | 11 | 31 | 34 | 5 | 20 | 15 | 27 | 7 | 21 | 14 | 7 | 38 | 88 | 1 | 65 | 2 | 4 | 61 | 57 | 2 |
| 发热伴血小板减少综合征病毒 | | | 3 | 21 | | | | | | | | | | | | | | | | |
| 流感病毒 | 28 | 47 | 6 | 301 | 22 | 67 | 17 | 84 | 14 | 117 | 16 | 109 | 38 | 25 | 11 | 173 | 27 | 49 | 46 | 16 |
| H5N1流感病毒 | 53 | 1 | 14 | 18 | 31 | 5 | 26 | 7 | 35 | 4 | 17 | 16 | 38 | 3 | 11 | 24 | 25 | 7 | 43 | 2 |
| H1N1流感病毒 | 18 | 9 | 3 | 49 | 24 | 5 | 28 | 4 | 12 | 17 | 16 | 11 | 29 | 4 | 15 | 13 | 21 | 7 | | |
| H7N9流感病毒 | | | 6 | 4 | | | | | 15 | 1 | | | | | 14 | 1 | | | | |
| 麻疹病毒 | 25 | 8 | 38 | 5 | 17 | 18 | 7 | 58 | 34 | 6 | 31 | 6 | 46 | 4 | 16 | 18 | 44 | 4 | | |
| 风疹病毒 | 7 | 14 | 33 | 2 | 24 | 3 | 12 | 9 | 34 | 2 | 26 | 2 | 49 | 1 | 18 | 4 | | | | |
| 腮腺炎病毒 | 30 | 1 | 19 | 5 | 4 | 20 | 14 | 7 | | | 17 | 5 | 21 | 4 | 34 | 1 | 23 | 3 | 22 | 3 |
| 腺病毒 | 17 | 104 | 9 | 306 | 10 | 253 | 14 | 140 | 19 | 88 | 22 | 64 | 25 | 43 | 26 | 42 | 33 | 25 | 37 | 22 |
| 呼吸道合胞病毒 | 5 | 33 | 19 | 7 | 28 | 4 | 58 | 1 | 14 | 12 | 11 | 14 | 61 | 1 | 27 | 4 | 18 | 7 | | |
| SARS冠状病毒 | 24 | 4 | 11 | 40 | 18 | 11 | 15 | 21 | 3 | 119 | 19 | 8 | 49 | 1 | 30 | 3 | 5 | 97 | 37 | 1 |
| 中东呼吸综合征冠状病毒 | | | | | 20 | 8 | 17 | 12 | 15 | 13 | 30 | 3 | | | | | 23 | 6 | | |
| 人类免疫缺陷病毒 | 13 | 420 | 23 | 137 | 17 | 266 | 15 | 342 | 19 | 181 | 12 | 427 | 48 | 33 | 37 | 63 | 43 | 42 | 51 | 31 |
| 人类嗜T细胞病毒 | 3 | 410 | 45 | 6 | 20 | 26 | 35 | 10 | 22 | 20 | 8 | 80 | 55 | 4 | 27 | 15 | 49 | 5 | | |
| 甲型肝炎病毒 | 6 | 67 | 7 | 67 | 22 | 12 | 17 | 15 | 18 | 15 | 21 | 13 | 13 | 26 | 24 | 11 | 44 | 4 | 52 | 2 |
| 乙型肝炎病毒 | 14 | 213 | 5 | 715 | 19 | 133 | 21 | 115 | 7 | 627 | 20 | 122 | 15 | 207 | 34 | 41 | 22 | 109 | 54 | 14 |
| 丙型肝炎病毒 | 14 | 368 | 13 | 372 | 19 | 268 | 15 | 337 | 10 | 479 | 16 | 320 | 22 | 191 | 25 | 153 | 39 | 49 | 47 | 28 |

续表

| 病原生物 | 巴西 排序 | 巴西 数量 | 韩国 排序 | 韩国 数量 | 瑞典 排序 | 瑞典 数量 | 瑞士 排序 | 瑞士 数量 | 中国台湾 排序 | 中国台湾 数量 | 比利时 排序 | 比利时 数量 | 土耳其 排序 | 土耳其 数量 | 俄罗斯 排序 | 俄罗斯 数量 | 新加坡 排序 | 新加坡 数量 | 捷克 排序 | 捷克 数量 |
|---|---|---|---|---|---|---|---|---|---|---|---|---|---|---|---|---|---|---|---|---|
| 柯萨奇病毒 | 30 | 6 | 8 | 75 | 7 | 80 | 29 | 7 | 11 | 42 | 16 | 21 | 59 | 1 | 21 | 11 | 23 | 10 | 32 | 5 |
| 轮状病毒 | 5 | 295 | 12 | 137 | 16 | 122 | 20 | 97 | 29 | 49 | 10 | 188 | 24 | 70 | 61 | 12 | 49 | 22 | 56 | 14 |
| 肠道病毒-71 | 18 | 5 | 8 | 25 | | | 20 | 5 | 2 | 279 | 22 | 4 | 43 | 1 | 17 | 6 | 4 | 77 | | |
| 诺如病毒 | 14 | 66 | 5 | 155 | 9 | 93 | 18 | 35 | 20 | 31 | 16 | 58 | 31 | 13 | 37 | 10 | 28 | 17 | 54 | 3 |
| 脊髓灰质炎病毒 | 13 | 40 | 34 | 9 | 29 | 10 | 3 | 126 | 46 | 5 | 9 | 58 | 47 | 5 | 14 | 40 | 45 | 5 | | |
| 单纯疱疹病毒 | 18 | 83 | 17 | 84 | 10 | 198 | 13 | 119 | 16 | 93 | 15 | 97 | 33 | 30 | 28 | 35 | 40 | 17 | 38 | 18 |
| 水痘带状疱疹病毒 | 25 | 12 | 11 | 42 | 16 | 33 | 15 | 35 | 21 | 15 | 4 | 125 | 26 | 12 | 58 | 2 | 22 | 14 | 19 | 16 |
| 巨细胞病毒 | 16 | 161 | 13 | 238 | 12 | 258 | 14 | 208 | 19 | 126 | 15 | 169 | 21 | 119 | 31 | 57 | 33 | 46 | 30 | 61 |
| EB病毒 | 18 | 84 | 10 | 237 | 9 | 267 | 15 | 110 | 7 | 350 | 22 | 56 | 16 | 96 | 35 | 36 | 25 | 52 | 40 | 23 |
| 猴痘病毒 | | | | | | | 10 | 2 | | | 11 | 1 | | | 16 | 1 | | | 12 | 1 |
| 狂犬病毒 | 5 | 126 | 12 | 20 | 88 | 1 | 16 | 14 | 25 | 7 | 18 | 13 | 27 | 6 | 19 | 12 | 42 | 3 | 71 | 1 |
| 人乳头瘤病毒 | 10 | 463 | 13 | 369 | 11 | 414 | 25 | 122 | 18 | 258 | 17 | 262 | 33 | 78 | 44 | 43 | 36 | 70 | 35 | 72 |
| 人类细小病毒B19 | 8 | 20 | 39 | 2 | 11 | 11 | 12 | 11 | 6 | 23 | 22 | 5 | 21 | 7 | 37 | 2 | | | 45 | 1 |
| 口蹄疫病毒 | 18 | 24 | 13 | 40 | 31 | 10 | 25 | 16 | 21 | 23 | 19 | 23 | 26 | 16 | 24 | 16 | 40 | 5 | 68 | 1 |
| 非洲猪瘟病毒 | | | | | 23 | 5 | 50 | 1 | 51 | 1 | 19 | 6 | | | 9 | 12 | | | | |
| 新城疫病毒 | 13 | 28 | 11 | 31 | 16 | 26 | 54 | 3 | 24 | 14 | 28 | 9 | 45 | 4 | 32 | 7 | 42 | 5 | 81 | 1 |
| 水泡性口炎病毒 | 7 | 26 | 11 | 17 | 19 | 6 | 10 | 22 | | | 24 | 4 | 46 | 1 | 43 | 1 | | | 35 | 1 |
| 贝氏柯克斯体 | 11 | 28 | 17 | 18 | 18 | 18 | 24 | 11 | 47 | 3 | 22 | 14 | 14 | 20 | 40 | 4 | 20 | 15 | | |

续表

| 病原生物 | 巴西 排序 | 巴西 数量 | 韩国 排序 | 韩国 数量 | 瑞典 排序 | 瑞典 数量 | 瑞士 排序 | 瑞士 数量 | 中国台湾 排序 | 中国台湾 数量 | 比利时 排序 | 比利时 数量 | 土耳其 排序 | 土耳其 数量 | 俄罗斯 排序 | 俄罗斯 数量 | 新加坡 排序 | 新加坡 数量 | 捷克 排序 | 捷克 数量 |
|---|---|---|---|---|---|---|---|---|---|---|---|---|---|---|---|---|---|---|---|---|
| 普氏立克次体 | 2 | | | | 3 | 7 | 15 | 1 | | | | | | | 5 | 4 | 14 | 1 | | |
| 立氏立克次体 | | 37 | | | | | | | | | | | 15 | 1 | | | | | | |
| 恙虫病立克次体 | | | 1 | 94 | 28 | 1 | 16 | 5 | 10 | 10 | | | | | 25 | 1 | 26 | 1 | 28 | 9 |
| 巴尔通体 | 8 | 54 | 20 | 20 | 15 | 33 | 6 | 60 | 19 | 21 | 22 | 15 | 21 | 19 | 36 | 6 | 71 | 2 | | |
| 肺炎支原体 | 25 | 8 | 8 | 45 | 18 | 18 | 14 | 25 | 12 | 26 | 17 | 19 | 21 | 16 | 41 | 2 | 59 | 1 | | |
| 鹦鹉热衣原体 | 16 | 10 | 29 | 3 | 22 | 6 | 8 | 21 | 30 | 3 | 3 | 66 | 27 | 4 | 46 | 1 | | | | |
| 肺炎衣原体 | 26 | 11 | 23 | 19 | 6 | 119 | 15 | 37 | 24 | 15 | 21 | 20 | 16 | 37 | 29 | 10 | 35 | 6 | 39 | 4 |
| 沙眼衣原体 | 16 | 64 | 38 | 15 | 6 | 168 | 13 | 80 | 60 | 6 | 24 | 32 | 26 | 29 | 18 | 42 | 56 | 7 | 64 | 4 |
| 粗球孢子菌 | 3 | 4 | | | 13 | 1 | | | | | | | | | | | | | | |
| 疟原虫 | 9 | 826 | 26 | 255 | 14 | 489 | 10 | 783 | 85 | 18 | 31 | 235 | 63 | 50 | 73 | 34 | 23 | 270 | 75 | 32 |
| 隐孢子虫病 | 9 | 155 | 18 | 57 | 24 | 39 | 30 | 30 | 37 | 23 | 25 | 37 | 19 | 57 | 59 | 9 | 41 | 20 | 12 | 104 |
| 血吸虫 | 8 | 43 | 55 | 2 | 56 | 2 | 17 | 13 | 76 | 1 | 14 | 20 | | | 21 | 8 | 74 | 1 | 9 | 33 |
| 合计 | | 9652 | | 8674 | | 7416 | | 5971 | | 5697 | | 5370 | | 3923 | | 2363 | | 2161 | | 1487 |

注：Web of Science 文献统计，中国文献数量含香港、澳门。

美国大部分病原生物相关文献数量排在第 1 位；排在第 2 位的为乙型肝炎病毒、人类嗜 T 细胞病毒、SARS 冠状病毒、类鼻疽伯克霍尔德菌、人类细小病毒 B19、亨德拉病毒、汉滩病毒、胡宁病毒、H7N9 流感病毒、破伤风梭菌；排在第 3 位及以后的为口蹄疫病毒、肠道病毒 -71、非洲猪瘟病毒、恙虫病立克次体、发热伴血小板减少综合征病毒、乙型脑炎病毒、猪链球菌、蜱传脑炎病毒。

中国文献数量排在第 1 位的为乙型肝炎病毒、肠道病毒 -71、SARS 冠状病毒、猪链球菌、乙型脑炎病毒、汉滩病毒、发热伴血小板减少综合征病毒、H7N9 流感病毒；排在第 2 位的为腺病毒、流感病毒、人乳头瘤病毒、柯萨奇病毒、新城疫病毒、口蹄疫病毒、H5N1 流感病毒、肺炎支原体、狂犬病病毒、H1N1 流感病毒、鼠疫耶尔森菌、甲型肝炎病毒、梅毒螺旋体、东部马脑炎病毒；排在第 3 位的为葡萄球菌、EB 病毒、O157：H7 大肠杆菌、隐孢子虫、志贺菌、诺如病毒、寨卡病毒、中东呼吸综合征冠状病毒、水泡性口炎病毒、血吸虫、立氏立克次体。

日本人类嗜 T 细胞病毒、人类细小病毒 B19 文献数量排在第 1 位，英国口蹄疫病毒文献数量排在第 1 位，法国破伤风梭菌文献数量排在第 1 位，西班牙非洲猪瘟病毒文献数量排在第 1 位，澳大利亚亨德拉病毒文献数量排在第 1 位，韩国恙虫病立克次体文献数量排在第 1 位，俄罗斯蜱传脑炎病毒文献数量排在第 1 位，泰国类鼻疽伯克霍尔德菌文献数量排在第 1 位，阿根廷胡宁病毒文献数量排在第 1 位。

## （三）机构分析

根据总体文献数量，发表病原生物相关文献较多的一些机构包括：美国得克萨斯大学、法国巴斯德研究所、美国哈佛大学、美国过敏与感染性疾病研究所、美国约翰斯·霍普金斯大学、美国华盛顿大学、英国牛津大学、美国加州大学旧金山分校、美国马里兰大学、美国埃默里大学、日本东京大学、中国科学院、法国国家健康与医学研究院、美国威斯康星大学、法国国家科学研究院、美国农业研究所、美国科罗拉多州立大学、香港大学、复旦大学、中国医学科学院等。相关机构发表文献数量见表 5-5。

表5-5 相关机构发表病原生物文献数量分布

单位：篇

| 病原生物 | 美国得克萨斯大学 | 法国巴斯德研究所 | 美国哈佛大学 | 美国过敏与感染性疾病研究所 | 美国约翰斯·霍普金斯大学 | 美国华盛顿大学 | 英国牛津大学 | 美国加州大学旧金山分校 | 美国马里兰大学 | 美国埃默里大学 | 日本东京大学 | 中国科学院 | 法国国家健康与医学研究院 | 美国威斯康星大学 | 法国国家科学研究院 | 美国农业研究所 | 美国科罗拉多州立大学 | 中国香港大学 |
|---|---|---|---|---|---|---|---|---|---|---|---|---|---|---|---|---|---|---|
| 炭疽芽孢杆菌 | 79 | 86 | 4 | 41 | 8 | 1 | 6 | | 27 | 16 | 3 | 13 | 8 | 4 | 27 | 3 | 1 | |
| 鼠疫耶尔森菌 | 50 | 50 | 14 | 57 | 2 | 8 | 3 | 5 | 16 | 2 | 2 | 18 | 6 | 7 | 7 | 8 | 18 | |
| 肉毒梭菌 | 3 | 21 | 2 | | | 2 | | 2 | 2 | 1 | 2 | | | 36 | 3 | 9 | | |
| 土拉热弗朗西斯菌 | 69 | 3 | 20 | 42 | 5 | 13 | 1 | 6 | 29 | 5 | 9 | | 10 | 2 | 5 | 4 | 24 | |
| 布鲁菌 | 11 | 9 | 3 | 12 | 8 | 6 | 2 | 1 | 5 | 1 | 9 | 8 | 46 | 48 | 55 | 32 | 11 | |
| 鼻疽伯克霍尔德菌 | 10 | 1 | 1 | 6 | 1 | 4 | | | 3 | 2 | | | | | | 1 | 4 | 1 |
| 类鼻疽伯克霍尔德菌 | 12 | 5 | | 5 | 1 | 21 | 68 | 1 | 4 | 4 | 1 | 1 | 1 | 3 | 1 | | 40 | 12 |
| 产气荚膜梭菌 | 5 | 61 | 2 | | 4 | 17 | | 1 | 10 | | 5 | 5 | 1 | 7 | 6 | 36 | 5 | |
| 沙门菌 | 104 | 205 | 135 | 33 | 40 | 156 | 154 | 14 | 323 | 48 | 32 | 45 | 27 | 258 | 70 | 501 | 103 | 33 |
| O157：H7大肠杆菌 | 39 | 12 | 14 | 2 | 4 | 38 | 1 | 1 | 63 | 3 | 25 | 17 | | 108 | 2 | 273 | 57 | 1 |
| 志贺菌 | 56 | 228 | 36 | 6 | 12 | 6 | 36 | | 91 | 2 | 57 | 12 | 44 | 7 | 26 | 9 | 20 | 2 |
| 葡萄球菌 | 330 | 145 | 365 | 170 | 190 | 119 | 137 | 134 | 199 | 130 | 112 | 126 | 109 | 205 | 86 | 54 | 2 | 50 |
| 霍乱弧菌 | 95 | 55 | 191 | 3 | 49 | 13 | 13 | 1 | 198 | 14 | 4 | 8 | 1 | 6 | 24 | 2 | | 3 |
| 幽门螺杆菌 | 139 | 138 | 63 | 9 | 66 | 37 | 42 | 32 | 82 | 57 | 180 | 59 | 70 | 40 | 20 | 2 | | 129 |
| 结核分枝杆菌 | 240 | 430 | 203 | 183 | 274 | 117 | 116 | 152 | 29 | 80 | 23 | 120 | 91 | 37 | 197 | 8 | 340 | 36 |

续表

| 病原生物 | 美国得克萨斯大学 | 法国巴斯德研究所 | 美国哈佛大学 | 美国过敏与感染性疾病研究所 | 美国约翰斯·霍普金斯大学 | 美国华盛顿大学 | 美国牛津大学 | 美国加州大学旧金山分校 | 美国马里兰大学 | 美国埃默里大学 | 日本东京大学 | 中国科学院 | 法国国家健康与医学研究院 | 美国威斯康星大学 | 法国国家科学研究院 | 美国农业研究所 | 美国科罗拉多州立大学 | 中国香港大学 |
|---|---|---|---|---|---|---|---|---|---|---|---|---|---|---|---|---|---|---|
| 麻风分枝杆菌 | 5 | 37 | 2 | 1 | 5 | 4 | 1 | 2 | | | 3 | | 3 | 3 | 2 | | 72 | |
| 流感嗜血杆菌 | 23 | 12 | 14 | 9 | 30 | 29 | 98 | 20 | 53 | 40 | 7 | | 5 | 3 | 2 | 1 | | 6 |
| 白喉棒状杆菌 | 8 | 16 | 2 | 1 | 1 | 1 | | 1 | 4 | | 1 | | | 1 | 4 | | | |
| 破伤风梭菌 | | 7 | | | | | 1 | | 2 | | | | | | | | | |
| 化脓性链球菌 | 14 | 12 | 3 | 14 | | 17 | 3 | 2 | 12 | 27 | 9 | 3 | 7 | 6 | 7 | | | 4 |
| 肺炎链球菌 | 100 | 42 | 84 | 7 | 57 | 15 | 74 | 18 | 29 | 123 | 12 | 13 | 22 | 14 | 35 | | | 17 |
| 猪链球菌 | 1 | 1 | | | | | 18 | | | | 23 | 45 | | 4 | | 2 | | |
| 脑膜炎奈瑟菌 | 9 | 103 | 3 | 8 | 8 | 2 | 141 | 16 | 13 | 96 | 1 | | 19 | 5 | 16 | | | |
| 淋病奈瑟菌 | 20 | 7 | 10 | 40 | 65 | 49 | 27 | 54 | 38 | 83 | 2 | 3 | 4 | 37 | | 1 | | 1 |
| 百日咳鲍特菌 | 2 | 187 | 3 | 3 | | 6 | 2 | 1 | 19 | 6 | 1 | 1 | 24 | 2 | 25 | 1 | | |
| 嗜肺军团菌 | 2 | 46 | 13 | 3 | 2 | 7 | 2 | 2 | | 2 | 8 | 3 | 25 | 1 | 47 | | | |
| 空肠弯曲菌 | 38 | 7 | 2 | 4 | 10 | 2 | 32 | 6 | 22 | 3 | 19 | 4 | 2 | 10 | 8 | 68 | 1 | |
| 伯氏疏螺旋体 | 142 | 41 | 46 | 132 | 30 | 5 | 21 | | 51 | 3 | 1 | 2 | 1 | 30 | 3 | 4 | 25 | |
| 梅毒螺旋体 | 58 | 1 | | 3 | 8 | 58 | | | 2 | 9 | 1 | | | 1 | | 2 | | |
| 钩端螺旋体 | 6 | 111 | 2 | 5 | 4 | 3 | 18 | 1 | 3 | 4 | 1 | 39 | 5 | 1 | 5 | 11 | 8 | 1 |
| 李斯特菌 | 35 | 225 | 52 | 7 | 7 | 35 | 1 | 17 | 41 | 19 | 12 | 9 | 81 | 76 | 36 | 138 | 81 | |
| 天花病毒 | 2 | | | 4 | | | | | | | | | | | | | | |
| 埃博拉病毒 | 87 | 34 | 41 | 180 | 10 | 24 | 24 | 10 | 12 | 50 | 67 | 34 | 18 | 58 | 13 | 1 | 2 | 5 |

续表

| 病原生物 | 美国得克萨斯大学 | 法国巴斯德研究所 | 美国哈佛大学 | 美国过敏与感染性疾病研究所 | 美国约翰斯·霍普金斯大学 | 美国华盛顿大学 | 美国牛津大学 | 美国加州大学旧金山分校 | 美国马里兰大学 | 美国埃默里大学 | 日本东京大学 | 中国科学院 | 法国国家健康与医学研究院 | 美国威斯康星大学 | 法国国家科学研究院 | 美国农业研究所 | 美国科罗拉多州立大学 | 中国香港大学 |
|---|---|---|---|---|---|---|---|---|---|---|---|---|---|---|---|---|---|---|
| 马尔堡病毒 | 22 | 3 | 3 | 20 | 1 | 1 | 1 | | | | 7 | 8 | 1 | 6 | 1 | | | |
| 拉沙病毒 | 11 | 8 | 8 | 9 | 1 | 1 | 2 | | 9 | 1 | 3 | 2 | 1 | 3 | | | | |
| 委内瑞拉马脑炎病毒 | 63 | | | 1 | 2 | | 2 | | 4 | | | | | 1 | 4 | | 4 | |
| 东部马脑炎病毒 | 14 | | 1 | | | | | | 1 | | | | | 1 | | | 1 | 1 |
| 西部马脑炎病毒 | 4 | | | | | | | | | | | | | | | | 4 | |
| 尼帕病毒 | 28 | 7 | | 16 | 1 | 2 | 3 | | | 4 | 10 | 1 | 12 | 2 | 5 | 1 | | |
| 亨德拉病毒 | 6 | | | 3 | 1 | | 3 | | | | 1 | 1 | 2 | | 4 | | | |
| 汉坦病毒 | 20 | 19 | 1 | 8 | 9 | 2 | 1 | 1 | | 14 | 3 | 6 | 1 | 4 | 2 | | 12 | |
| 汉滩病毒 | 1 | | | | 1 | | 1 | | 1 | 1 | 1 | 2 | | | 1 | | | |
| 辛诺柏病毒 | 1 | | | 1 | 2 | | | | | 6 | | | 1 | 1 | 1 | | 13 | |
| 克里米亚-刚果出血热病毒 | 7 | 15 | | 6 | 6 | | | | | | 2 | 12 | 2 | 1 | | | | 1 |
| 裂谷热病毒 | 56 | 55 | 2 | 6 | 1 | 1 | 1 | 1 | | 5 | | | | | 1 | 13 | 4 | |
| 胡宁病毒 | 13 | 1 | 1 | 2 | | | | | | | 1 | 1 | | | | | | |
| 黄热病毒 | 51 | 30 | 4 | 4 | 2 | 1 | 4 | 1 | 1 | 6 | 2 | 2 | 2 | 1 | 3 | | 2 | |
| 登革热病毒 | 63 | 99 | 33 | 61 | 28 | 7 | 73 | 14 | 5 | 27 | 7 | 29 | 7 | 9 | 56 | | 41 | 6 |
| 乙型脑炎病毒 | 18 | 11 | 1 | 7 | 3 | | 8 | | 1 | 4 | 5 | 33 | 2 | | 3 | 6 | 4 | 1 |

续表

| 病原生物 | 美国得克萨斯大学 | 法国巴斯德研究所 | 美国哈佛大学 | 美国过敏与感染性疾病研究所 | 美国约翰斯·霍普金斯大学 | 美国华盛顿大学 | 英国牛津大学 | 美国加州大学旧金山分校 | 美国马里兰大学 | 美国埃默里大学 | 日本东京大学 | 中国科学院 | 法国国家健康与医学研究院 | 美国威斯康星大学 | 法国国家科学研究院 | 美国农业研究所 | 美国科罗拉多州立大学 | 中国香港大学 |
|---|---|---|---|---|---|---|---|---|---|---|---|---|---|---|---|---|---|---|
| 蜱传脑炎病毒 | 3 |  | 2 | 4 |  |  | 5 |  |  |  |  | 3 | 1 |  | 1 |  |  |  |
| 西尼罗病毒 | 172 | 59 | 23 | 28 | 18 | 40 | 7 | 24 | 25 | 43 |  | 12 |  | 41 | 3 | 7 | 108 | 1 |
| 寨卡病毒 | 77 | 47 | 14 | 25 | 30 | 22 | 29 | 28 | 9 | 38 | 4 | 53 | 13 | 22 | 9 | 4 | 14 | 12 |
| 基孔肯雅病毒 | 56 | 82 | 4 | 13 | 1 | 9 | 5 | 10 | 2 | 11 |  | 3 | 23 | 5 | 19 |  | 5 | 1 |
| 发热伴血小板减少综合征病毒 | 9 |  |  |  | 1 | 2 | 1 |  |  |  | 2 | 6 |  |  |  |  |  | 1 |
| 流感病毒 | 54 | 38 | 54 | 102 | 24 | 58 | 74 | 12 | 54 | 103 | 125 | 158 | 14 | 153 | 23 | 84 | 23 | 145 |
| H5N1流感病毒 | 4 | 4 | 3 | 11 | 3 | 7 | 12 |  | 7 | 6 | 30 | 30 | 1 | 29 | 2 | 16 |  | 30 |
| H1N1流感病毒 | 2 | 4 | 2 | 18 |  | 3 | 4 |  | 4 | 12 | 10 | 11 | 2 | 15 | 2 | 10 |  | 19 |
| H7N9流感病毒 |  |  |  | 3 |  | 2 |  | 7 | 10 | 3 | 1 | 6 |  | 2 |  |  |  | 13 |
| 麻疹病毒 | 16 | 33 | 10 | 9 | 37 | 11 | 7 |  |  | 34 | 37 | 5 | 37 | 3 | 39 |  |  | 1 |
| 风疹病毒 | 5 | 3 |  |  |  |  |  |  | 2 | 1 | 3 | 1 | 2 |  | 2 |  |  |  |
| 腮腺炎病毒 |  |  |  |  | 4 | 1 | 2 |  |  |  | 1 | 3 | 1 |  |  |  |  |  |
| 腺病毒 | 326 | 18 | 154 | 49 | 61 | 145 | 110 | 75 | 30 | 54 | 143 | 127 | 43 | 28 | 56 | 28 | 4 | 27 |
| 呼吸道合胞病毒 | 6 | 4 | 4 | 34 | 6 | 15 | 6 |  | 1 | 4 | 1 | 9 | 3 | 1 | 5 | 2 |  |  |
| SARS冠状病毒 | 31 | 13 | 30 | 42 | 19 | 6 | 17 | 8 | 14 | 2 | 7 | 129 | 5 | 4 | 17 |  | 4 | 109 |
| 中东呼吸综合征冠状病毒 | 24 | 9 | 4 | 39 | 5 |  | 5 | 1 | 12 | 4 | 3 | 27 | 3 | 1 | 7 |  | 8 | 55 |

| 病原生物 | 美国得克萨斯大学 | 法国巴斯德斯研究所 | 美国哈佛大学 | 美国过敏与感染性疾病研究所 | 美国约翰斯·霍普金斯大学 | 美国华盛顿大学 | 英国牛津大学 | 美国加州大学旧金山分校 | 美国马里兰大学 | 美国埃默里大学 | 日本东京大学 | 中国科学院 | 法国国家健康与医学研究院 | 美国威斯康星大学 | 法国国家科学研究院 | 美国农业研究所 | 美国科罗拉多州立大学 | 中国香港大学 |
|---|---|---|---|---|---|---|---|---|---|---|---|---|---|---|---|---|---|---|
| 人类免疫缺陷病毒 | 299 | 209 | 892 | 624 | 663 | 508 | 141 | 617 | 180 | 330 | 93 | 51 | 207 | 58 | 76 | 1 | 13 | 24 |
| 人类嗜T细胞病毒 | 21 | 116 | 37 | 37 | 14 | 8 | 19 | 54 | 15 | 3 | 77 |  | 31 | 2 | 34 |  | 11 | 1 |
| 甲型肝炎病毒 | 16 | 11 | 4 | 15 | 2 | 1 | 3 | 3 |  | 2 | 10 | 6 | 5 | 3 | 2 | 1 |  | 2 |
| 乙型肝炎病毒 | 74 | 116 | 65 | 25 | 61 | 23 | 55 | 71 | 9 | 29 | 83 | 221 | 192 | 37 | 37 |  |  | 129 |
| 丙型肝炎病毒 | 290 | 211 | 273 | 133 | 224 | 172 | 132 | 232 | 88 | 96 | 233 | 131 | 337 | 39 | 166 | 1 | 2 | 30 |
| 柯萨奇病毒 | 19 | 14 | 3 | 2 | 16 | 1 | 8 | 9 | 2 |  | 14 | 44 | 5 | 2 | 9 | 2 | 5 | 7 |
| 轮状病毒 | 25 | 11 | 36 | 131 | 35 | 16 | 11 | 3 | 29 | 70 | 54 | 17 | 11 | 4 | 31 | 3 | 4 | 7 |
| 肠道病毒－71 | 1 | 3 | 1 | 1 |  |  | 9 |  | 1 |  | 2 | 95 | 1 | 5 |  |  |  | 11 |
| 诺如病毒 | 23 | 3 | 8 | 49 | 20 | 15 | 13 | 2 | 14 | 58 | 54 | 18 | 7 | 4 | 9 | 15 | 3 | 9 |
| 脊髓灰质炎病毒 | 7 | 68 | 39 | 21 | 13 | 7 | 1 | 27 | 16 | 6 | 39 | 7 | 12 | 3 | 8 |  | 10 | 1 |
| 单纯疱疹病毒 | 130 | 26 | 318 | 89 | 116 | 297 | 30 | 93 | 46 | 56 | 111 | 50 | 37 | 49 | 38 | 1 | 7 | 2 |
| 水痘带状疱疹病毒 | 17 | 4 | 16 | 43 | 14 | 13 | 13 | 12 | 1 | 6 | 8 | 5 | 4 |  |  |  | 2 | 3 |
| 巨细胞病毒 | 178 | 39 | 165 | 64 | 201 | 159 | 38 | 184 | 22 | 142 | 53 | 38 | 64 | 98 | 36 |  | 2 | 15 |
| EB病毒 | 151 | 24 | 220 | 41 | 72 | 36 | 32 | 41 | 5 | 25 | 99 | 16 | 64 | 92 | 23 | 1 |  | 133 |
| 猴痘病毒 | 4 |  | 3 | 17 | 1 |  |  |  | 1 | 1 | 1 |  |  | 8 |  |  |  |  |
| 狂犬病病毒 | 1 | 89 | 3 | 20 | 2 | 4 | 7 |  | 1 | 7 | 3 | 11 | 2 |  | 51 |  | 9 | 1 |
| 人乳头瘤病毒 | 279 | 55 | 186 | 37 | 274 | 212 | 33 | 198 | 47 | 87 | 52 | 17 | 52 | 96 | 23 |  | 1 | 52 |
| 人类细小病毒B19 | 2 |  |  |  |  |  | 2 | 1 | 1 |  |  | 1 |  |  | 1 |  |  |  |

续表

| 病原生物 | 美国得克萨斯大学 | 法国巴斯德研究所 | 美国哈佛大学 | 美国过敏与感染性疾病研究所 | 美国约翰斯·霍普金斯大学 | 美国华盛顿大学 | 美国牛津大学 | 美国加州大学旧金山分校 | 美国马里兰大学 | 美国埃默里大学 | 日本东京大学 | 中国科学院 | 法国国家健康与医学研究院 | 美国威斯康星大学 | 法国国家科学研究院 | 美国农业研究所 | 美国科罗拉多州立大学 | 中国香港大学 |
|---|---|---|---|---|---|---|---|---|---|---|---|---|---|---|---|---|---|---|
| 口蹄疫病毒 | 5 | 2 | 1 | 1 | | 1 | 26 | 4 | 3 | 1 | 2 | 14 | | | 5 | 87 | 2 | 2 |
| 非洲猪瘟病毒 | 5 | | | 1 | | | 4 | | | | | | | | | 12 | | |
| 新城疫病毒 | 2 | 2 | 2 | 24 | 4 | | 4 | | 72 | 4 | 2 | 17 | | 2 | 16 | 48 | 3 | 2 |
| 水泡性口炎病毒 | 27 | 5 | 35 | 27 | 4 | 7 | 5 | 1 | 1 | 7 | 8 | 3 | 2 | 14 | 16 | 14 | 10 | 1 |
| 贝氏柯克斯体 | 4 | 6 | 2 | 53 | 1 | 1 | 1 | | 1 | 8 | | | 1 | | 9 | 2 | 13 | 1 |
| 普氏立克次体 | 11 | 1 | | 2 | 1 | 3 | | | 3 | | | | | | 1 | 1 | | |
| 立氏立克次体 | 8 | | | 12 | 1 | | | | 17 | 1 | | | | 1 | | | | |
| 恙虫病立克次体 | 9 | 1 | 1 | 3 | | | 19 | | | | 3 | | | | 1 | | | |
| 巴尔通体 | 11 | 13 | 7 | 6 | 13 | 12 | 3 | 38 | 5 | 5 | 3 | 3 | 2 | | 14 | 5 | 35 | 4 |
| 肺炎支原体 | 55 | 2 | | 2 | 2 | 5 | 2 | 2 | 1 | 5 | 3 | 4 | 2 | 1 | 3 | | | |
| 鹦鹉热嗜衣原体 | 2 | 6 | | 5 | 2 | | 1 | 5 | 7 | 2 | | | | 1 | | 1 | | |
| 肺炎衣原体 | 26 | 5 | 10 | 16 | 33 | 83 | 4 | 17 | 5 | 4 | 5 | | 2 | 23 | 1 | | | |
| 沙眼衣原体 | 76 | 14 | 37 | 136 | 129 | 114 | 14 | 131 | 17 | 28 | 3 | 2 | 2 | 26 | 10 | 3 | | 5 |
| 粗球孢子菌 | 20 | | | 2 | 2 | 2 | | 3 | | 1 | | | | 1 | | | | |
| 疟原虫 | 76 | 693 | 257 | 651 | 232 | 272 | 683 | 190 | 179 | 121 | 111 | 39 | 146 | 50 | 228 | 7 | 23 | 9 |
| 隐孢子虫 | 58 | 27 | 16 | 4 | 76 | 19 | 7 | 21 | 9 | 50 | 20 | 10 | 4 | 14 | 4 | 52 | 14 | 1 |
| 血吸虫 | 7 | 13 | 7 | 10 | 4 | | 19 | 19 | 3 | 4 | 4 | 4 | 4 | 6 | 5 | 1 | | |
| 合计 | 4895 | 4688 | 4332 | 3815 | 3384 | 3140 | 2764 | 2660 | 2374 | 2372 | 2184 | 2092 | 2004 | 1986 | 1838 | 1600 | 1234 | 1176 |

续表

| 病原生物 | 中国复旦大学 | 中国医学科学院 | 美国斯克利普斯研究所 | 中国疾病预防控制中心 | 西班牙国家研究理事会 | 美国陆军 | 荷兰伊拉斯姆斯大学医学中心 | 加拿大公共卫生署 | 中国北京大学 | 中国农业科学院 | 俄罗斯科学院 | 中国香港中文大学 | 美国圣犹达儿童医院 | 中国军事医学科学院 | 澳大利亚联邦科学与工业研究组织 | 俄罗斯医学科学院 | 中国北京流行病微生物研究所 | 美国陆军传染病医学研究所 |
|---|---|---|---|---|---|---|---|---|---|---|---|---|---|---|---|---|---|---|
| 炭疽芽孢杆菌 |  |  | 23 | 3 | 1 | 101 |  | 4 | 1 |  | 2 |  | 2 | 8 | 3 |  | 2 | 15 |
| 鼠疫耶尔森菌 |  | 8 | 1 | 14 | 1 | 72 | 1 |  | 2 | 1 | 33 |  |  | 36 |  |  | 59 | 10 |
| 肉毒梭菌 |  |  | 8 |  | 3 | 19 |  | 5 |  |  |  |  |  | 1 | 4 | 1 | 2 | 2 |
| 土拉热弗朗西斯菌 |  |  | 2 | 3 | 1 | 22 |  | 4 | 1 |  | 3 |  | 4 | 1 |  | 1 | 4 | 7 |
| 布鲁菌 |  |  | 1 | 25 | 16 | 2 | 1 | 1 | 6 | 24 | 1 |  | 2 | 28 | 2 | 2 | 4 |  |
| 鼻疽伯克霍尔德菌 |  |  |  |  |  | 32 |  |  |  |  | 2 |  |  |  |  |  |  | 9 |
| 类鼻疽伯克霍尔德菌 |  | 1 | 2 |  | 6 | 19 |  |  |  |  | 2 |  | 2 |  | 1 |  | 1 | 11 |
| 产气荚膜梭菌 | 1 |  | 1 |  | 3 | 11 |  | 3 |  | 6 | 1 |  |  | 6 | 12 |  |  |  |
| 沙门菌 | 26 | 7 | 8 | 32 | 79 | 6 | 5 | 141 | 35 | 46 | 47 | 18 | 1 | 13 | 22 | 8 | 4 | 1 |
| O157：H7大肠杆菌 | 1 |  | 1 | 6 | 14 | 5 |  | 39 |  | 4 | 2 |  |  | 3 | 7 |  | 8 |  |
| 志贺菌 | 8 | 14 | 3 | 16 | 5 | 5 |  | 8 | 7 | 2 | 34 | 5 | 2 | 18 |  |  | 4 |  |
| 葡萄球菌 | 114 | 29 | 21 | 24 | 102 | 24 | 103 | 39 | 53 | 39 | 50 | 44 | 30 | 11 | 17 | 23 | 8 |  |
| 霍乱弧菌 | 2 | 2 | 2 | 61 | 2 | 5 | 1 | 4 | 2 | 2 | 17 | 1 | 9 |  |  |  | 2 |  |
| 幽门螺杆菌 | 29 | 15 | 9 | 32 | 13 | 3 | 43 |  | 97 | 2 | 14 | 102 | 3 | 9 | 4 | 16 |  |  |

续表

| 病原生物 | 中国复旦大学 | 中国医学科学院 | 美国斯克利普斯研究所 | 中国疾病预防控制中心 | 西班牙国家研究理事会 | 美国陆军 | 荷兰伊拉斯姆斯大学医学中心 | 加拿大公共卫生署 | 中国北京大学 | 中国农业科学院 | 俄罗斯科学院 | 中国香港中文大学 | 美国圣犹达儿童医院 | 中国军事医学科学院 | 澳大利亚联邦科学与工业研究组织 | 俄罗斯医学科学院学院 | 中国北京流行病微生物研究所 | 美国陆军传染病医学研究所 |
|---|---|---|---|---|---|---|---|---|---|---|---|---|---|---|---|---|---|---|
| 结核分枝杆菌 | 174 | 36 | 14 | 106 | 18 | 8 | 9 | 6 | 24 | 14 | 69 | 26 | 14 | 3 | 4 | 23 | 3 | |
| 麻风分枝杆菌 | 1 | 2 | | | | | | | 1 | | 1 | | | | 1 | | | |
| 流感嗜血杆菌 | 4 | 1 | 10 | 5 | 22 | | 2 | 23 | 1 | | | 2 | 12 | | 2 | 2 | | |
| 白喉棒状杆菌 | | | | | | | | 4 | | | | | 2 | | | | | |
| 破伤风梭菌 | | | | | | | | | | | 1 | | | | | 1 | | |
| 化脓性链球菌 | 6 | | 1 | 5 | 15 | 1 | | 2 | 1 | | 1 | | 1 | 2 | 8 | 9 | 1 | |
| 肺炎链球菌 | 19 | 4 | 3 | 3 | 133 | 2 | 15 | 16 | 8 | 1 | 20 | 18 | 63 | | | 10 | 1 | |
| 猪链球菌 | 1 | 2 | | 28 | 3 | | 1 | 3 | | 20 | | 3 | | 18 | | | 11 | |
| 脑膜炎奈瑟菌 | 1 | 2 | 4 | 22 | | | 3 | 17 | | | 8 | | 1 | | | 1 | | |
| 淋病奈瑟菌 | 2 | 21 | 2 | 7 | | | | 27 | 1 | | 4 | 2 | | | | | | |
| 百日咳鲍特菌 | 1 | 1 | | 4 | 2 | 1 | | 6 | | | 2 | | | | | | 2 | |
| 嗜肺军团菌 | 1 | | | 6 | 4 | 1 | 1 | 4 | 5 | | 8 | 2 | 2 | | 7 | | | |
| 空肠弯曲菌 | 3 | | | 13 | 5 | 2 | 15 | 25 | 3 | | 7 | | | | | 7 | | |
| 伯氏疏螺旋体 | | | 2 | 7 | | 3 | 1 | 17 | | 7 | 6 | 3 | | | 1 | 6 | 7 | |
| 梅毒螺旋体 | 4 | 12 | 1 | | | | | 5 | 6 | | 2 | | | | | 1 | | |

续表

| 病原生物 | 中国复旦大学 | 中国医学科学院 | 美国斯克利普斯研究所 | 中国疾病预防控制中心 | 西班牙国家研究理事会 | 美国陆军 | 荷兰伊拉斯姆斯大学医学中心 | 加拿大公共卫生署 | 中国北京大学 | 中国农业科学院 | 俄罗斯科学院 | 中国香港中文大学 | 美国圣犹达儿童医院 | 中国军事医学科学院 | 澳大利亚联邦科学与工业研究组织 | 俄罗斯医学科学院 | 中国北京流行病学微生物研究所 | 美国陆军传染病医学研究所 |
|---|---|---|---|---|---|---|---|---|---|---|---|---|---|---|---|---|---|---|
| 钩端螺旋体 | 9 | 1 |  | 12 |  |  |  | 1 |  |  |  | 3 | 1 |  |  | 2 |  |  |
| 李斯特菌 | 1 | 2 | 3 | 9 | 68 | 4 | 2 | 17 |  | 7 | 12 |  | 6 | 2 | 12 | 8 | 1 |  |
| 天花病毒 |  |  |  |  |  | 4 | 3 |  |  |  | 3 |  |  |  |  | 2 |  | 2 |
| 埃博拉病毒 | 3 | 7 | 47 | 19 | 7 | 103 | 6 | 105 | 3 | 4 | 7 | 1 | 1 | 12 | 1 | 1 | 8 | 54 |
| 马尔堡病毒 |  |  | 9 | 1 |  | 29 |  | 14 |  | 2 | 1 |  |  | 2 |  | 1 | 1 | 4 |
| 拉沙病毒 |  |  | 15 |  |  | 6 | 1 | 9 |  |  |  |  |  |  |  |  |  | 1 |
| 委内瑞拉马脑炎病毒 |  |  |  |  |  | 44 |  |  |  | 3 |  |  |  |  |  |  |  | 4 |
| 东部马脑炎病毒 |  |  |  |  |  | 9 |  | 2 |  |  |  |  |  |  |  |  | 1 | 2 |
| 西部马脑炎病毒 |  |  |  |  |  | 5 |  |  |  |  |  |  |  |  |  |  |  | 1 |
| 尼帕病毒 | 1 |  | 2 |  |  | 2 |  | 5 |  | 1 |  |  |  |  | 30 |  |  |  |
| 亨德拉病毒 |  |  | 1 |  |  |  |  |  |  |  |  |  |  |  | 56 |  |  |  |
| 汉坦病毒 |  | 1 |  | 9 |  | 15 | 8 | 3 |  |  | 4 | 1 |  |  |  | 6 | 7 | 9 |
| 汉滩病毒 |  | 1 |  | 2 |  | 17 |  |  |  |  | 1 |  |  |  |  |  |  | 4 |
| 辛诺柏病毒 |  |  |  |  |  | 2 | 2 | 2 |  |  |  |  |  |  |  |  |  | 1 |

续表

| 病原生物 | 中国复旦大学 | 中国医学科学院 | 美国斯克利普斯研究所 | 中国疾病预防控制中心 | 西班牙国家研究理事会 | 美国陆军 | 荷兰伊拉斯姆斯大学医学中心 | 加拿大公共卫生署 | 中国北京大学 | 中国农业科学院 | 俄罗斯科学院 | 中国香港中文大学 | 美国圣犹达儿童医院 | 中国军事医学科学院 | 澳大利亚联邦科学与工业研究组织 | 俄罗斯联邦医学科学院 | 中国北京流行病微生物研究所 | 美国陆军传染病医学研究所 |
|---|---|---|---|---|---|---|---|---|---|---|---|---|---|---|---|---|---|---|
| 克里米亚－刚果出血热病毒 | 2 |  |  | 2 |  | 10 |  | 4 |  |  |  |  |  |  | 1 | 4 | 1 | 2 |
| 裂谷热病毒 |  |  |  |  |  | 25 |  | 6 |  |  |  |  |  | 3 |  |  |  | 15 |
| 胡宁病毒 |  |  | 5 |  |  |  |  | 1 |  |  |  |  |  |  |  |  |  | 1 |
| 黄热病毒 | 1 |  |  | 2 |  |  | 1 |  |  |  |  |  |  |  |  |  |  |  |
| 登革热病毒 | 2 | 14 | 3 | 3 | 2 | 28 | 19 | 2 | 2 | 3 | 2 | 3 |  |  | 3 |  | 18 | 1 |
| 乙型脑炎病毒 | 3 | 2 | 2 | 15 |  | 2 |  | 1 | 1 | 26 |  |  |  | 2 | 5 |  | 14 |  |
| 蜱传脑炎病毒 | 1 | 1 |  | 1 |  | 4 |  |  |  |  | 53 |  |  |  |  | 35 | 1 |  |
| 西尼罗病毒 | 1 |  | 4 | 1 | 21 | 25 | 10 | 18 |  | 7 | 5 |  |  | 3 | 11 | 2 | 12 | 3 |
| 寨卡病毒 | 8 | 12 | 10 | 17 | 1 |  | 10 | 16 |  |  | 2 | 1 |  | 5 | 1 |  | 28 | 4 |
| 基孔肯雅病毒 |  | 1 | 1 |  | 5 | 3 | 7 | 3 |  |  | 2 |  |  |  |  |  | 3 | 3 |
| 发热伴血小板减少综合征病毒 | 2 | 5 |  | 6 |  |  |  |  | 2 |  |  |  |  | 1 |  |  | 5 |  |
| 流感病毒 | 38 | 56 | 47 | 22 | 53 | 4 | 105 | 18 | 23 | 102 | 52 | 11 | 226 | 33 | 30 | 47 | 27 |  |
| H5N1流感病毒 | 6 | 10 | 4 | 3 |  |  | 17 | 2 | 2 | 22 | 4 | 4 | 49 | 5 | 10 | 10 | 12 |  |
| H1N1流感病毒 | 8 | 6 | 6 | 2 | 4 |  | 13 | 4 |  | 10 | 7 | 7 | 14 | 4 | 1 | 1 | 9 |  |

续表

| 病原生物 | 中国复旦大学 | 中国医学科学院 | 美国斯克利普斯研究所 | 中国疾病预防控制中心 | 西班牙国家研究理事会 | 美国陆军 | 荷兰伊拉斯姆斯大学医学中心 | 加拿大公共卫生署 | 中国北京大学 | 中国农业科学院 | 俄罗斯科学院 | 中国香港中文大学 | 美国圣犹达儿童医院 | 中国军事医学科学院 | 澳大利亚联邦科学与工业研究组织 | 俄罗斯医学科学院 | 中国北京流行病微生物研究所 | 美国陆军传染病医学研究所 |
|---|---|---|---|---|---|---|---|---|---|---|---|---|---|---|---|---|---|---|
| H7N9流感病毒 | 7 | 7 | 2 | 2 | | | 4 | 1 | 1 | 5 | | | 3 | 2 | 1 | | 1 | |
| 麻疹病毒 | 2 | 2 | 27 | 5 | 3 | | 19 | 3 | 1 | | 1 | | | | 2 | 5 | | |
| 风疹病毒 | 1 | 1 | | 5 | 2 | | | 1 | 1 | | 1 | | | | | 1 | | |
| 腮腺炎病毒 | 1 | 5 | | | | | 1 | 1 | | 1 | 1 | | | | | | | |
| 腺病毒 | 43 | 39 | 81 | 33 | 33 | 16 | 22 | 16 | 44 | 35 | 11 | 17 | 21 | 33 | 44 | 5 | 6 | 1 |
| 呼吸道合胞病毒 | | 2 | | 6 | 5 | | 5 | | 1 | | | | | | 1 | | | |
| SARS冠状病毒 | 23 | 43 | 31 | 20 | 17 | 5 | 11 | 6 | 47 | 11 | 1 | 35 | | 22 | 8 | 1 | 19 | |
| 中东呼吸综合征冠状病毒 | 30 | 18 | 4 | 12 | 3 | | 37 | 3 | 1 | 5 | | 1 | 7 | 5 | 2 | | 16 | 2 |
| 人类免疫缺陷病毒 | 15 | 38 | 111 | 35 | 33 | 2 | 26 | 13 | 15 | 1 | 24 | 16 | 40 | 2 | 5 | 7 | 2 | |
| 人类嗜T细胞病毒 | 1 | 1 | 10 | | | 1 | 1 | 1 | 1 | | 2 | | 2 | | | 8 | | |
| 甲型肝炎病毒 | 4 | 10 | | 8 | 22 | | 2 | | | 6 | 5 | | | | | | | |
| 乙型肝炎病毒 | 266 | 70 | 112 | 30 | 7 | 3 | 30 | 21 | 120 | 3 | 10 | 109 | 3 | 12 | 3 | 11 | 7 | |
| 丙型肝炎病毒 | 49 | 74 | 97 | 26 | 40 | 1 | 46 | 11 | 75 | 3 | 44 | 24 | 5 | 12 | 1 | 19 | 4 | |
| 柯萨奇病毒 | 31 | 29 | 37 | 23 | | | | | 4 | 1 | | 2 | | 1 | 2 | 3 | 9 | |
| 轮状病毒 | 18 | 15 | 7 | 15 | 8 | 2 | 14 | 5 | | 8 | 3 | 19 | 4 | 1 | 2 | 2 | | |

续表

| 病原生物 | 中国复旦大学 | 中国医学科学院 | 美国斯克利普斯研究所 | 中国疾病预防控制中心 | 西班牙国家研究理事会 | 美国陆军 | 荷兰伊拉斯姆斯大学医学中心 | 加拿大公共卫生署 | 中国北京大学 | 中国农业科学院 | 俄罗斯科学院 | 中国香港中文大学 | 美国圣犹达儿童医院 | 中国军事医学科学院 | 澳大利亚联邦科学与工业研究组织 | 俄罗斯医学科学院 | 中国北京流行病微生物研究所 | 美国陆军传染病医学研究所 |
|---|---|---|---|---|---|---|---|---|---|---|---|---|---|---|---|---|---|---|
| 肠道病毒-71 | 21 | 81 | 1 | 33 |  |  | 4 |  | 16 | 2 | 2 | 6 | 6 | 6 |  |  | 14 |  |
| 诺如病毒 | 12 | 4 | 4 | 20 | 5 | 1 | 34 | 7 | 5 |  | 2 | 20 | 1 | 1 |  |  | 2 |  |
| 脊髓灰质炎病毒 | 2 | 11 | 2 | 18 | 2 |  | 1 | 2 | 4 | 3 | 7 |  | 1 |  |  | 23 |  |  |
| 单纯疱疹病毒 | 11 | 31 | 24 | 8 | 7 | 1 | 16 | 3 | 16 |  | 24 | 7 | 5 | 1 | 1 | 13 | 1 | 1 |
| 水痘带状疱疹病毒 |  |  |  | 1 | 3 |  | 11 | 4 |  |  |  | 3 | 1 |  |  | 1 |  |  |
| 巨细胞病毒 | 8 | 12 | 27 | 2 | 17 | 1 | 24 | 7 | 22 |  | 16 | 4 | 13 |  | 10 | 10 |  |  |
| EB病毒 | 16 | 15 | 12 | 6 | 3 | 4 | 10 | 1 | 17 |  | 5 | 96 | 48 |  | 1 | 9 |  |  |
| 猴痘病毒 | 1 |  |  |  |  | 14 | 1 |  |  |  |  |  |  |  |  |  |  | 3 |
| 狂犬病病毒 | 5 | 3 | 1 | 10 | 1 |  | 2 | 3 |  | 14 | 7 |  |  | 48 | 1 |  | 1 |  |
| 人乳头瘤病毒 | 25 | 124 | 1 | 19 | 1 |  | 26 | 14 | 64 |  | 5 | 70 | 9 | 1 | 2 | 24 | 1 |  |
| 人类细小病毒B19 | 13 | 5 |  | 1 |  |  | 1 |  |  |  | 1 |  |  |  |  |  |  |  |
| 口蹄疫病毒 | 13 | 1 | 2 |  | 34 |  | 1 | 1 | 6 | 163 | 4 |  | 1 | 4 | 18 |  |  |  |
| 非洲猪瘟病毒 |  |  |  |  | 10 |  |  |  |  | 3 |  |  |  |  | 3 |  |  |  |
| 新城疫病毒 | 3 | 1 |  | 1 | 1 |  | 3 |  | 2 | 80 | 4 |  | 9 | 6 | 13 | 1 | 1 |  |
| 水泡性口炎病毒 |  | 1 | 6 |  | 4 | 6 | 14 | 14 | 3 | 3 |  | 1 | 3 | 1 | 1 | 1 |  | 3 |

续表

| 病原生物 | 中国复旦大学 | 中国医学科学院 | 美国斯克利普斯研究所 | 中国疾病预防控制中心 | 西班牙国家研究理事会 | 美国陆军 | 荷兰伊拉斯姆斯大学医学中心 | 加拿大公共卫生署 | 中国北京大学 | 中国农业科学院 | 俄罗斯科学院 | 中国香港中文大学 | 美国圣犹达儿童医院 | 中国军事医学科学院 | 澳大利亚联邦科学与工业研究组织 | 俄罗斯医学科学院 | 中国北京流行病微生物研究所 | 美国陆军传染病医学研究所 |
|---|---|---|---|---|---|---|---|---|---|---|---|---|---|---|---|---|---|---|
| 贝氏柯克斯体 | | | | | 4 | 15 | 1 | | | 1 | | | 3 | | | 2 | 11 | 1 |
| 普氏立克次体 | | | | | 1 | 1 | | | | | 1 | | | | | 3 | | |
| 立氏立克次体 | | | 1 | | | 1 | | | | | | | | | | | 6 | |
| 恙虫病立克次体 | | | | | | 5 | 1 | | | | | | | | | 1 | 3 | |
| 巴尔通体 | 1 | | | 13 | | | | 5 | 1 | | 2 | | 2 | 3 | | 2 | 3 | |
| 肺炎支原体 | 12 | 3 | | 11 | | | 25 | | 4 | | | 2 | 2 | 5 | | 1 | | |
| 鹦鹉热嗜衣原体 | | | | | | | 1 | | 1 | 4 | | | 2 | 1 | 1 | | | |
| 肺炎衣原体 | 4 | 2 | 1 | 1 | | 2 | 4 | 1 | | | 1 | 2 | | | 2 | 3 | | |
| 沙眼衣原体 | 1 | 13 | 8 | 1 | 2 | 3 | 23 | 8 | 2 | | 4 | 6 | 5 | | | 6 | 2 | |
| 粗球孢子菌 | | | | | | | | | | | | | 1 | | | | | |
| 疟原虫 | 15 | 30 | 68 | 28 | 30 | 58 | 9 | 3 | 5 | | 23 | 11 | 8 | 5 | 13 | | 2 | 2 |
| 隐孢子虫 | 5 | 1 | 2 | 9 | 12 | | | 11 | | 20 | 2 | | 6 | 2 | 11 | | 2 | |
| 血吸虫 | 8 | 1 | | 4 | 1 | | 2 | | | 5 | 8 | | 1 | | | | | |
| 合计 | 1137 | 967 | 959 | 954 | 920 | 827 | 821 | 802 | 764 | 732 | 712 | 698 | 655 | 402 | 401 | 392 | 382 | 179 |

根据各病原生物文献数量，美国以下机构文献数量排在第 1 位：美国农业研究所 O157：H7 大肠杆菌、沙门菌；贝勒医学院幽门螺杆菌；科罗拉多州立大学麻风分枝杆菌；疾病预防控制中心肺炎链球菌、天花病毒、东部马脑炎病毒、尼巴病毒、克里米亚－刚果出血热病毒、西尼罗病毒、流感病毒、轮状病毒、诺如病毒、脊髓灰质炎病毒、猴痘病毒、巴尔通体、隐孢子虫；佐治亚理工学院风疹病毒；哈佛大学葡萄球菌、人类免疫缺陷病毒、单纯疱疹病毒；梅奥医学中心麻疹病毒；国家癌症研究所人乳头瘤病毒；过敏与感染性疾病研究所埃博拉病毒、沙眼衣原体；西北大学嗜肺军团菌；俄勒冈卫生科学大学巨细胞病毒；托马斯杰斐逊大学狂犬病病毒；亚利桑那大学粗球孢子菌；科罗拉多大学水痘带状疱疹病毒；佐治亚大学肺炎支原体；肯塔基大学鼠疫耶尔森菌；新墨西哥大学辛诺柏病毒；匹兹堡大学产气荚膜梭菌；南阿拉巴马大学普氏立克次体；得克萨斯大学腺病毒、寨卡病毒；华盛顿大学梅毒螺旋体；食品与药品管理局腮腺炎病毒；美国陆军炭疽芽孢杆菌、鼻疽伯克霍尔德菌、委内瑞拉马脑炎病毒；耶鲁大学伯氏疏螺旋体、水泡性口炎病毒。

中国以下机构文献数量排在第 1 位：中国农业科学院口蹄疫病毒、新城疫病毒；中国科学院 SARS 冠状病毒；中山医科大学人类细小病毒 B19；第四军医大学汉滩病毒；复旦大学乙型肝炎病毒；香港大学 H1N1 流感病毒、H7N9 流感病毒、中东呼吸综合征冠状病毒；台湾长庚大学肠道病毒－71；台湾"国防医学院"乙型脑炎病毒。

法国以下机构文献数量排在第 1 位：国家农业研究院布鲁菌；国家科研中心丙型肝炎病毒；巴斯德研究所志贺菌、结核分枝杆菌、破伤风梭菌、百日咳鲍特菌、李斯特菌、裂谷热病毒、黄热病毒、基孔肯雅病毒。

英国以下机构文献数量排在第 1 位：食品研究所肉毒梭菌；伯明翰大学 EB 病毒；牛津大学流感嗜血杆菌、脑膜炎奈瑟菌；约克大学血吸虫。

加拿大以下机构文献数量排在第 1 位：国防研究与发展中心西部马脑炎病毒；国家研究委员会空肠弯曲菌；不列颠哥伦比亚大学柯萨奇病毒；麦吉尔大学猪链球菌。

日本以下机构文献数量排在第 1 位：北海道大学 H5N1 流感病毒；鹿儿岛大学人类嗜 T 细胞病毒；国家感染性疾病研究所发热伴血小板减少综合征病毒。

西班牙以下机构文献数量排在第 1 位：卡洛斯三世·萨鲁德研究所呼吸道合胞病毒；马德里自治大学非洲猪瘟病毒；巴塞罗那大学甲型肝炎病毒。

瑞典以下机构文献数量排在第 1 位：隆德大学化脓性链球菌；厄勒布鲁大学医院淋病奈瑟菌；于默奥大学土拉热弗朗西斯菌。

德国以下机构文献数量排在第 1 位：伯恩哈德－诺赫特热带医学研究所拉沙病毒；马尔堡大学马尔堡病毒。

巴西以下机构文献数量排在第 1 位：里约热内卢埃斯塔多大学白喉棒状杆菌；圣保罗大学钩端螺旋体、立氏立克次体。

除此以外，以下机构相应文献数量排在第 1 位：阿根廷布宜诺斯艾利斯大学胡宁病毒；澳大利亚联邦科学与工业研究组织亨德拉病毒；比利时根特大学鹦鹉热衣原体；俄罗斯科学院蜱传脑炎病毒；芬兰赫尔辛基大学汉坦病毒；韩国首尔大学恙虫病立克次体；斯洛伐克科学院贝氏柯克斯体；泰国玛希隆大学类鼻疽伯克霍尔德菌、登革热病毒、疟原虫；印度国立霍乱与肠道病研究所霍乱弧菌。

### （四）期刊分析

表 5-6 中列出了一些期刊刊载的各种病原生物相关文献的数量。

一些顶级期刊发表病原生物相关文献数量情况如下。

*SCIENCE*：疟原虫（45）、沙门菌（24）、葡萄球菌（20）、结核分枝杆菌（19）、流感病毒（16）、埃博拉病毒（13）、丙型肝炎病毒（13）、幽门螺杆菌（12）、巨细胞病毒（12）、寨卡病毒（11）。

*NATURE*：疟原虫（52）、流感病毒（18）、埃博拉病毒（15）、丙型肝炎病毒（15）、沙门菌（11）、寨卡病毒（11）、腺病毒（9）、结核分枝杆菌（8）、巨细胞病毒（8）、幽门螺杆菌（7）。

*CELL*：疟原虫（18）、寨卡病毒（11）、沙门菌（9）、埃博拉病毒（8）、EB 病毒（7）、巨细胞病毒（6）、霍乱弧菌（5）、结核分枝杆菌（4）、李斯特菌（4）、登革热病毒（4）。

*NEW ENGLAND JOURNAL OF MEDICINE*：人类免疫缺陷病毒（3）、巨细胞病毒（8）、丙型肝炎病毒（15）、轮状病毒（4）、葡萄球菌（4）、人乳头瘤病毒（4）、沙门菌（11）、埃博拉病毒（15）、幽门螺杆菌（7）、单纯疱疹病毒（5）。

*LANCET*：幽门螺杆菌（35）、丙型肝炎病毒（33）、人乳头瘤病毒（33）、疟原虫（32）、葡萄球菌（20）、轮状病毒（18）、巨细胞病毒（17）、埃博拉病毒（15）、结核分枝杆菌（13）、流感嗜血杆菌（13）。

单位：篇

表 5-6 期刊刊载病原生物文献数量分布

| 病原生物 | INFECTION AND IMMUNITY | VACCINE | CLINICAL INFECTIOUS DISEASES | PNAS | MOLECULAR MICROBIOLOGY | EMERGING INFECTIOUS DISEASES | LANCET INFECTIOUS DISEASES | SCIENCE | NEW ENGLAND JOURNAL OF MEDICINE | NATURE | LANCET INFECTIOUS DISEASES | JAMA | CELL | NATURE MICROBIOLOGY |
|---|---|---|---|---|---|---|---|---|---|---|---|---|---|---|
| 炭疽芽孢杆菌 | 115 | 31 | 2 | 18 | 43 | 16 | 1 | 1 | 1 | 3 |  | 3 |  |  |
| 鼠疫耶尔森菌 | 129 | 43 | 2 | 20 | 29 | 5 |  | 2 | 1 | 2 | 1 |  | 2 |  |
| 肉毒梭菌 | 15 | 5 | 1 | 3 | 3 |  |  | 1 |  |  |  |  |  |  |
| 土拉热弗朗西斯菌 | 128 | 32 | 6 | 7 | 8 | 16 |  |  | 1 |  |  |  |  |  |
| 布鲁菌 | 233 | 89 | 10 | 11 | 19 | 7 |  |  |  |  | 1 |  |  |  |
| 鼻疽伯克霍尔德菌 | 16 | 3 |  | 1 | 2 | 1 |  |  |  |  |  |  |  |  |
| 类鼻疽伯克霍尔德菌 | 77 | 8 | 7 | 4 | 7 | 13 |  | 1 |  |  |  |  |  | 2 |
| 产气荚膜梭菌 | 91 | 14 | 12 | 4 | 20 | 1 |  | 1 |  |  |  |  |  |  |
| 沙门菌 | 734 | 257 | 108 | 137 | 282 | 120 | 7 | 24 | 13 | 11 | 2 | 7 | 9 | 8 |
| O157：H7 大肠杆菌 | 98 | 19 | 15 | 10 | 19 | 19 | 2 |  | 3 | 1 |  | 1 |  |  |
| 志贺菌 | 164 | 58 | 12 | 23 | 65 | 21 | 3 | 4 |  | 5 | 1 | 1 |  | 4 |

续表

| 病原生物 | INFECTION AND IMMUNITY | VACCINE | CLINICAL INFECTIOUS DISEASES | PNAS | MOLECULAR MICROBIOLOGY | EMERGING INFECTIOUS DISEASES | LANCET | SCIENCE | NEW ENGLAND JOURNAL OF MEDICINE | NATURE | LANCET INFECTIOUS DISEASES | JAMA | CELL | NATURE MICROBIOLOGY |
|---|---|---|---|---|---|---|---|---|---|---|---|---|---|---|
| 葡萄球菌 | 554 | 56 | 353 | 101 | 160 | 126 | 20 | 20 | 15 | 4 | 9 | 15 | 3 | 10 |
| 霍乱弧菌 | 201 | 31 | 6 | 89 | 113 | 21 | 6 | 9 | 4 | 6 | | | 5 | 5 |
| 幽门螺杆菌 | 438 | 61 | 37 | 77 | 100 | 6 | 35 | 12 | 13 | 7 | | 8 | 1 | 3 |
| 结核分枝杆菌 | 466 | 120 | 68 | 185 | 147 | 71 | 13 | 19 | 5 | 8 | 6 | 8 | 4 | 9 |
| 麻风分枝杆菌 | 35 | 5 | 4 | 3 | 4 | | 2 | 4 | | | | | 3 | |
| 流感嗜血杆菌 | 197 | 178 | 57 | 15 | 52 | 27 | 13 | 3 | | | 4 | 8 | | 1 |
| 白喉棒状杆菌 | 7 | | 1 | 2 | 7 | 9 | | | | | | | | |
| 破伤风梭菌 | 1 | | | 1 | 1 | | | | | | | | | |
| 化脓性链球菌 | 122 | 13 | 12 | 6 | 52 | 12 | | | | | | | | 1 |
| 肺炎链球菌 | 311 | 136 | 146 | 27 | 117 | 53 | 6 | 4 | 5 | 3 | 1 | 8 | 2 | 3 |
| 猪链球菌 | 38 | 14 | 2 | 1 | 5 | 14 | | | | | | | | |
| 脑膜炎奈瑟菌 | 206 | 128 | 24 | 20 | 77 | 31 | 6 | 2 | 3 | 3 | 2 | 2 | 2 | |
| 淋病奈瑟菌 | 130 | 8 | 22 | 11 | 66 | 15 | 3 | 1 | 1 | | 5 | 1 | | |

续表

| 病原生物 | INFECTION AND IMMUNITY | VACCINE | CLINICAL INFECTIOUS DISEASES | PNAS | MOLECULAR MICROBIOLOGY | EMERGING INFECTIOUS DISEASES | LANCET | SCIENCE | NEW ENGLAND JOURNAL OF MEDICINE | NATURE | LANCET INFECTIOUS DISEASES | JAMA | CELL | NATURE MICROBIOLOGY |
|---|---|---|---|---|---|---|---|---|---|---|---|---|---|---|
| 百日咳鲍特菌 | 136 | 82 | 19 | 8 | 32 | 16 |  |  |  | 1 |  | 1 |  |  |
| 嗜肺军团菌 | 169 | 2 | 10 | 18 | 42 | 5 |  | 3 |  | 2 |  |  |  | 2 |
| 空肠弯曲菌 | 111 | 10 | 17 | 9 | 55 | 14 | 1 | 1 | 3 | 1 |  |  |  | 1 |
| 伯氏疏螺旋体 | 344 | 14 | 15 | 34 | 82 | 11 | 2 |  | 2 | 1 |  | 1 | 1 | 1 |
| 梅毒螺旋体 | 40 |  | 5 | 2 | 6 | 3 |  | 1 | 1 |  |  |  |  | 2 |
| 钩端螺旋体 | 63 | 18 |  | 1 | 10 | 5 |  |  |  | 2 |  |  |  |  |
| 李斯特菌 | 271 | 27 | 11 | 27 | 103 | 6 |  | 4 | 2 | 6 |  |  | 4 | 3 |
| 天花病毒 |  |  | 1 | 4 |  |  |  |  |  |  |  |  |  |  |
| 埃博拉病毒 |  | 13 | 23 | 27 |  | 49 | 15 | 13 | 13 | 15 | 20 |  | 8 | 5 |
| 马尔堡病毒 |  | 5 |  | 3 |  | 4 | 1 | 3 | 1 |  |  |  | 2 |  |
| 拉沙病毒 |  | 4 |  | 4 |  | 5 |  | 3 | 1 |  |  |  | 1 |  |
| 委内瑞拉马脑炎病毒 | 3 | 34 |  | 1 |  | 7 |  |  |  |  |  |  |  |  |
| 东部马脑炎病毒 |  | 2 | 1 |  |  | 3 |  |  |  |  |  |  |  |  |

续表

| 病原生物 | INFECTION AND IMMUNITY | VACCINE | CLINICAL INFECTIOUS DISEASES | PNAS | MOLECULAR MICROBIOLOGY | EMERGING INFECTIOUS DISEASES | LANCET | SCIENCE | NEW ENGLAND JOURNAL OF MEDICINE | NATURE | LANCET INFECTIOUS DISEASES | JAMA | CELL | NATURE MICROBIOLOGY |
|---|---|---|---|---|---|---|---|---|---|---|---|---|---|---|
| 西部马脑炎病毒 | | 5 | | | | | | | | | | | | |
| 尼帕病毒 | | 5 | 3 | 3 | | 22 | 2 | 1 | 1 | 1 | | | | |
| 亨德拉病毒 | | 2 | | 2 | | 8 | | | | | | | | |
| 汉坦病毒 | | 17 | 19 | 4 | | 70 | 6 | | | | | 2 | | |
| 汉滩病毒 | | 7 | | 1 | | 1 | | | | | | | | |
| 辛诺柏病毒 | | 1 | 1 | 2 | | 12 | | | | | | | | |
| 克里米亚-刚果出血热病毒 | | 2 | | 1 | | 11 | | | | | | | | |
| 裂谷热病毒 | | 13 | | 4 | | 7 | | | | | | | | |
| 胡宁病毒 | | 1 | | 1 | | | | | | | | | | |
| 黄热病毒 | | 8 | | 1 | | 8 | | 1 | | | 1 | | | |
| 登革热病毒 | 1 | 33 | 6 | 34 | | 40 | | 4 | | 4 | | | 4 | 2 |
| 乙型脑炎病毒 | | 48 | | | | 8 | 1 | | | | | | | 1 |
| 蜱传脑炎病毒 | | 23 | | | | 5 | | | | 1 | | | | |
| 西尼罗病毒 | | 39 | 18 | 16 | | 164 | 1 | 3 | 5 | 3 | | 1 | 2 | |

续表

| 病原生物 | INFECTION AND IMMUNITY | VACCINE | CLINICAL INFECTIOUS DISEASES | PNAS | MOLECULAR MICROBIOLOGY | EMERGING INFECTIOUS DISEASES | LANCET | SCIENCE | NEW ENGLAND JOURNAL OF MEDICINE | NATURE | LANCET INFECTIOUS DISEASES | JAMA | CELL | NATURE MICROBIOLOGY |
|---|---|---|---|---|---|---|---|---|---|---|---|---|---|---|
| 寨卡病毒 | | 7 | 13 | 13 | | 46 | 7 | 11 | 8 | 11 | 8 | 1 | 11 | 6 |
| 基孔肯雅病毒 | | 10 | 3 | 3 | | 27 | 2 | | | 1 | | | | |
| 发热伴血小板减少综合征病毒 | | | | 1 | | 9 | | | | | | | | |
| 流感病毒 | 7 | 302 | 29 | 98 | | 80 | 4 | 16 | 3 | 18 | 1 | 1 | 3 | 4 |
| H5N1 流感病毒 | | 42 | | 5 | | 27 | 1 | 3 | | 2 | | | | |
| H1N1 流感病毒 | | 30 | 6 | 4 | | 3 | 1 | 2 | 1 | | | | | |
| H7N9 流感病毒 | | 9 | | | | 1 | | 1 | | 1 | | | | |
| 麻疹病毒 | | 32 | 2 | 20 | | 8 | 6 | 2 | 1 | 2 | 1 | | 1 | |
| 风疹病毒 | | 14 | 1 | 1 | | 1 | | | | 1 | | | | |
| 腮腺炎病毒 | | 13 | 1 | 2 | | 1 | 1 | | | | | | | |
| 腺病毒 | 18 | 183 | 34 | 93 | | 26 | 4 | 10 | 3 | 9 | 3 | 1 | 3 | |
| 呼吸道合胞病毒 | | 7 | 1 | 7 | | | | | | | | | | 1 |

续表

| 病原生物 | INFECTION AND IMMUNITY | VACCINE | CLINICAL INFECTIOUS DISEASES | PNAS | MOLECULAR MICROBIOLOGY | EMERGING INFECTIOUS DISEASES | LANCET | SCIENCE | NEW ENGLAND JOURNAL OF MEDICINE | NATURE | LANCET INFECTIOUS DISEASES | JAMA | CELL | NATURE MICROBIOLOGY |
|---|---|---|---|---|---|---|---|---|---|---|---|---|---|---|
| SARS 冠状病毒 | | 28 | 3 | 31 | | 22 | 5 | 3 | | 2 | | | | |
| 中东呼吸综合征冠状病毒 | | 10 | 12 | 13 | | 49 | 4 | 1 | 5 | 1 | 8 | | | 2 |
| 人类免疫缺陷病毒 | 26 | 63 | 778 | 103 | 1 | | | 2 | 50 | 3 | | 10 | | |
| 人类嗜 T 细胞病毒 | | 7 | 13 | 16 | | 2 | 2 | 3 | 3 | 1 | 1 | | 2 | |
| 甲型肝炎病毒 | | 18 | 10 | 5 | | 3 | 1 | 1 | 1 | 1 | | | | |
| 乙型肝炎病毒 | 3 | 108 | 60 | 73 | | 5 | 10 | 4 | 4 | 3 | 3 | 7 | | |
| 丙型肝炎病毒 | 1 | 51 | 270 | 129 | | 10 | 33 | 13 | 16 | 15 | 9 | 8 | 3 | 2 |
| 柯萨奇病毒 | | 23 | 5 | 8 | | 12 | 1 | | | | 1 | | 1 | |
| 轮状病毒 | | 366 | 54 | 20 | | 41 | 18 | 5 | 16 | 4 | 6 | 6 | 1 | |
| 肠道病毒-71 | | 42 | 8 | 3 | | 16 | 4 | 1 | 5 | | | 1 | | |
| 诺如病毒 | | 27 | 35 | 8 | | 62 | 1 | 6 | 3 | | 1 | 2 | | 2 |

续表

| 病原生物 | INFECTION AND IMMUNITY | VACCINE | CLINICAL INFECTIOUS DISEASES | PNAS | MOLECULAR MICROBIOLOGY | EMERGING INFECTIOUS DISEASES | LANCET | SCIENCE | NEW ENGLAND JOURNAL OF MEDICINE | NATURE | LANCET INFECTIOUS DISEASES | JAMA | CELL | NATURE MICROBIOLOGY |
|---|---|---|---|---|---|---|---|---|---|---|---|---|---|---|
| 脊髓灰质炎病毒 | | 80 | 10 | 22 | | 4 | 7 | 4 | 9 | 1 | 11 | 4 | | |
| 单纯疱疹病毒 | 2 | 43 | 59 | 123 | 1 | 3 | 7 | 6 | 9 | 5 | 1 | 5 | 3 | |
| 水痘带状疱疹病毒 | | 41 | 23 | 17 | | 1 | 1 | | 1 | | 1 | | 2 | |
| 巨细胞病毒 | 1 | 63 | 180 | 106 | | 2 | 17 | 12 | 20 | 8 | 3 | 6 | 6 | 2 |
| EB 病毒 | | 8 | 38 | 102 | | | 7 | 5 | 7 | 1 | | 5 | 7 | 3 |
| 猴痘病毒 | | 2 | | 1 | | 3 | | | | 1 | | | | |
| 狂犬病病毒 | | 60 | 1 | 18 | | 11 | | 2 | 1 | | | 1 | 2 | |
| 人乳头瘤病毒 | 4 | 267 | 45 | 40 | | 16 | 33 | 2 | 14 | 4 | 11 | 9 | 1 | |
| 人类细小病毒 B19 | | 2 | 3 | 4 | | | 3 | | | | | | | |
| 口蹄疫病毒 | | 97 | | 4 | | 4 | | | | | | | | |
| 非洲猪瘟病毒 | | 5 | | | | 7 | | | | | | | | |
| 新城疫病毒 | | 36 | | 3 | | | | | | | | | | |

续表

| 病原生物 | INFECTION AND IMMUNITY | VACCINE | CLINICAL INFECTIOUS DISEASES | PNAS | MOLECULAR MICROBIOLOGY | EMERGING INFECTIOUS DISEASES | LANCET | SCIENCE | NEW ENGLAND JOURNAL OF MEDICINE | NATURE | LANCET INFECTIOUS DISEASES | JAMA | CELL | NATURE MICROBIOLOGY |
|---|---|---|---|---|---|---|---|---|---|---|---|---|---|---|
| 水泡性口炎病毒 |  | 22 |  | 28 |  | 1 | 1 | 6 | 1 |  |  | 1 | 2 |  |
| 贝氏柯克斯体 | 65 | 7 | 8 | 7 | 4 | 13 |  |  |  |  |  |  |  |  |
| 普氏立克次体 | 7 | 2 |  |  |  | 2 |  |  |  | 1 |  |  |  |  |
| 立氏立克次体 | 18 | 4 | 1 | 1 |  | 6 |  |  |  |  |  |  |  |  |
| 恙虫病立克次体 | 17 | 4 |  | 1 | 1 | 6 |  |  |  |  |  |  |  |  |
| 巴尔通体 | 41 | 3 | 27 | 6 | 3 | 53 | 7 |  | 6 |  |  |  |  |  |
| 肺炎支原体 | 32 | 3 | 25 | 3 | 17 | 12 |  |  | 1 |  |  |  |  |  |
| 鹦鹉热嗜衣原体 | 24 | 7 | 2 | 1 | 4 | 3 |  |  |  |  |  |  |  |  |
| 肺炎衣原体 | 76 | 11 | 24 | 3 | 6 | 3 | 5 |  | 1 | 1 |  | 1 |  |  |
| 沙眼衣原体 | 196 | 34 | 22 | 22 | 28 | 10 | 8 | 3 | 3 | 1 | 2 | 4 |  | 1 |
| 粗球孢子菌 | 24 | 2 | 2 | 3 |  | 2 |  |  |  |  |  |  |  |  |
| 疟原虫 | 580 | 222 | 79 | 268 | 175 | 71 | 32 | 45 | 6 | 52 | 22 | 3 | 18 | 12 |
| 隐孢子虫 | 78 | 11 | 7 | 2 | 2 | 25 |  | 1 | 1 | 3 |  |  |  | 1 |

续表

| 病原生物 | INFECTION AND IMMUNITY | VACCINE | CLINICAL INFECTIOUS DISEASES | PNAS | MOLECULAR MICROBIOLOGY | EMERGING INFECTIOUS DISEASES | LANCET | SCIENCE | NEW ENGLAND JOURNAL OF MEDICINE | NATURE | LANCET INFECTIOUS DISEASES | JAMA | CELL | NATURE MICROBIOLOGY |
|---|---|---|---|---|---|---|---|---|---|---|---|---|---|---|
| 血吸虫 | 21 | 2 | 1 | 2 | | | | 1 | | 1 | | | | |
| 合计 | 6885 | 4151 | 2951 | 2426 | 1970 | 1797 | 378 | 313 | 292 | 244 | 146 | 143 | 119 | 99 |

注：期刊刊名称，出版国家，2017 影响因子（Impact Factor，IF）信息如下。

① INFECTION AND IMMUNITY，《感染和免疫》，美国，3.3；

② VACCINE，《疫苗》，英国，3.3；

③ CLINICAL INFECTIOUS DISEASES，《临床感染性疾病》，美国，9.1；

④ PNAS，《美国科学院院报》，美国，9.5；

⑤ MOLECULAR MICROBIOLOGY，《分子微生物学》，英国，3.8；

⑥ EMERGING INFECTIOUS DISEASES，《新发感染性疾病》，美国，7.4；

⑦ LANCET，《柳叶刀》，英国，53.3；

⑧ SCIENCE，《科学》，美国，41.1；

⑨ NEW ENGLAND JOURNAL OF MEDICINE，《新英格兰医学》，美国，79.3；

⑩ NATURE，《自然》，英国，41.6；

⑪ LANCET INFECTIOUS DISEASES，《柳叶刀·感染性疾病》，美国，25.1；

⑫ JAMA，《美国医学协会学报》，美国，47.7；

⑬ CELL，《细胞》，美国，31.4；

⑭ NATURE MICROBIOLOGY，《自然·微生物》，英国，14.2。

数据来源：Web of Science，Journal Citation Reports。

各病原生物文献发表数量最多的期刊分别如下。

*VACCINE*：轮状病毒；*VETERINARY MICROBIOLOGY*：猪链球菌、鹦鹉热衣原体；*VETERINARY PARASITOLOGY*：隐孢子虫；*AIDS RESEARCH AND HUMAN RETROVIRUSES*：人类嗜T细胞病毒；*AMERICAN JOURNAL OF TROPICAL MEDICINE AND HYGIENE*：破伤风梭菌、东部马脑炎病毒、恙虫病立克次体；*ANTIMICROBIAL AGENTS AND CHEMOTHERAPY*：葡萄球菌、肺炎链球菌；*APPLIED AND ENVIRONMENTAL MICROBIOLOGY*：肉毒梭菌、空肠弯曲菌；*EMERGING INFECTIOUS DISEASES*：汉坦病毒、辛诺柏病毒、中东呼吸综合征冠状病毒；*HELICOBACTER*：幽门螺杆菌；*INFECTION AND IMMUNITY*：鼠疫耶尔森菌、土拉热弗朗西斯菌、布鲁菌、鼻疽伯克霍尔德菌、类鼻疽伯克霍尔德菌、志贺菌、流感嗜血杆菌、化脓性链球菌、脑膜炎奈瑟菌、百日咳鲍特菌、嗜肺军团菌、伯氏疏螺旋体、贝氏柯克斯体、立氏立克次体、肺炎衣原体、粗球孢子菌；*JOURNAL OF BACTERIOLOGY*：炭疽芽孢杆菌、霍乱弧菌、普氏立克次体；*JOURNAL OF CLINICAL MICROBIOLOGY*：结核分枝杆菌、白喉棒状杆菌、梅毒螺旋体、天花病毒、巴尔通体、肺炎支原体；*JOURNAL OF FOOD PROTECTION*：沙门菌、O157：H7大肠杆菌、李斯特菌；*JOURNAL OF MEDICAL VIROLOGY*：人类细小病毒B19；*JOURNAL OF VIROLOGY*：埃博拉病毒、马尔堡病毒、拉沙病毒、委内瑞拉马脑炎病毒、西部马脑炎病毒、尼巴病毒、亨德拉病毒、汉滩病毒、克里米亚-刚果出血热病毒、裂谷热病毒、胡宁病毒、黄热病毒、登革热病毒、乙型脑炎病毒、蜱传脑炎病毒、发热伴血小板减少综合征病毒、流感病毒、H5N1流感病毒、H1N1流感病毒、H7N9流感病毒、麻疹病毒、风疹病毒、腮腺炎病毒、腺病毒、呼吸道合胞病毒、SARS冠状病毒、人类免疫缺陷病毒、甲型肝炎病毒、乙型肝炎病毒、丙型肝炎病毒、柯萨奇病毒、诺如病毒、脊髓灰质炎病毒、单纯疱疹病毒、水痘带状疱疹病毒、巨细胞病毒、EB病毒、猴痘病毒、狂犬病病毒、人乳头瘤病毒、口蹄疫病毒、非洲猪瘟病毒、新城疫病毒、水泡性口炎病毒；*PLOS NEGLECTED TROPICAL DISEASES*：钩端螺旋体、基孔肯雅病毒；*PLOS ONE*：肠道病毒-71；*SEXUALLY TRANSMITTED DISEASES*：淋病奈瑟菌、沙眼衣原体；*VECTOR BORNE AND ZOONOTIC DISEASES*：西尼罗病毒；*ANAEROBE*：产气荚膜梭菌；*LEPROSY REVIEW*：麻风分枝杆菌；*MALARIA JOURNAL*：疟原虫；*PARASITOLOGY*：血吸虫；*SCIENTIFIC REPORTS*：寨卡病毒。

## 四、分析与讨论

### （一）病原生物文献特点

从病原生物文献计量分析可以看出，病原生物相关文献呈现以下特点。

### 1. 文献数量与疾病流行密切相关

一些病原生物，如 SARS 冠状病毒、H1N1 流感病毒、埃博拉病毒等在导致大的疫情暴发后，文献数量快速增长，疫情得到控制后，文献数量趋于减少。

### 2. 文献数量与疾病分布密切相关

病原生物相关文献数量与其所致疾病的地理分布有关，如 H7N9 禽流感相关文献中国数量最多，类鼻疽相关文献泰国最多，胡宁病毒相关文献阿根廷最多。

### 3. 核心研究机构发挥重要作用

无论国外还是国内，病原生物相关核心研究机构都发挥着重要作用，如国外的法国巴斯德研究所、美国哈佛大学、美国过敏与感染性疾病研究所，国内的中国科学院等。

### 4. 中国病原生物相关期刊水平有待提高

从统计结果可以看出，病原生物相关 SCI 文献所在期刊主要为美国和欧洲的一些期刊，中国病原生物总体文献数量虽为全球第 2 位，但该领域有影响力的期刊很少。

## （二）病原生物研究关乎生物安全

病原生物研究与生物安全息息相关。病原生物研究既可促进人类健康、维护生物安全，又可产生潜在的生物安全问题，威胁人类健康。

### 1. 病原生物研究水平是传染病应对能力的重要体现

无论对于传统传染病、新发传染及生物威胁传染病，病原生物研究都是重要基础。国家生物防御能力建设中，病原生物研究也是重要方面。通过加强科技投入，中国传染病防控能力显著提升，相关论文数量增长明显，但在一些领域与美国的差距仍很明显。

### 2. 病原生物研究存在生物安全风险

随着生命科学和生物技术的快速发展，生物技术安全问题受到越来越多的关注。当前生物技术安全问题最主要的还是针对病原生物，如病原生物功能获得性研究、合成生物学研究等，一方面可能导致威胁病原生物实验室泄漏；另一方面也存在被人为蓄意利用的可能性。

### 3. 降低病原生物研究生物安全风险

对于病原生物研究的生物安全问题，需要完善生物安全监测体系、风险评估体系，加强危险病原体管控与生物技术监管，采取风险消减措施，降低病原生物研究的生物安全风险。同时，分子生物防控等措施也可以降低生物安全风险。

# 参考文献

[1] 李凡，徐志凯 . 医学微生物学 [M]. 9 版 . 北京：人民卫生出版社，2018.

[2] 罗恩杰 . 病原生物学 [M]. 5 版 . 北京：科学出版社，2016.

[3] 王淑兰，王玉民，刘逯，等 . 重要生物危害疾病预防与控制 [M]. 北京：军事医学科学出版社，2005.

[4] 金宁一，胡仲明，冯书章 . 新编人兽共患病学 [M]. 北京：科学出版社，2007.

[5] 金奇 . 医学分子病毒学 [M]. 北京：科学出版社，2001.

[6] 徐建国 . 序列 7 型猪链球菌在中国的变迁和多点平行传播模式 [A]// 中国畜牧兽医学会 . 第五届全国人畜共患病学术研讨会论文摘要集 [C]. 南京：2017.

[7] 田德桥，陈薇 . 基孔肯雅病毒与基孔肯雅热 [J]. 微生物与感染，2016，11(4)：194–206.

[8] 牛培华，谭文杰 . 中东呼吸综合征抗病毒治疗研究进展 [J]. 病毒学报，2018，34(5)：599–605.

[9] 孙怀昌，张鑫宇，张泉 . 非洲猪瘟病毒特点及扬州大学对其研究简介 [J]. 扬州大学学报（农业与生命科学版），2018，39(3)：50–51.

## 第三节 基于文献计量分析的埃博拉疫苗研究进展*

埃博拉出血热（Ebola hemorrhagic fever，EHF）是由埃博拉病毒（Ebola virus，EBOV）引起的一种烈性传染病，最早发生于 1976 年非洲的刚果民主共和国和苏丹，此后在刚果民主共和国、刚果共和国、乌干达、苏丹、加蓬等非洲国家数次暴发。由于其很高的致死性（根据世界卫生组织公布的 2017 年前的全球发病例数与死亡例数，总体病死率为 42%），埃博拉病毒被认为是一种潜在生物战剂。20 世纪 70 到 80 年代苏联生物武器研发计划中曾有针对埃博拉病毒的研究[1]。美国也将埃博拉病毒列为需重点防御的 A 类生物剂。由于病例发生区域局限及缺乏市场需求，埃博拉疫苗的研究很长时间并没有引起各国研究机构足够重视。2014 年，西非塞拉利昂、利比里亚、几内亚等国埃博拉疫情暴发，导致 2.8 万余人感染，1.1 万余人死亡，并且在欧美等国家也有病例的发生[2]，引起了国际社会对埃博拉疫苗研究的极大关注。2018 年，在刚果民主共和国又发生埃博拉疫情，截至 2019 年 4 月 1 日已导致 1092 例病例感染，683 人死亡[3]。

对于埃博拉疫苗研究，国外期刊[4-10]及国内期刊[11-12]均有较详细的综述。本文主要通过文献计量学方法，对埃博拉疫苗相关的文献进行统计，回顾埃博拉疫苗研发历史，分析今后发展趋势，为我国埃博拉疫苗及其他生物防御疫苗的研发提供参考。

### 一、方法

通过 *Web of Science* 对埃博拉疫苗相关文献进行检索。检索时间：2019 年 4 月 3 日；检索范围：标题；检索式：（TI=ebola OR TI=ebolavirus）AND（TI=vaccine OR TI=vaccination OR TI=immunization）OR TI="VSV-EBOV" OR TI="CHAD3-EBO-Z" OR TI="MVA-BN-FILO" OR TI="Ad5-EBOV" OR TI="Ad26-ZEBOV"。在检索得到的 528 个结果中，选择出版类型为 Article 的文献 242 篇，去除部分非检索目标文献及 2019 年度文献后（该研究为在前期统计结果上的数字更新，所以未列 2019 年的检索结果），对剩下的 224 篇文献进行统计分析，包括年度、国家、机构、期刊、疫苗类别等。

检索中选择标题作为检索范围，主要是由于如果以主题（标题、关键词、摘要）作为检索范围，会检索到很多不是针对埃博拉疫苗的文献而产生混杂干扰。虽然该方法可能会漏掉一些文献，但不影响对年度、国家、机构等的比较。选择文献类型为 Article，是由于统计分析的目标为埃博拉疫苗研究性论文，而不是综述、评论、新闻等。文献来源的国家和研究机构分析，按通讯作者的国家和所在机构进行统计，

---

*完成时间：2019年4月24日。

如果所列通讯作者不止一个，则分别进行统计。在疫苗类型统计中，如果一篇文献同时涉及两种类型的疫苗，则分别进行统计。

## 二、结果

### （一）文献年度数量

从埃博拉疫苗年度文献数量变化（图 5-14）可以看出，2015 年前，年度相关文献数量并不多；由于 2014 年西非埃博拉疫情暴发的影响，2015 年开始，文献数量大幅增长。1995 年后，最早针对埃博拉疫苗的文献类型为灭活疫苗、减毒疫苗，此后出现 DNA 疫苗、腺病毒疫苗、委内瑞拉马脑炎复制子疫苗、亚单位疫苗，2005 年出现水泡性口炎病毒载体疫苗（vesicular stomatitis virus，VSV）、病毒样颗粒疫苗（virus-like particle，VLP），2006 年出现三型人副流感病毒（human parainfluenza virus type 3，HPIV3）载体疫苗，2009 年出现复制缺陷型埃博拉病毒疫苗，2010 年出现鸡新城疫病毒载体疫苗，2011 年出现昆津（Kunjin）病毒复制子、狂犬病毒载体、巨细胞病毒载体埃博拉疫苗文献，2016 年出现痘苗病毒载体改良的安卡拉病毒株（modified vaccinia virus ankara，MVA）埃博拉疫苗文献，2018 年出现 mRNA 埃博拉疫苗文献和塞姆利基森林病毒复制子（semliki forest virus，SFV）载体埃博拉疫苗文献。

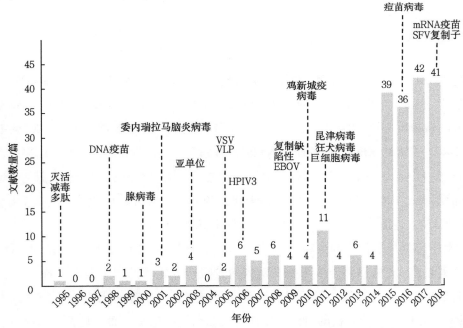

注：VSV：水泡口炎病毒；VLP：病毒样颗粒；HPIV3：3 型人副流感病毒；SFV：塞姆利基森林病毒。

**图5-14 埃博拉疫苗文献数量年度变化及疫苗类型开始时间**

### （二）文献国家分布

从文献国家分布（图 5-15）可以看出，美国的文献数量最多，为 132 篇，其次为加拿大 17 篇、英国 16 篇、中国 14 篇、瑞士 9 篇等。美国的文献数量占到总数的一半以上，显示出美国在埃博拉疫苗研发方面的优势。中国有 14 篇相关文献，其中 7 篇与 5 型腺病毒载体埃博拉疫苗有关[13-19]，1 篇与 2 型腺病毒载体有关[20]，1 篇与黑猩猩腺病毒载体疫苗有关[21]，1 篇与狂犬病毒载体有关[22]，1 篇与亚单位和 DNA 疫苗有关[23]。其中，5 型腺病毒载体埃博拉疫苗相关文献主要完成机构包括北京生物工程研究所、江苏省疾病预防控制中心、国家食品药品监督管理局、浙江大学等；2 型腺病毒载体埃博拉疫苗文献主要完成机构为中国科学院广州生物医药与健康研究院；黑猩猩腺病毒载体疫苗主要完成机构为上海巴斯德研究所；狂犬病毒载体埃博拉疫苗主要完成机构为中国农业科学院哈尔滨兽医研究所；亚单位和 DNA 疫苗主要完成机构为中国疾病预防控制中心。

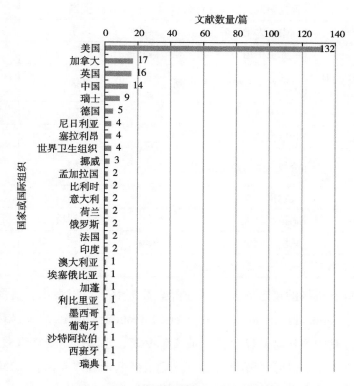

**图5-15　埃博拉疫苗相关文献数量国家（国际组织）分布**

检索到俄罗斯有两篇文献：一篇在 1995 年[24]，其报道了对灭活疫苗、减毒疫苗及多肽疫苗的尝试，说明俄罗斯很早就开始进行埃博拉疫苗的研究；另一篇在 2017 年[25]，为通过水泡性口炎病毒载体和腺病毒载体初免和加强免疫方式联合应用的埃博拉疫苗，该疫苗在 2016 年 12 月获得了俄罗斯联邦卫生部的批准（LP-003390）[26]。

### （三）研究机构分布

从埃博拉疫苗相关文献的研究机构分布（表 5-7）可以看出，美国国立卫生研究院（NIH）过敏与感染性疾病研究所（NIAID）的文献数量最多，为 35 篇；其次为美国陆军传染病医学研究所 21 篇；加拿大公共卫生署 14 篇，体现了上述机构较好的研究基础。

表 5-7　埃博拉疫苗相关文献主要研究机构分布

| 机构 | 中文名称 | 国家 | 数量/篇 |
|---|---|---|---|
| NIAID | 过敏与感染性疾病研究所 | 美国 | 35 |
| USAMRIID | 陆军传染病医学研究所 | 美国 | 21 |
| Publ Hlth Agcy Canada | 加拿大公共卫生署 | 加拿大 | 14 |
| Ctr Dis Control & Prevent | 疾病预防控制中心 | 美国 | 7 |
| Univ Texas Med Branch | 得克萨斯大学医学部 | 美国 | 6 |
| Univ Texas Austin | 得克萨斯大学奥斯汀分校 | 美国 | 5 |
| Univ Hosp Geneva | 日内瓦大学医院 | 瑞士 | 5 |
| WHO | 世界卫生组织 | | 4 |
| Walter Reed Army Inst Res | 华尔特·里德陆军研究所 | 美国 | 4 |
| Univ Oxford | 牛津大学 | 英国 | 4 |
| Beijing Inst Biotechnol | 北京生物工程研究所 | 中国 | 4 |
| London Sch Hyg & Trop Med | 伦敦卫生与热带医学院 | 英国 | 4 |
| Emory Univ | 埃默里大学 | 美国 | 4 |
| Univ Sierra Leone | 塞拉利昂大学 | 塞拉利昂 | 3 |
| Univ Maryland | 马里兰大学 | 美国 | 3 |
| Thomas Jefferson Univ | 托马斯·杰斐逊大学 | 美国 | 3 |

从对几个重点机构的疫苗研发品种分析（图 5-16）可以看出，美国过敏与感染性疾病研究所（National Institute of Allergy and Infectious Diseases，NIAID）研发了多种埃博拉疫苗，其中腺病毒载体疫苗相关文献 9 篇、水泡性口炎病毒载体（VSV）7篇、DNA 疫苗 6 篇、狂犬病毒载体 4 篇、人副流感病毒载体 4 篇、mRNA 疫苗 1 篇、巨细胞病毒载体 1 篇；美国陆军传染病研究所（United States Army Medical Research Institute for Infectious Diseases，USAMRIID）DNA 疫苗相关文献 10 篇、病毒样颗粒（VLP）疫苗 5 篇、委内瑞拉马脑炎病毒 RNA 复制子疫苗 3 篇、腺病毒载体 2 篇、亚单位疫苗 1 篇；加拿大公共卫生署腺病毒相关 8 篇、VSV 疫苗 5 篇、DNA 疫苗 1 篇、亚单位疫苗 1 篇；中国北京生物工程研究所腺病毒载体相关 4 篇。

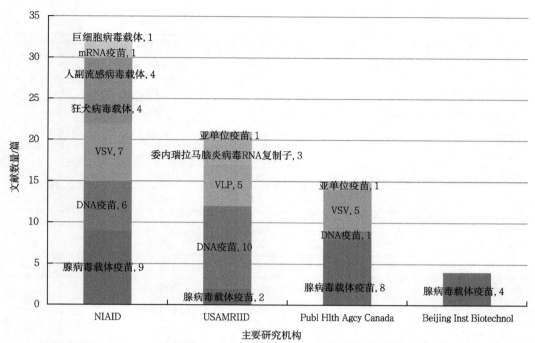

注：NIAID 为美国过敏与感染性疾病研究所；USAMRIID 为美国陆军传染病医学研究所；Publ Hlth Agcy Canada 为加拿大公共卫生署；Beijing Inst Biotechnol 为北京生物工程研究所；VSV 为水泡口炎病毒；VLP 为病毒样颗粒。

**图 5-16 主要研究机构的埃博拉疫苗研究类型数量（见书末彩插）**

## （四）期刊分布

从相关文献的期刊分布（表 5-8）可以看出，*Journal of Infectious Diseases* 的文献数量最多，为 38 篇；其次为 *Vaccine* 19 篇；*Journal of Virology* 15 篇；*Human Vaccines & Immunotherapeutics* 14 篇。一些国际高影响因子期刊的埃博拉疫苗相关论文数量为：*Lancet Infectious Diseases* 9 篇；*Lancet*、*Nature Medicine*、*New England Journal of Medicine* 均为 5 篇；*Nature* 3 篇；*JAMA*、*Science* 均为 2 篇。埃博拉疫苗相关文献数量较多的期刊所在国家为美国、英国、荷兰。

**表 5-8 埃博拉疫苗相关文献主要期刊分布**

| 期刊 | IF（2017） | 所在国家 | 文献数量 / 篇 |
|---|---|---|---|
| *Journal of Infectious Diseases* | 5.2 | 美国 | 38 |
| *Vaccine* | 3.3 | 英国 | 19 |
| *Journal of Virology* | 4.4 | 美国 | 15 |
| *Human Vaccines & Immunotherapeutics* | 2.2 | 美国 | 14 |
| *Lancet Infectious Diseases* | 25.1 | 英国 | 9 |
| *PLoS Neglected Tropical Diseases* | 4.4 | 美国 | 8 |

续表

| 期刊 | IF（2017） | 所在国家 | 文献数量／篇 |
|---|---|---|---|
| *Virology* | 3.4 | 美国 | 7 |
| *Scientific Reports* | 4.1 | 英国 | 6 |
| *Emerging Infectious Diseases* | 7.4 | 美国 | 5 |
| *Lancet* | 53.3 | 英国 | 5 |
| *Nature Medicine* | 32.6 | 美国 | 5 |
| *New England Journal of Medicine* | 79.3 | 美国 | 5 |
| *PLoS One* | 2.8 | 美国 | 5 |
| *Molecular Pharmaceutics* | 4.6 | 美国 | 4 |
| *Clinical Trials* | 2.7 | 英国 | 4 |
| *Antiviral Research* | 4.3 | 荷兰 | 3 |
| *Nature* | 41.6 | 英国 | 3 |
| *PLoS Pathogens* | 6.2 | 美国 | 3 |
| *Virus Research* | 2.5 | 荷兰 | 3 |
| *American Journal of Tropical Medicine and Hygiene* | 2.6 | 美国 | 2 |
| *BMC Medicine* | 9.1 | 英国 | 2 |
| *BMC Public Health* | 2.4 | 英国 | 2 |
| *Clinical and Vaccine Immunology* | 2.9 | 美国 | 2 |
| *Current Opinion in Virology* | 5.6 | 荷兰 | 2 |
| *Emerging Microbes & Infections* | 6 | 英国 | 2 |
| *JAMA–Journal of The American Medical Association* | 47.7 | 美国 | 2 |
| *PLoS Medicine* | 11.7 | 美国 | 2 |
| *Scandinavian Journal of Immunology* | 2.3 | 英国 | 2 |
| *Science* | 41.1 | 美国 | 2 |
| *Science Translational Medicine* | 16.7 | 美国 | 2 |
| *Toxicological Sciences* | 4.2 | 美国 | 2 |
| 其他 | | | 39 |

备注：影响因子（IF）及所在国家来源于：*Web of Science/Journal Citation Reports.*

从各高影响因子期刊文献的国家或国际组织分布（图 5–17）可以看出，《柳叶刀》（*LANCET*）包括中国 2 篇论文，美国、瑞士、世界卫生组织（WHO）各 1 篇；《柳叶刀·感染性疾病》（*LANCET INFECTIOUS DISEASES*）美国 4 篇，瑞士 3 篇，世界卫生组织和英国各 1 篇；《柳叶刀·全球健康》（*LANCET GLOBAL HEALTH*）中国 1 篇；《新英格兰医学》（*NEW ENGLAND JOURNAL OF MEDICINE*）美国 3

篇，瑞士、英国和德国各1篇；《自然》（*NATURE*）美国3篇；《自然·医学》子刊（*NATURE MEDICINE*）美国4篇，加拿大1篇；《科学》（*SCIENCE*）美国2篇；《美国医学会杂志》（*JAMA*）美国1篇，英国1篇。

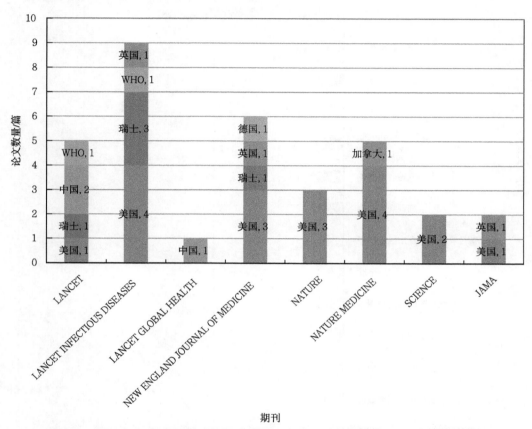

**图5-17 高影响因子期刊埃博拉疫苗相关论文的国家及国际组织分布（见书末彩插）**

### （五）疫苗类型分布

从疫苗类型分布（图5-18）可以看出，腺病毒载体疫苗相关论文数量最多，为46篇；VSV载体疫苗45篇；DNA疫苗25篇；其他疫苗类型包括狂犬病毒载体、痘苗病毒载体（MVA）、亚单位、病毒样颗粒（VLP）、人副流感病毒载体、巨细胞病毒载体、委内瑞拉马脑炎病毒RNA复制子、多肽、复制缺陷的埃博拉病毒、昆津病毒RNA复制子、mRNA、鸡新城疫病毒、塞姆利基森林病毒RNA复制子等。

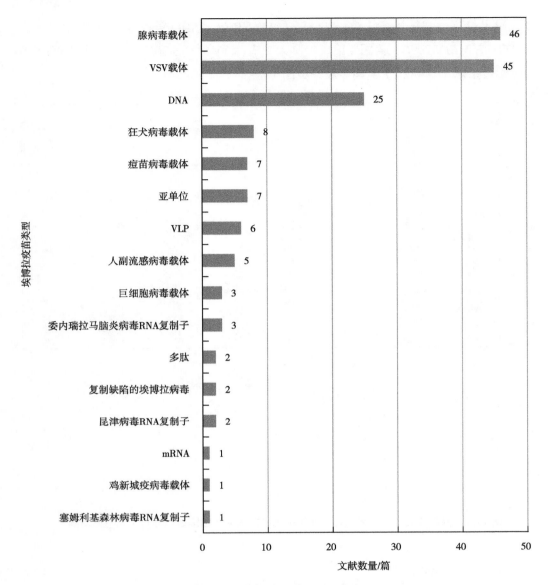

图 5-18　埃博拉疫苗各类型文献数量

从各种类型疫苗的主要机构（表 5-9）可以看出，腺病毒载体埃博拉疫苗文献主要来源机构为美国过敏与感染性疾病研究所、加拿大公共卫生署、中国北京生物工程研究所及美国得克萨斯大学奥斯汀分校等；VSV 相关埃博拉疫苗文献主要来源机构包括美国过敏与感染性疾病研究所及加拿大公共卫生署；DNA 埃博拉疫苗文献主要来源机构为美国陆军传染病医学研究所和美国过敏与感染性疾病研究所；痘苗病毒载体埃博拉疫苗文献主要来源为荷兰杨森疫苗（Janssen Vaccines）以及英国牛津大学；人副流感病毒载体埃博拉疫苗文献主要来源为美国过敏与感染性疾病研究所以及美国得克萨斯大学医学部；狂犬病毒载体埃博拉疫苗文献为美国过敏与感染性疾病研究所与托马斯·杰斐逊大学；巨细胞病毒载体埃博拉疫苗文献主要为英国普利茅斯大学与美国过敏与感染性疾病研究所；委内瑞拉马脑炎病毒 RNA 复制子埃博拉疫苗文献主要为美国陆军传染病医学研究所；昆津病毒 RNA 复制子埃博拉疫苗文献主要为澳大利亚昆士兰大学和法国里昂第一大学；鸡新城疫病毒载体埃博拉疫苗文献主要为美国得克萨斯大学医学部；VLP 埃博拉疫苗文献主要为美国陆军传染病医学研究所；复制缺陷性埃博拉病毒疫苗文献主要为美国威斯康星大学；多肽埃博拉疫苗文献主要来源为印度和孟加拉国的研究机构；亚单位埃博拉疫苗文献主要来源于美国陆军传染病医学研究所和加拿大公共卫生署；mRNA 埃博拉疫苗文献主要来源于美国过敏与感染性疾病研究所；塞姆利基森林病毒复制子载体疫苗来源于瑞典卡罗林斯卡学院。

表 5-9 不同类型埃博拉疫苗主要研究机构论文数量

| 类别 | 机构 | 中文名称 | 国家 | 数量 / 篇 |
|---|---|---|---|---|
| 腺病毒载体 | NIAID | 过敏与感染性疾病研究所 | 美国 | 9 |
| | Publ Hlth Agcy Canada | 加拿大公共卫生署 | 加拿大 | 8 |
| | Beijing Inst Biotechnol | 北京生物工程研究所 | 中国 | 4 |
| | Univ Texas Austin | 得克萨斯大学奥斯汀分校 | 美国 | 4 |
| 水泡性口炎病毒载体（VSV） | NIAID | 过敏与感染性疾病研究所 | 美国 | 7 |
| | Publ Hlth Agcy Canada | 加拿大公共卫生署 | 加拿大 | 5 |
| | Univ Hosp Geneva | 日内瓦大学医院 | 瑞士 | 4 |
| | Univ Texas Med Branch | 得克萨斯大学医学部 | 美国 | 3 |
| DNA | USAMRIID | 陆军传染病医学研究所 | 美国 | 10 |
| | NIAID | 过敏与感染性疾病研究所 | 美国 | 6 |
| 痘苗病毒载体（MVA） | Janssen Vaccines | 杨森疫苗 | 荷兰 | 2 |
| | Univ Oxford | 牛津大学 | 英国 | 2 |
| 人副流感病毒载体 | NIAID | 过敏与感染性疾病研究所 | 美国 | 4 |
| | Univ Texas Med Branch | 得克萨斯大学医学部 | 美国 | 1 |
| 狂犬病毒载体 | NIAID | 过敏与感染性疾病研究所 | 美国 | 4 |
| | Thomas Jefferson Univ | 托马斯·杰斐逊大学 | 美国 | 3 |
| 巨细胞病毒载体 | Univ Plymouth | 普利茅斯大学 | 英国 | 2 |
| | NIAID | 过敏与感染性疾病研究所 | 美国 | 1 |
| 委内瑞拉马脑炎病毒 RNA 复制子 | USAMRIID | 陆军传染病医学研究所 | 英国 | 3 |

续表

| 类别 | 机构 | 中文名称 | 国家 | 数量/篇 |
|---|---|---|---|---|
| 昆津病毒 RNA 复制子 | Univ Queensland | 昆士兰大学 | 澳大利亚 | 1 |
| | Univ Lyon 1 | 里昂第一大学 | 法国 | 1 |
| 鸡新城疫病毒载体 | Univ Texas Med Branch | 得克萨斯大学医学部 | 美国 | 1 |
| 病毒样颗粒（VLP） | USAMRIID | 陆军传染病医学研究所 | 美国 | 5 |
| 复制缺陷性埃博拉病毒 | Univ Wisconsin | 威斯康星大学 | 美国 | 2 |
| 多肽 | MIST | 军事科学技术研究所 | 孟加拉国 | 1 |
| | Inst Engn & Technol | 工程技术研究所 | 印度 | 1 |
| 亚单位 | USAMRIID | 陆军传染病医学研究所 | 美国 | 1 |
| | Publ Hlth Agcy Canada | 加拿大公共卫生署 | 加拿大 | 1 |
| mRNA | NIAID | 过敏与感染性疾病研究所 | 美国 | 1 |
| 塞姆利基森林病毒复制子 | Karolinska Inst | 卡罗林斯卡研究所 | 瑞典 | 1 |

## （六）主要疫苗研究进展

当前已进入临床研究的一些埃博拉疫苗类型包括腺病毒载体、VSV 病毒载体、DNA 疫苗、痘苗病毒 MVA 载体及 HPIV3 载体疫苗。各类型重点疫苗相关的主要文献见表 5-10。

表 5-10　主要埃博拉疫苗相关重点期刊文章情况

| 疫苗 | 临床前 | Ⅰ 期 | Ⅱ 期 | Ⅲ 期 |
|---|---|---|---|---|
| rVSV–ZEBOV | Nat Med 2005 Science 2015 | Lancet Infect Dis　2015 NEJM　2016 Lancet Infect Dis 2017 NEJM 2017 | NEJM 2017 | Lancet 2015 Lancet 2017 Lancet Infect Dis 2017 |
| ChAd3 | Nat Med 2014 | Lancet Infect Dis 2016 NEJM　2017 | NEJM 2017 | |
| ChAd3+MVA | | Lancet Infect Dis　2016 NEJM　2016 | | |
| Ad5–EBOV | | Lancet 2015 Lancet Glob Health 2017 | Lancet 2017 | |
| Ad26+MVA | | JAMA 2016 | | |
| DNA | Nat Med 1998 | Lancet 2015 | | |
| DNA+Adv | Nature 2000 | | | |
| Adv | Nature 2003 | | | |
| VSV | Nature 2015 | | | |
| Whole–virus vaccine | Science 2015 | | | |

水泡性口炎病毒载体埃博拉疫苗（rVSV-ZEBOV）利用改造后的水泡性口炎病毒载体表达埃博拉病毒 GP 蛋白，疫苗类型为复制型重组 VSV 病毒，在人体内能够持续复制，由加拿大公共卫生署研制，2014 年商业开发权转让给美国默克公司。加拿大公共卫生署国家微生物实验室通过 VSV 载体表达埃博拉病毒 G 蛋白（EBOV，1976 Mayinga）在猴进行实验的结果 2005 年 7 月发表在 *Nat Med* [27]。美国过敏与感染性疾病研究所、加拿大公共卫生署国家微生物实验室在猴实验该疫苗对西非埃博拉病毒 Makona 株有效，相关结果 2015 年 8 月发表在 *Science* [28]。2015 年 1 月，rVSV-ZEBOV 疫苗在瑞士日内瓦进行 1/2 期临床试验，包括 43 名受试者，其 GP 来源于 EBOV（Kikwit，1995），相关结果 2015 年 10 月发表在 *Lancet Infect Dis* [29]。rVSV-ZEBOV 在非洲和欧洲评估安全性和免疫原性的一期临床试验 2014 年 11 月到 2015 年 1 月在肯尼亚、加蓬和德国汉堡进行，包括 158 名受试者，相关结果 2016 年 4 月发表在 *N Engl J Med* [30]。rVSV-ZEBOV 在美国华盛顿特区、巴尔的摩开展了两个一期临床，包括 39 受试者，相关结果 2017 年 1 月发表在 *N Engl J Med* [31]。rVSV-ZEBOV 1b 临床试验从 2014 年 12 月到 2015 年 6 月在美国 8 个地区展开，包括 513 受试者，相关结果 2017 年 8 月发表在 *Lancet Infect Dis* [32]。rVSV-ZEBOV 从 2015 年 2 月到 4 月在利比里亚开展了二期临床试验，包括 1500 名受试者，相关结果 2017 年 10 月发表在 *N Engl J Med* [33]。rVSV-ZEBOV 环形接种试验 2015 年 4 月到 7 月在几内亚进行，包括 7651 受试者，2015 年 8 月初步试验结果发表在 *Lancet* [34]，最终试验结果 2017 年 2 月发表在 *Lancet* [35]。根据世界卫生组织的要求，为应对几内亚的埃博拉疫情，该疫苗继续环形接种试验，2016 年 3 月到 4 月进行，包括 1510 名受试者，试验结果 2017 年 12 月发表在 *Lancet Infect Dis* [36]。rVSV-ZEBOV 埃博拉疫苗在 2018 年刚果民主共和国埃博拉疫情暴发中应用。

黑猩猩腺病毒载体埃博拉疫苗（ChAd3-ZEBOV）以黑猩猩 3 型腺病毒（ChAd3）为载体，表达扎伊尔型埃博拉病毒 GP 蛋白，疫苗类型为复制缺陷型重组腺病毒，在人体内不能持续复制。疫苗由美国过敏与感染性疾病研究所（NIAID）与英国制药企业葛兰素史克公司（GSK）联合研发。美国过敏与感染性疾病研究所疫苗研究中心、美国陆军传染病医学研究所开展了黑猩猩腺病毒载体埃博拉疫苗（EBOV，1976 Mayinga）在猕猴的实验，相关结果 2014 年 10 月发表在 *Nat Med* [37]。NIAID 疫苗研究中心、葛兰素史克、世界卫生组织等 2014 年 10 月到 2015 年 6 月在瑞士洛桑开展了 ChAd3-EBO-Z 的 1/2a 期临床试验，包括 120 名受试者，相关结果 2016 年 3 月发表在 *Lancet Infect Dis* [38]。NIAID 疫苗研究中心、葛兰素史克通过黑猩猩腺病毒 3 型载体埃博拉疫苗（cAd3-EBO）表达扎伊尔和苏丹型埃博拉病毒 G 蛋白，在美国马里兰州 NIH 临床中心等地进行了一期临床试验，包括 20 受试者，相关结果 2017 年 3 月发表在 *N Engl J Med* [39]。葛兰素史克、过敏与感染性疾病研究所的 ChAd3-EBO-Z 二期临床试验，2015 年 2 月到 4 月在利比里亚进行，包括 1500 受试者，相关结果 2017 年 10 月发表在 *N Engl J Med* [40]。牛津大学、葛兰素史克、过敏与感染性疾病研究所 ChAd3-EBO-Z 与 MVA-BN-Filo（改良的安卡拉痘苗病毒载体表达扎伊尔埃博拉病毒、苏丹埃博拉病毒以及马尔堡病毒的 G 蛋白，由德国的 Bavarian Nordic 公司研发）联合使用的一期临床试验，2014 年 10 月到 2015 年 2 月在美国马里兰州马里兰大学和马里巴马科（Bamako）进行，马里 91 人参加，美国 20 人参加，试验结果 2016 年 1 月发表在 *Lancet Infect Dis* [41]。牛津大学、葛兰素史克、过敏与感染性疾病研究所 ChAd3 和 MVA-BN Filo 联合使用的一期临床试验 2014 年年底在英国牛津进行，包括 60 受试者，相关结果 2016 年 4 月发表在 *N Engl J Med* [42]。

人 5 型腺病毒载体-埃博拉疫苗（Ad5-EBOV）是以人 5 型腺病毒（Ad5）为载体表达埃博拉病毒 GP 蛋白，疫苗类型为复制缺陷型重组腺病毒，在人体内不能持续复制。重组 5 型腺病毒载体表达埃博拉病毒 2014 流行株 G 蛋白（EBOV，2014 Makona），一期临床试验 2014 年 12 月到 2015 年 1 月在中国江苏泰州进行，包括 120 受试者，试验结果由北京生物工程研究所、江苏省疾病预防控制中心、天津康希诺生物技术有限公司等 2015 年 6 月发表在 *Lancet* [13]。初次接种后，在 6 个月后，相同疫苗进行加强免疫，包括 110 受试者，结果 2017 年 3 月发表在 *Lancet Glob Health* [14]。二期临床实验 2015 年 10 月在塞拉利昂弗里敦中塞友好医院进行，包括 500 名受试者，结果 2017 年 2 月发表在 *Lancet* [14]。该疫苗 2017 年 10 月获得中国食品药品监督管理总局批准。

26 型人腺病毒载体埃博拉疫苗由强生下属的 Janssen 制药研发，26 型腺病毒载体表达埃博拉病毒 G 蛋白（EBOV，1976 Mayinga）。牛津大学、强生制药、德国 Bavarian Nordic 公司等 2014 年 12 月到 2015 年 10 月在英国牛津进行了 26 型腺病毒载体以及 MVA-BN-Filo 联合应用的一期临床实验，包括 87 名受试者。Ad26. ZEBOV 和 MVA-BN-Filo 两种疫苗分别初免后 28 天或 56 天后再用另外一种疫苗加强免疫，相关结果 2016 年 4 月发表在 *JAMA* [43]。

美国密西根大学医学中心 DNA 疫苗表达埃博拉病毒 GP、NP 蛋白，在豚鼠的实验结果 1998 年 1 月发表在 *Nat Med* [44]。美国过敏与感染性疾病研究所疫苗研究中心研发的两种 DNA 疫苗，一种编码埃博拉病毒扎伊尔型（EBOV，1976 Mayinga）和苏丹型 G 蛋白，另外一种编码马尔堡病毒 G 蛋白，2009 年 11 月到 2010 年 4 月在乌干达坎帕拉进行一期临床试验，包括 108 受试者，相关结果 2015 年 4 月发表在 *Lancet* [45]。

美国 NIH 疫苗研究中心通过 DNA 疫苗初次免疫，5 型腺病毒载体埃博拉疫苗（EBOV，1976 Mayinga）加强免疫，在猴进行实验，相关结果 2000 年 11 月发表在 *Nature* [46]。

美国过敏与感染性疾病研究所利用 5 型腺病毒载体表达埃博拉病毒的 G 蛋白和 NP 蛋白（EBOV，Kikwit，1995），在猴进行实验，实验结果 2003 年 8 月发表在 *Nature* [47]。

美国得克萨斯大学医学部加尔维斯顿实验室研发的 VSV 埃博拉疫苗进一步对 VSV 载体减毒，且疫苗针对 2014 埃博拉病毒 Makona 株，相关结果 2015 年 4 月发表在 *Nature* [48]。

美国威斯康星大学兽医学院对缺失 VP30 的埃博拉病毒株（EBOV，1976 Mayinga）进行过氧化氢灭活，在非人灵长类动物实验，结果 2015 年 4 月发表在 *Science* [49]。

## 三、讨论

### （一）中国传染病应对研究科研能力显著提升

近年来，中国加大了对传染病防控的科研投入，国家实施了艾滋病和病毒性肝炎等重大传染病防控国家科技重大专项。在传染病防控方面，国内学者在国际期刊发表的高水平论文数量不断增多，例如针对 H7N9 禽流感，中国相关的论文数量以及在高影响因子期刊的论文数量均较多[50]。但中国在一些生物威胁病原体研究方面的文献数量与美国的差距还很明显[51]。对于埃博拉病毒，中国在疫苗研发方面在国际著名期刊《柳叶刀》及其子刊发表了一些论文，体现了中国突发传染病应对科研能力的提升。同时，中国学者也发表了一些针对埃博拉疫苗的较详细的英文综述[5-6]。与 SARS 疫情应对时期相比，中国突发传染病应对科研水平显著提升。

### （二）加强生物威胁病原体疫苗研发

2015 年 12 月，世界卫生组织基于埃博拉疫情应对的教训，组织专家讨论最需加强应对研发的病原体所致感染性疾病清单，确定"在不远的未来最可能导致严重疫情暴发，但相应医疗应对措施研发不足"的疾病。世界卫生组织确定的八种危险病原体所致疾病，包括埃博拉病毒病、马尔堡病毒病、拉沙热、中东呼吸综合征、严重急性呼吸综合征、克里米亚刚果出血热、尼帕病毒病、裂谷热；同时确定了 3 种次危险病原体所致疾病，包括基孔肯雅热、发热伴血小板减少综合征、寨卡病毒病[52]。除了针对新发突发、传染病以外，炭疽、鼠疫、土拉、天花病毒、肉毒毒素等一些潜在生物威胁病原体或毒素的疫苗研发也有待加强。

### （三）加快新型疫苗研发

疫苗研究手段不断创新，从最初的灭活疫苗、减毒疫苗，到现在的 DNA 疫苗、各种病毒载体疫苗、VLP 疫苗等。虽然这些新型疫苗获得批准的品种并不多，但对于传统疫苗研发效果不佳的病原体，这些类型疫苗的研究很有必要。疫苗研发技术平台的建立往往可用于不同的病原体，针对一种病原体的平台建立，会促进对其他病原体疫苗的研发。中国在疫苗研发方面取得了一定的成果，如 20 世纪 80 年代研制成功了乙脑减毒活疫苗、2015 年研制成功了 Sabin 株脊髓灰质炎灭活疫苗、2017 年腺病毒载体埃博拉疫苗获得批准。中国传染病疫苗研发，要在发展传统疫苗研发技术的基础上，密切跟踪国外新型疫苗研发进展，同时注重开拓创新，加强新型疫苗、新型佐剂、新型接种方式、新型疫苗稳定技术、联合疫苗、疫苗快速制备技术、疫苗效果监测技术等研发，加强人工智能、精准医学技术在疫苗研发中的应用，更好地服务于人民健康与国家安全。

# 参考文献

[1] MILTON LEITENBERG, RAYMOND A, ZILINSKAS. The soviet biological weapons program：A history[M]. Cambridge：Harvard University Press，2012.

[2] http://www.who.int/zh/news-room/fact-sheets/detail/ebola-virus-disease.

[3] https://www.who.int/ebola/situation-reports/drc-2018/en/(2019.04.04).

[4] SUDER E, FURUYAMA W, FELDMANN H, et al. The vesicular stomatitis virus-based ebola virus vaccine：From concept to clinical trials[J]. Hum vaccin immunother，2018，14(9)：1-7.

[5] WONG G, MENDOZA E J, PLUMMER F A, et al. From bench to almost bedside：the long road to a licensed Ebola virus vaccine[J]. Expert Opin Biol Ther，2018，18(2)：159-173.

[6] WANG Y, LI J, HU Y, et al. Ebola vaccines in clinical trial：The promising candidates[J]. Hum vaccin immunother，2017，13(1)：153-168.

[7] PAVOT V. Ebola virus vaccines：Where do we stand?[J].Clin Immunol，2016，173：44-49.

[8] KESHWARA R, JOHNSON R F, SCHNELL M J. Toward an effective ebola virus vaccine[J]. Annu Rev Med，2017，68：371-386.

[9] MARTINS K A, JAHRLING P B, BAVARI S, et al. Ebola virus disease candidate vaccines under evaluation in clinical trials[J]. Expert Rev Vaccines，2016，15(9)：1101-1112.

[10] MIRE C E, GEISBERT T W, FELDMANN H, et al. Ebola virus vaccines-reality or fiction?[J]. Expert Rev Vaccines，2016，15(11)：1421-1430.

[11] 杨利敏，李晶，高福，等.埃博拉病毒疫苗研究进展[J].生物工程学报，2015，31(1)：1-23.

[12] 侯利华.埃博拉疫苗临床研究进展[J].生物技术通讯，2017，28(1)：35-43.

[13] ZHU F C, HOU L H, LI J X, et al. Safety and immunogenicity of a novel recombinant adenovirus type-5 vector-based ebola vaccine in healthy adults in China：preliminary report of a randomised, double-blind, placebo-controlled, phase 1 trial[J]. Lancet，2015，385(9984)：2272-2279.

[14] ZHU F C, WURIE A H, HOU L H, et al. Safety and immunogenicity of a recombinant adenovirus type-5 vector-based ebola vaccine in healthy adults in Sierra Leone：a single-centre, randomised, double-blind, placebo-controlled, phase 2 trial[J]. Lancet，2017，389(10069)：621-628.

[15] LI J X, HOU L H, MENG F Y, et al. Immunity duration of a recombinant adenovirus type-5 vector-based ebola vaccine and a homologous prime-boost immunisation in healthy adults in China：final report of a randomised, double-blind, placebo-controlled, phase 1 trial[J]. Lancet Glob Health，2017，5(3)：e324-e334.

[16]   DAI Q，LIANG Q，HU Y，et al. The early–onset febrile reaction following vaccination and associated factors：An exploratory sub–study based on the Ebola vaccine clinical trial[J]. Hum Vaccin Immunother，2017，13(6)：1–6.

[17]   WANG L，LIU J，KONG Y，et al. Immunogenicity of recombinant adenovirus type 5 vector–based ebola vaccine expressing glycoprotein from the 2014 epidemic strain in mice[J]. Hum Gene Ther，2018，29(1)：87–95.

[18]   WU L，ZHANG Z，GAO H，et al. Open–label phase I clinical trial of Ad 5–EBOV in Africans in China[J]. Hum Vaccin Immunother，2017，13(9)：2078–2085.

[19]   LI Y，WANG L，ZHU T，et al. Establishing China's National Standard for the Recombinant Adenovirus Type 5 Vector–Based ebola Vaccine (Ad 5–EBOV) Virus Titer[J]. Hum Gene Ther Clin Dev，2018，29(4)：226–232.

[20]   FENG Y，LI C，HU P，et al. An adenovirus serotype 2–vectored ebolavirus vaccine generates robust antibody and cell–mediated immune responses in mice and rhesus macaques[J]. Emerg Microbes Infect，2018，7(1)：101.

[21]   CHEN T，LI D，SONG Y，et al. A heterologous prime–boost ebola virus vaccine regimen induces durable neutralizing antibody response and prevents ebola virus–like particle entry in mice[J]. Antiviral Res，2017，145：54–59.

[22]   SHUAI L，WANG X，WEN Z，et al. Genetically modified rabies virus–vectored ebola virus disease vaccines are safe and induce efficacious immune responses in mice and dogs[J]. Antiviral Res，2017，146：36–44.

[23]   YANG R，ZHU Y，MA J，et al. Neutralizing Antibody Titer Test of ebola Recombinant Protein Vaccine and Gene Vector Vaccine pVR–GP–FC[J]. Biomed Environ Sci，2018，31(10)：721–728.

[24]   CHUPURNOV A A，CHERNUKHIN I V，TERNOVOI V A，et al. Attempts to develop a vaccine against Ebola fever[J]. [Article in Russian] Vopr Virusol，1995，40(6)：257–260.

[25]   DOLZHIKOVA I V，ZUBKOVA O V，TUKHVATULIN A I，et al. Safety and immunogenicity of GamEvac–Combi，a heterologous VSV–and Ad 5–vectored Ebola vaccine：An open phase I/II trial in healthy adults in Russia[J]. Hum Vaccin Immunother，2017，13(3)：613–620.

[26]   Update with the development of ebola vaccines and implications to inform future policy recommendations[EB/OL]. [2019–04–24]. http://www.who.int/immunization/sage/meetings/2017/april/1_Ebola_vaccine_background_document.pdf.

[27]   JONES S M，FELDMANN H，STRÖHER U，et al. Live attenuated recombinant vaccine protects nonhuman primates against ebola and Marburg viruses[J]. Nat Med，2005，11(7)：786–790.

[28] MARZI A, ROBERTSON S J, HADDOCK E, et al. EBOLA VACCINE. VSV–EBOV rapidly protects macaques against infection with the 2014/15 ebola virus outbreak strain[J]. Science, 2015, 349(6249): 739–742.

[29] HUTTNER A, DAYER J A, YERLY S, et al. The effect of dose on the safety and immunogenicity of the VSV ebola candidate vaccine: a randomised double–blind, placebo–controlled phase 1/2 trial[J]. Lancet Infect Dis, 2015, 15(10): 1156–1166.

[30] AGNANDJI S T, HUTTNER A, ZINSER M E, et al. Phase 1 trials of rVSV ebola vaccine in Africa and Europe[J]. N Engl J Med, 2016, 374(17): 1647–1660.

[31] REGULES J A, BEIGEL J H, PAOLINO K M, et al. A recombinant vesicular stomatitis virus ebola vaccine[J]. N Engl J Med, 2017, 376(4): 330–341.

[32] HEPPNER D G JR, KEMP T L, MARTIN B K, et al. Safety and immunogenicity of the rVSVΔG–ZEBOV–GP Ebola virus vaccine candidate in healthy adults: a phase 1b randomised, multicentre, double–blind, placebo–controlled, dose–response study[J]. Lancet Infect Dis, 2017, 17(8): 854–866.

[33] KENNEDY S B, BOLAY F, KIEH M, et al. Phase 2 placebo–controlled trial of two vaccines to prevent ebola in Liberia[J]. N Engl J Med, 2017, 377(15): 1438–1447.

[34] HENAO–RESTREPO A M, LONGINI I M, EGGER M, et al. Efficacy and effectiveness of an rVSV–vectored vaccine expressing ebola surface glycoprotein: interim results from the Guinea ring vaccination cluster–randomised trial[J]. Lancet, 2015, 386(9996): 857–866.

[35] HENAO–RESTREPO A M, CAMACHO A, LONGINI I M, et al. Efficacy and effectiveness of an rVSV–vectored vaccine in preventing ebola virus disease: final results from the Guinea ring vaccination, open–label, cluster–randomised trial (Ebola Ça Suffit!) [J]. Lancet, 2017, 389(10068): 505–518.

[36] GSELL P S, CAMACHO A, KUCHARSKI A J, et al. Ring vaccination with rVSV–ZEBOV under expanded access in response to an outbreak of ebola virus disease in Guinea, 2016: an operational and vaccine safety report[J]. Lancet Infect Dis, 2017, 17(12): 1276–1284.

[37] STANLEY D A, HONKO A N, ASIEDU C, et al. Chimpanzee adenovirus vaccine generates acute and durable protective immunity against ebolavirus challenge[J]. Nat Med, 2014, 20(10): 1126–1129.

[38] DE SANTIS O, AUDRAN R, POTHIN E, et al. Safety and immunogenicity of a chimpanzee adenovirus–vectored ebola vaccine in healthy adults: a randomised, double–blind, placebo–controlled, dose–finding, phase 1/2a study[J]. Lancet Infect Dis, 2016, 16(3): 311–320.

[39] LEDGERWOOD J E, DEZURE A D, STANLEY D A, et al. Chimpanzee Adenovirus Vector ebola Vaccine[J]. N Engl J Med, 2017, 376(10): 928–938.

[40] KENNEDY S B, BOLAY F, KIEH M, et al. Phase 2 Placebo–Controlled Trial of Two Vaccines to Prevent ebola in Liberia[J]. N Engl J Med, 2017, 377(15): 1438–1447.

[41] TAPIA M D, SOW S O, LYKE K E, et al. Use of ChAd 3–EBO–Z ebola virus vaccine in Malian and US adults, and boosting of Malian adults with MVA–BN–Filo: a phase 1, single–blind, randomised trial, a phase 1b, open–label and double–blind, dose–escalation trial, and a nested, randomised, double–blind, placebo–controlled trial[J]. Lancet Infect Dis, 2016, 16(1): 31–42.

[42] EWER K, RAMPLING T, VENKATRAMAN N, et al. A monovalent chimpanzee adenovirus ebola vaccine boosted with MVA[J]. N Engl J Med, 2016, 374(17): 1635–1646.

[43] MILLIGAN I D, GIBANI M M, SEWELL R, et al. Safety and immunogenicity of novel adenovirus type 26–and modified vaccinia ankara–vectored ebola vaccines: A randomized clinical trial[J]. JAMA, 2016, 315(15): 1610–1623.

[44] XU L, SANCHEZ A, YANG Z, et al. Immunization for ebola virus infection[J]. Nat Med, 1998, 4(1): 37–42.

[45] KIBUUKA H, BERKOWITZ N M, MILLARD M, et al. Safety and immunogenicity of ebola virus and 33 34 Marburg virus glycoprotein DNA vaccines assessed separately and concomitantly in healthy Ugandan adults: a phase 1b, randomised, double–blind, placebo–controlled clinical trial[J]. Lancet, 2015, 385(9977): 1545–1554.

[46] SULLIVAN N J, SANCHEZ A, ROLLIN P E, et al. Development of a preventive vaccine for ebola virus infection in primates[J]. Nature, 2000, 408(6812): 605–609.

[47] SULLIVAN N J, GEISBERT T W, GEISBERT J B, et al. Accelerated vaccination for ebola virus haemorrhagic fever in non–human primates[J]. Nature, 2003, 424(6949): 681–684.

[48] MIRE C E, MATASSOV D, GEISBERT J B, et al. Single–dose attenuated vesiculovax vaccines protect primates against ebola Makona virus[J]. Nature, 2015, 520(7549): 688–691.

[49] MARZI A, HALFMANN P, HILL–BATORSKI L, et al. Vaccines. An ebola whole–virus vaccine is protective in nonhuman primates[J]. Science, 2015, 348(6233): 439–442.

[50] TIAN D Q, ZHENG T. Emerging Infectious disease: trends in the literature on SARS and H 7 N 9 influenz[J]. Scientometrics, 2015, 105: 485–495.

[51] TIAN D Q, YU Y Z, WANG Y M, et al. Comparison of trends in the quantity and variety of Science Citation Index (SCI) literature on human pathogens between China and the United States[J]. Scientometrics, 2012, 93: 1019–1027.

[52] http://www.who.int/medicines/ebola–treatment/WHO–list–of–top–emerging–diseases/en/.

## 第四节　生物技术文献计量分析*

21 世纪是生命科学的世纪，而 21 世纪生命科学的核心是生物技术，以生物技术和分子生物学为主体的现代生命科学已成为带动和影响其他学科发展的领头学科[1]。生物科学包括微生物学、生物化学、细胞生物学、免疫学、遗传与育种等几乎所有与生命科学有关的学科，特别是现代分子生物学的最新理论成就，更是生物技术发展的基础[2]。

### 一、研究方法

通过 *Web of Science* 核心合集进行科技论文检索，检索范围：标题；检索时间：2017 年 9 月，*iPS*、*RAPD*、*Single cell*、*Biodegradation* 检索时间在 2017 年 11 月。统计分析采用 *Web of Science* 的自动统计，包括国家、年度、机构。对文献数量持续增长的技术的年度趋势变化进行直线回归分析，通过软件 SPSS 21 计算斜率，斜率数值大表示增长迅速。检索范围采用标题而未采用主题是一种宁缺毋滥的策略，检索得到的结果可能覆盖不全，但并不影响年度、机构、国家之间的比较，从而避免了一些混杂结果的影响。

检索关键词如表 5-11 所示。

表 5-11　检索关键词

| 序号 | 英文名称 | 中文名称 | 类别 | 检索式 |
|---|---|---|---|---|
| 1 | Restriction enzyme | 限制性内切核酸酶 | 基础分子生物学技术 | TI="restriction enzyme" OR TI="restriction endonuclease" |
| 2 | cDNA library | DNA 文库 | 基础分子生物学技术 | TI=cDNA AND TI=library |
| 3 | Southern blot | Southern 印迹 | 基础分子生物学技术 | TI="Southern blot" OR TI="Southern blotting" |
| 4 | Northern blot | Northern 印迹 | 基础分子生物学技术 | TI="Northern blot" OR TI="northern blotting" |
| 5 | Western blot | Western 印迹 | 基础分子生物学技术 | TI="Western blot" OR TI="Western Blotting" |
| 6 | Two-dimensional | 二维凝胶电泳 | 基础分子生物学技术 | TI="Two-dimensional gel electrophoresis" OR TI="2-D electrophoresis" |
| 7 | Transfection | 转染 | 基础分子生物学技术 | TI=Transfection |
| 8 | Serial passage | 系列传代 | 基础分子生物学技术 | TI=Serial AND TI=Passage |

*内容参考：田德桥 . 生物技术发展知识图谱[M]. 北京：科学技术文献出版社，2018.

| 序号 | 英文名称 | 中文名称 | 类别 | 检索式 |
|---|---|---|---|---|
| 9 | Cell fusion | 细胞融合 | 基础分子生物学技术 | TI="Cell fusion" |
| 10 | Fusion proteins | 融合蛋白 | 基础分子生物学技术 | TI="Fusion proteins" OR TI="chimeric proteins" |
| 11 | Situ hybridization | 原位杂交 | 基础分子生物学技术 | TI="situ hybridization" |
| 12 | FISH | 荧光原位杂交 | 基础分子生物学技术 | TI="Fluorescent in situ hybridization" |
| 13 | Yeast two-hybrid | 酵母双杂交 | 基础分子生物学技术 | TI="yeast two hybrid" |
| 14 | Chromatin immunoprecipitation | 染色质免疫沉淀 | 基础分子生物学技术 | TI="Chromatin immunoprecipitation" |
| 15 | Microinjection | 显微注射 | 基础分子生物学技术 | TI=Microinjection |
| 16 | Phage display | 噬菌体展示 | 基础分子生物学技术 | TI="Phage display" |
| 17 | Gene targeting | 基因打靶 | 基因操作 | TI="Gene targeting" |
| 18 | Knock in | 敲入 | 基因操作 | TI="knock in" OR TI=Knockin |
| 19 | Knockout | 敲除 | 基因操作 | TI=Knockout OR TI="knock out" |
| 20 | Knockdown | 敲低 | 基因操作 | TI=Knockdown |
| 21 | CRE | CRE 重组 | 基因操作 | TI=Cre AND TI=（lox OR loxP OR recombinase OR recombination OR transgene OR transgenic） |
| 22 | FLP | FLP 重组 | 基因操作 | TI=FLP AND TI=（FRT OR recombinase OR recombination OR transgene OR transgenic） |
| 23 | CRISPR | CRISPR | 基因操作 | TI=CRISPR OR TI="Clustered Regularly Interspaced Short Palindromic Repeats" |
| 24 | TALENs | TALENs | 基因操作 | TI=TALENs OR TI=TALEN OR TI="transcription activator-like" |
| 25 | ZFN | 锌指核酸酶 | 基因操作 | TI="zinc finger nuclease" OR TI=ZFN |
| 26 | RNAi | RNA 干扰 | 基因操作 | TI="RNA interference" OR TI=RNAi |
| 27 | DNA shuffling | DNA 改组 | 基因操作 | TI="DNA Shuffling" |
| 28 | Gene drive | 基因驱动 | 基因操作 | TI="gene drives" OR TI="gene drive" |
| 29 | Transposon mutagenesis | 转座突变 | 基因操作 | TI="TraNSPoson mutagenesis" OR TI="transposition mutagenesis" |
| 30 | Reverse genetics | 反向遗传学 | 基因操作 | TI="Reverse genetics" |

| 序号 | 英文名称 | 中文名称 | 类别 | 检索式 |
|---|---|---|---|---|
| 31 | RT–PCR | 反转录 PCR | 检测 | TI="reverse transcription PCR" OR TI="RT–PCR" |
| 32 | Real Time PCR | 实时 PCR | 检测 | TI="Real Time PCR" |
| 33 | LAMP | 环介导的等温扩增 | 检测 | TI="Loop mediated isothermal amplification" |
| 34 | DNA chip | DNA 芯片 | 检测 | TI=（"DNA chip" OR "DNA array" OR "Gene chip" OR "Gene array"） |
| 35 | Protein chip | 蛋白质芯片 | 检测 | TI="Protein chip" OR TI="Protein array" |
| 36 | ELISA | 酶联免疫吸附试验 | 检测 | TI="Enzyme linked immunosorbent assay" OR TI=ELISA |
| 37 | DNA fingerprinting | DNA 指纹 | 检测 | TI=Fingerprinting AND TI=DNA |
| 38 | RFLP | 限制片段长度多态性 | 检测 | TI="Restriction fragment length polymorphism" OR TI=RFLP |
| 39 | RAPD | 多态性 DNA 随机扩增 | 检测 | TI=RAPD OR TI="Random Amplification of Polymorphic DNA" |
| 40 | AFLP | 扩增片段长度多态性 | 检测 | TI="Amplified fragment length polymorphism" OR TI=AFLP |
| 41 | Molecular diagnostics | 分子诊断 | 检测 | TI="Molecular diagnostics" |
| 42 | Liquid biopsy | 液体活检 | 检测 | TI="liquid biopsy" OR TI="fluid biopsy" OR TI="fluid phase biopsy" |
| 43 | Non invasive prenatal testing | 无创产前检测 | 检测 | TI="Non invasive Prenatal Testing" |
| 44 | Biosensor | 生物传感器 | 检测 | TI=Biosensor |
| 45 | Sanger sequencing | 桑格测序 | 序列分析 | TI=Sanger AND TI=sequencing |
| 46 | Shotgun | 鸟枪测序 | 序列分析 | TI=Shotgun AND TI=sequencing |
| 47 | 454 sequencing | 454 测序 | 序列分析 | TI=454 AND TI=Sequencing |
| 48 | Illumina | Illumina 测序 | 序列分析 | TI=Illumina AND TI=sequencing |
| 49 | Nanopore | 纳米孔测序 | 序列分析 | TI=nanopore AND TI=sequencing |
| 50 | Single cell | 单细胞测序 | 序列分析 | TI="Single cell" AND TI=Sequencing |
| 51 | Metagenome | 宏基因组 | 序列分析 | TI=Metagenome |

| 序号 | 英文名称 | 中文名称 | 类别 | 检索式 |
|---|---|---|---|---|
| 52 | RNA–Seq | RNA 测序 | 序列分析 | TI="RNA–Seq"OR TI="RNA sequencing" |
| 53 | 3C | 染色体构象捕获 | 序列分析 | TI=Chromosome AND TI=（3c OR 4c OR 5c or "conformation capture"） |
| 54 | GWAS | 全基因组关联分析 | 序列分析 | TI="Genome wide association study" OR TI=GWAS |
| 55 | Inactivated vaccine | 灭活疫苗 | 疫苗 | TI=inactivated AND TI=vaccine |
| 56 | Attenuated vaccine | 减毒疫苗 | 疫苗 | TI=attenuated AND TI=vaccine |
| 57 | Subunit vaccine | 亚单位疫苗 | 疫苗 | TI=Subunit AND TI=Vaccine |
| 58 | Vector vaccine | 载体疫苗 | 疫苗 | TI=vector AND TI=vaccine |
| 59 | DNA vaccine | DNA 疫苗 | 疫苗 | TI="DNA vaccine" OR TI="DNA vaccines" |
| 60 | Replicon vaccine | 复制子疫苗 | 疫苗 | TI=Replicon AND TI=Vaccine |
| 61 | VLP | 病毒样颗粒疫苗 | 疫苗 | TI=Vaccine AND TI=（VLP OR "virus–like particles"） |
| 62 | Therapeutic vaccine | 治疗性疫苗 | 疫苗 | TI="therapeutic vaccine" OR TI="therapeutic vaccines" |
| 63 | Adjuvant | 佐剂 | 疫苗 | TI=Adjuvant AND TI=Vaccine |
| 64 | CpG | CpG 佐剂 | 疫苗 | TI=CpG AND TI=（vaccine OR adjuvant） |
| 65 | Plant vaccine | 植物表达疫苗 | 疫苗 | TI=Plant AND TI=Vaccine |
| 66 | Aerosol vaccines | 气溶胶疫苗 | 疫苗 | TI=Aerosol AND TI=Vaccine |
| 67 | Hybridoma | 杂交瘤细胞 | 生物治疗 | TI=Hybridoma |
| 68 | Humanized antibodies | 人源化抗体 | 生物治疗 | TI=Humanized AND TI=Antibodies |
| 69 | Antibody library | 抗体文库 | 生物治疗 | TI=antibody AND TI=library |
| 70 | Antibody repertoires | 抗体组库 | 生物治疗 | TI="antibody repertoire" OR TI="antibody repertoires" |
| 71 | Bispecific antibody | 双特异性抗体 | 生物治疗 | TI=Bispecific AND TI=Antibody |
| 72 | Antibody drug conjugate | 抗体药物偶联 | 生物治疗 | TI=Antibody AND TI=Drug AND TI=Conjugate |
| 73 | Gene therapy | 基因治疗 | 生物治疗 | TI="gene therapy" |
| 74 | iPS | 诱导性多能干细胞 | 生物治疗 | TI="Induced pluripotent stem cell" OR TI="Induced pluripotent stem cells" OR TI="iPS cell" OR TI="iPS cells" |

续表

| 序号 | 英文名称 | 中文名称 | 类别 | 检索式 |
|---|---|---|---|---|
| 75 | Stem–cell therapy | 干细胞治疗 | 生物治疗 | TI="Stem-cell" AND TI=therapy |
| 76 | Adoptive T–cell therapy | 过继性 T 细胞治疗 | 生物治疗 | TI=Adoptive AND TI=T–cell AND TI=Therapy |
| 77 | CAR–T | 嵌合抗原受体 T 细胞免疫疗法 | 生物治疗 | TI=T AND TI=（"Chimeric Antigen Receptor" OR CAR） |
| 78 | Oncolytic virus | 溶瘤病毒 | 生物治疗 | TI=oncolytic AND TI=virus |
| 79 | Phage therapy | 噬菌体治疗 | 生物治疗 | TI="Phage therapy" |
| 80 | E coli expression | 大肠杆菌表达 | 生物制药 | TI=expression AND TI=（"Escherichia coli" OR "E coli"） |
| 81 | Yeast expression | 酵母表达 | 生物制药 | TI=Yeast AND TI=Expression |
| 82 | Insect baculovirus | 昆虫杆状病毒表达 | 生物制药 | TI=Insect AND TI=Baculovirus |
| 83 | Codon optimization | 密码子优化 | 生物制药 | TI=Codon AND TI=Optimization |
| 84 | High–throughput screening | 高通量筛选 | 生物制药 | TI="High-Throughput Screening" |
| 85 | Combinatorial chemistry | 组合化学 | 生物制药 | TI="combinatorial chemistry" |
| 86 | Suspension culture | 悬浮培养 | 生物制药 | TI="suspension culture" OR TI="suspension cultures" |
| 87 | Bioreactor | 生物反应器 | 生物制药 | TI=Bioreactor |
| 88 | Nasal sprays | 鼻喷剂 | 生物制药 | TI=Nasal AND TI=sprays |
| 89 | Microencapsulation | 微囊 | 生物制药 | TI=microencapsulation |
| 90 | Organ chip | 芯片上的器官 | 生物制药 | TI=Microphysiological OR （（TI="on chip" OR TI="on a chip"）AND TI=（Organs OR Tissue OR Human OR Body）） |
| 91 | Synthetic biology | 合成生物学 | 生物工程 | TI="synthetic biology" |
| 92 | Metabolic engineering | 代谢工程 | 生物工程 | TI="Metabolic engineering" |
| 93 | Tissue engineering | 组织工程 | 生物工程 | TI="Tissue engineering" |
| 94 | Somatic cell nuclear transfer | 体细胞核移植 | 生物工程 | TI="Somatic cell nuclear transfer" OR TI=SCNT |
| 95 | Bioprinting | 生物打印 | 生物工程 | TI=Bioprinting |
| 96 | Optogenetics | 光遗传学 | 生物工程 | TI=Optogenetics |
| 97 | Biomineralization | 生物矿化 | 生物工程 | TI=Biomineralization |

| 序号 | 英文名称 | 中文名称 | 类别 | 检索式 |
|---|---|---|---|---|
| 98 | Nanobiotechnology | 纳米生物技术 | 生物工程 | TI=Nanobiotechnology OR TI=bionanotechnology OR TI=nanobiology |
| 99 | Bioremediation | 生物修复 | 生物工程 | TI=bioremediation |
| 100 | Biodegradation | 生物降解 | 生物工程 | TI=Biodegradation |

## 二、总体结果

### （一）国家（地区）分析

中美文献数量比较如表 5-12 所示，美国文献数量分析如表 5-13 所示。

表 5-12　中美文献数量比较

| 序号 | 英文名称 | 中文名称 | 美国文献数量/篇 | 中国文献数量/篇 | 比值*（美国/中国） | 中国名次 |
|---|---|---|---|---|---|---|
| 1 | Restriction enzyme | 限制性内切核酸酶 | 408 | 75 | 5.4 | 5 |
| 2 | cDNA library | DNA 文库 | 399 | 245 | 1.6 | 2 |
| 3 | Southern blot | Southern 印迹 | 83 | 3 | 27.7 | 16 |
| 4 | Northern blot | Northern 印迹 | 26 | 4 | 6.5 | 8 |
| 5 | Western blot | Western 印迹 | 380 | 61 | 6.2 | 7 |
| 6 | Two-dimensional | 二维凝胶电泳 | 135 | 75 | 1.8 | 3 |
| 7 | Transfection | 转染 | 1900 | 855 | 2.2 | 2 |
| 8 | Serial passage | 系列传代 | 102 | 18 | 5.7 | 2 |
| 9 | Cell fusion | 细胞融合 | 472 | 59 | 8.0 | 4 |
| 10 | Fusion proteins | 融合蛋白 | 901 | 111 | 8.1 | 5 |
| 11 | Situ hybridization | 原位杂交 | 170 | 63 | 2.7 | 2 |
| 12 | FISH | 荧光原位杂交 | 385 | 23 | 16.7 | 13 |
| 13 | Yeast two-hybrid | 酵母双杂交 | 243 | 92 | 2.6 | 2 |
| 14 | Chromatin immuno-precipitation | 染色质免疫沉淀 | 166 | 14 | 11.9 | 6 |
| 15 | Microinjection | 显微注射 | 451 | 115 | 3.9 | 3 |
| 16 | Phage display | 噬菌体展示 | 875 | 278 | 3.1 | 2 |
| 17 | Gene targeting | 基因打靶 | 633 | 96 | 6.6 | 4 |
| 18 | Knock in | 敲入 | 824 | 91 | 9.1 | 5 |
| 19 | Knockout | 敲除 | 4895 | 892 | 5.5 | 4 |

续表

| 序号 | 英文名称 | 中文名称 | 美国文献数量/篇 | 中国文献数量/篇 | 比值＊（美国/中国） | 中国名次 |
|---|---|---|---|---|---|---|
| 20 | Knockdown | 敲低 | 1640 | 1419 | 1.2 | 2 |
| 21 | CRE | CRE 重组 | 659 | 100 | 6.6 | 4 |
| 22 | FLP | FLP 重组 | 98 | 11 | 8.9 | 3 |
| 23 | CRISPR | CRISPR | 1777 | 631 | 2.8 | 2 |
| 24 | TALENs | TALENs | 255 | 115 | 2.2 | 2 |
| 25 | ZFN | 锌指核酸酶 | 173 | 21 | 8.2 | 3 |
| 26 | RNAi | RNA 干扰 | 3525 | 1504 | 2.3 | 2 |
| 27 | DNA shuffling | DNA 改组 | 61 | 24 | 2.5 | 2 |
| 28 | Gene drive | 基因驱动 | 60 | 1 | 60.0 | 19 |
| 29 | Transposon mutagenesis | 转座突变 | 141 | 17 | 8.3 | 5 |
| 30 | Reverse genetics | 反向遗传学 | 186 | 42 | 4.4 | 5 |
| 31 | RT–PCR | 反转录 PCR | 1903 | 531 | 3.6 | 3 |
| 32 | Real Time PCR | 实时 PCR | 2206 | 678 | 3.3 | 3 |
| 33 | LAMP | 环介导的等温扩增 | 220 | 602 | −2.7 | 1 |
| 34 | DNA chip | DNA 芯片 | 311 | 76 | 4.1 | 4 |
| 35 | Protein chip | 蛋白质芯片 | 175 | 83 | 2.1 | 2 |
| 36 | ELISA | 酶联免疫吸附试验 | 2080 | 1155 | 1.8 | 2 |
| 37 | DNA fingerprinting | DNA 指纹 | 384 | 73 | 5.3 | 6 |
| 38 | RFLP | 限制片段长度多态性 | 805 | 256 | 3.1 | 3 |
| 39 | RAPD | 多态性 DNA 随机扩增 | 542 | 394 | 1.4 | 3 |
| 40 | AFLP | 扩增片段长度多态性 | 54 | 1 | 54.0 | 2 |
| 41 | Molecular diagnostics | 分子诊断 | 478 | 27 | 17.7 | 9 |
| 42 | Liquid biopsy | 液体活检 | 87 | 17 | 5.1 | 6 |
| 43 | Non invasive prenatal testing | 无创产前检测 | 55 | 44 | 1.3 | 2 |
| 44 | Biosensor | 生物传感器 | 1738 | 3524 | −2.0 | 1 |
| 45 | Sanger sequencing | 桑格测序 | 105 | 30 | 3.5 | 2 |
| 46 | Shotgun | 鸟枪测序 | 102 | 18 | 5.7 | 2 |

| 序号 | 英文名称 | 中文名称 | 美国文献数量/篇 | 中国文献数量/篇 | 比值*（美国/中国） | 中国名次 |
|---|---|---|---|---|---|---|
| 47 | 454 sequencing | 454 测序 | 102 | 40 | 2.6 | 2 |
| 48 | Illumina | Illumina 测序 | 169 | 159 | 1.1 | 2 |
| 49 | Nanopore | 纳米孔测序 | 95 | 24 | 4.0 | 2 |
| 50 | Single cell | 单细胞测序 | 159 | 24 | 6.6 | 2 |
| 51 | Metagenome | 宏基因组 | 151 | 83 | 1.8 | 3 |
| 52 | RNA–Seq | RNA 测序 | 1831 | 823 | 2.2 | 2 |
| 53 | 3C | 染色体构象捕获 | 23 | 4 | 5.8 | 9 |
| 54 | GWAS | 全基因组关联分析 | 2207 | 584 | 3.8 | 3 |
| 55 | Inactivated vaccine | 灭活疫苗 | 758 | 190 | 4.0 | 2 |
| 56 | Attenuated vaccine | 减毒疫苗 | 1196 | 272 | 4.4 | 2 |
| 57 | Subunit vaccine | 亚单位疫苗 | 410 | 129 | 3.2 | 2 |
| 58 | Vector vaccine | 载体疫苗 | 792 | 123 | 6.4 | 3 |
| 59 | DNA vaccine | DNA 疫苗 | 1344 | 777 | 1.7 | 2 |
| 60 | Replicon vaccine | 复制子疫苗 | 54 | 28 | 1.9 | 2 |
| 61 | VLP | 病毒样颗粒疫苗 | 124 | 32 | 3.9 | 2 |
| 62 | Therapeutic vaccine | 治疗性疫苗 | 197 | 36 | 5.5 | 4 |
| 63 | Adjuvant | 佐剂 | 838 | 45 | 18.6 | 2 |
| 64 | CpG | CpG 佐剂 | 178 | 66 | 2.7 | 3 |
| 65 | Plant vaccine | 植物表达疫苗 | 166 | 7 | 23.7 | 18 |
| 66 | Aerosol vaccines | 气溶胶疫苗 | 255 | 18 | 14.2 | 21 |
| 67 | Hybridoma | 杂交瘤细胞 | 236 | 35 | 6.7 | 6 |
| 68 | Humanized antibodies | 人源化抗体 | 917 | 65 | 14.1 | 6 |
| 69 | Antibody library | 抗体文库 | 311 | 115 | 2.7 | 2 |
| 70 | Antibody repertoires | 抗体组库 | 208 | 11 | 18.9 | 10 |
| 71 | Bispecific antibody | 双特异性抗体 | 631 | 82 | 7.7 | 4 |
| 72 | Antibody drug conjugate | 抗体药物偶联 | 562 | 480 | 1.2 | 4 |
| 73 | Gene therapy | 基因治疗 | 4841 | 732 | 6.6 | 5 |
| 74 | iPS | 诱导性多能干细胞 | 2126 | 662 | 3.2 | 3 |
| 75 | Stem–cell therapy | 干细胞治疗 | 2083 | 317 | 6.6 | 6 |
| 76 | Adoptive T–cell therapy | 过继性 T 细胞治疗 | 989 | 254 | 3.9 | 6 |

续表

| 序号 | 英文名称 | 中文名称 | 美国文献数量/篇 | 中国文献数量/篇 | 比值*（美国/中国） | 中国名次 |
|---|---|---|---|---|---|---|
| 77 | CAR–T | 嵌合抗原受体 T 细胞免疫疗法 | 769 | 92 | 8.4 | 3 |
| 78 | Oncolytic virus | 溶瘤病毒 | 876 | 101 | 8.7 | 6 |
| 79 | Phage therapy | 噬菌体治疗 | 46 | 1 | 46.0 | 37 |
| 80 | E coli expression | 大肠杆菌表达 | 1572 | 1076 | 1.5 | 2 |
| 81 | Yeast expression | 酵母表达 | 730 | 188 | 3.9 | 3 |
| 82 | Insect baculovirus | 昆虫杆状病毒表达 | 225 | 46 | 4.9 | 3 |
| 83 | Codon optimization | 密码子优化 | 51 | 57 | −1.1 | 1 |
| 84 | High–throughput screening | 高通量筛选 | 1686 | 267 | 6.3 | 3 |
| 85 | Combinatorial chemistry | 组合化学 | 416 | 20 | 20.8 | 12 |
| 86 | Suspension culture | 悬浮培养 | 335 | 268 | 1.3 | 2 |
| 87 | Bioreactor | 生物反应器 | 1576 | 1302 | 1.2 | 2 |
| 88 | Nasal sprays | 鼻喷剂 | 617 | 19 | 32.5 | 14 |
| 89 | Microencapsulation | 微囊 | 261 | 204 | 1.3 | 2 |
| 90 | Organ chip | 芯片上的器官 | 176 | 24 | 7.3 | 5 |
| 91 | Synthetic biology | 合成生物学 | 478 | 53 | 9.0 | 6 |
| 92 | Metabolic engineering | 代谢工程 | 713 | 257 | 2.8 | 2 |
| 93 | Tissue engineering | 组织工程 | 2777 | 1353 | 2.1 | 2 |
| 94 | Somatic cell nuclear transfer | 体细胞核移植 | 2195 | 396 | 5.5 | 5 |
| 95 | Bioprinting | 生物打印 | 171 | 54 | 3.2 | 2 |
| 96 | Optogenetics | 光遗传学 | 191 | 16 | 11.9 | 6 |
| 97 | Biomineralization | 生物矿化 | 501 | 287 | 1.7 | 2 |
| 98 | Nanobiotechnology | 纳米生物技术 | 123 | 17 | 7.2 | 6 |
| 99 | Bioremediation | 生物修复 | 802 | 311 | 2.6 | 3 |
| 100 | Biodegradation | 生物降解 | 1849 | 1501 | 1.2 | 2 |

注：表中负值表示"中国/美国"的比值。

表 5-13　美国文献数量分析

| 序号 | 英文名称 | 中文名称 | 文献数量 / 篇 | 排序 | 是排名第 2 位的倍数 |
|---|---|---|---|---|---|
| 1 | Restriction enzyme | 限制性内切核酸酶 | 408 | 1 | 3.1 |
| 2 | cDNA library | DNA 文库 | 399 | 1 | 1.6 |
| 3 | Southern blot | Southern 印迹 | 83 | 1 | 3.3 |
| 4 | Northern blot | Northern 印迹 | 26 | 1 | 1.4 |
| 5 | Western blot | Western 印迹 | 380 | 1 | 3.7 |
| 6 | Two-dimensional | 二维凝胶电泳 | 135 | 1 | 1.6 |
| 7 | Transfection | 转染 | 1900 | 1 | 2.2 |
| 8 | Serial passage | 系列传代 | 102 | 1 | 5.7 |
| 9 | Cell fusion | 细胞融合 | 472 | 1 | 2.8 |
| 10 | Fusion proteins | 融合蛋白 | 901 | 1 | 3.1 |
| 11 | Situ hybridization | 原位杂交 | 152 | 1 | 2.6 |
| 12 | FISH | 荧光原位杂交 | 385 | 1 | 4.8 |
| 13 | Yeast two-hybrid | 酵母双杂交 | 243 | 1 | 2.6 |
| 14 | Chromatin immunoprecipitation | 染色质免疫沉淀 | 166 | 1 | 5.9 |
| 15 | Microinjection | 显微注射 | 451 | 1 | 2.8 |
| 16 | Phage display | 噬菌体展示 | 875 | 1 | 3.1 |
| 17 | Gene targeting | 基因打靶 | 633 | 1 | 3.5 |
| 18 | Knock in | 敲入 | 824 | 1 | 3.2 |
| 19 | Knockout | 敲除 | 4895 | 1 | 3.6 |
| 20 | Knockdown | 敲低 | 1640 | 1 | 1.2 |
| 21 | CRE | CRE 重组 | 659 | 1 | 3.5 |
| 22 | FLP | FLP 重组 | 98 | 1 | 2.9 |
| 23 | CRISPR | CRISPR | 1777 | 1 | 2.8 |
| 24 | TALENs | TALENs | 255 | 1 | 2.2 |
| 25 | ZFN | 锌指核酸酶 | 173 | 1 | 4.4 |
| 26 | RNAi | RNA 干扰 | 3525 | 1 | 2.3 |
| 27 | DNA shuffling | DNA 改组 | 61 | 1 | 2.5 |
| 28 | Gene drive | 基因驱动 | 60 | 1 | 3.2 |
| 29 | TraNSPoson mutagenesis | 转座突变 | 141 | 1 | 4.9 |

| 序号 | 英文名称 | 中文名称 | 文献数量/篇 | 排序 | 是排名第2位的倍数 |
|---|---|---|---|---|---|
| 30 | Reverse genetics | 反向遗传学 | 186 | 1 | 3.4 |
| 31 | RT–PCR | 反转录 PCR | 1903 | 1 | 2.8 |
| 32 | Real Time PCR | 实时 PCR | 2206 | 1 | 2.6 |
| 33 | LAMP | 环介导的等温扩增 | 220 | 3 | |
| 34 | DNA chip | DNA 芯片 | 311 | 1 | 2.8 |
| 35 | Protein chip | 蛋白质芯片 | 175 | 1 | 2.1 |
| 36 | ELISA | 酶联免疫吸附试验 | 2080 | 1 | 1.8 |
| 37 | DNA fingerprinting | DNA 指纹 | 384 | 1 | 3 |
| 38 | RFLP | 限制片段长度多态性 | 805 | 1 | 1.5 |
| 39 | RAPD | 多态性 DNA 随机扩增 | 542 | 2 | |
| 40 | AFLP | 扩增片段长度多态性 | 54 | 1 | 2.1 |
| 41 | Molecular diagnostics | 分子诊断 | 478 | 1 | 2.9 |
| 42 | Liquid biopsy | 液体活检 | 87 | 1 | 2 |
| 43 | Non invasive prenatal testing | 无创产前检测 | 55 | 1 | 1.3 |
| 44 | Biosensor | 生物传感器 | 1738 | 2 | |
| 45 | Sanger sequencing | 桑格测序 | 170 | 1 | 2.7 |
| 46 | Shotgun | 鸟枪测序 | 102 | 1 | 5.7 |
| 47 | 454 sequencing | 454 测序 | 102 | 1 | 2.3 |
| 48 | Illumina | Illumina 测序 | 169 | 1 | 1.1 |
| 49 | Nanopore | 纳米孔测序 | 95 | 1 | 4 |
| 50 | Single cell | 单细胞测序 | 159 | 1 | 6.6 |
| 51 | Metagenome | 宏基因组 | 151 | 1 | 1.7 |
| 52 | RNA–Seq | RNA 测序 | 1831 | 1 | 2.2 |
| 53 | 3C | 染色体构象捕获 | 23 | 1 | 1.9 |
| 54 | GWAS | 全基因组关联分析 | 2207 | 1 | 2.9 |
| 55 | Inactivated vaccine | 灭活疫苗 | 758 | 1 | 4 |
| 56 | Attenuated vaccine | 减毒疫苗 | 1196 | 1 | 4.4 |
| 57 | Subunit vaccine | 亚单位疫苗 | 410 | 1 | 3.2 |

| 序号 | 英文名称 | 中文名称 | 文献数量/篇 | 排序 | 是排名第2位的倍数 |
|---|---|---|---|---|---|
| 58 | Vector vaccine | 载体疫苗 | 792 | 1 | 4.6 |
| 59 | DNA vaccine | DNA 疫苗 | 1344 | 1 | 1.7 |
| 60 | Replicon vaccine | 复制子疫苗 | 54 | 1 | 1.9 |
| 61 | VLP | 病毒样颗粒疫苗 | 124 | 1 | 3.9 |
| 62 | Therapeutic vaccine | 治疗性疫苗 | 197 | 1 | 2.7 |
| 63 | Adjuvant | 佐剂 | 838 | 1 | 12.9 |
| 64 | CpG | CpG 佐剂 | 178 | 1 | 2.7 |
| 65 | Plant vaccine | 植物表达疫苗 | 166 | 1 | 6.1 |
| 66 | Aerosol vaccines | 气溶胶疫苗 | 255 | 1 | 3.6 |
| 67 | Hybridoma | 杂交瘤细胞 | 236 | 1 | 2.6 |
| 68 | Humanized antibodies | 人源化抗体 | 917 | 1 | 3.9 |
| 69 | Antibody library | 抗体文库 | 311 | 1 | 2.7 |
| 70 | Antibody repertoires | 抗体组库 | 208 | 1 | 4.3 |
| 71 | Bispecific antibody | 双特异性抗体 | 631 | 1 | 1.6 |
| 72 | Antibody drug conjugate | 抗体药物偶联 | 562 | 1 | 1.2 |
| 73 | Gene therapy | 基因治疗 | 4841 | 1 | 5.5 |
| 74 | iPS | 诱导性多能干细胞 | 2126 | 1 | 1.9 |
| 75 | Stem–cell therapy | 干细胞治疗 | 2083 | 1 | 3.3 |
| 76 | Adoptive T–cell therapy | 过继性 T 细胞治疗 | 989 | 1 | 3.9 |
| 77 | CAR–T | 嵌合抗原受体 T 细胞免疫疗法 | 769 | 1 | 7.2 |
| 78 | Oncolytic virus | 溶瘤病毒 | 876 | 1 | 4.8 |
| 79 | Phage therapy | 噬菌体治疗 | 46 | 1 | 2.4 |
| 80 | E coli expression | 大肠杆菌表达 | 1572 | 1 | 1.5 |
| 81 | Yeast expression | 酵母表达 | 730 | 1 | 2.7 |
| 82 | Insect baculovirus | 昆虫杆状病毒表达 | 225 | 1 | 2.7 |
| 83 | Codon optimization | 密码子优化 | 51 | 2 | |
| 84 | High–throughput screening | 高通量筛选 | 1686 | 1 | 6 |
| 85 | Combinatorial chemistry | 组合化学 | 416 | 1 | 2.9 |

续表

| 序号 | 英文名称 | 中文名称 | 文献数量 / 篇 | 排序 | 是排名第 2 位的倍数 |
|---|---|---|---|---|---|
| 86 | Suspension culture | 悬浮培养 | 335 | 1 | 1.3 |
| 87 | Bioreactor | 生物反应器 | 1576 | 1 | 1.2 |
| 88 | Nasal sprays | 鼻喷剂 | 617 | 1 | 5 |
| 89 | Microencapsulation | 微囊 | 261 | 1 | 1.3 |
| 90 | Organ chip | 芯片上的器官 | 176 | 1 | 5 |
| 91 | Synthetic biology | 合成生物学 | 478 | 1 | 2.5 |
| 92 | Metabolic engineering | 代谢工程 | 713 | 1 | 2.8 |
| 93 | Tissue engineering | 组织工程 | 2777 | 1 | 2.1 |
| 94 | Somatic cell nuclear transfer | 体细胞核移植 | 2195 | 1 | 2.3 |
| 95 | Bioprinting | 生物打印 | 171 | 1 | 3.2 |
| 96 | Optogenetics | 光遗传学 | 191 | 1 | 4.7 |
| 97 | Biomineralization | 生物矿化 | 501 | 1 | 1.7 |
| 98 | Nanobiotechnology | 纳米生物技术 | 123 | 1 | 4.7 |
| 99 | Bioremediation | 生物修复 | 802 | 1 | 1.9 |
| 100 | Biodegradation | 生物降解 | 1849 | 1 | 1.2 |

## （二）年度分析

文献年度数量如表 5-14 所示，文献数量变化直线回归分析斜率数值如图 5-19 所示。

表 5-14 文献年度数量

| 序号 | 技术名称 | 1995年 | 1996年 | 1997年 | 1998年 | 1999年 | 2000年 | 2001年 | 2002年 | 2003年 | 2004年 | 2005年 | 2006年 | 2007年 | 2008年 | 2009年 | 2010年 | 2011年 | 2012年 | 2013年 | 2014年 | 2015年 | 2016年 | 类型 |
|---|---|---|---|---|---|---|---|---|---|---|---|---|---|---|---|---|---|---|---|---|---|---|---|---|
| 1 | 限制性内切核酸酶 | 134 | 105 | 92 | 114 | 87 | 62 | 50 | 63 | 48 | 57 | 68 | 47 | 55 | 49 | 44 | 34 | 33 | 40 | 26 | 39 | 27 | 34 | D |
| 2 | DNA 文库 | 86 | 59 | 61 | 51 | 40 | 62 | 72 | 64 | 58 | 62 | 63 | 65 | 66 | 42 | 40 | 44 | 51 | 51 | 40 | 26 | 37 | 15 | G |
| 3 | Southern 印迹 | 33 | 22 | 20 | 12 | 17 | 14 | 11 | 4 | 7 | 9 | 7 | 7 | 3 | 4 | 6 | 11 | 6 | 6 | 2 | 4 | 2 | 3 | D |
| 4 | Northern 印迹 | 21 | 7 | 10 | 7 | 8 | 4 | 7 | 3 | 3 | 6 | 8 | 2 | 3 | 3 | 1 | 3 | 4 | 2 | 3 | 2 | 1 | 1 | D |
| 5 | Western 印迹 | 77 | 65 | 76 | 61 | 64 | 52 | 50 | 51 | 40 | 44 | 57 | 46 | 59 | 61 | 53 | 44 | 55 | 62 | 57 | 51 | 53 | 36 | C |
| 6 | 二维凝胶电泳 | 4 | 26 | 29 | 29 | 33 | 36 | 36 | 42 | 53 | 65 | 73 | 64 | 42 | 32 | 18 | 26 | 31 | 23 | 18 | 24 | 23 | 14 | F |
| 7 | 转染 | 220 | 237 | 238 | 222 | 240 | 232 | 208 | 259 | 263 | 287 | 267 | 279 | 252 | 253 | 288 | 285 | 282 | 305 | 275 | 265 | 264 | 209 | C |
| 8 | 系列传代 | 13 | 9 | 5 | 5 | 5 | 7 | 13 | 9 | 5 | 6 | 8 | 7 | 10 | 12 | 10 | 8 | 13 | 14 | 16 | 14 | 12 | 11 | G |
| 9 | 细胞融合 | 36 | 33 | 38 | 36 | 24 | 20 | 30 | 39 | 52 | 64 | 68 | 58 | 44 | 51 | 56 | 44 | 60 | 50 | 48 | 52 | 45 | 64 | G |
| 10 | 融合蛋白 | 85 | 86 | 86 | 74 | 89 | 95 | 99 | 89 | 98 | 90 | 85 | 95 | 84 | 84 | 85 | 105 | 100 | 88 | 103 | 96 | 67 | 67 | C |
| 11 | 原位杂交 | 498 | 577 | 585 | 504 | 453 | 398 | 380 | 259 | 265 | 253 | 275 | 244 | 269 | 232 | 189 | 239 | 204 | 239 | 182 | 181 | 164 | 169 | D |
| 12 | 荧光原位杂交 | 61 | 56 | 44 | 51 | 49 | 36 | 49 | 36 | 38 | 31 | 44 | 34 | 57 | 47 | 55 | 54 | 48 | 50 | 29 | 34 | 36 | 43 | C |
| 13 | 酵母双杂交 | 1 | 37 | 39 | 30 | 39 | 49 | 38 | 34 | 36 | 42 | 34 | 21 | 21 | 20 | 21 | 14 | 25 | 28 | 26 | 23 | 10 | 14 | G |
| 14 | 染色质免疫沉淀 |  |  |  |  | 1 | 2 | 5 | 13 | 16 | 26 | 18 | 30 | 21 | 31 | 22 | 16 | 23 | 22 | 17 | 11 | 14 | 12 | F |
| 15 | 显微注射 | 80 | 49 | 72 | 65 | 70 | 66 | 45 | 57 | 55 | 42 | 57 | 52 | 49 | 68 | 45 | 65 | 57 | 52 | 59 | 57 | 57 | 54 | C |
| 16 | 噬菌体展示 | 67 | 81 | 84 | 96 | 117 | 121 | 125 | 128 | 112 | 122 | 132 | 105 | 125 | 101 | 102 | 107 | 123 | 109 | 115 | 79 | 88 | 112 | E |
| 17 | 基因打靶 | 41 | 72 | 63 | 59 | 57 | 54 | 64 | 48 | 61 | 59 | 60 | 70 | 44 | 57 | 55 | 65 | 55 | 64 | 74 | 69 | 53 | 52 | C |
| 18 | 敲入 |  | 3 | 7 | 15 | 18 | 17 | 28 | 40 | 42 | 44 | 67 | 79 | 89 | 80 | 108 | 89 | 108 | 128 | 106 | 125 | 132 | 152 | A |
| 19 | 敲除 | 59 | 113 | 190 | 239 | 312 | 328 | 405 | 460 | 459 | 481 | 475 | 485 | 475 | 492 | 493 | 503 | 516 | 519 | 575 | 544 | 562 | 579 | A |
| 20 | 敲低 | 3 | 7 | 9 | 13 | 16 | 15 | 20 | 22 | 56 | 88 | 162 | 167 | 214 | 206 | 303 | 334 | 396 | 407 | 414 | 481 | 481 | 524 | A |
| 21 | CRE 重组 | 17 | 23 | 41 | 43 | 49 | 72 | 65 | 87 | 64 | 93 | 79 | 68 | 74 | 77 | 69 | 60 | 45 | 59 | 71 | 57 | 57 | 57 | G |
| 22 | FLP 重组 | 16 | 10 | 7 | 11 | 6 | 13 | 10 | 8 | 5 | 5 | 3 | 7 | 7 | 8 | 3 | 14 | 8 | 9 | 6 | 8 | 4 | 2 | G |

续表

| 序号 | 技术名称 | 1995年 | 1996年 | 1997年 | 1998年 | 1999年 | 2000年 | 2001年 | 2002年 | 2003年 | 2004年 | 2005年 | 2006年 | 2007年 | 2008年 | 2009年 | 2010年 | 2011年 | 2012年 | 2013年 | 2014年 | 2015年 | 2016年 | 类型 |
|---|---|---|---|---|---|---|---|---|---|---|---|---|---|---|---|---|---|---|---|---|---|---|---|---|
| 23 | CRISPR | | | | | | | | | | | 3 | 1 | 7 | 12 | 17 | 31 | 46 | 67 | 170 | 420 | 731 | 1236 | A |
| 24 | TALENs | | | | | | | | | | | | 1 | 1 | | 1 | 1 | 9 | 40 | 109 | 182 | 107 | 89 | F |
| 25 | 锌指核酸酶 | | | | | | | | | | | 2 | 4 | 4 | 5 | 9 | 22 | 37 | 41 | 46 | 29 | 36 | 28 | F |
| 26 | RNA 干扰 | | | | 3 | 15 | 42 | 57 | 150 | 323 | 536 | 610 | 631 | 611 | 596 | 576 | 553 | 594 | 633 | 614 | 559 | 548 | 470 | E |
| 27 | DNA 改组 | | 3 | 7 | 4 | 12 | 13 | 5 | 8 | 5 | 10 | 10 | 5 | 5 | 4 | 7 | 4 | | 3 | 4 | 7 | 6 | 6 | G |
| 28 | 基因驱动 | | 2 | 1 | 2 | 1 | 5 | 1 | 6 | | 2 | 6 | 1 | 3 | 4 | 3 | 3 | 6 | 2 | 9 | 7 | 8 | 13 | G |
| 29 | 转座突变 | 8 | 7 | 9 | 8 | 13 | 9 | 12 | 6 | 14 | 14 | 10 | 9 | 9 | 11 | 9 | 8 | 11 | 11 | 13 | 14 | 15 | 15 | G |
| 30 | 反向遗传学 | 5 | 3 | 5 | 3 | 13 | 5 | 13 | 17 | 21 | 19 | 30 | 22 | 18 | 27 | 23 | 24 | 26 | 25 | 25 | 24 | 24 | 30 | A |
| 31 | 反转录 PCR | 226 | 268 | 306 | 331 | 296 | 304 | 338 | 343 | 401 | 370 | 393 | 398 | 363 | 358 | 350 | 337 | 299 | 273 | 249 | 241 | 205 | 182 | F |
| 32 | 实时 PCR | 1 | 4 | 19 | 25 | | 61 | 147 | 218 | 351 | 471 | 507 | 621 | 666 | 584 | 695 | 690 | 651 | 698 | 682 | 597 | 534 | 509 | E |
| 33 | 环介导的等温扩增 | | | | | | 1 | 2 | 2 | 5 | 18 | 30 | 29 | 42 | 58 | 104 | 111 | 146 | 164 | 165 | 224 | 198 | 201 | A |
| 34 | DNA 芯片 | 1 | 3 | 10 | 7 | 29 | 33 | 67 | 99 | 95 | 72 | 71 | 61 | 63 | 42 | 47 | 44 | 30 | 35 | 31 | 30 | 26 | 13 | F |
| 35 | 蛋白质芯片 | | | | 2 | 2 | 2 | 4 | 14 | 27 | 38 | 44 | 48 | 29 | 30 | 32 | 33 | 41 | 33 | 33 | 34 | 19 | 15 | F |
| 36 | 酶联免疫吸附试验 | 406 | 462 | 428 | 434 | 422 | 388 | 397 | 421 | 379 | 382 | 418 | 414 | 419 | 453 | 432 | 447 | 460 | 454 | 495 | 456 | 439 | 436 | C |
| 37 | DNA 指纹 | 156 | 120 | 110 | 97 | 94 | 80 | 65 | 67 | 81 | 48 | 57 | 37 | 44 | 36 | 29 | 42 | 30 | 41 | 41 | 37 | 29 | 27 | D |
| 38 | 限制性片段长度多态性 | 255 | 271 | 246 | 224 | 225 | 252 | 184 | 212 | 209 | 180 | 186 | 184 | 192 | 204 | 199 | 174 | 142 | 139 | 128 | 112 | 103 | 107 | D |
| 39 | 多态性 DNA 随机扩增 | 227 | 266 | 252 | 260 | 231 | 239 | 214 | 200 | 231 | 234 | 183 | 174 | 210 | 203 | 208 | 253 | 242 | 185 | 160 | 144 | 123 | 94 | G |
| 40 | 扩增片段长度多态性 | 8 | 26 | 35 | 56 | 110 | 159 | 145 | 185 | 193 | 224 | 223 | 215 | 214 | 169 | 166 | 196 | 185 | 141 | 137 | 94 | 94 | 67 | F |

| 序号 | 技术名称 | 1995年 | 1996年 | 1997年 | 1998年 | 1999年 | 2000年 | 2001年 | 2002年 | 2003年 | 2004年 | 2005年 | 2006年 | 2007年 | 2008年 | 2009年 | 2010年 | 2011年 | 2012年 | 2013年 | 2014年 | 2015年 | 2016年 | 类型 |
|---|---|---|---|---|---|---|---|---|---|---|---|---|---|---|---|---|---|---|---|---|---|---|---|---|
| 41 | 分子诊断 | 13 | 19 | 15 | 18 | 21 | 17 | 23 | 32 | 40 | 36 | 35 | 32 | 43 | 46 | 69 | 64 | 102 | 79 | 79 | 109 | 99 | 73 | A |
| 42 | 液体活检 |  |  |  |  |  |  |  |  |  |  |  |  |  |  |  |  | 1 | 7 | 6 | 19 | 48 | 121 | A |
| 43 | 无创产前检测 |  |  |  |  |  |  |  |  |  |  |  | 1 | 2 |  | 1 | 6 | 1 | 6 | 30 | 46 | 52 | 58 | A |
| 44 | 生物传感器 | 145 | 172 | 170 | 216 | 206 | 230 | 233 | 263 | 295 | 317 | 436 | 467 | 548 | 594 | 626 | 653 | 768 | 749 | 891 | 877 | 907 | 891 | A |
| 45 | 桑格测序 | 1 | 1 | 1 | 2 |  | 1 | 1 | 2 | 1 | 2 | 2 | 2 | 1 | 1 | 4 | 10 | 12 | 24 | 33 | 42 | 31 | 49 | B |
| 46 | 鸟枪测序 | 3 | 2 | 4 | 4 | 4 | 6 | 5 | 3 | 11 | 9 | 12 | 11 | 11 | 11 | 8 | 10 | 20 | 27 | 28 | 27 | 18 | 27 | G |
| 47 | 454测序 |  |  |  |  |  |  |  |  |  |  |  |  | 11 | 8 | 22 | 28 | 45 | 54 | 50 | 29 | 20 | 13 | F |
| 48 | Illumina测序 |  |  |  |  |  |  |  |  |  |  |  |  | 2 | 2 | 11 | 11 | 22 | 43 | 64 | 91 | 85 | 92 | A |
| 49 | 纳米孔测序 |  |  |  |  |  |  |  |  | 1 | 1 | 3 | 3 | 3 | 7 | 4 | 11 | 5 | 21 | 14 | 9 | 44 | 41 | G |
| 50 | 单细胞测序 |  |  | 1 | 2 |  |  | 2 | 3 | 2 | 2 | 1 | 2 | 3 |  | 1 | 3 | 5 | 17 | 21 | 38 | 60 | 88 | B |
| 51 | 宏基因组 |  |  |  |  |  | 1 |  | 3 | 5 | 5 | 9 | 10 | 19 | 25 | 42 | 31 | 40 | 73 | 75 | 51 | 72 | 81 | A |
| 52 | RNA测序 | 2 |  | 3 |  | 1 |  | 1 |  |  |  |  | 2 | 2 | 6 | 29 | 87 | 176 | 288 | 435 | 627 | 717 | 819 | A |
| 53 | 染色体构象捕获 | 1 |  |  | 1 | 1 |  | 1 |  |  | 1 |  | 5 | 3 | 2 | 8 | 2 | 5 | 5 | 9 | 3 | 7 | 11 | G |
| 54 | 全基因组关联分析 |  |  |  |  | 1 | 1 | 3 | 5 | 4 | 2 | 6 | 6 | 48 | 86 | 247 | 362 | 433 | 445 | 486 | 517 | 557 | 551 | B |
| 55 | 灭活疫苗 | 52 | 49 | 59 | 44 | 58 | 49 | 47 | 47 | 46 | 59 | 51 | 80 | 90 | 113 | 99 | 121 | 160 | 127 | 133 | 155 | 155 | 145 | B |
| 56 | 减毒疫苗 | 55 | 53 | 52 | 36 | 68 | 68 | 47 | 42 | 75 | 61 | 78 | 86 | 100 | 125 | 126 | 118 | 153 | 151 | 148 | 173 | 175 | 145 | A |
| 57 | 亚单位疫苗 | 27 | 32 | 27 | 32 | 30 | 34 | 27 | 25 | 27 | 26 | 38 | 28 | 49 | 54 | 44 | 46 | 61 | 64 | 63 | 54 | 80 | 85 | B |
| 58 | 载体疫苗 | 28 | 14 | 21 | 16 | 20 | 37 | 33 | 32 | 53 | 55 | 71 | 59 | 84 | 100 | 102 | 113 | 101 | 90 | 108 | 89 | 94 | 88 | E |
| 59 | DNA疫苗 | 24 | 26 | 61 | 86 | 109 | 144 | 130 | 96 | 167 | 182 | 176 | 229 | 196 | 232 | 216 | 185 | 213 | 202 | 220 | 163 | 160 | 134 | F |
| 60 | 复制子疫苗 |  | 4 |  | 3 | 7 | 1 | 1 | 4 | 3 | 2 | 5 | 6 | 13 | 8 | 13 | 8 | 9 | 9 | 11 | 4 | 6 | 4 | G |
| 61 | 病毒样颗粒疫苗 | 1 | 4 |  |  | 7 |  | 1 | 2 | 1 | 10 | 10 | 9 | 15 | 20 | 13 | 29 | 21 | 22 | 18 | 19 | 21 | 27 | G |

续表

| 序号 | 技术名称 | 1995年 | 1996年 | 1997年 | 1998年 | 1999年 | 2000年 | 2001年 | 2002年 | 2003年 | 2004年 | 2005年 | 2006年 | 2007年 | 2008年 | 2009年 | 2010年 | 2011年 | 2012年 | 2013年 | 2014年 | 2015年 | 2016年 | 类型 |
|---|---|---|---|---|---|---|---|---|---|---|---|---|---|---|---|---|---|---|---|---|---|---|---|---|
| 62 | 治疗性疫苗 | 5 | 8 | 3 | 5 | 8 | 12 | 18 | 9 | 14 | 22 | 21 | 26 | 31 | 29 | 39 | 32 | 31 | 49 | 37 | 41 | 36 | 34 | A |
| 63 | 佐剂 | 45 | 32 | 42 | 48 | 46 | 47 | 61 | 61 | 73 | 60 | 76 | 89 | 89 | 126 | 118 | 150 | 176 | 176 | 185 | 196 | 175 | 185 | A |
| 64 | CpG佐剂 |  | 1 | 4 | 5 | 8 | 18 | 16 | 14 | 16 | 23 | 32 | 40 | 25 | 28 | 25 | 17 | 29 | 16 | 19 | 21 | 28 | 22 | G |
| 65 | 植物表达疫苗 | 5 | 4 | 8 | 5 | 11 | 10 | 10 | 14 | 12 | 16 | 36 | 16 | 18 | 22 | 29 | 27 | 25 | 29 | 19 | 21 | 27 | 14 | G |
| 66 | 气溶胶疫苗 | 2 | 5 | 2 | 3 | 1 | 2 | 1 | 6 | 1 | 5 | 7 | 5 | 4 | 11 | 4 | 6 | 3 | 1 | 5 | 10 | 6 | 6 | G |
| 67 | 杂交瘤细胞 | 98 | 58 | 71 | 52 | 46 | 43 | 50 | 27 | 30 | 25 | 28 | 28 | 30 | 19 | 20 | 11 | 19 | 15 | 18 | 11 | 8 | 16 | D |
| 68 | 人源化抗体 | 34 | 32 | 31 | 50 | 82 | 69 | 64 | 72 | 80 | 78 | 80 | 79 | 78 | 91 | 98 | 96 | 77 | 102 | 78 | 96 | 80 | 79 | E |
| 69 | 抗体文库 | 45 | 46 | 50 | 48 | 54 | 36 | 34 | 37 | 32 | 44 | 35 | 33 | 37 | 25 | 40 | 38 | 46 | 35 | 37 | 29 | 30 | 41 | C |
| 70 | 抗体组库 | 16 | 8 | 12 | 20 | 15 | 17 | 23 | 14 | 12 | 17 | 19 | 20 | 7 | 5 | 9 | 11 | 15 | 22 | 28 | 18 | 20 | 32 | G |
| 71 | 双特异性抗体 | 53 | 63 | 65 | 45 | 43 | 37 | 56 | 33 | 38 | 38 | 41 | 41 | 34 | 36 | 42 | 61 | 59 | 79 | 75 | 108 | 120 | 140 | B |
| 72 | 抗体药物偶联 | 4 | 3 | 2 | 2 | 4 | 2 |  | 1 | 9 | 6 | 13 | 19 | 17 | 24 | 34 | 36 | 50 | 74 | 125 | 161 | 220 | 260 | B |
| 73 | 基因治疗 | 314 | 390 | 389 | 408 | 512 | 638 | 533 | 532 | 520 | 502 | 456 | 462 | 436 | 401 | 381 | 380 | 418 | 398 | 353 | 370 | 393 | 403 | F |
| 74 | 诱导性多能干细胞 |  |  |  |  |  |  |  |  |  |  |  |  | 6 | 58 | 229 | 361 | 541 | 606 | 669 | 796 | 735 | 843 | A |
| 75 | 干细胞治疗 | 45 | 46 | 65 | 94 | 123 | 105 | 134 | 146 | 174 | 210 | 254 | 263 | 278 | 332 | 333 | 375 | 378 | 443 | 481 | 491 | 524 | 526 | A |
| 76 | 过继性T细胞治疗 | 3 | 1 | 1 |  | 8 | 3 | 2 | 10 | 4 | 8 | 5 | 16 | 27 | 26 | 33 | 38 | 23 | 43 | 52 | 44 | 51 | 64 | B |
| 77 | 嵌合抗原受体T细胞免疫疗法 |  |  | 2 | 3 | 3 |  | 1 |  | 2 | 2 | 5 | 2 | 5 | 5 | 16 | 26 | 38 | 58 | 93 | 146 | 241 | 436 | B |
| 78 | 溶瘤病毒 |  | 1 | 1 |  | 11 | 15 | 20 | 13 | 46 | 43 | 45 | 79 | 76 | 84 | 121 | 109 | 85 | 160 | 121 | 166 | 119 | 142 | A |
| 79 | 噬菌体治疗 |  | 1 |  | 1 | 2 | 2 | 1 | 5 | 4 | 6 | 6 | 5 | 10 | 9 | 7 | 12 | 12 | 14 | 16 | 19 | 22 | 18 | A |
| 80 | 大肠杆菌表达 | 382 | 318 | 327 | 305 | 285 | 255 | 212 | 224 | 235 | 246 | 262 | 284 | 281 | 284 | 263 | 279 | 251 | 314 | 267 | 285 | 241 | 235 | G |

续表

| 序号 | 技术名称 | 1995年 | 1996年 | 1997年 | 1998年 | 1999年 | 2000年 | 2001年 | 2002年 | 2003年 | 2004年 | 2005年 | 2006年 | 2007年 | 2008年 | 2009年 | 2010年 | 2011年 | 2012年 | 2013年 | 2014年 | 2015年 | 2016年 | 类型 |
|---|---|---|---|---|---|---|---|---|---|---|---|---|---|---|---|---|---|---|---|---|---|---|---|---|
| 81 | 酵母表达 | 83 | 111 | 118 | 110 | 98 | 108 | 115 | 87 | 118 | 103 | 106 | 95 | 84 | 88 | 89 | 85 | 87 | 73 | 93 | 78 | 87 | 78 | C |
| 82 | 昆虫杆状病毒表达 | 75 | 65 | 64 | 53 | 34 | 28 | 19 | 22 | 23 | 23 | 32 | 20 | 18 | 15 | 17 | 22 | 25 | 22 | 15 | 18 | 11 | 17 | D |
| 83 | 密码子优化 |  | 1 | 2 | 3 | 2 | 1 | 4 | 3 | 8 | 17 | 7 | 6 | 4 | 10 | 5 | 19 | 14 | 17 | 18 | 22 | 23 | 20 | G |
| 84 | 高通量筛选 | 5 | 14 | 37 | 51 | 62 | 91 | 72 | 121 | 122 | 155 | 167 | 151 | 188 | 225 | 189 | 203 | 212 | 215 | 235 | 254 | 241 | 234 | A |
| 85 | 组合化学 | 27 | 69 | 104 | 116 | 98 | 97 | 87 | 66 | 67 | 58 | 43 | 26 | 25 | 26 | 25 | 23 | 14 | 17 | 15 | 14 | 11 | 8 | F |
| 86 | 悬浮培养 | 99 | 111 | 137 | 106 | 105 | 107 | 88 | 112 | 101 | 84 | 106 | 83 | 108 | 94 | 69 | 72 | 103 | 78 | 80 | 90 | 73 | 75 | C |
| 87 | 生物反应器 | 151 | 160 | 158 | 168 | 164 | 181 | 181 | 225 | 224 | 243 | 359 | 418 | 428 | 496 | 480 | 495 | 505 | 545 | 547 | 570 | 567 | 634 | A |
| 88 | 鼻喷剂 | 48 | 56 | 58 | 54 | 55 | 51 | 49 | 48 | 59 | 48 | 45 | 47 | 84 | 98 | 103 | 62 | 63 | 47 | 54 | 42 | 37 | 53 | G |
| 89 | 微囊 | 31 | 44 | 34 | 40 | 38 | 42 | 43 | 39 | 54 | 44 | 46 | 53 | 53 | 60 | 54 | 79 | 91 | 102 | 119 | 123 | 150 | 125 | A |
| 90 | 芯片上的器官 |  | 1 |  | 1 | 1 | 1 | 1 | 1 | 2 | 2 | 4 | 3 | 6 | 4 | 9 | 9 | 15 | 26 | 28 | 40 | 40 | 81 | B |
| 91 | 合成生物学 |  |  |  |  |  | 1 | 1 |  | 2 | 7 | 11 | 16 | 19 | 36 | 68 | 83 | 96 | 154 | 143 | 148 | 145 | 209 | A |
| 92 | 代谢工程 | 13 | 20 | 21 | 32 | 36 | 40 | 38 | 57 | 59 | 47 | 76 | 58 | 56 | 80 | 58 | 91 | 90 | 108 | 186 | 159 | 185 | 152 | A |
| 93 | 组织工程 | 9 | 23 | 28 | 46 | 81 | 114 | 129 | 170 | 234 | 295 | 321 | 405 | 425 | 451 | 557 | 617 | 626 | 704 | 727 | 844 | 839 | 824 | A |
| 94 | 体细胞核移植 |  |  |  | 4 | 2 | 5 | 4 | 7 | 17 | 25 | 37 | 63 | 81 | 69 | 73 | 70 | 78 | 62 | 71 | 57 | 56 | 50 | E |
| 95 | 生物打印 |  |  |  |  |  |  |  |  |  |  |  | 1 | 2 | 4 | 3 | 10 | 14 | 15 | 11 | 40 | 73 | 110 | B |
| 96 | 光遗传学 |  |  |  |  |  |  |  |  |  |  | 1 | 1 | 2 | 3 | 12 | 12 | 24 | 32 | 45 | 47 | 83 | 66 | A |
| 97 | 生物矿化 | 18 | 14 | 17 | 25 | 23 | 26 | 19 | 39 | 42 | 45 | 56 | 54 | 70 | 75 | 80 | 70 | 94 | 85 | 109 | 118 | 122 | 131 | A |
| 98 | 纳米生物技术 |  | 1 |  |  | 1 | 3 | 1 | 3 | 7 | 24 | 26 | 33 | 26 | 21 | 25 | 23 | 30 | 23 | 29 | 18 | 16 | 21 | E |
| 99 | 生物修复 | 97 | 82 | 122 | 102 | 101 | 107 | 103 | 74 | 108 | 110 | 142 | 125 | 136 | 159 | 169 | 191 | 177 | 194 | 206 | 239 | 238 | 284 | A |
| 100 | 生物降解 | 245 | 263 | 292 | 308 | 322 | 263 | 300 | 302 | 337 | 312 | 353 | 413 | 418 | 487 | 554 | 527 | 530 | 543 | 653 | 626 | 616 | 633 | A |

注：A—持续增长，B—先平后增，C—保持平稳，D—持续降低，E—先增后降，F—先增后降，G—不规则。

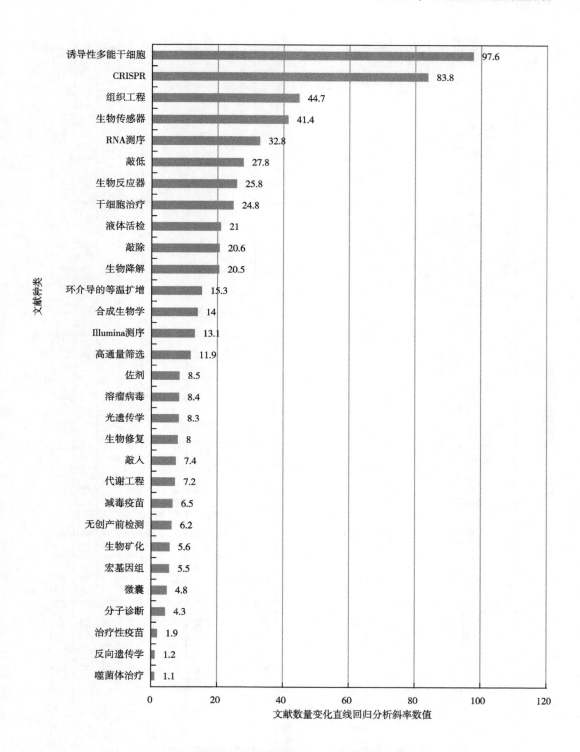

图 5-19 文献数量变化直线回归分析斜率数值

## （三）机构分析

国外机构文献数量如表 5-15 所示，国内机构文献数量如表 5-16 所示。

单位：篇

表5-15 国外机构文献数量

| 序号 | 技术名称 | 哈佛大学 | 法国国家科研中心 | 美国农业部 | 麻省理工学院 | 俄罗斯科学院 | 威斯康星大学麦迪逊分校 | 美国国防部 | 耶鲁大学 | 荷兰伊拉斯姆斯大学 | 美国NIH过敏与感染性疾病研究所 | 美国疾病预防控制中心 | 美国陆军 | 美国斯克利普斯研究所 | 华尔特·里德陆军研究所 | 加州理工大学 |
|---|---|---|---|---|---|---|---|---|---|---|---|---|---|---|---|---|
| 1 | 限制性内切核酸酶 | 8 | 7 | 14 | 9 | 27 | 4 | 3 | 3 | | | 6 | 3 | | 2 | |
| 2 | DNA文库 | 11 | 13 | 27 | 3 | 8 | 6 | | 12 | | 7 | | | 2 | | 3 |
| 3 | Southern印迹 | | 1 | | 1 | 2 | | 1 | | 5 | | 1 | 1 | | | |
| 4 | Northern印迹 | | | 1 | | | | | | | | | | | | |
| 5 | Western印迹 | 4 | 15 | 15 | | 2 | 2 | 6 | 2 | 2 | 5 | 18 | 3 | | 1 | |
| 6 | 二维凝胶电泳 | 2 | 16 | 7 | | | | | 2 | | | | | | | |
| 7 | 转染 | 90 | 168 | 9 | 22 | 46 | 36 | | 29 | 12 | 12 | | | 12 | | |
| 8 | 系列传代 | 2 | 3 | 15 | 3 | 1 | 1 | 2 | | | 6 | 1 | 2 | 1 | 1 | |
| 9 | 细胞融合 | 25 | 26 | | 3 | 2 | 11 | | 14 | 2 | 9 | | | | | |
| 10 | 融合蛋白 | 45 | 38 | 5 | 14 | 11 | 13 | 6 | 16 | 14 | 6 | | 3 | 15 | | |
| 11 | 原位杂交 | 102 | 136 | 45 | | 42 | 46 | 23 | 28 | 32 | | 12 | | | | |
| 12 | 荧光原位杂交 | 11 | 17 | 3 | 2 | 6 | 7 | | 2 | 11 | 6 | 2 | | 1 | 1 | |
| 13 | 酵母双杂交 | 20 | 14 | 2 | 2 | 4 | 4 | 2 | 1 | 2 | 1 | | | | | |
| 14 | 染色质免疫沉淀 | 20 | 8 | 5 | 5 | 11 | 13 | 6 | 5 | 14 | 2 | | 3 | 2 | | 2 |
| 15 | 显微注射 | 19 | 22 | 3 | 6 | 7 | 5 | | 3 | | 2 | | | | | |
| 16 | 噬菌体展示 | 37 | 41 | 10 | 6 | 11 | 10 | 11 | 7 | 3 | 6 | | 6 | 50 | | |

续表

| 序号 | 技术名称 | 哈佛大学 | 法国国家科研中心 | 美国农业部 | 麻省理工学院 | 俄罗斯科学院 | 威斯康星大学麦迪逊分校 | 美国国防部 | 耶鲁大学 | 荷兰伊拉斯姆斯大学 | 美国NIH过敏与感染性疾病研究所 | 美国疾病预防控制中心 | 美国陆军 | 美国斯克利普斯研究所 | 华尔特·里德陆军研究所 | 加州理工大学 |
|---|---|---|---|---|---|---|---|---|---|---|---|---|---|---|---|---|
| 17 | 基因打靶 | 35 | 30 | 3 | 9 | 2 | 3 | | 24 | | | | | 5 | | 3 |
| 18 | 敲入 | 103 | 38 | 2 | 16 | 2 | 4 | | 26 | 12 | 3 | | | 10 | | 7 |
| 19 | 敲除 | 352 | 271 | 28 | 62 | 28 | 53 | 21 | 96 | 66 | 27 | | 16 | 58 | | 17 |
| 20 | 敲低 | 106 | 45 | 21 | 14 | 6 | 34 | 9 | 34 | 11 | | | 8 | 7 | | |
| 21 | CRE重组 | 57 | 31 | 7 | 10 | | 9 | 2 | 5 | 2 | 3 | | | 5 | | |
| 22 | FLP重组 | 5 | 1 | 1 | 2 | 2 | 6 | | 1 | | | | | | | |
| 23 | CRISPR | 236 | 68 | 13 | 164 | 36 | 24 | | 13 | 5 | 10 | | | 17 | | 6 |
| 24 | TALENs | 24 | 11 | 1 | 9 | 1 | 2 | | | | 2 | | | 5 | | 2 |
| 25 | 锌指核酸酶 | 8 | | | 4 | | | | 1 | | 3 | | | 4 | | |
| 26 | RNA干扰 | 404 | 121 | 87 | 127 | 25 | 36 | 14 | 58 | 16 | 23 | | 14 | 34 | | 15 |
| 27 | DNA改组 | 1 | 1 | | | | | 3 | 1 | | 1 | | | 2 | | 1 |
| 28 | 基因驱动 | 7 | 3 | 1 | 3 | 1 | 2 | | 1 | | 2 | | | | | 9 |
| 29 | 转座突变 | 6 | 4 | 7 | 2 | | 2 | | 6 | | 3 | | | | | |
| 30 | 反向遗传学 | 3 | 13 | 8 | | | 13 | 2 | | 2 | 21 | 11 | 2 | 6 | | |
| 31 | 反转录PCR | 45 | 75 | 113 | | | 14 | 35 | 19 | 30 | 14 | 84 | 27 | | 11 | |
| 32 | 实时PCR | 30 | 93 | 181 | | 27 | 21 | 59 | 10 | 22 | 11 | 124 | 44 | | 19 | |
| 33 | 环介导的等温扩增 | 3 | 3 | 21 | | | 2 | 8 | | | 4 | 10 | 7 | | | |
| 34 | DNA芯片 | 14 | 21 | 3 | 4 | | 7 | 12 | 3 | 2 | | | 10 | 2 | 2 | |

续表

| 序号 | 技术名称 | 哈佛大学 | 法国国家科研中心 | 美国农业部 | 麻省理工学院 | 俄罗斯科学院 | 威斯康星大学麦迪逊分校 | 美国国防部 | 耶鲁大学 | 荷兰伊拉斯姆斯大学 | 美国NIH过敏与感染性疾病研究所 | 美国疾病预防控制中心 | 美国陆军 | 美国斯克利普斯研究所 | 华尔特·里德陆军研究所 | 加州理工大学 |
|---|---|---|---|---|---|---|---|---|---|---|---|---|---|---|---|---|
| 35 | 蛋白质芯片 | 7 | 12 | 2 | 7 | | 3 | 1 | 3 | | 2 | | 1 | | | |
| 36 | 酶联免疫吸附试验 | 46 | 66 | 199 | | 21 | 44 | 51 | 16 | 21 | 19 | 79 | 40 | | 14 | |
| 37 | DNA 指纹 | 5 | 21 | 38 | 5 | 30 | 3 | 7 | 3 | 9 | 2 | 12 | | | | |
| 38 | 限制片段长度多态性 | 11 | 54 | 109 | | 32 | 22 | 7 | | 8 | | 24 | 5 | | | |
| 39 | 多态性 DNA 随机扩增 | | 29 | 132 | | 79 | 38 | | | 9 | | | | | | |
| 40 | 扩增片段长度多态性 | 7 | 43 | 134 | | 19 | 25 | 9 | | 12 | | | 6 | | | |
| 41 | 分子诊断 | 36 | 6 | 10 | | 4 | 3 | 2 | 3 | 24 | 2 | 8 | | | | |
| 42 | 液体活检 | 10 | | | 1 | | | | | | | | | 5 | | |
| 43 | 无创产前检测 | | 2 | | | | | 1 | | 3 | | | | | | |
| 44 | 生物传感器 | 30 | 250 | 28 | 22 | 77 | | 97 | 12 | | | | 16 | | | |
| 45 | 桑格测序 | 8 | 2 | 3 | 3 | 1 | 1 | 1 | | 3 | | 2 | | | | |
| 46 | 鸟枪测序 | 4 | 9 | 6 | 4 | 2 | 1 | | | | 1 | | | 1 | | |
| 47 | 454 测序 | 7 | 10 | 10 | 5 | 3 | 2 | 3 | | | | | | 1 | | |
| 48 | Illumina 测序 | 18 | 5 | 8 | 11 | | 3 | 1 | | 2 | | 3 | 1 | 5 | | |
| 49 | 纳米孔测序 | 5 | 3 | | | | | 3 | | | | 1 | 2 | | | |
| 50 | 单细胞测序 | 34 | 2 | | 15 | 2 | 2 | 1 | 6 | 1 | 2 | | 1 | 4 | | |

续表

| 序号 | 技术名称 | 哈佛大学 | 法国国家科研中心 | 美国农业部 | 麻省理工学院 | 俄罗斯科学院 | 威斯康星大学麦迪逊分校 | 美国国防部 | 耶鲁大学 | 荷兰伊拉斯姆斯大学 | 美国NIH过敏与感染性疾病研究所 | 美国疾病预防控制中心 | 美国陆军 | 美国斯克利普斯研究所 | 华尔特·里德陆军研究所 | 加州理工大学 |
|---|---|---|---|---|---|---|---|---|---|---|---|---|---|---|---|---|
| 51 | 宏基因组 | 7 | 20 | 12 | 3 | 3 | 8 | | 5 | | | | | | | 3 |
| 52 | RNA 测序 | 137 | 49 | 68 | 60 | 18 | 35 | 6 | 59 | 7 | 11 | | 6 | 10 | | 10 |
| 53 | 染色体构象捕获 | 1 | 6 | | 1 | 1 | 1 | | 1 | 6 | | | | | | |
| 54 | 全基因组关联分析 | 551 | 52 | 65 | 191 | 19 | 30 | | 106 | 151 | | | | 17 | | |
| 55 | 灭活疫苗 | 19 | | 32 | | | 9 | 43 | 4 | 13 | 23 | 139 | 33 | | 15 | |
| 56 | 减毒疫苗 | 62 | 25 | 41 | | | 19 | 89 | 8 | 9 | 151 | 83 | 77 | 8 | 44 | |
| 57 | 亚单位疫苗 | 10 | 5 | 20 | | | 4 | 37 | 1 | 11 | 14 | 8 | 29 | | 17 | |
| 58 | 载体疫苗 | 66 | 22 | 31 | 11 | 2 | 19 | 48 | 18 | 4 | 75 | 15 | 41 | 3 | 21 | |
| 59 | DNA 疫苗 | 52 | 20 | 18 | 13 | 11 | 29 | 107 | 7 | | 55 | 24 | 63 | 26 | 24 | |
| 60 | 复制子疫苗 | | 1 | 2 | | | 1 | 6 | 2 | | 1 | | 6 | | | |
| 61 | 病毒样颗粒疫苗 | 7 | 11 | | | 2 | | 6 | | 1 | 10 | 3 | 6 | 2 | 1 | |
| 62 | 治疗性疫苗 | 10 | 5 | 3 | 3 | 1 | 1 | 1 | 4 | 3 | 5 | | 1 | 4 | 2 | |
| 63 | 佐剂 | 41 | 11 | 7 | 9 | 3 | 7 | 61 | 5 | 7 | 42 | 19 | 55 | 7 | 32 | |
| 64 | CpG 佐剂 | 3 | 1 | 2 | | | | 9 | | | 24 | | 7 | | 2 | |
| 65 | 植物表达疫苗 | 1 | 2 | 6 | | 9 | 1 | 2 | | | 2 | 1 | 2 | 1 | 1 | |
| 66 | 气溶胶疫苗 | 2 | 1 | 3 | 3 | | | 17 | | | 3 | 3 | 17 | | 1 | |
| 67 | 杂交瘤细胞 | 9 | 14 | 2 | 10 | 11 | 2 | 1 | 1 | 2 | 2 | | 1 | 2 | 1 | |
| 68 | 人源化抗体 | 54 | 12 | | 3 | 5 | 6 | 7 | 12 | 7 | 6 | 4 | 3 | 7 | | 5 |

续表

| 序号 | 技术名称 | 哈佛大学 | 法国国家科研中心 | 美国农业部 | 麻省理工学院 | 俄罗斯科学院 | 威斯康星大学麦迪逊分校 | 美国国防部 | 耶鲁大学 | 荷兰伊拉斯姆斯大学 | 美国NIH过敏与感染性疾病研究所 | 美国疾病预防控制中心 | 美国陆军 | 美国斯克利普斯研究所 | 华尔特·里德陆军研究所 | 加州理工大学 |
|---|---|---|---|---|---|---|---|---|---|---|---|---|---|---|---|---|
| 69 | 抗体文库 | 13 | 16 | | 3 | 10 | 5 | 8 | 5 | 2 | 6 | | 5 | 43 | 1 | |
| 70 | 抗体组库 | 13 | 9 | 8 | 1 | 3 | | 3 | 2 | | 6 | 2 | 2 | 8 | 2 | |
| 71 | 双特异性抗体 | 19 | 22 | 2 | 8 | 8 | 3 | 4 | 9 | 3 | 5 | | 4 | 19 | 2 | |
| 72 | 抗体药物偶联 | 77 | 13 | | 2 | | 4 | | 27 | | 3 | 2 | | 10 | | |
| 73 | 基因治疗 | 306 | 174 | | 18 | 30 | 37 | | 31 | 57 | 28 | | | 21 | | |
| 74 | 诱导性多能干细胞 | 238 | 42 | | 51 | 21 | 92 | 12 | 46 | 10 | 8 | | 10 | 34 | | |
| 75 | 干细胞治疗 | 172 | 31 | | | 13 | 17 | | 8 | 37 | 8 | | | 7 | | |
| 76 | 过继性T细胞治疗 | 7 | 6 | | | | | | | 4 | | | | | | |
| 77 | 嵌合抗原受体T细胞免疫疗法 | 27 | | | 2 | 1 | | 1 | 3 | 3 | 1 | | 1 | 12 | | |
| 78 | 溶瘤病毒 | 118 | 10 | | 3 | 10 | 1 | | 10 | 8 | | | | | | |
| 79 | 噬菌体治疗 | | 1 | 1 | | 2 | | | 2 | | | | | | | |
| 80 | 大肠杆菌表达 | 27 | 119 | 54 | 19 | 66 | 32 | 16 | 16 | | | | 9 | 10 | | |
| 81 | 酵母表达 | 29 | 88 | 20 | 10 | 16 | 16 | | 9 | 4 | | | | 8 | | 4 |
| 82 | 昆虫杆状病毒表达 | 3 | 20 | 6 | 1 | 10 | 5 | 1 | | | 1 | | 1 | 2 | 1 | |
| 83 | 密码子优化 | 2 | 4 | | | 1 | | 3 | | 1 | 3 | 2 | 2 | 2 | 1 | 1 |
| 84 | 高通量筛选 | 73 | 42 | 8 | 47 | 5 | 20 | 5 | 12 | 4 | 4 | | 5 | 34 | 1 | 12 |
| 85 | 组合化学 | 6 | 13 | 2 | 2 | 5 | 8 | 1 | 3 | 1 | 1 | | | 15 | | |

续表

| 序号 | 技术名称 | 哈佛大学 | 法国国家科研中心 | 美国农业部 | 麻省理工学院 | 俄罗斯科学院 | 威斯康星大学麦迪逊分校 | 美国国防部 | 耶鲁大学 | 荷兰伊拉斯姆斯大学 | 美国NIH过敏与感染性疾病研究所 | 美国疾病预防控制中心 | 美国陆军 | 美国斯克利普斯研究所 | 华尔特·里德陆军研究所 | 加州理工大学 |
|---|---|---|---|---|---|---|---|---|---|---|---|---|---|---|---|---|
| 86 | 悬浮培养 | 4 | 34 | 40 | 8 | 22 | 3 | 2 | | | | | 2 | 4 | 2 | |
| 87 | 生物反应器 | 32 | 129 | 19 | 50 | 26 | 8 | | 14 | | | | | | | |
| 88 | 鼻喷剂 | 12 | | | | | 8 | | 2 | 14 | | | | | | 2 |
| 89 | 微囊 | 6 | 24 | 3 | 3 | 3 | | | | | | | | | | |
| 90 | 芯片上的器官 | 37 | 3 | | 27 | | 2 | 3 | 1 | | | | 3 | 2 | | |
| 91 | 合成生物学 | 45 | 22 | 1 | 38 | 5 | 11 | 3 | 7 | | | | 3 | 1 | | 11 |
| 92 | 代谢工程 | 9 | 16 | 21 | 55 | | 30 | 2 | 2 | | | | | 3 | | 2 |
| 93 | 组织工程 | 304 | 100 | | 167 | 30 | 43 | 12 | 26 | 17 | | | | | | |
| 94 | 体细胞核移植 | 10 | 3 | 7 | 8 | 1 | 1 | | 1 | | | | | | | |
| 95 | 生物打印 | 30 | 5 | | 10 | | 1 | | 2 | | | | | 2 | | |
| 96 | 光遗传学 | 13 | 16 | | 17 | 1 | 2 | | 2 | | | | | | | 4 |
| 97 | 生物矿化 | 12 | 56 | 2 | 4 | 10 | 7 | 4 | 7 | | | | | | | 14 |
| 98 | 纳米生物技术 | 8 | 7 | | 7 | 3 | 1 | 6 | | | | | 2 | | | |
| 99 | 生物修复 | | 23 | 16 | | 15 | 3 | 17 | | | | | 10 | | | |
| 100 | 生物降解 | | 157 | 59 | 14 | 116 | 11 | 70 | | | | | 36 | | | |
| | 合计 | 4747 | 3330 | 1910 | 1452 | 1087 | 1080 | 1014 | 942 | 720 | 707 | 703 | 660 | 576 | 220 | 131 |

表5-16　国内机构文献数量

单位：篇

| 序号 | 技术名称 | 中国科学院 | 浙江大学 | 中国农业科学院 | 复旦大学 | 北京大学 | 清华大学 | 中国医学科学院 | 中国农业大学 | 武汉大学 | 香港大学 | 南京大学 | 第四军医大学 | 第二军医大学 | 第三军医大学 | 香港中文大学 | 军事医学科学院 | 南开大学 | 中国疾病预防控制中心 |
|---|---|---|---|---|---|---|---|---|---|---|---|---|---|---|---|---|---|---|---|
| 1 | 限制性内切核酸酶 | 12 | 3 |  | 2 |  |  |  | 3 | 3 |  |  |  |  |  | 2 |  |  |  |
| 2 | DNA 文库 | 36 | 7 | 25 | 2 | 6 |  | 7 | 7 | 8 | 2 |  | 6 |  |  | 7 | 4 |  | 2 |
| 3 | Southern 印迹 | 1 |  |  |  |  |  |  |  |  | 1 |  |  |  |  |  |  |  |  |
| 4 | Northern 印迹 |  | 1 |  |  | 1 |  |  |  | 1 |  |  |  |  |  | 1 |  |  |  |
| 5 | Western 印迹 | 6 |  |  | 7 | 2 |  | 3 |  |  | 2 |  |  |  |  |  | 3 |  | 4 |
| 6 | 二维凝胶电泳 | 10 | 5 |  |  | 6 |  |  |  |  | 4 |  |  | 2 | 1 | 2 | 3 |  |  |
| 7 | 转染 | 62 | 50 |  | 33 | 33 | 12 | 15 | 12 | 40 | 10 | 10 | 10 | 12 | 26 | 17 |  | 9 | 1 |
| 8 | 系列传代 | 2 |  | 4 | 1 |  |  |  | 2 | 1 |  |  |  |  |  |  |  |  |  |
| 9 | 细胞融合 | 11 | 4 |  | 4 | 8 | 4 | 3 | 4 | 5 | 2 |  |  |  |  | 2 | 3 |  |  |
| 10 | 融合蛋白 | 18 | 4 |  | 4 |  | 4 | 11 |  | 2 | 3 |  | 7 |  |  | 3 |  |  |  |
| 11 | 原位杂交 | 55 | 15 | 18 | 11 | 24 |  | 22 |  | 22 | 26 |  |  |  |  |  |  |  |  |
| 12 | 荧光原位杂交 | 5 |  |  |  | 4 |  |  |  | 2 |  |  |  |  |  |  |  |  |  |
| 13 | 酵母双杂交 | 10 | 2 | 5 |  | 8 | 1 | 6 | 4 | 3 | 2 |  |  | 1 | 1 | 2 | 4 |  |  |
| 14 | 染色质免疫沉淀 | 1 |  |  |  | 1 |  | 1 |  |  |  |  | 1 |  |  |  |  |  |  |
| 15 | 显微注射 | 8 | 1 |  | 4 | 2 | 3 |  | 3 | 1 | 3 |  | 2 | 2 |  |  |  |  |  |
| 16 | 噬菌体展示 | 29 | 14 | 14 | 10 | 14 | 3 | 9 | 3 | 5 |  |  | 8 | 6 | 6 | 3 | 10 |  | 7 |
| 17 | 基因打靶 | 20 | 5 | 3 | 2 | 8 |  |  | 3 | 1 | 2 | 3 |  |  |  | 2 | 3 | 2 |  |

续表

| 序号 | 技术名称 | 中国科学院 | 浙江大学 | 中国农业科学院 | 复旦大学 | 北京大学 | 清华大学 | 中国医学科学院 | 中国农业大学 | 武汉大学 | 香港大学 | 南京大学 | 第四军医大学 | 第二军医大学 | 第三军医大学 | 香港中文大学 | 军事医学科学院 | 南开大学 | 中国疾病预防控制中心 |
|---|---|---|---|---|---|---|---|---|---|---|---|---|---|---|---|---|---|---|---|
| 18 | 敲入 | 14 | | 3 | | | 4 | 6 | 3 | 2 | 5 | 6 | 7 | | 3 | 3 | | | |
| 19 | 敲除 | 87 | 34 | 14 | 41 | 68 | 16 | 20 | | 13 | 24 | 25 | 20 | 14 | 17 | 14 | | | |
| 20 | 敲低 | 53 | 37 | 14 | 72 | 29 | 10 | 21 | 7 | 42 | 8 | 17 | 36 | 37 | 29 | 8 | | 5 | |
| 21 | CRE 重组 | 14 | 2 | 3 | 5 | 4 | | 4 | 3 | 1 | 3 | 2 | | | 8 | 2 | | | |
| 22 | FLP 重组 | 2 | | | | | | | | | | | | | | | | | |
| 23 | CRISPR | 159 | 11 | 33 | 11 | 36 | 35 | 18 | 18 | 11 | | 19 | 4 | | | 8 | 11 | | |
| 24 | TALENs | 36 | 7 | 6 | 5 | 21 | 3 | | | 7 | 2 | 3 | 1 | | 1 | 9 | 2 | 2 | |
| 25 | 锌指核酸酶 | 2 | 2 | | 2 | 1 | | | | 1 | | 1 | 1 | | | | | | |
| 26 | RNA 干扰 | 112 | 36 | 48 | 74 | 36 | 13 | 24 | 24 | 28 | 23 | 9 | 40 | 18 | 34 | 28 | 13 | 9 | |
| 27 | DNA 改组 | 4 | 1 | | 1 | | | | 1 | 1 | | | | | | | | | |
| 28 | 基因驱动 | | | | | | | | | | | | | | | | | | |
| 29 | 转座突变 | 3 | 1 | 4 | 2 | | | 1 | | | | | | | | | | | |
| 30 | 反向遗传学 | 3 | 1 | 15 | | | | 1 | 3 | 1 | 2 | | | | | | 3 | | |
| 31 | 反转录 PCR | 53 | 19 | 44 | 15 | 13 | | 15 | 28 | 12 | 23 | | | | | 9 | 10 | | 22 |
| 32 | 实时 PCR | 48 | 36 | 56 | 14 | 14 | | 16 | 19 | 9 | 15 | 7 | | | | | | | 16 |
| 33 | 环介导的等温扩增 | 25 | 18 | 87 | 7 | 8 | 4 | | 24 | 4 | 6 | 7 | 4 | 6 | 3 | 4 | 19 | 5 | 31 |
| 34 | DNA 芯片 | 11 | 6 | | 2 | 2 | 3 | 2 | | 3 | | 2 | | | 2 | | | | |
| 35 | 蛋白质芯片 | 15 | 3 | 2 | 3 | 4 | 5 | 5 | | 6 | 1 | 1 | 3 | 2 | | | 4 | 2 | |

| 序号 | 技术名称 | 中国科学院 | 浙江大学 | 中国农业科学院 | 复旦大学 | 北京大学 | 清华大学 | 中国医学科学院 | 中国农业大学 | 武汉大学 | 香港大学 | 南京大学 | 第四军医大学 | 第二军医大学 | 第三军医大学 | 香港中文大学 | 军事医学科学院 | 南开大学 | 中国疾病预防控制中心 |
|---|---|---|---|---|---|---|---|---|---|---|---|---|---|---|---|---|---|---|---|
| 36 | 酶联免疫吸附试验 | 57 | 47 | 78 | 17 | 28 | | 15 | 107 | | 15 | 15 | 14 | | | | 18 | 15 | 19 |
| 37 | DNA指纹 | 15 | 8 | | | | | | 2 | | 12 | | | | | | | | |
| 38 | 限制片段长度多态性 | 48 | 14 | 17 | 8 | 5 | | 5 | 6 | 6 | 9 | | | | | 8 | | | |
| 39 | 多态性DNA随机扩增 | 73 | 17 | 21 | 10 | 7 | | | 15 | 9 | 5 | 5 | | | | | | 5 | |
| 40 | 扩增片段长度多态性 | 83 | 22 | 34 | 12 | | | | 19 | 4 | 6 | | | 5 | | 7 | | 5 | |
| 41 | 分子诊断 | 1 | 1 | | | | 2 | | | | 1 | | | | | 11 | | | |
| 42 | 液体活检 | | | | 3 | 2 | | 1 | | 1 | | 2 | 1 | | 1 | 3 | | | |
| 43 | 无创产前检测 | | 1 | | 4 | 1 | 1 | 2 | | | 3 | | 1 | | 2 | 8 | | | |
| 44 | 生物传感器 | 500 | 142 | | 54 | 56 | 93 | | 15 | 52 | 3 | 169 | | | 30 | 16 | 18 | 57 | |
| 45 | 桑格测序 | 2 | 1 | 1 | | | | 3 | 1 | 2 | 3 | | | 1 | | 2 | 1 | | |
| 46 | 鸟枪测序 | 7 | 5 | | 1 | 3 | 1 | | | | 1 | | | | | | | | |
| 47 | 454测序 | 9 | 2 | 2 | | 1 | 1 | | 1 | | 1 | 1 | | | | | | | 1 |
| 48 | Illumina测序 | 30 | 2 | 7 | 2 | 2 | 4 | 2 | | 1 | | 2 | | | | 2 | | | |
| 49 | 纳米孔测序 | 9 | 1 | | | 1 | 2 | | | 2 | | 1 | | | | 1 | | 3 | |
| 50 | 单细胞测序 | 11 | 4 | 2 | 2 | 18 | 1 | 1 | 1 | 3 | 2 | 2 | | 1 | | 4 | 1 | | 1 |
| 51 | 宏基因组 | 19 | 4 | 2 | 8 | 2 | 3 | | | | 4 | | | | | 2 | | | |

续表

| 序号 | 技术名称 | 中国科学院 | 浙江大学 | 中国农业科学院 | 复旦大学 | 北京大学 | 清华大学 | 中国医学科学院 | 中国农业大学 | 武汉大学 | 香港大学 | 南京大学 | 第四军医大学 | 第二军医大学 | 第三军医大学 | 香港中文大学 | 军事医学科学院 | 南开大学 | 中国疾病预防控制中心 |
|---|---|---|---|---|---|---|---|---|---|---|---|---|---|---|---|---|---|---|---|
| 52 | RNA 测序 | 123 | 23 | 59 | 43 | 26 | 25 | 19 | 28 | 12 | 11 | 6 | | 9 | | 14 | | 5 | |
| 53 | 染色体构象捕获 | 1 | 1 | | | | | 1 | | | 1 | | | | | | | | |
| 54 | 全基因组关联分析 | 63 | 24 | 39 | 53 | 33 | | 57 | 41 | | 34 | | | 15 | | 23 | | | |
| 55 | 灭活疫苗 | 24 | 4 | 15 | 5 | 5 | | 22 | 7 | | 5 | | 7 | | 7 | 3 | 5 | | 15 |
| 56 | 减毒疫苗 | 20 | 7 | 30 | 11 | 6 | | 7 | 5 | 3 | 6 | | 5 | 3 | 3 | | 9 | | 13 |
| 57 | 亚单位疫苗 | 18 | 3 | 9 | 8 | | | | 2 | 11 | 2 | | | 2 | 4 | | 5 | | 2 |
| 58 | 载体疫苗 | 13 | | 21 | 9 | 2 | | 5 | | 4 | 2 | | | 2 | | | 6 | | 8 |
| 59 | DNA 疫苗 | 54 | 15 | 58 | 44 | 28 | 6 | 25 | 22 | 32 | 19 | | 22 | 29 | 10 | | 30 | | 11 |
| 60 | 复制子疫苗 | 6 | 1 | 8 | | | | | | 1 | | | | | | | 3 | | |
| 61 | 病毒样颗粒疫苗 | 6 | | 8 | | | | 4 | 1 | 1 | 1 | | 2 | 1 | | | 2 | | |
| 62 | 治疗性疫苗 | 5 | 5 | | 9 | | | 1 | 1 | 2 | 1 | | 2 | | | | | | |
| 63 | 佐剂 | 33 | 8 | 12 | 12 | | 1 | 5 | 9 | 6 | | | 3 | 5 | 5 | | 11 | 5 | 7 |
| 64 | CpG 佐剂 | 4 | 5 | 5 | 4 | | | 1 | 1 | | | | | 1 | | | | 1 | 2 |
| 65 | 植物表达疫苗 | 2 | | | | 1 | | | 1 | | 1 | | 1 | | 1 | | | | |
| 66 | 气溶胶疫苗 | | | | | | | | | | | | | | | | | | |
| 67 | 杂交瘤细胞 | 7 | | | | 1 | | | | | | 1 | 4 | | | | 2 | | |
| 68 | 人源化抗体 | 6 | 3 | | | 4 | | 4 | | | 4 | | | 14 | | | | | |

续表

| 序号 | 技术名称 | 中国科学院 | 浙江大学 | 中国农业科学院 | 复旦大学 | 北京大学 | 清华大学 | 中国医学科学院 | 中国农业大学 | 武汉大学 | 香港大学 | 南京大学 | 第四军医大学 | 第二军医大学 | 第三军医大学 | 香港中文大学 | 军事医学科学院 | 南开大学 | 中国疾病预防控制中心 |
|---|---|---|---|---|---|---|---|---|---|---|---|---|---|---|---|---|---|---|---|
| 69 | 抗体文库 | 9 | 1 | | 5 | 5 | 3 | 7 | | | 1 | | 5 | 2 | | 2 | 5 | | |
| 70 | 抗体组库 | | | | 1 | 2 | | 2 | 1 | | 2 | | | | | | | | 1 |
| 71 | 双特异性抗体 | 9 | 1 | | 3 | 3 | | 13 | | 2 | | | 2 | 9 | | | 3 | | |
| 72 | 抗体药物偶联 | 7 | 5 | | | | 1 | 2 | | | | | 2 | 4 | | | | | |
| 73 | 基因治疗 | 60 | 35 | | 49 | 22 | | 27 | | 15 | 21 | | 18 | 45 | 14 | 18 | 11 | 12 | |
| 74 | 诱导性多能干细胞 | 133 | 44 | | 41 | 26 | | 21 | 19 | | 48 | | 12 | 9 | 8 | 9 | | 13 | |
| 75 | 干细胞治疗 | 9 | 21 | | 8 | 17 | | 19 | | | 14 | 16 | 12 | | 13 | 9 | | | |
| 76 | 过继性T细胞治疗 | | | | 5 | | | 1 | | | | 1 | | | 2 | | | | |
| 77 | 嵌合抗原受体T细胞免疫疗法 | 7 | 11 | | 3 | 5 | 1 | 3 | | | | | | 1 | 4 | | 4 | | |
| 78 | 溶瘤病毒 | 7 | 5 | 2 | 2 | 2 | | 6 | | 2 | | 5 | 4 | | | | 2 | | |
| 79 | 噬菌体治疗 | | | | | | | | | | | | | | | | | | |
| 80 | 大肠杆菌表达 | 169 | 69 | 26 | 35 | 25 | 20 | 15 | 22 | 14 | | 36 | 21 | 11 | 9 | | 15 | | 7 |
| 81 | 酵母表达 | 34 | 2 | 6 | 8 | 7 | 5 | 5 | 4 | 3 | 3 | 5 | | | | | | | |
| 82 | 昆虫杆状病毒表达 | 8 | 3 | 6 | | 2 | | 1 | | 1 | | 2 | | | | | | | |
| 83 | 密码子优化 | 4 | | 8 | 1 | 1 | 2 | 1 | 5 | | | 2 | | | 1 | | 1 | 1 | |
| 84 | 高通量筛选 | 72 | 10 | | 6 | 8 | 5 | 26 | | | 6 | | | | | | | | |

续表

| 序号 | 技术名称 | 中国科学院 | 浙江大学 | 中国农业科学院 | 复旦大学 | 北京大学 | 清华大学 | 中国医学科学院 | 中国农业大学 | 武汉大学 | 香港大学 | 南京大学 | 第四军医大学 | 第二军医大学 | 第三军医大学 | 香港中文大学 | 军事医学科学院 | 南开大学 | 中国疾病预防控制中心 |
|---|---|---|---|---|---|---|---|---|---|---|---|---|---|---|---|---|---|---|---|
| 85 | 组合化学 | 3 | | | | 3 | | 2 | | | | 1 | | | | | | 2 | |
| 86 | 悬浮培养 | 43 | 8 | | | 13 | 8 | 17 | 11 | 4 | 10 | 3 | | | | | 4 | | |
| 87 | 生物反应器 | 163 | 82 | | | 16 | 112 | | | | 16 | 9 | | | 13 | | | | |
| 88 | 鼻喷剂 | | 2 | | 3 | | | | | | | | | | | 2 | | | |
| 89 | 微囊 | 23 | 6 | 2 | 2 | 2 | | | | | 2 | | | | | 6 | | | |
| 90 | 芯片上的器官 | 5 | 1 | | 1 | 1 | | | | 2 | | | | | | | | | |
| 91 | 合成生物学 | 16 | 3 | 2 | 4 | | 4 | | 2 | | 1 | | | | | | | | |
| 92 | 代谢工程 | 49 | 7 | 9 | 4 | 16 | 16 | 4 | 3 | 5 | 3 | | | 4 | | | | 5 | |
| 93 | 组织工程 | 117 | 53 | | 35 | 25 | 85 | 29 | | 46 | 34 | | 53 | 18 | 23 | | | 18 | |
| 94 | 体细胞核移植 | 30 | 2 | 14 | 3 | 2 | | | 19 | 1 | | 1 | | | | | 2 | 2 | |
| 95 | 生物打印 | 6 | 4 | | | | 12 | | | 1 | | | 1 | | 1 | | | 1 | |
| 96 | 光遗传学 | 3 | 5 | | | | 2 | | | | | | | | 2 | | | | |
| 97 | 生物矿化 | 59 | 20 | | 4 | 4 | 37 | | | 6 | 5 | 8 | 3 | | | | | 2 | |
| 98 | 纳米生物技术 | 6 | | | | | 1 | | | | | 2 | | 1 | | | | | |
| 99 | 生物修复 | 75 | 19 | | | 6 | 21 | | | | | | | | | | | 11 | |
| 100 | 生物降解 | 236 | 83 | 19 | 15 | 42 | 74 | | 22 | 12 | 20 | 27 | | | | 17 | | 30 | |
| | 合计 | 3532 | 1170 | 918 | 879 | 820 | 668 | 590 | 559 | 503 | 502 | 427 | 345 | 292 | 284 | 281 | 250 | 227 | 170 |

## （四）期刊分析

顶级期刊文献分布如表 5-17 所示。

表 5-17　顶级期刊文献分布

| 序号 | 技术名称 | NATURE | SCIENCE | CELL | NATURE - BIOTECHNOLOGY | NATURE - METHOD | 合计 |
|---|---|---|---|---|---|---|---|
| 1 | 限制性内切核酸酶 | | 1 | | 1 | | 2 |
| 2 | DNA 文库 | | | | 1 | | 1 |
| 3 | Southern 印迹 | | | | | 2 | 2 |
| 4 | Northern 印迹 | | | | | 1 | 1 |
| 5 | Western 印迹 | | 1 | | | 1 | 2 |
| 6 | 二维凝胶电泳 | | | | | 1 | 1 |
| 7 | 转染 | 2 | | | 7 | 5 | 14 |
| 8 | 系列传代 | | | | | | |
| 9 | 细胞融合 | 9 | 2 | 3 | 1 | | 15 |
| 10 | 融合蛋白 | 1 | | | 6 | 1 | 8 |
| 11 | 原位杂交 | | | | | | |
| 12 | 荧光原位杂交 | | | | | | |
| 13 | 酵母双杂交 | | | | 2 | 4 | 6 |
| 14 | 染色质免疫沉淀 | | | | 1 | 3 | 4 |
| 15 | 显微注射 | | 2 | | 2 | | 4 |
| 16 | 噬菌体展示 | 1 | 1 | | 15 | | 17 |
| 17 | 基因打靶 | 3 | 6 | 6 | 11 | 2 | 28 |
| 18 | 敲入 | 3 | | 6 | 1 | 1 | 11 |
| 19 | 敲除 | | 14 | 15 | 5 | 4 | 38 |
| 20 | 敲低 | 2 | | | 5 | 4 | 11 |
| 21 | CRE 重组 | 1 | | | 7 | 5 | 13 |
| 22 | FLP 重组 | | | | 1 | | 1 |
| 23 | CRISPR | 68 | 44 | 43 | 75 | 45 | 275 |
| 24 | TALENs | 1 | 2 | 1 | 9 | 4 | 17 |

续表

| 序号 | 技术名称 | NATURE | SCIENCE | CELL | NATURE - BIOTECHNOLOGY | NATURE - METHOD | 合计 |
|------|----------|--------|---------|------|------------------------|-----------------|------|
| 25 | 锌指核酸酶 | | | | 4 | 8 | 12 |
| 26 | RNA 干扰 | 81 | 70 | 56 | 48 | 40 | 295 |
| 27 | DNA 改组 | 2 | 1 | | 6 | | 9 |
| 28 | 基因驱动 | 3 | 9 | | 6 | | 18 |
| 29 | 转座突变 | | 2 | | 2 | 1 | 5 |
| 30 | 反向遗传学 | 1 | | | | | 1 |
| 31 | 反转录 PCR | | | | 3 | | 3 |
| 32 | 实时 PCR | | | | | | |
| 33 | 环介导的等温扩增 | | | | | | |
| 34 | DNA 芯片 | 3 | 2 | | 2 | | 7 |
| 35 | 蛋白质芯片 | | 2 | | 2 | | 4 |
| 36 | 酶联免疫吸附试验 | | | | | | |
| 37 | DNA 指纹 | 5 | 2 | | | | 7 |
| 38 | 限制片段长度多态性 | | | | | | |
| 39 | 多态性 DNA 随机扩增 | | | | | | |
| 40 | 扩增片段长度多态性 | | | | | | |
| 41 | 分子诊断 | | 1 | | 4 | | 5 |
| 42 | 液体活检 | | | | 1 | | 1 |
| 43 | 无创产前检测 | | | | | | |
| 44 | 生物传感器 | | 5 | | 2 | 2 | 9 |
| 45 | 桑格测序 | | 1 | | | | 1 |
| 46 | 鸟枪测序 | 4 | 7 | | 1 | 1 | 13 |
| 47 | 454 测序 | | | | 1 | | 1 |
| 48 | Illumina 测序 | | | | | 4 | 4 |
| 49 | 纳米孔测序 | | | | 7 | 6 | 13 |
| 50 | 单细胞测序 | 5 | 1 | 4 | 8 | 14 | 32 |

| 序号 | 技术名称 | NATURE | SCIENCE | CELL | NATURE-BIOTECHNOLOGY | NATURE-METHOD | 合计 |
|---|---|---|---|---|---|---|---|
| 51 | 宏基因组 | 5 | 5 | | 3 | 2 | 15 |
| 52 | RNA 测序 | 12 | 13 | 3 | 35 | 36 | 99 |
| 53 | 染色体构象捕获 | 1 | | 1 | 1 | 2 | 5 |
| 54 | 全基因组关联分析 | 9 | 5 | 3 | 1 | | 18 |
| 55 | 灭活疫苗 | | 1 | | | | 1 |
| 56 | 减毒疫苗 | 2 | 9 | 1 | 2 | | 14 |
| 57 | 亚单位疫苗 | | | | 2 | | 2 |
| 58 | 载体疫苗 | 1 | | | 2 | | 3 |
| 59 | DNA 疫苗 | 4 | 3 | | 13 | | 20 |
| 60 | 复制子疫苗 | | | | | | |
| 61 | 病毒样颗粒疫苗 | | | | | | |
| 62 | 治疗性疫苗 | | 2 | | 1 | | 3 |
| 63 | 佐剂 | | 2 | | 1 | | 3 |
| 64 | CpG 佐剂 | | | | | | |
| 65 | 植物表达疫苗 | | 1 | | 7 | | 8 |
| 66 | 气溶胶疫苗 | | | | | | |
| 67 | 杂交瘤细胞 | | | | 1 | 1 | 2 |
| 68 | 人源化抗体 | 1 | | 1 | 3 | | 5 |
| 69 | 抗体文库 | | 1 | | 12 | 1 | 14 |
| 70 | 抗体组库 | | 2 | | 1 | | 3 |
| 71 | 双特异性抗体 | | 1 | 3 | 12 | | 16 |
| 72 | 抗体药物偶联 | | | | 6 | | 6 |
| 73 | 基因治疗 | 15 | 28 | | 16 | | 59 |
| 74 | 诱导性多能干细胞 | 39 | 13 | 12 | 30 | 13 | 107 |
| 75 | 干细胞治疗 | 18 | 13 | 3 | 15 | | 49 |
| 76 | 过继性 T 细胞治疗 | | | | 2 | | 2 |

续表

| 序号 | 技术名称 | NATURE | SCIENCE | CELL | NATURE - BIOTECHNOLOGY | NATURE - METHOD | 合计 |
|---|---|---|---|---|---|---|---|
| 77 | 嵌合抗原受体 T 细胞免疫疗法 | | 1 | 1 | 9 | | 11 |
| 78 | 溶瘤病毒 | | | | 4 | | 4 |
| 79 | 噬菌体治疗 | 2 | 3 | | 2 | | 7 |
| 80 | 大肠杆菌表达 | | 3 | | 2 | 2 | 7 |
| 81 | 酵母表达 | 5 | 1 | 2 | 2 | 1 | 11 |
| 82 | 昆虫杆状病毒表达 | | | | 2 | | 2 |
| 83 | 密码子优化 | | | 1 | | | 1 |
| 84 | 高通量筛选 | 3 | | | 13 | 8 | 24 |
| 85 | 组合化学 | 4 | 6 | | 9 | | 19 |
| 86 | 悬浮培养 | | | | 3 | 1 | 4 |
| 87 | 生物反应器 | | | | | 2 | 2 |
| 88 | 鼻喷剂 | | | | | | |
| 89 | 微囊 | | | | | | |
| 90 | 芯片上的器官 | 1 | 1 | | | 2 | 4 |
| 91 | 合成生物学 | 30 | 25 | 5 | 15 | 3 | 78 |
| 92 | 代谢工程 | | 7 | | 17 | | 24 |
| 93 | 组织工程 | 3 | | | 6 | | 9 |
| 94 | 体细胞核移植 | 6 | 5 | 3 | 4 | 1 | 19 |
| 95 | 生物打印 | | | | 2 | | 2 |
| 96 | 光遗传学 | 2 | 4 | 5 | 5 | 13 | 29 |
| 97 | 生物矿化 | 3 | 11 | | | | 14 |
| 98 | 纳米生物技术 | 1 | | | 1 | | 2 |
| 99 | 生物修复 | 2 | 3 | | 10 | | 15 |
| 100 | 生物降解 | 5 | 2 | | 4 | | 11 |

## 三、分析与讨论

### （一）不同生物技术文献数量变化趋势

从选取的 100 种生物技术 1995 年以来文献数量变化可以看出其具有不同变化趋势，文献数量持续增长的生物技术包括：敲入、敲除、敲低、CRISPR、反向遗传学、环介导的等温扩增、分子诊断、液体活检、无创产前检测、生物传感器、Illumina 测序、宏基因组、RNA 测序、减毒疫苗、治疗性疫苗、佐剂、诱导性多能干细胞、干细胞治疗、溶瘤病毒、噬菌体治疗、高通量筛选、生物反应器、微囊、合成生物学、代谢工程、组织工程、光遗传学、生物矿化、生物修复、生物降解。

文献数量先平后增的生物技术包括：桑格测序、单细胞测序、全基因组关联分析、灭活疫苗、亚单位疫苗、双特异性抗体、抗体药物偶联、过继性 T 细胞治疗、嵌合抗原受体 T 细胞免疫疗法、芯片上的器官、生物打印。

文献数量保持平稳的生物技术包括：Western 印迹、转染、融合蛋白、荧光原位杂交、显微注射、基因打靶、酶联免疫吸附试验、抗体文库、酵母表达、悬浮培养。

文献数量持续降低的生物技术包括：限制性内切核酸酶、Southern 印迹、Northern 印迹、原位杂交、DNA 指纹、限制片段长度多态性、杂交瘤细胞、昆虫杆状病毒表达。

文献数量先增后平的生物技术包括：噬菌体展示、RNA 干扰、实时 PCR、载体疫苗、人源化抗体、体细胞核移植、纳米生物技术。

文献数量先增后降的生物技术包括：二维凝胶电泳、染色质免疫沉淀、TALENs、锌指核酸酶、反转录 PCR、DNA 芯片、蛋白质芯片、扩增片段长度多态性、454 测序、DNA 疫苗、基因治疗、组合化学。

文献数量变化不规则的生物技术包括：DNA 文库、系列传代、细胞融合、酵母双杂交、CRE 重组、FLP 重组、DNA 改组、基因驱动、转座突变、多态性 DNA 随机扩增、鸟枪测序、纳米孔测序、染色体构象捕获、复制子疫苗、病毒样颗粒疫苗、CpG 佐剂、植物表达疫苗、气溶胶疫苗、抗体组库、大肠杆菌表达、密码子优化、鼻喷剂。

对于文献数量持续增长的生物技术进行线性分析，斜率可代表增长速度，增长速度最快的为诱导多能干细胞（97.6），其他依次为：CRISPR（83.8）、组织工程（44.7）、生物传感器（41.4）、RNA 测序（32.8）。

在顶级期刊的文献数量最多的生物技术为 RNA 干涉（295），其他依次为 CRISPR（275）、诱导性多能干细胞（107）、RNA 测序（99）、合成生物学（78）、基因治疗（59）、干细胞治疗（49）、敲除（38）、单细胞测序（32）、光遗传学（29）。

文献数量变化反映了生物技术的受关注程度和从事相关研究的科研人员数量，例如，CRISPR、嵌合抗原受体 T 细胞免疫疗法相关的文献数量的快速增长反映了研究人员对其的广泛关注。文献数量降低的生物技术可能存在两种情况，一是这些技术已经非常成熟，已成为常规的分子生物学技术，对该技术的研究减少；二是这些技术在发展中遇到一些问题或被其他更好的技术所代替。顶级期刊的文献数量基本与总体文献数量的增长趋势相一致，文献数量快速增长的生物技术在顶级期刊的文献数量也较多。

### （二）中国与美国文献数量的比较

在选取的 100 种生物技术中，美国的文献数量有 96 项排在第 1 位；中国有 3 项排在第 1 位，分别为环介导的等温扩增、生物传感器、密码子优化；印度有 1 项排在第 1 位，为多态性 DNA 随机扩增（RAPD）。美国与中国文献数量比值大于 5.0 的有 46 项，近一半。美国文献数量有 11 项是第 2 位的 5.0 倍以上，有 74 项是第 2 位的 2.0 倍以上。中国 3 项第一、29 项第二、18 项第三、8 项第四、8 项第五，之后 24 项。

从该比较可以看出，虽然中国在生物技术的一些领域具有一定的优势，在一些新兴技术领域的文献数量较多，增长也很迅速，但从总体文献数量来看，中国与美国的差距还很明显，但中国的发展速度很快，这种差距在缩小。

### （三）主要机构分析

本研究选取了一些机构进行分析，在国外选取的机构中，生物技术相关文献总体数量最多的机构为哈佛大学，其他依次为：法国国家科学研究中心、美国农业部、麻省理工学院、俄罗斯科学院、威斯康星大学麦迪逊分校、美国国防部、耶鲁大学、荷兰伊拉斯姆斯大学、美国国立卫生研究院过敏和感染性疾病研究所、美国疾病预防控制中心、美国陆军、美国斯克利普斯研究所、美国华尔特·里德陆军研究所、加州理工学院等。

在选取的国内机构中，总体文献数量最多的机构为中国科学院，其他依次为：浙江大学、中国农业科学院、复旦大学、北京大学、清华大学、中国医学科学院、中国农业大学、武汉大学、香港大学、南京大学、空军军医大学、海军军医大学、陆军军医大学、香港中文大学、军事医学科学院、南开大学、中国疾病预防控制中心等。

从生命科学和生物技术相关的历年诺贝尔奖获得情况可以看出，一些机构在生命科学和生物技术发展中发挥了引领性的作用，如英国 MRC 分子生物学实验室（8 项）、法国巴斯德研究所（7 项）、哈佛大学（5 项）、麻省理工学院（5 项）、德国马克思·普朗克研究所（6 项）。虽然中国一些机构具备了一定的基础，但与世界顶级机构比较还存在一定差距，中国需要培育顶级的生命科学和生物技术研究机构。

### （四）中国生物技术发展战略

#### 1. 加强生物技术一些领域的研发

从文献数量看，一些领域研发不够，差距比较明显，如噬菌体治疗、气溶胶疫苗、植物表达疫苗、基因驱动等。中国应在科研部署中有意识地加强相关领域的研究。

### 2. 发展引领性研究

我国学者在生物技术领域的高被引用文献相对较少（结果未在文中呈现），仅仅包括Western 印迹、融合蛋白、敲低、酶联免疫吸附试验、分子诊断、无创产前诊断、生物传感器、鸟枪测序、宏基因组、复制子疫苗、治疗性疫苗、生物反应器、生物矿化等生物技术研究。

### 3. 培育顶级机构

顶级生命科学和生物技术研究机构对生物技术的发展可起到引领性作用，中国应加快培育一批世界一流的生命科学和生物技术研究机构。

### 4. 加强生物技术领域的科技政策研究

科技政策研究指导决策，目前我国进行科技政策研究的机构和部门包括：中国科学技术发展战略研究院、中国科学院科技战略咨询研究院、清华大学中国科学技术政策研究中心、中国科学技术信息研究所等。相关期刊包括：《科学学》《科学学与科学技术管理》等。科学学（Science of Science）研究对科学研究本身具有重要的促进作用，生物技术发展的两用性问题、生物安全问题也需要加强政策研究。目前我国专门进行生物技术政策研究的机构较少，该领域的智库建设有待加强。

# 参考文献

[1] 袁婺洲 . 基因工程 [M].北京：化学工业出版社，2010.

[2] 宋思扬，楼士林 . 生物技术概论（第四版）[M].北京：科学出版社，2014.

## 第五节　国内外公共卫生机构文献计量分析<sup>*</sup>

　　公共卫生是预防和控制疾病、维护和促进健康、提高生活质量、延长健康寿命的科学与实践，是以群体为对象，通过有组织的社会活动达到其目的的科学与艺术。公共卫生与预防医学作为医学的一级学科，包括流行病与卫生统计学、劳动卫生与环境卫生学、营养与食品卫生学、儿少卫生与妇幼保健学、卫生毒理学、军事预防医学等二级学科[1]。与临床医学主要针对个体患者不同，公共卫生与预防医学以群体为研究对象。中国古代就有"上医治未病、中医治欲病、下医治已病"的理论，中华人民共和国成立后，确立了"预防为主"的卫生工作方针，体现了公共卫生和预防医学的重要性。2019 年年底开始的新型冠状病毒肺炎（COVID-19）疫情在全球造成大量人员感染、死亡，严重影响民众健康和全球经济发展。疫情应对中，医务人员发扬救死扶伤精神，挽救了大量生命，得到社会的广泛赞扬。公共卫生人员开展流行病学调查、环境洗消、社区防控等，也是疫情应对的重要组成部分，但似乎受关注的程度较低。疫情发生后，一些学者对中国的公共卫生和预防医学体系的发展和现状进行了反思，分析了管理体制、学科发展、人才队伍等方面存在的一些问题[2-4]。疫情发生和应对进一步凸显了公共卫生体系和健康安全的重要性，一些高校也开始加强公共卫生学科发展，如清华大学成立了公共卫生与健康学院等[5]。

　　文献计量分析是评估某个领域发展现状与趋势的重要工具，例如对于病原微生物相关文献计量分析可以反映该领域科研实力的变化[6-7]。本文从文献计量角度，对中国及全球疾病预防控制机构、大学公共卫生学院等发表的科研论文进行统计分析，为我国公共卫生与预防医学发展提供参考。

### 一、研究方法

　　检索基于 *Web of science*，检索时间为 2020 年 4 月 1—5 日。检索策略为在 *SCI-Expanded* 数据库的文献地址字段中检索包括"疾病控制"、"疾病预防"或"公共卫生"、"预防医学"字段的文献；检索式为：AD="Ctr Dis Control" OR AD="Ctr Dis Prevent" OR AD="Publ Hlth" OR AD="Prevent Med"；检索时间范围：2000—2019年，从中筛选 Article 类文献，针对 *Web of science* 文献类型、年度、国家、期刊等进行统计分析或筛选某个对象后再次进行统计分析，数据统计基于 *Web of science* 网站自身的统计功能。*Web of science* 对地址栏的检索策略为地址栏中所有信息，不分第一作者或是其他作者。

---

*完成时间：2020 年 4 月。

机构分析：*Web of science* 对机构的分析，除个别机构，如哈佛大学公共卫生学院、约翰斯·霍普金斯大学公共卫生学院外，对于大部分大学的公共卫生学院不单独列出进行统计分析，因此，我们选择了中国和其他国家一些重要的大学公共卫生学院进行了检索分析，检索式为：AD="Erasmus MC, Dept Publ Hlth"；AD="Sydney Sch Publ Hlth"；AD="Univ Toronto, Dalla Lana Sch Publ Hlth"；AD="UCL, Dept Epidemiol & Publ Hlth"；AD="Fudan Univ, Sch Publ Hlth"；AD="Nanjing Med Univ, Sch Publ Hlth"；AD="Peking Univ, Sch Publ Hlth"；AD="Huazhong Univ Sci & Technol, Tongji Med Coll, Sch Publ Hlth" OR AD="Huazhong Univ Sci & Technol, Sch Publ Hlth"。由于美国疾病预防控制中心、中国疾病预防控制中心、哈佛大学公共卫生学院、约翰斯·霍普金斯大学公共卫生学院在 *Web of science* 有单独的机构分析，所以选择机构（OG）字段进行检索，检索式为：OG="Centers for Disease Control Prevention USA"；OG="Chinese Center for Disease Control Prevention"；OG="Harvard T H Chan School of Public Health"；OG="Johns Hopkins Bloomberg School of Public Health"。检索时间范围：2000—2019 年，从中筛选 Article 类文献进行统计分析。

顶级期刊文献分布，检索式：AD="Ctr Dis Control" OR AD="Ctr Dis Prevent" OR AD="Publ Hlth" OR AD="Prevent Med"，筛选 Article 类文献；再进行期刊筛选：*Lancet* OR "*New England Journal Of Medicine*" OR "*Lancet Infectious Diseases*" OR *Nature* OR *Science*；时间范围：2000—2019 年；索引范围：SCI-Expanded。

SCI 数据库年度（PY）总体文献数量检索，检索范围 SCI-Expanded，依次检索各年度文献，从 PY=2010 开始至 PY=2019 年，选取 Article 类文献进行分析。对中国的文献进行分析，依次检索各年度 Peoples R China 的文献，从 PY=2010 开始至 PY=2019，选取 Article 类文献进行分析。对美国的文献进行分析，依次检索各年度 USA 的文献，从 PY=2010 开始至 PY=2019，选取 Article 类文献进行分析。

对公共卫生机构文献中感染性疾病相关文献的总体进行分析，首先通过地址进行检索：AD="Ctr Dis Control" OR AD="Ctr Dis Prevent" OR AD="Publ Hlth" OR AD="Prevent Med"；筛选 *Web of Science* 类别：Infectious Diseases OR Immunology OR Microbiology OR Virology OR Parasitology OR Mycology；时间范围：2000—2019 年。从中筛选 Article 类文献，分别筛选 Peoples R China 和 USA 进行分析。

合作发表论文分析，选取总体文献数量最多的 10 个国家，通过 *Web of science* 网站统计分析各国家文献的国家分布情况。由于 *Web of science* 对地址栏的分析，不区分第一作者或是其他作者，所以对某国家相关论文的国家分布分析会显示其他国家的论文数量，即与该国合作发表论文的数量。

## 二、结果

### （一）中国公共卫生机构科研论文数量增长趋势明显，但近些年趋于放缓

2000 年中国公共卫生机构科研论文数量低于美国、英国、日本、芬兰、荷兰、加拿大、瑞典、澳大利亚、意大利、德国、瑞士、法国、丹麦等国家，位居第 13 位。从 2011 年开始到 2019 年，中国公共卫生机构科研论文数量超过英国、加拿大、澳大利亚等国家，仅次于美国，位于第 2 位（图 5-20）。

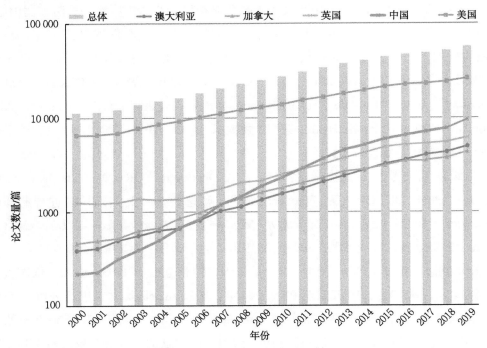

**图 5-20　2000—2019 年全球公共卫生与预防医学类机构 SCI 论文数量（见书末彩插）**

总体上，公共卫生机构科研论文数量中国与美国的差距逐渐缩小，特别是在 2001—2013 年，中国以比美国更高的速度增长，但 2013 年后增长速度放缓。

与美国相比，中国总体 SCI 文献数量（包括第一作者及其他作者）在 2018 年超过美国，位居第 1 位，2019 年同样如此（图 5-21，表 5-18）。但中国公共卫生机构的科研论文没有像整体 SCI 科研论文一样超过美国（图 5-22）。

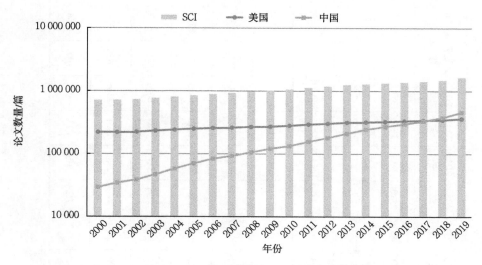

**图 5-21 2000—2019 年中国与美国 SCI 论文数量比较**

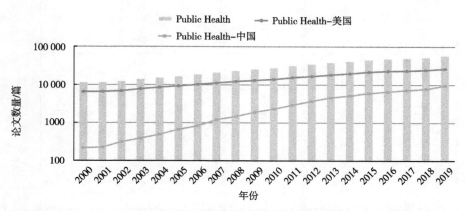

**图 5-22 2000—2019 年公共卫生与预防医学类机构中美 SCI 论文数量比较**

生物安全科学学

表 5-18 2000—2019 年全球、美国、中国总体 SCI 论文、公共卫生与预防医学类机构 SCI 论文、其中感染性疾病相关 SCI 论文的比较

单位：篇

| 类别 | 2000年 | 2001年 | 2002年 | 2003年 | 2004年 | 2005年 | 2006年 | 2007年 | 2008年 | 2009年 | 2010年 | 2011年 | 2012年 | 2013年 | 2014年 | 2015年 | 2016年 | 2017年 | 2018年 | 2019年 | 总计 |
|---|---|---|---|---|---|---|---|---|---|---|---|---|---|---|---|---|---|---|---|---|---|
| SCI论文数量 | 714 970 | 717 226 | 734 556 | 771 567 | 808 117 | 848 864 | 892 023 | 931 163 | 985 604 | 1 021 604 | 1 060 509 | 1 129 207 | 1 185 105 | 1 255 011 | 1 292 529 | 1 339 385 | 1 383 074 | 1 426 841 | 1 491 327 | 1 636 505 | 21 625 187 |
| SCI-美国 | 221 418 | 220 285 | 223 268 | 233 339 | 242 333 | 251 397 | 258 234 | 261 983 | 269 299 | 272 548 | 282 606 | 295 648 | 304 958 | 317 952 | 322 575 | 328 074 | 337 061 | 343 819 | 349 990 | 365 637 | 5 702 424 |
| SCI-中国 | 29 141 | 34 344 | 38 488 | 46 616 | 57 834 | 70 184 | 83 688 | 92 601 | 105 626 | 121 440 | 133 903 | 156 315 | 179 908 | 212 005 | 244 808 | 273 858 | 300 091 | 333 186 | 381 133 | 462 650 | 3 357 819 |
| 公共卫生 | 11 337 | 11 506 | 12 211 | 13 853 | 15 122 | 16 320 | 18 393 | 20 595 | 22 943 | 25 115 | 27 382 | 30 752 | 34 052 | 37 711 | 40 600 | 44 298 | 47 067 | 48 972 | 51 864 | 57 147 | 587 240 |
| 公共卫生-美国 | 6568 | 6637 | 6883 | 7805 | 8567 | 9263 | 10 199 | 11 160 | 12 203 | 13 049 | 13 908 | 15 488 | 16 637 | 18 161 | 19 648 | 21 482 | 22 707 | 23 236 | 24 252 | 26 247 | 294 100 |
| 公共卫生-中国 | 217 | 226 | 314 | 390 | 495 | 672 | 835 | 1207 | 1464 | 1894 | 2323 | 2920 | 3702 | 4584 | 5187 | 6010 | 6585 | 7198 | 7783 | 9572 | 63 578 |
| 感染性疾病相关 | 2174 | 2047 | 2164 | 2468 | 2501 | 2624 | 2876 | 3342 | 3538 | 3934 | 4299 | 4801 | 5052 | 5398 | 5817 | 6181 | 6606 | 6789 | 7042 | 7427 | 87 080 |
| 感染性疾病相关-美国 | 1231 | 1141 | 1197 | 1402 | 1466 | 1520 | 1622 | 1823 | 1854 | 1946 | 2066 | 2422 | 2453 | 2608 | 2730 | 2951 | 3165 | 3184 | 3304 | 3328 | 43 413 |
| 感染性疾病相关-中国 | 42 | 30 | 48 | 70 | 90 | 129 | 138 | 268 | 257 | 345 | 406 | 490 | 587 | 713 | 819 | 833 | 894 | 1001 | 1086 | 1277 | 9523 |

中国一些机构，如北京大学公共卫生学院、复旦大学公共卫生学院、华中科技大学公共卫生学院、南京医科大学公共卫生学院的文献数量，虽然与美国哈佛大学公共卫生学院、约翰斯·霍普金斯大学公共卫生学院等一些机构相比存在明显差距，但近年来增长速度明显（表 5-19）。

### （二）美国公共卫生机构科研论文数量遥遥领先，并与其他国家广泛合作

美国公共卫生机构科研论文数量一直处于第一的位置，而且优势明显。2000—2019 年 20 年间其论文数量占全球总体相应文献数量的一半，总体文献数量是排第 2 位的中国的 4.6 倍（图 5-20，表 5-20）。

选取 5 个顶级期刊（Lancet、Lancet Infectious Diseases、New England Journal of Medicine、Nature、Science），进行公共卫生相关论文统计，排第 1 位的美国 632 篇，第 2 位的英国 172 篇，第 3 位的中国 38 篇，美国占总数（1064 篇）的 59%（表 5-21）。顶级期刊文献数量排在前 3 位的机构均为美国机构：哈佛大学公共卫生学院（Harvard TH Chan Sch Publ Hlth）170 篇、美国疾病预防控制中心（US Ctr Dis Control Prevent）166 篇、约翰斯·霍普金斯大学公共卫生学院（Johns Hopkins Bloomberg Sch Publ Hlth）100 篇，这 3 个机构发表的相关论文数量占全球的 41%（表 5-22）。

相关文献数量最多的 10 个国家美国、中国、英国、加拿大、澳大利亚、荷兰、日本、瑞典、意大利、德国相互之间均存在合作关系。美国以外的 9 个国家，与美国合作发表的论文数量均占最大的合作发表论文比例。中国发表的相关论文中，29% 与美国合作，而这个比例在德国（45%）、加拿大（45%）、英国（34%）、荷兰（30%）、瑞典（30%）、意大利（30%）更高。中国与其他国家合作发表论文数量比例较低，均低于 7%（表 5-23）。

表5-19 2000—2019年公共卫生与预防医学类主要机构 SCI 论文年度比较

单位：篇

| 研究机构 | 2000年 | 2001年 | 2002年 | 2003年 | 2004年 | 2005年 | 2006年 | 2007年 | 2008年 | 2009年 | 2010年 | 2011年 | 2012年 | 2013年 | 2014年 | 2015年 | 2016年 | 2017年 | 2018年 | 2019年 | 总计 |
|---|---|---|---|---|---|---|---|---|---|---|---|---|---|---|---|---|---|---|---|---|---|
| 美国疾病预防控制中心 | 1477 | 1473 | 1451 | 1646 | 1709 | 1698 | 1761 | 1798 | 1863 | 1925 | 2028 | 2265 | 2291 | 2471 | 2561 | 2590 | 2609 | 2568 | 2517 | 2410 | 41111 |
| 美国哈佛大学公共卫生学院 | 885 | 880 | 834 | 898 | 1043 | 1109 | 1182 | 1252 | 1275 | 1469 | 1448 | 1664 | 1920 | 1987 | 2115 | 2265 | 2518 | 2584 | 2538 | 2765 | 32631 |
| 美国约翰斯·霍普金斯大学公共卫生学院 | 25 | 111 | 422 | 610 | 713 | 821 | 892 | 992 | 1051 | 1090 | 1146 | 1358 | 1418 | 1540 | 1710 | 1876 | 1912 | 2078 | 2158 | 2241 | 24164 |
| 中国疾病预防控制中心 | 76 | 53 | 88 | 82 | 93 | 148 | 146 | 231 | 256 | 342 | 406 | 448 | 547 | 630 | 741 | 749 | 751 | 745 | 728 | 825 | 8085 |
| 加拿大多伦多大学公共卫生学院 |  |  |  |  |  |  |  |  | 27 | 170 | 244 | 334 | 310 | 381 | 392 | 440 | 508 | 527 | 530 | 651 | 4514 |
| 澳大利亚悉尼公共卫生学院 |  |  | 13 | 56 | 69 | 85 | 102 | 119 | 147 | 186 | 203 | 208 | 239 | 289 | 347 | 352 | 345 | 399 | 421 | 446 | 4026 |
| 英国伦敦大学学院流行病与公共卫生系 | 32 | 58 | 52 | 56 | 59 | 75 | 90 | 106 | 182 | 195 | 176 | 219 | 260 | 263 | 250 | 257 | 221 | 235 | 179 | 164 | 3129 |
| 荷兰伊拉斯姆斯大学医学中心公共卫生系 | 1 | 1 | 11 | 37 | 58 | 82 | 69 | 93 | 126 | 119 | 149 | 146 | 182 | 193 | 163 | 143 | 140 | 128 | 109 | 154 | 2103 |
| 南京医科大学 |  | 3 | 2 | 3 | 8 | 18 | 15 | 24 | 26 | 30 | 21 | 52 | 107 | 139 | 163 | 193 | 199 | 218 | 257 | 274 | 1753 |
| 复旦大学 |  | 2 | 9 | 21 | 23 | 32 | 36 | 50 | 52 | 47 | 56 | 68 | 83 | 132 | 140 | 168 | 156 | 192 | 202 | 262 | 1731 |
| 华中科技大学 |  |  |  |  | 1 | 5 | 22 | 27 | 28 | 34 | 51 | 58 | 79 | 108 | 127 | 148 | 159 | 168 | 195 | 239 | 1449 |
| 北京大学 |  | 6 | 5 | 4 | 16 | 22 | 22 | 30 | 34 | 48 | 47 | 47 | 61 | 68 | 87 | 114 | 136 | 173 | 219 | 272 | 1411 |

表5-20 2000—2019年各国公共卫生与预防医学类机构 SCI 论文数量

单位：篇

| 国家 | 2000年 | 2001年 | 2002年 | 2003年 | 2004年 | 2005年 | 2006年 | 2007年 | 2008年 | 2009年 | 2010年 | 2011年 | 2012年 | 2013年 | 2014年 | 2015年 | 2016年 | 2017年 | 2018年 | 2019年 | 总计 |
|---|---|---|---|---|---|---|---|---|---|---|---|---|---|---|---|---|---|---|---|---|---|
| 美国 | 6568 | 6637 | 6883 | 7805 | 8567 | 9263 | 10 199 | 11 160 | 12 203 | 13 049 | 13 908 | 15 488 | 16 637 | 18 161 | 19 648 | 21 482 | 22 707 | 23 624 | 25 226 | 24 885 | 294 100 |
| 中国 | 217 | 226 | 314 | 390 | 495 | 672 | 835 | 1207 | 1464 | 1894 | 2323 | 2920 | 3702 | 4584 | 5187 | 6010 | 6585 | 7198 | 7783 | 9572 | 63 578 |
| 英国 | 1259 | 1233 | 1259 | 1383 | 1343 | 1372 | 1571 | 1768 | 2066 | 2166 | 2517 | 2849 | 3230 | 3754 | 4272 | 4935 | 5222 | 5362 | 5580 | 6195 | 59 336 |
| 加拿大 | 460 | 490 | 521 | 625 | 668 | 853 | 986 | 1207 | 1395 | 1621 | 1816 | 2038 | 2306 | 2690 | 2837 | 3121 | 3510 | 3558 | 3780 | 4382 | 38 864 |
| 澳大利亚 | 386 | 407 | 495 | 555 | 631 | 667 | 811 | 1029 | 1146 | 1358 | 1573 | 1778 | 2103 | 2419 | 2792 | 3252 | 3596 | 4093 | 4354 | 4999 | 38 444 |
| 荷兰 | 563 | 533 | 611 | 655 | 699 | 762 | 827 | 946 | 1078 | 1291 | 1536 | 1796 | 2041 | 2247 | 2388 | 2583 | 2700 | 2793 | 3115 | 3528 | 32 692 |
| 日本 | 796 | 852 | 885 | 945 | 994 | 1036 | 1109 | 1179 | 1314 | 1277 | 1328 | 1413 | 1583 | 1630 | 1758 | 1754 | 1873 | 2073 | 2179 | 2466 | 28 444 |
| 瑞典 | 444 | 471 | 502 | 572 | 633 | 689 | 750 | 906 | 1045 | 1159 | 1284 | 1418 | 1564 | 1755 | 1979 | 2065 | 2123 | 2274 | 2309 | 2585 | 26 527 |
| 意大利 | 288 | 316 | 389 | 482 | 534 | 642 | 781 | 892 | 1044 | 1149 | 1231 | 1438 | 1629 | 1720 | 1927 | 2119 | 2212 | 2293 | 2491 | 2870 | 26 447 |
| 德国 | 251 | 270 | 350 | 346 | 393 | 418 | 562 | 648 | 733 | 931 | 1065 | 1219 | 1434 | 1590 | 1891 | 2027 | 2112 | 2228 | 2304 | 2587 | 23 359 |
| 总计 | 11 337 | 11 506 | 12 211 | 13 853 | 15 122 | 16 320 | 18 393 | 20 595 | 22 943 | 25 115 | 27 382 | 30 752 | 34 052 | 37 711 | 40 600 | 44 298 | 47 067 | 48 972 | 51 864 | 57 147 | 587 240 |

表 5-21　2000—2019 年不同国家或地区公共卫生与预防医学机构在顶级期刊发表 SCI 论文数量

单位：篇

| 国家 / 地区 | LANCET | LANCET INFECTIOUS DISEASES | NEW ENGLAND JOURNAL OF MEDICINE | NATURE | SCIENCE | 总计 |
|---|---|---|---|---|---|---|
| 美国 | 221 | 47 | 240 | 51 | 73 | 632 |
| 英国 | 137 | 17 | 10 | 5 | 3 | 172 |
| 中国 | 17 | 8 | 10 | 3 | | 38 |
| 瑞士 | 11 | 14 | 5 | | 1 | 31 |
| 荷兰 | 15 | 5 | 5 | 1 | | 26 |
| 澳大利亚 | 15 | 3 | 5 | | 1 | 24 |
| 加拿大 | 9 | 1 | 4 | 1 | 1 | 16 |
| 瑞典 | 11 | 2 | 2 | | | 15 |
| 芬兰 | 7 | | 4 | 1 | 1 | 13 |
| 挪威 | 8 | | 4 | | | 12 |
| 以色列 | 5 | 3 | 1 | | | 9 |
| 肯尼亚 | 5 | | | 1 | | 6 |
| 泰国 | 4 | 1 | 1 | | | 6 |
| 丹麦 | 3 | | 2 | | | 5 |
| 南非 | 4 | | | 1 | | 5 |
| 比利时 | 3 | 1 | | | | 4 |
| 印度 | 4 | | | | | 4 |
| 新西兰 | 4 | | | | | 4 |
| 苏格兰 | 1 | 1 | 2 | | | 4 |
| 威尔士 | 2 | 1 | 1 | | | 4 |
| 巴西 | 1 | 2 | | | | 3 |
| 意大利 | 2 | 1 | | | | 3 |
| 日本 | 2 | | 1 | | | 3 |

续表

| 国家/地区 | LANCET | LANCET INFECTIOUS DISEASES | NEW ENGLAND JOURNAL OF MEDICINE | NATURE | SCIENCE | 总计 |
|---|---|---|---|---|---|---|
| 韩国 | 2 | | 1 | | | 3 |
| 西班牙 | 1 | | 2 | | | 3 |
| 其他 | 9 | 6 | 2 | 1 | 1 | 19 |
| 总计 | 503 | 113 | 302 | 65 | 81 | 1064 |

表5-22　2000—2019年公共卫生与预防医学主要机构在顶级期刊发表SCI论文数量

单位：篇

| 序号 | 国家 | 机构 | 数量 |
|---|---|---|---|
| 1 | 美国 | Harvard TH Chan Sch Publ Hlth | 170 |
| 2 | 美国 | US Ctr Dis Control & Prevent | 166 |
| 3 | 美国 | Johns Hopkins Bloomberg Sch Publ Hlth | 100 |
| 4 | 中国 | Chinese Ctr Dis Control & Prevent | 19 |
| 5 | 英国 | Univ Cambridge，Dept Publ Hlth & Primary Care | 16 |
| 6 | 瑞士 | Swiss Trop & Publ Hlth Inst | 15 |
| 7 | 英国 | UCL，Dept Epidemiol & Publ Hlth | 14 |
| 8 | 英国 | Univ London London Sch Hyg & Trop Med，Dept Publ Hlth & Policy | 14 |
| 9 | 英国 | Publ Hlth England | 13 |
| 10 | 美国 | Boston Univ，Sch Publ Hlth | 13 |
| 11 | 美国 | Univ Calif Berkeley，Sch Publ Hlth | 13 |
| 12 | 芬兰 | Natl Publ Hlth Inst | 11 |
| 13 | 英国 | Univ London Imperial Coll Sci Technol & Med，Sch Publ Hlth | 10 |
| 14 | 荷兰 | Natl Inst Publ Hlth & Environm | 9 |
| 15 | 美国 | Univ Wisconsin，Sch Med & Publ Hlth | 9 |

表 5-23　2000—2019 年全球公共卫生与预防医学类机构国家合作发表 SCI 论文比例

单位：篇

| 国家* | 美国 | 中国 | 英国 | 加拿大 | 澳大利亚 | 荷兰 | 日本 | 瑞典 | 意大利 | 德国 |
|---|---|---|---|---|---|---|---|---|---|---|
| 美国 | 100% | 7% | 6% | 6% | 4% | 3% | 2% | 3% | 3% | 4% |
| 中国 | 29% | 100% | 6% | 4% | 6% | 2% | 4% | 3% | 2% | 3% |
| 英国 | 34% | 6% | 100% | 10% | 13% | 15% | 3% | 11% | 11% | 13% |
| 加拿大 | 45% | 7% | 15% | 100% | 11% | 8% | 3% | 6% | 6% | 8% |
| 澳大利亚 | 29% | 10% | 19% | 12% | 100% | 9% | 4% | 7% | 6% | 8% |
| 荷兰 | 30% | 5% | 27% | 9% | 10% | 100% | 3% | 13% | 15% | 19% |
| 日本 | 21% | 8% | 7% | 4% | 5% | 4% | 100% | 3% | 4% | 4% |
| 瑞典 | 30% | 6% | 26% | 9% | 10% | 17% | 3% | 100% | 16% | 18% |
| 意大利 | 30% | 4% | 25% | 9% | 9% | 18% | 4% | 16% | 100% | 21% |
| 德国 | 45% | 7% | 33% | 14% | 13% | 27% | 5% | 21% | 23% | 100% |

注：* 分母。

**（三）全球及中国感染性疾病科研论文在公共卫生机构比例不高，且近些年有弱化趋势**

公共卫生机构总体文献数量类别最高的依次为：公共、环境和职业健康（Public Environmental Occupational Health）、传染病（Infectious Diseases）、普通内科（Medicine General Internal）、肿瘤学（Oncology）、免疫学（Immunology）（表5-24）。选取与感染性疾病相关的SCI文献类别：Infectious Diseases、Microbiology、Immunology、Virology、Parasitology、Mycology进行文献数量统计分析，其总体比例不高。2000—2019年，此6类文献占总文献数量（有交叉，均按累加数计算）的13.4%（表5-25），中国此6类文献占总文献数量的12.7%（表5-26）。

表5-24 2000—2019年全球公共卫生与预防医学类机构SCI论文主要类别

单位：篇

| 序号 | 类别 | 数量 |
|---|---|---|
| 1 | Public Environmental Occupational Health | 105 185 |
| 2 | Infectious Diseases | 46 555 |
| 3 | Medicine General Internal | 40 341 |
| 4 | Oncology | 35 347 |
| 5 | Immunology | 33 454 |
| 6 | Environmental Sciences | 28 545 |
| 7 | Multidisciplinary Sciences | 26 972 |
| 8 | Health Care Sciences Services | 26 066 |
| 9 | Microbiology | 25 639 |
| 10 | Nutrition Dietetics | 21 846 |
| 11 | Psychiatry | 20 139 |
| 12 | Endocrinology Metabolism | 19 742 |
| 13 | Pediatrics | 19 618 |
| 14 | Pharmacology Pharmacy | 17 679 |
| 15 | Clinical Neurology | 17 601 |

表 5-25　2000—2019 年全球公共卫生与预防医学机构不同类别 SCI 论文数量

单位：篇

| 类别 | 2000年 | 2001年 | 2002年 | 2003年 | 2004年 | 2005年 | 2006年 | 2007年 | 2008年 | 2009年 | 2010年 | 2011年 | 2012年 | 2013年 | 2014年 | 2015年 | 2016年 | 2017年 | 2018年 | 2019年 | 总计 |
|---|---|---|---|---|---|---|---|---|---|---|---|---|---|---|---|---|---|---|---|---|---|
| Infectious Diseases | 1112 | 1007 | 1094 | 1238 | 1283 | 1293 | 1441 | 1680 | 1763 | 2050 | 2297 | 2491 | 2661 | 2890 | 3287 | 3440 | 3771 | 3818 | 3819 | 4121 | 46 555 |
| Immunology | 1000 | 977 | 1014 | 1145 | 1187 | 1191 | 1200 | 1408 | 1390 | 1532 | 1619 | 1757 | 1864 | 1905 | 1953 | 2204 | 2287 | 2491 | 2615 | 2716 | 33 454 |
| Microbiology | 867 | 757 | 741 | 894 | 901 | 903 | 923 | 1019 | 1063 | 1115 | 1159 | 1374 | 1451 | 1351 | 1523 | 1643 | 1878 | 1932 | 2023 | 2123 | 25 639 |
| Virology | 353 | 290 | 303 | 323 | 357 | 372 | 413 | 543 | 533 | 562 | 627 | 669 | 700 | 843 | 737 | 745 | 749 | 803 | 807 | 816 | 11 544 |
| Parasitology | 98 | 97 | 121 | 119 | 138 | 147 | 191 | 246 | 350 | 364 | 491 | 568 | 616 | 721 | 758 | 908 | 1 016 | 962 | 908 | 859 | 9677 |
| Mycology | 7 | 4 | 16 | 16 | 20 | 24 | 21 | 22 | 26 | 27 | 26 | 37 | 33 | 46 | 39 | 41 | 44 | 34 | 50 | 61 | 594 |
| 其他 | 15 369 | 15 816 | 17 086 | 19 262 | 21 274 | 23 171 | 26 109 | 29 333 | 32 663 | 35 515 | 38 555 | 43 261 | 47 313 | 52 343 | 56 334 | 61 534 | 65 393 | 68 177 | 71 967 | 80 340 | 820 785 |

表 5-26　2000—2019 年中国公共卫生与预防医学机构不同类别 SCI 论文数量年度变化

单位：篇

| 类别 | 2000年 | 2001年 | 2002年 | 2003年 | 2004年 | 2005年 | 2006年 | 2007年 | 2008年 | 2009年 | 2010年 | 2011年 | 2012年 | 2013年 | 2014年 | 2015年 | 2016年 | 2017年 | 2018年 | 2019年 | 总计 |
|---|---|---|---|---|---|---|---|---|---|---|---|---|---|---|---|---|---|---|---|---|---|
| Infectious Diseases | 7 | 11 | 16 | 32 | 39 | 55 | 46 | 112 | 102 | 152 | 168 | 180 | 207 | 274 | 360 | 346 | 369 | 402 | 434 | 521 | 3833 |
| Immunology | 9 | 8 | 13 | 23 | 44 | 51 | 53 | 110 | 82 | 117 | 151 | 144 | 171 | 217 | 244 | 255 | 279 | 335 | 335 | 403 | 3044 |
| Microbiology | 12 | 12 | 6 | 23 | 22 | 32 | 31 | 56 | 55 | 90 | 94 | 131 | 154 | 165 | 181 | 192 | 239 | 294 | 327 | 362 | 2478 |
| Virology | 12 | 5 | 11 | 15 | 18 | 25 | 25 | 85 | 54 | 64 | 87 | 107 | 143 | 173 | 177 | 147 | 176 | 196 | 185 | 211 | 1916 |
| Parasitology | 11 | 5 | 17 | 5 | 13 | 23 | 22 | 26 | 42 | 41 | 39 | 73 | 77 | 117 | 101 | 126 | 133 | 130 | 149 | 160 | 1310 |
| Mycology |  |  |  | 1 |  |  |  | 2 | 1 | 4 |  | 4 | 7 | 3 | 7 | 5 | 9 | 4 | 6 | 8 | 61 |
| 其他 | 283 | 324 | 442 | 515 | 654 | 930 | 1151 | 1642 | 2019 | 2627 | 3251 | 4032 | 4899 | 6087 | 6849 | 8189 | 8981 | 9923 | 10 625 | 13 455 | 86 878 |

20 年间，全球 Infectious Diseases 相关论文类别的排序在第 2—3 位，中国在第 3—13 位。Environmental Sciences 近两年中国的排序是第 1 位，全球为第 5 位或第 4 位；Oncology 近年来全球排序为第 5 位或第 6 位，中国为第 1—4 位；Toxicology 中国近年来的排序比全球靠前，2019 年中国排第 7 位，全球为第 23 位（表 5-27）。

表 5-27　2000—2019 年公共卫生与预防医学机构不同类别 SCI 论文数量排序

单位：篇

| 类别 | 2000年 | 2001年 | 2002年 | 2003年 | 2004年 | 2005年 | 2006年 | 2007年 | 2008年 | 2009年 | 2010年 | 2011年 | 2012年 | 2013年 | 2014年 | 2015年 | 2016年 | 2017年 | 2018年 | 2019年 | World/China |
|---|---|---|---|---|---|---|---|---|---|---|---|---|---|---|---|---|---|---|---|---|---|
| Infectious Diseases | 3 | 3 | 2 | 2 | 2 | 2 | 2 | 2 | 2 | 2 | 2 | 2 | 2 | 2 | 2 | 2 | 2 | 2 | 2 | 3 | W |
| | 13 | 8 | 9 | 3 | 5 | 4 | 6 | 3 | 4 | 3 | 4 | 6 | 7 | 6 | 4 | 6 | 5 | 6 | 7 | 6 | C |
| Microbiology | 5 | 5 | 5 | 5 | 6 | 6 | 6 | 6 | 6 | 6 | 7 | 6 | 8 | 10 | 9 | 9 | 9 | 9 | 9 | 11 | W |
| | 7 | 6 | 21 | 8 | 11 | 10 | 12 | 11 | 10 | 9 | 10 | 9 | 11 | 12 | 13 | 14 | 13 | 11 | 12 | 14 | C |
| Immunology | 4 | 4 | 4 | 3 | 4 | 4 | 5 | 3 | 5 | 5 | 5 | 5 | 6 | 6 | 6 | 6 | 7 | 7 | 7 | 8 | W |
| | 11 | 14 | 14 | 7 | 3 | 5 | 4 | 6 | 4 | 6 | 6 | 8 | 8 | 9 | 11 | 9 | 11 | 9 | 11 | 11 | C |
| Virology | 14 | 18 | 21 | 22 | 21 | 21 | 21 | 20 | 21 | 22 | 22 | 25 | 25 | 25 | 28 | 29 | 30 | 29 | 28 | 33 | W |
| | 8 | 25 | 15 | 15 | 14 | 15 | 14 | 6 | 11 | 14 | 11 | 12 | 12 | 11 | 14 | 20 | 18 | 17 | 22 | 22 | C |
| Parasitology | 49 | 48 | 42 | 47 | 46 | 47 | 41 | 38 | 31 | 33 | 29 | 28 | 28 | 26 | 27 | 26 | 24 | 26 | 27 | 28 | W |
| | 9 | 24 | 8 | 30 | 17 | 16 | 18 | 20 | 17 | 21 | 28 | 21 | 22 | 19 | 23 | 22 | 22 | 24 | 25 | 28 | C |
| Public Environmental Occupational Health | 1 | 1 | 1 | 1 | 1 | 1 | 1 | 1 | 1 | 1 | 1 | 1 | 1 | 1 | 1 | 1 | 1 | 1 | 1 | 1 | W |
| | 1 | 1 | 1 | 1 | 1 | 1 | 1 | 1 | 1 | 1 | 1 | 1 | 2 | 2 | 3 | 2 | 2 | 4 | 2 | 2 | C |
| Environmental Sciences | 7 | 7 | 7 | 7 | 8 | 7 | 8 | 7 | 8 | 8 | 10 | 8 | 9 | 8 | 7 | 7 | 6 | 6 | 5 | 4 | W |
| | 2 | 3 | 3 | 2 | 4 | 3 | 3 | 2 | 3 | 4 | 7 | 4 | 5 | 4 | 6 | 4 | 3 | 3 | 1 | 1 | C |
| Oncology | 6 | 6 | 6 | 6 | 5 | 5 | 5 | 3 | 5 | 4 | 4 | 4 | 4 | 5 | 5 | 5 | 5 | 6 | 5 | 5 | W |
| | 3 | 2 | 2 | 4 | 2 | 2 | 2 | 7 | 2 | 3 | 2 | 3 | 3 | 2 | 3 | 4 | 1 | 3 | 3 | 3 | C |
| Toxicology | 8 | 8 | 9 | 10 | 10 | 9 | 11 | 10 | 13 | 14 | 13 | 16 | 16 | 18 | 21 | 20 | 22 | 24 | 23 | 23 | W |
| | 4 | 4 | 4 | 5 | 7 | 8 | 4 | 5 | 5 | 7 | 5 | 7 | 6 | 7 | 9 | 11 | 10 | 12 | 9 | 7 | C |
| Nutrition Dietetics | 12 | 13 | 11 | 9 | 12 | 12 | 12 | 9 | 9 | 9 | 8 | 9 | 10 | 9 | 10 | 10 | 10 | 10 | 11 | 10 | W |
| | 5 | 11 | 6 | 13 | 10 | 20 | 16 | 10 | 9 | 13 | 12 | 18 | 17 | 16 | 16 | 16 | 14 | 14 | 15 | 15 | C |
| Multidisciplinary Sciences | 48 | 50 | 56 | 48 | 52 | 54 | 45 | 48 | 38 | 37 | 28 | 11 | 5 | 3 | 3 | 3 | 3 | 3 | 4 | 7 | W |
| | 35 | 19 | 65 | 19 | 27 | 28 | 45 | 29 | 25 | 34 | 22 | 5 | 1 | 1 | 1 | 1 | 1 | 2 | 4 | 10 | C |

全球近 8 年、中国近 5 年各年度传染病防控相关文献占总体公共卫生机构文献比例低于总体比例（图 5-23、图 5-24）。

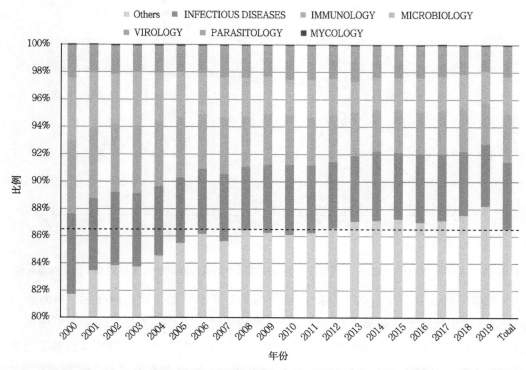

图 5-23 2000—2019 年全球公共卫生与预防医学机构不同类别 SCI 论文数量比例（见书末彩插）

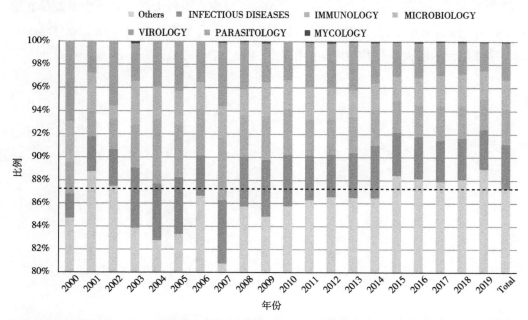

图 5-24 2000—2019 年中国公共卫生与预防医学机构不同类别 SCI 论文数量比例（见书末彩插）

中国公共卫生机构传染病防控相关的文献数量总体为增长趋势，但 2013 年后的增速减缓（图 5–25）。

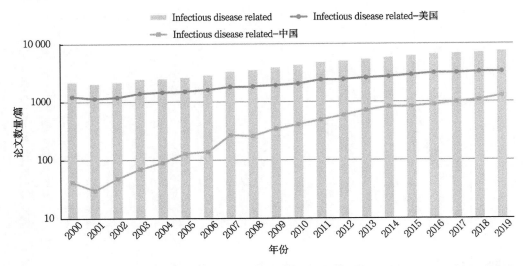

图 5–25　2000—2019 年中国与美国公共卫生与预防医学类机构感染性疾病相关 SCI 论文数量比较

全球一些公共卫生机构，感染性疾病相关的文献数量排序也较靠后，Infectious Diseases 中国疾病预防控制中心排第 1 位，美国疾病预防控制中心排第 2 位。中国公共卫生学科发展较好的几个大学，北京大学公共卫生学院和华中科技大学公共卫生学院文献数量排在第 1 位的为 Environmental Sciences，复旦大学公共卫生学院排在第 1 位的为 Public Environmental Occupational Health，南京医科大学公共卫生学院排在第 1 位的为 Oncology；而美国约翰斯·霍普金斯大学公共卫生学院 Infectious Diseases 排在第 2 位，哈佛大学公共卫生学院排在第 4 位（表 5–28、表 5–29）。

表 5-28　2000—2019 年全球公共卫生与预防医学类机构 SCI 论文类别排序

| Category | CDC USA | China CDC | Harvard | Johns Hopkins | UCL | Univ Toronto | Sydney Sch Publ Hlth | Erasmus MC | Peking Univ | Fudan Univ | Huazhong Univ | Nanjing Med Univ |
|---|---|---|---|---|---|---|---|---|---|---|---|---|
| Infectious Diseases | 2 | 1 | 4 | 2 | 37 | 6 | 12 | 5 | 11 | 6 | 22 | 15 |
| Microbiology | 4 | 6 | 17 | 7 | 58 | 28 | 43 | 41 | 26 | 20 | 55 | 31 |
| Immunology | 3 | 3 | 5 | 3 | 21 | 8 | 13 | 24 | 22 | 13 | 36 | 19 |
| Virology | 8 | 7 | 23 | 18 | 80 | 44 | 47 | 46 | 39 | 23 | 50 | 30 |
| Parasitology | 13 | 8 | 38 | 28 | | 71 | 67 | 22 | 51 | 11 | 62 | 92 |
| Public Environmental Occupational Health | 1 | 2 | 1 | 1 | 1 | 1 | 1 | 1 | 2 | 1 | 3 | 8 |
| Oncology | 17 | 17 | 2 | 10 | 11 | 2 | 3 | 2 | 7 | 5 | 5 | 1 |
| Environmental Sciences | 6 | 4 | 7 | 14 | 36 | 11 | 21 | 42 | 1 | 2 | 1 | 7 |
| Toxicology | 9 | 16 | 18 | 33 | 60 | 37 | 44 | 53 | 4 | 3 | 4 | 3 |
| Nutrition Dietetics | 21 | 14 | 8 | 12 | 5 | 15 | 6 | 16 | 3 | 19 | 7 | 12 |

表 5-29　2000—2019 年全球与中国公共卫生与预防医学主要机构 SCI 论文类别数量

单位：篇

| Category | CDC USA | China CDC | Harvard | Johns Hopkins | UCL | Univ Toronto | Sydney Sch Publ Hlth | Erasmus MC | Peking Univ | Fudan Univ | Huazhong Univ | Nanjing Med Univ |
|---|---|---|---|---|---|---|---|---|---|---|---|---|
| Infectious Diseases | 9318 | 1383 | 2285 | 2679 | 18 | 249 | 136 | 130 | 52 | 131 | 27 | 39 |
| Microbiology | 4827 | 807 | 1016 | 1308 | 5 | 67 | 25 | 18 | 20 | 26 | 5 | 15 |
| Immunology | 6794 | 881 | 2194 | 2417 | 54 | 185 | 131 | 40 | 25 | 46 | 11 | 33 |
| Virology | 2038 | 664 | 763 | 689 | 2 | 34 | 22 | 14 | 13 | 25 | 7 | 16 |
| Parasitology | 1138 | 602 | 311 | 504 | | 10 | 9 | 46 | 8 | 53 | 4 | 1 |
| Public Environmental Occupational Health | 12 419 | 1228 | 6821 | 4796 | 912 | 1103 | 947 | 553 | 230 | 450 | 179 | 111 |
| Oncology | 783 | 253 | 3097 | 952 | 120 | 448 | 398 | 289 | 67 | 143 | 114 | 396 |
| Environmental Sciences | 2238 | 854 | 1806 | 755 | 18 | 166 | 72 | 14 | 231 | 302 | 241 | 115 |
| Toxicology | 1904 | 255 | 972 | 400 | 5 | 49 | 25 | 11 | 116 | 150 | 157 | 170 |
| Nutrition Dietetics | 640 | 300 | 1698 | 809 | 222 | 117 | 235 | 59 | 138 | 27 | 74 | 43 |

从公共卫生机构相关论文期刊分布看，感染性疾病相关期刊也不是论文数量最多的期刊，如 Clinical Infectious Diseases 和 Journal of Infectious Diseases 分别排第 9 位和第 10 位（表 5-30）。

表 5-30 2000—2019 年全球公共卫生与预防医学类机构 SCI 论文主要期刊

单位：篇

| 序号 | 期刊 | 国家 | 影响因子（2018） | 数量 |
|---|---|---|---|---|
| 1 | PLOS One | 美国 | 2.776 | 18 656 |
| 2 | BMC Public Health | 英国 | 2.567 | 6 591 |
| 3 | BMJ Open | 英国 | 2.376 | 4 260 |
| 4 | Scientific Reports | 英国 | 4.011 | 3 769 |
| 5 | International Journal of Environmental Research and Public Health | 瑞士 | 2.468 | 3 737 |
| 6 | Vaccine | 英国 | 4.76 | 3 721 |
| 7 | American Journal of Epidemiology | 美国 | 4.473 | 3 391 |
| 8 | American Journal of Public Health | 美国 | 5.381 | 3 293 |
| 9 | Clinical Infectious Diseases | 美国 | 9.055 | 3 045 |
| 10 | Journal of Infectious Diseases | 美国 | 5.045 | 3 022 |
| 11 | Journal of Clinical Microbiology | 美国 | 4.959 | 2 837 |
| 12 | Pediatrics | 美国 | 5.401 | 2 729 |
| 13 | American Journal of Tropical Medicine and Hygiene | 美国 | 2.315 | 2 628 |
| 14 | Cancer Epidemiology Biomarkers Prevention | 美国 | 5.057 | 2 604 |
| 15 | BMC Health Services Research | 英国 | 1.932 | 2 511 |

备注：影响因子数据来源于 web of science。

## 三、讨论

### （一）全球及中国需大力加强公共卫生学科发展

经济发展和人民生活水平的提高，必然会对健康有更高的要求，同时，社会发展与生活方式改变也会带来一些新的健康问题，如环境污染、营养过剩等。中国公共卫生发展进步明显，1950 年中国就确立了"预防为主"的卫生工作方针，并开始在一些大学设置卫生学系，后改为公共卫生学院。截至 2016 年年底，全国有 93 所高校开设了 5 年制的预防医学专业本科教育[8]。但中国的公共卫生发展也存在一些问题。一是重要性认识不足，往往在重大公共卫生事件后，人们才会想起公共卫生事业的重要性，而更多的时间被忽视[3]；二是人才短缺，有资料显示，2006 年平均每万人口疾控人员数为美国 9.3 人、俄罗斯 13.8 人，而中国不足 1.4 人[2]，同时公共卫生系统由于待遇、地位等问题人才流失严重[4]；三是经费不足，例如 2014—2019 年，公共卫生专项任务经费投入下降 14.9%，而公立医院的财政拨款增长 38.8%[2]；四是科技支撑作用不够，在公布的大学学科排名中，中国大学往往排在 50 名以外[9]。今后，为了更好地促进国民健康，保障国民健康安全，中国应切实大力加强公共卫生学科发展。

### （二）不应忽视感染性疾病应对在公共卫生领域的地位

公共卫生与预防医学最初主要针对传染病防控，中国疾病预防控制体系的前身是"卫生防疫站"。随着学科的发展，其范畴不断扩展，从研究传染病，逐渐扩展为研究人类的所有疾病和健康问题。随着人们卫生水平的提高和疫苗等应对措施的发展，感染性疾病已不再是人类最主要的健康威胁，但一些传统传染病持续威胁人类健康，新发传染病不断出现，蓄意传播病原体的生物恐怖威胁以及针对病原微生物的生物技术安全不容忽视[10]。

中国疾病预防控制中心设置有传染病防控相关的传染病预防控制所、病毒病预防控制所、性病艾滋病预防控制中心等，并曾产生了多位该领域的院士，但近些年该领域新遴选的院士很少。中国一些大学公共卫生学院的优势方向也并不在传染病防控，甚至有些偏离了公共卫生学科发展的主线。

### （三）科学研究对公共卫生与预防医学发展具有重要促进作用

中国对创新发展高度重视，确立了"创新驱动发展"的国家战略。中国在科研领域的投入也逐年增加，科研论文产出快速增长。管理部门认识到，过于强调 SCI 论文在科研评价中的作用，也可能产生一些弊端，2020 年，科技部印发了《关于破除科技评价中"唯论文"不良导向的若干措施（试行）》[11]。但该文件并不是否定科技创新与科研论文，而是避免其存在的一些问题。科研论文是创新发展的重要指标，中国科研论文数量提升的同时，质量还有待进一步提升。2019 全球新型冠状病毒肺炎疫情的科学研究，对于疫情公共卫生应对具有重要作用[12]。可以想象，中国公共卫生领域科研论文数量和质量进一步提高，中国疾控体系与大学公共卫生学科实力更强的时候，中国的公共卫生与预防医学会更好地促进国家及全球卫生健康事业。

# 参考文献

[1]    中国学位与研究生教育信息网.《授予博士、硕士学位和培养研究生的学科、专业目录》[EB/OL]. [2020–04–15]. http://www.cdgdc.edu.cn/xwyyjsjyxx/sy/glmd/267001.shtml.

[2]    中华预防医学会新型冠状病毒肺炎防控专家组. 关于疾病预防控制体系现代化建设的思考与建议 [J]. 中华流行病学杂志，2020，41(4)：453–460.

[3]    杨芊，徐小林，赵鸿辉，等. 公共卫生学科作用在新冠肺炎疫情防控中的凸显 [J]. 治理研究，2020，36(2)：75–80.

[4]    王朝昕，石建伟，徐刚，等. 我国公 "共痛卫点生" 卓思越考人与才展培望 [J]. 中国科学院院刊，2020，35(3)：297–305.

[5]    清华大学万科公共卫生与健康学院成立 [EB/OL]. [2020–04–15]. https://www.tsinghua.edu.cn/publish/thune-ws/9658/2020/20200402141404130235216/20200402141404130235216_.html?from=timeline&isappinstalled=0.

[6]    TIAN D Q，ZHENG T . Emerging infectious disease：trends in the literature on SARS and H 7N 9 influenza[J]，Scientometrics，105 (2015) 485–495.

[7]    TIAN D Q，YU Y Z，WANG Y M，et al. Comparison of trends in the quantity and variety of Science Citation Index (SCI) literature on human pathogens between China and the United States[J]. Scientometrics，2012，93 (3) 1019–1027.

[8]    李立明，姜庆五. 中国公共卫生概述 [M]. 北京：人民卫生出版社，2017.

[9]    Shanghai Ranking's Global Ranking of Academic Subjects 2019–Public Health[EB/OL]. [2020–04–15]. http://www.shanghairanking.com/Shanghairanking–Subject–Rankings/public–health.html.

[10]   田德桥，王华. 基于词频分析的美英生物安全战略比较 [J]. 军事医学，2019，43(7)：481–487.

[11]   科技部印发《关于破除科技评价中 "唯论文" 不良导向的若干措施（试行）》的通知（2020年 02 月 17 日）[EB/OL]. [2020–04–15]. http://www.most.gov.cn/mostinfo/xinxifenlei/fgzc/gfxwj/gfxwj 2020/202002/t 20200223_151781.htm.

[12]   HORTON R. Offline：2019–nCoV outbreak–early lessons[J]. Lancet，2020，395(10221)：322.

## 第六节 生命科学两用性研究关注热点的文献计量分析[*]

生命科学和生物技术是当今发展最为迅速的科技领域之一。生命科学和生物技术的快速发展促进着经济的发展，改变着人们的生活，对人类社会产生了深远的影响。然而，生物技术是典型的两用性技术，其可以被谬用而造成危害。"两用性（dual-use）"研究是指一些造福于人类社会的研究可以同时对人类社会造成危害。生物技术谬用包括两个方面：一是蓄意使用生物技术产生威胁[1]；二是科学研究产生非预期的潜在的对人类社会的风险。

近些年生命科学两用性研究引起了越来越多的担忧。定量分析生命科学两用性研究的热点关注领域，对于相关管理和应对政策的制定具有重要的参考意义。生命科学两用性相关文献包括两种类型，一种是实验研究类文献，对于是否应当开展及出版该类研究往往存在一定争论；另一种是对两用性研究风险的评论类文献。在评论类文献的参考文献中会涉及实验研究类文献。本研究策略是通过分析生命科学两用性评论类文献及其参考文献，获得当前对生命科学两用性实验研究类文献的关注热点。

### 一、方法

通过科学引文索引数据库（*Web of Science*）进行文献检索，检索时间 2015 年 8 月 24 日。数据库：SCI 扩展数据库；检索范围：标题、关键词和摘要；检索式：TS=（biological OR "life sciences" OR biosecurity OR bioterrorism OR biodefense OR technology OR research OR biotechnology）AND TS= "dual use"。国家和机构分析基于文献的通讯作者，采用 CiteSpaceIII 软件进行文献共引分析。

### 二、结果

#### （一）生命科学两用性评论类文献分析

检索科学引文数据库得到 235 个检索结果，筛选去除非检索目标的一些混杂结果及一些新闻类文献后，最终得到 96 个结果。对其年度、国家分布进行分析，结果显示，年度文献数量最多的是 2013 年，为 24 篇（图 5-26）；文献来源最多的国家为

---

[*]内容参考：田德桥. 生命科学两用性研究关注热点的文献计量分析[J]. 生物技术通讯，2016，27（5）：662-665.

美国 35 篇，其次为英国 8 篇、澳大利亚 7 篇、印度 6 篇、德国 5 篇、以色列 5 篇、荷兰 4 篇、波兰 4 篇、瑞典 3 篇等。美国的文献数量较多，反映了其对生命科学两用性问题的关注。

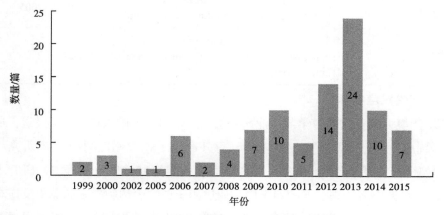

图 5-26 生命科学两用性评论类文献的年度分布

## （二）被引用次数最多的生命科学两用性实验研究类文献

生命科学两用性评论类文献的参考文献中，一般会存在生命科学两用性实验研究类文献。对上述包含参考文献信息的 96 个评论类文献检索数据通过 CiteSpaceⅢ 软件进行共引分析，确定了 9 篇被引次数最多的生命科学两用性实验研究类文献（表 5-31）。

表 5-31 被引用次数最多的生命科学两用性实验研究类文献

| 通讯作者 | 本分析中被引次数 | 文题 | 期刊 | 年份 | 总 SCI 被引数 |
|---|---|---|---|---|---|
| Jackson R J | 22 | Expression of mouse interleukin-4 by a recombinant ectromelia virus suppresses cytolytic lymphocyte responses and overcomes genetic resistance to mousepox | *J Virol* | 2001 | 234 |
| Kawaoka Y | 20 | Experimental adaptation of an influenza H5 HA confers respiratory droplet transmission to a reassortant H5 HA/H1N1 virus in ferrets | *Nature* | 2012 | 477 |
| Fouchier R A | 19 | Airborne transmission of influenza A/H5N1 virus between ferrets | *Science* | 2012 | 479 |
| Wimmer E | 18 | Chemical synthesis of poliovirus cDNA: generation of infectious virus in the absence of natural template | *Science* | 2002 | 273 |
| Tumpey T M | 15 | Characterization of the reconstructed 1918 Spanish influenza pandemic virus | *Science* | 2005 | 518 |
| Taubenberger J K | 13 | Characterization of the 1918 influenza virus polymerase genes | *Nature* | 2005 | 453 |

续表

| 通讯作者 | 本分析中被引次数 | 文题 | 期刊 | 年份 | 总SCI被引数 |
|---|---|---|---|---|---|
| Wein L M | 11 | Analyzing a bioterror attack on the food supply: the case of botulinum toxin in milk | *PNAS* | 2005 | 148 |
| Rosengard A M | 7 | Variola virus immune evasion design: expression of a highly efficient inhibitor of human complement | *PNAS* | 2002 | 105 |

### 1. 致死性鼠痘病毒[2]

2001年澳大利亚联邦科学与工业研究组织（CSIRO）的Jackson等报道，通过在鼠痘病毒中加入白介素4（IL-4）基因，意外产生了强致死性病毒。该研究小组试图研究鼠避孕产品用于控制澳大利亚鼠害。在构建鼠避孕疫苗过程中，研究人员使鼠痘病毒在雌鼠中表达高水平的卵蛋白，通过卵蛋白的表达刺激鼠的免疫反应攻击其自身的卵子达到避孕的目的。研究人员同时将IL-4基因导入鼠痘病毒来促进抗体产生。意想不到的是，IL-4的表达抑制了鼠正常的免疫反应，实验鼠大部分死亡，即使进行了免疫接种的小鼠也不例外。

### 2. 合成脊髓灰质炎病毒[3]

2002年*Nature*刊出了美国纽约州立大学石溪分校完成的通过化学方法合成脊髓灰质炎病毒的文章。脊髓灰质炎病毒可导致小儿麻痹症，其基因组是单链RNA。该研究团队通过互联网上可以找到的脊髓灰质炎病毒基因组序列，通过商业途径获得了平均69bp的一些片段，对这些片段进行拼接，最终形成7741bp的cDNA片段，然后通过RNA聚合酶生成脊髓灰质炎病毒单链RNA基因组，通过细胞培养，注射小鼠后表明了该病毒的活性。

### 3. 荷兰伊拉斯姆斯大学流感突变研究[4]

2012年6月，*Science*刊出了荷兰伊拉斯姆斯大学医学中心的Fouchier等进行的H5N1流感病毒突变在哺乳动物间传播的研究结果。Fouchier的研究从一株H5N1流感病毒出发，其分离于印度尼西亚的感染者。该研究团队最初获得了一些突变，主要针对血凝素分子与受体的结合区域，但最初的突变并没有完全发挥作用。随后，研究人员使这种病毒从一只感染的雪貂感染另一只未感染的雪貂，共经过10次感染。最终的结果是，病毒可以通过空气从一个笼子中的雪貂传播到另外一个笼子中的雪貂。

### 4. 美国威斯康星大学流感突变研究[5]

2012年5月，*Nature*刊出了美国威斯康星大学Kawaoka等对于H5N1流感病毒突变使其在哺乳动物间传播的研究结果。突变产生了一个杂合病毒，该病毒的血凝素基因来源于H5N1病毒株，其他7个基因节段来源于2009—2010年流行的H1N1

流感病毒株。该研究确定，仅仅在血凝素基因发生 4 个突变，就可以使 H5N1 流感病毒通过空气传播感染雪貂。

### 5. 1918 流感病毒基因组序列测定

2005 年 10 月，美国陆军病理学研究所 Taubenberger 等在 *Nature* 报道了 1918 年大流行流感病毒最后 3 个基因的序列 [6]。Taubenberger 所在的研究所有一个仓库，保存了许多尸体解剖后留下的病理组织，其中有 2 份死于 1918 大流感的士兵的肺部组织。1997 年 3 月，Taubenberger 等在 *Science* 报道了他们根据这些组织测定的 5 个 1918 流感病毒的基因序列 [7]。随后，在阿拉斯加一具冰冻保存完好的女性尸体肺部组织中分离测定了剩下的 3 个基因序列。

### 6. 再造 1918 流感病毒 [8]

2005 年 10 月，*Science* 刊出了美国疾病预防控制中心的 Tumpey 等重新构建 1918 流感病毒，并对其特性进行分析的文章。病毒学家 Tumpey 采用反向遗传学方法，通过细胞生成病毒粒子，随后从细胞中分离出病毒，分别对小鼠、鸡胚胎和人类细胞样品进行试验，显示该病毒的毒性极强。

### 7. 肉毒杆菌攻击美国奶源供应模型 [9]

2005 年 7 月，《美国国家科学院院报》（*PNAS*）刊出了美国斯坦福大学研究人员进行的肉毒杆菌污染牛奶供应链的模型研究。研究分析了在牛奶供应的不同环节蓄意释放肉毒杆菌所产生的危害。这项工作可以帮助生物防御和公共卫生人员发现牛奶供应链存在的一些薄弱环节，以便采取措施。但是，其也可能有助于恐怖主义者确定牛奶供应的薄弱环节。

### 8. 天花病毒逃避免疫的蛋白 [10]

2002 年，美国宾夕法尼亚大学医学院的研究人员在《美国国家科学院院报》发表了一篇天花病毒逃避人体免疫相关蛋白的研究论文。虽然天花病毒和痘苗病毒具有一定的同源性，但天花病毒的蛋白特点更适合逃避人的免疫反应。天花病毒中有一种天花补体抑制酶（SPICE），该研究证明 SPICE 可以促进天花病毒逃避人的免疫系统。针对 SPICE 可以研发天花的治疗措施，但是其具有潜在滥用的可能性。

## （三）被引次数最多的生命科学两用性评论类文献

我们采用 CiteSpaceIII 软件分析了被引次数最多的生命科学两用性评论类文献（表 5-32），排在最前面的 2 篇分别为澳大利亚国立大学的 Selgelid 于 2007 年发表在 *Science and Engineering Ethics* 上的一篇论文，以及美国国家研究委员会（National Research Council）2004 年发布的《恐怖主义时代的生物技术研究》（*Biotechnology Research in an Age of Terrorism*）。

表 5-32　被引用次数最多的生命科学两用性评论类文献

| 通讯作者/机构 | 本分析中被引次数 | 文题 | 期刊/出版社 | 年份 |
|---|---|---|---|---|
| Selgelid M J | 13 | Ethical and philosophical consideration of the dual-use dilemma in the biological sciences | *Sci Eng Ethics* | 2007 |
| National Research Council（US） | 11 | Biotechnology research in an age of terrorism | National Academies Press（US） | 2004 |
| Selgelid M J | 7 | A tale of two studies：ethics, bioterrorism, and the censorship of science | *Hastings Cent Rep* | 2007 |
| Kuhlau F | 7 | Taking due care：moral obligations in dual use research | *Bioethics* | 2008 |
| NSABB | 7 | Proposed framework for the oversight of dual use life sciences research：strategies for minimizing the potential misuse of research information | （website） | 2007 |
| Atlas R M | 6 | Ethics：a weapon to counter bioterrorism | *Science* | 2005 |
| Selgelid M J | 6 | Ethical and philosophical consideration of the dual-use dilemma in the biological sciences | Springer（book） | 2008 |
| Atlas R M | 5 | The dual-use dilemma for the life sciences：perspectives, conundrums, and global solutions | *Biosecur Bioterror* | 2006 |
| Fauci A S | 5 | Benefits and risks of influenza research：lessons learned | *Science* | 2012 |

### （四）生命科学两用性研究的分类

2004 年，美国国家研究委员会发布了《恐怖主义时代的生物技术研究》。该报告确定了 7 种类型的试验需要在开展前进行评估，分别为：①导致疫苗无效；②导致抵抗抗生素和抗病毒治疗措施；③提高病原体毒力或使非致病病原体致病；④增加病原体的传播能力；⑤改变病原体宿主；⑥使诊断措施无效；⑦使生物剂或毒素武器化[11]。

澳大利亚国立大学的 Selgelid 在 2007 年发表于 *Science and Engineering Ethics* 上的文章中，列举了除上述美国国家研究委员会报告中的生命科学两用性研究类别以外其他需要关注的一些研究，包括：①病原体测序；②合成致病微生物；③对天花病毒的试验；④恢复过去的病原体等[12]。

2007 年，美国生物安全科学顾问委员会（National Science Advisory Board for Biosecurity，NSABB）发布了《生命科学两用性研究监管建议》（Proposed framework for the oversight of dual use life sciences）[13]。其列举的需要关注的生命科学两用性研究包括：①提高生物剂或毒素的危害；②干扰免疫反应；③使病原体或毒素抵抗预防、治疗或诊断措施；④增强生物剂或毒素的稳定性、传播能力和播散能力；⑤改变病原体或毒素的宿主或趋向性；⑥提高人群敏感性；⑦产生新的病原体或毒素以及重新构建已消失或灭绝的病原体。

2013 年 2 月，美国白宫科学和技术政策办公室发布了《美国政府生命科学两用性研究监管策略》（US government study of dual-use life sciences regulatory policy）。该监管策略重点针对的几方面研究包括：①提高生物剂或毒素的毒力；②破坏免疫反应的有效性；③抵抗预防、治疗或诊断措施；④增强生物剂或毒素的稳定性、传播能力、播散能力；⑤改变病原体或毒素的宿主范围或趋向性；⑥提高宿主对生物剂或毒素的敏感性；⑦重构已灭绝的生物剂或毒素[14]。

## 三、结语

生命科学和生物技术飞速发展，一些新的技术不断出现，对生命科学两用性研究的监管构成了很大的挑战。欧盟、美国、中国等对病原体实验室生物安全进行了分级（四级），美国对威胁病原体及毒素的监管实施了"威胁病原体及毒素监管计划"（Select Agent Program）。对于生命科学两用性研究，目前还没有类似的分级清单，其制订的必要性及可行性有待评估。

生命科学两用性研究风险与收益并存，监管措施的制定需要考虑促进生命科学发展与降低两用性风险之间的平衡。该领域的研究目前大多为一些定性的分析，缺乏对风险及管理对策的定量评估研究。

生命科学两用性研究监管是一方面，应对能力建设是另一个重要方面，需要"两手抓，两手都要硬"。在生物防御能力建设的诊断措施、药品疫苗研发中，需要考虑生命科学两用性研究风险的应对。

综上，本研究通过对生命科学两用性研究评论类文献中引用的实验研究类文献的分析，确定了一些受关注程度较高的生命科学两用性实验研究类文献。该研究策略可以为类似的文献计量学研究及 CiteSpaceⅢ 软件的扩展使用提供参考。

<h1 style="text-align:center">参考文献</h1>

[1]    GILSDORF J R, ZILINSKAS R A. New considerations in infectious disease outbreaks: the threat of genetically modified microbes[J]. Clin Infect Dis, 2005, 40(8): 1160-1165.

[2]    JACKSON R J, RAMSAY A J, CHRISTENSEN C D, et al. Expression of mouse interleukin-4 by a recombinant ectromelia virus suppresses cytolytic lymphocyte responses and overcomes genetic resistance to mousepox[J]. J Virol, 2001, 75(3): 1205-1210.

[3]    CELLO J, PAUL A V, WIMMER E. Chemical synthesis of poliovirus cDNA: Generation of infectious virus in the absence of natural template[J]. Science, 2002, 297(5583): 1016-1018.

[4]    HERFST S, SCHRAUWEN E J, LINSTER M, et al. Airborne transmission of influenza A/ H5N1 virus between ferrets[J]. Science, 2012, 336(6088): 1534-1541.

[5]    IMAI M, WATANABE T, HATTA M, et al. Experimental adaptation of an influenza H5 HA confers respiratory droplet transmission to a reassortant H5 HA/H1N1 virus in ferrets[J]. Nature, 2012, 486(7403): 420-428.

[6]    TAUBENBERGER J K, REID A H, LOURENS R M, et al. Characterization of the 1918 influenza virus polymerase genes[J]. Nature, 2005, 437(7060): 889-893.

[7]    TAUBENBERGER J K, REID A H, KRAFFT A E, et al. Initial genetic characterization of the 1918 "Spanish" influenza virus[J]. Science, 1997, 275(5307): 1793-1796.

[8]    TUMPEY T M, BASLER C F, AGUILAR P V, et al. Characterization of the reconstructed 1918 Spanish influenza pandemic virus[J]. Science, 2005, 310(5745): 77-80.

[9]    WEIN L M, LIU Y. Analyzing a bioterror attack on the food supply: The case of botulinum toxin in milk[J]. Proc Natl Acad Sci USA, 2005, 102(28): 9984-9989.

[10]   ROSENGARD A M, LIU Y, NIE Z, et al. Variola virus immune evasion design: Expression of a highly efficient inhibitor of human complement[J]. Proc Natl Acad Sci USA, 2002, 99(13): 8808-8813.

[11]   National Research Council(US). Biotechnology research in an age of terrorism[M]. US: National Academies Press, 2004.

[12]   MILLER S, SELGELID M J. Ethical and philosophical consideration of the dual-use dilemma in the biological sciences[J]. Sci Eng Ethics, 2007, 13(4): 523-580.

[13]   NSABB. Proposed framework for the oversight of dual use life sciences research: Strategies for minimizing the potential misuse of research information(2007)[EB/OL]. [2016-09-01]. http:// osp.od.nih.gov/office-biotechnology-activities/nsabb-reports-and-recommenda-tions/proposed- framework-oversight-dual-use-life-sciences-re-search.

[14]   United States Government. United States Government policy for institutional oversight of life sciences dual use research of concern(2013)[EB/OL]. [2016-09-01]. http://www.phe.gov/s3/ dualuse/Documents/oversight-durc.pdf.

# 附　录

## 缩略词

| ACE2 | Angiotensin-Converting Enzyme 2 | 血管紧张素转化酶 2 |
|---|---|---|
| ADEI | Antibody-Dependent Enhancement of Infectivity | 抗体依赖性感染增强 |
| ASPR | Assistant Secretary for Preparedness and Response | 负责准备和应对的部长助理 |
| BARDA | Biomedical Advanced Research and Development Authority | 美国生物医学高级研发管理局 |
| BTO | Biological Technologies Office | 美国生物技术办公室 |
| BTWC | Biological and Toxin Weapons Convention | 禁止生物武器公约 |
| CBDP | Chemical and Biological Defense Program | 美国国防部化学和生物防御项目 |
| CBRN | Chemical, Biological, Radiological and Nuclear | 化学、生物、放射、核 |
| CDC | Centers for Disease Control and Prevention | 美国疾病预防控制中心 |
| CEPI | The Coalition for Epidemic Preparedness Innovations | 流行病防御创新联盟 |
| CIA | Central Intelligence Agency | 美国中央情报局 |
| CoV | Coronavirus | 冠状病毒 |
| CWC | Chemical Weapons Convention | 禁止化学武器公约 |
| DARPA | Defense Advanced Research Projects Agency | 美国国防高级研究计划局 |
| DIA | Defense Intelligence Agency | 美国国防情报局 |
| DOD | Department of Defense | 美国国防部 |
| DSTL | Defence Science and Technology Laboratory | 英国国防科学和技术实验室 |
| DTRA | Defense Threat Reduction Agency | 美国国防威胁降低局 |
| DURC | Dual Use Research of Concern | 值得关注的两用性研究 |
| EIP | Emerging Infections Program | 新发感染性疾病项目 |
| EPA | Environmental Protection Agency | 美国国家环境保护局 |
| FBI | Federal Bureau of Investigation | 美国联邦调查局 |
| FDA | Food and Drug Administration | 美国食品与药品管理局 |
| FSIS | Food Safety and Inspection Service | 美国食品安全检疫局 |
| GAO | Government Accountability Office | 美国审计总署 |
| GOF | Gain of Function | 功能获得性研究 |
| GTR | Global Threat Reduction | 全球威胁降低项目 |

| HHS | Department of Health and Human Services | 美国卫生与公众服务部 |
|---|---|---|
| JBAIDS | Joint Biological Agent Identification and Diagnostic System | 联合生物鉴定和诊断系统 |
| JVAP | Joint Vaccine Acquisition Program | 联合疫苗采购计划 |
| LRN | The Laboratory Response Network | 生物恐怖应对实验室网络 |
| MERS | Middle East Respiratory Syndrome | 中东呼吸综合征 |
| MITS | Medical Identification and Treatment Systems | 医学鉴定与治疗系统 |
| MPS | MicroPhysiological Systems | 微生理系统 |
| MVA | Modified Vaccinia Virus Ankara | 改良安卡拉株天花疫苗 |
| NAP | National Academies Press | 美国国家科学院出版社 |
| NDMS | National Disaster Medical System | 美国国家灾难医疗系统 |
| NGDS | Next Generation Diagnostic System | 下一代诊断系统 |
| NIAID | National Institute of Allergy and Infectious Diseases | 美国过敏与感染性疾病研究所 |
| NIH | National Institutes of Health | 美国国立卫生研究院 |
| NMRC | Naval Medical Research Center | 美国海军医学研究中心 |
| NSABB | National Science Advisory Board for Biosecurity | 美国生物安全科学顾问委员会 |
| NTD | N-Terminal Domain | N 末端结构域 |
| OPCW | Organization for the Prohibition of Chemical Weapons | 禁止化学武器组织 |
| PHAC | Public Health Agency of Canada | 加拿大公共卫生署 |
| PHEMCE | Public Health Emergency Medical Countermeasures Enterprise | 公共卫生紧急医学应对措施研发联合体 |
| RBD | Receptor-Binding Domain | 受体结合域 |
| RBM | Receptor-Binding Motif | 受体结合基序 |
| SARS | Severe Acute Respiratory Syndrom | 严重急性呼吸综合征 |
| SARSr-CoVs | SARS-CoV-Related Viruses | SARS 相关冠状病毒 |
| SL-CoVs | SARS-Like Coronaviruses | SARS 样冠状病毒 |
| SSBS | Science of Science of BioSafety/BioSecurity | 生物安全科学学 |
| USAMRIID | United States Army Medical Research Institute of Infectious Diseases | 美国陆军传染病医学研究所 |
| VLP | Virus-Like Particles | 病毒样颗粒 |
| WRAIR | Walter Reed Army Institute of Research | 华尔特·里德陆军研究所 |

# 作者作品目录

## 图书

[1]　王盼盼，田德桥. 美国生物防御科研项目[M]. 预印版. 北京：科学技术文献出版社，2022.

[2]　田德桥. 生物安全相关电影索引[M]. 北京：科学技术文献出版社，2022.

[3]　田德桥. 记往开来：田德桥人文作品集. 2021（内部资料）.

[4]　田德桥. 生物技术安全[M]. 北京：科学技术文献出版社，2021.

[5]　田德桥. 生物安全中文文献索引[M]. 北京：科学技术文献出版社，2021.

[6]　田德桥. 生物安全文献索引[M]. 北京：科学技术文献出版社，2020.

[7]　乔纳森·B塔克. 创新、两用性与生物安全：管理新兴生物和化学技术风险[M]. 田德桥，译.
　　北京：科学技术文献出版社，2020年.

[8]　田德桥. 病原生物文献计量[M]. 北京：科学技术文献出版社，2019.

[9]　田德桥，王华. 生物技术安全问卷调查报告. 2019（内部资料）.

[10]　田德桥，王华，曹诚. 流感病毒功能获得性研究风险评估[M]. 北京：科学出版社，2018.

[11]　田德桥. 生物技术发展知识图谱[M]. 北京：科学技术文献出版社，2018.

[12]　田德桥，陆兵. 中国生物安全相关法律法规标准选编[M]. 北京：法律出版社，2017.

[13]　田德桥. 美国生物防御[M]. 北京：中国科学技术出版社，2017.

[14]　田德桥. 中国科技工作者论文发表情况调查报告[M]. 北京：中国科学技术出版社，2016.

## 论文

[1]　WANG P，TIAN D Q*. Bibliometric analysis of global scientific research on COVID-19[J]. J
　　Biosafety and Biosecurity，2021，3(1):4-9.

[2]　TIAN D Q. Bibliometric analysis of pathogenic organisms[J]. Biosafety and Health，2020，2:95–
　　103.

[3]　王盼盼，田德桥*. 美国国立卫生研究院冠状病毒相关科研项目分析[J]. 军事医学，2020，
　　44(5):354–361.

[4]　王盼盼，田德桥*. 美国国立卫生研究院2009—2018财年生物防御科研项目分析[J]. 军事医
　　学，2020，44(6):454–459.

[5]　田德桥，王华*. 基于词频分析的美英生物安全战略比较[J]. 军事医学，2019，43(7):481–487.

[6]　王盼盼，田德桥*. DARPA昆虫盟友项目生物安全问题争议[J]. 军事医学，2019，43(7):488–
　　493.

[7]　田德桥，陈薇*. 寨卡病毒及其疫苗研究[J]. 生物工程学报，2017, 33（1）：1–15.

[8]　田德桥. 生命科学两用性研究关注热点的文献计量分析[J]. 生物技术通讯，2016, 27(5):662–665.

[9]　田德桥. 美国生防药品疫苗研发机制与项目资助情况分析[J]. 生物技术通讯，2016, 27(4):535–541.

[10]　田德桥. 美国DARPA感染性疾病应对科研部署情况分析[J]. 军事医学，2016, 40(10):790–794.

[11]　田德桥，陈薇*. 基孔肯雅病毒与基孔肯雅热[J]. 微生物与感染，2016, 11(4):194–206.

[12]　谢英华，吴立利，郑涛，程瑾，时培娇，高文静，何素兴，田德桥*. 我国科技工作者科研论文发表动机的调查研究[J]. 中华医学图书情报杂志，2016, 25（7）：16–21.

[13]　谢英华，田德桥*，郑涛，时培娇，高文静，何素兴. 我国医务工作者科研论文发表情况的调查研究[J]. 中华医学科研管理杂志，2016, 29(5):380–384.

[14]　TIAN D Q, ZHENG T*. Emerging infectious disease: trends in the literature on SARS and H7N9 influenza[J]. Scientometrics，2015, 105：485–495.

[15]　田德桥，叶玲玲，李晓倩，郑涛*. 美国防控埃博拉疫情科研部署情况分析[J]. 生物技术通讯，2015, 26(1):15–21.

[16]　田德桥，叶玲玲，李晓倩，程瑾，郑涛*. 美国生物监测预警科研部署情况分析及启示[J]. 生物技术通讯，2015, 26(6):39–44.

[17]　TIAN D Q, ZHENG T*. Comparison and Analysis of Biological Agent Category Lists Based On Biosafety and Biodefense[J]. PLoS ONE，2014, 9(6): e101163.

[18]　田德桥，祖正虎，刘健，许晴，朱联辉，黄培堂，沈倍奋，郑涛*. 美国应对地铁生物恐怖袭击的科技措施与启示[J]. 军事医学，2014, 38（2）：98-101.

[19]　田德桥，孟庆东，朱联辉，黄培堂，郑涛*. 国外生物威胁生物剂清单的分析比较[J]. 军事医学，2014, 38（2）：94–97.

[20]　田德桥，朱联辉，王玉民，郑涛*. 美国生物防御经费投入情况分析[J]. 军事医学，2013, 37（2）：141–145.

[21]　TIAN D Q, YU Y Z, WANG Y M, ZHENG T*, et al . Comparison of trends in the quantity and variety of Science Citation Index (SCI) literature on human pathogens between China and the United States[J]. Scientometrics，2012, 93:1019–1027.

[22]　田德桥，王玉民，郑涛*. XerCD/dif位点特异性重组研究进展[J]. 遗传，2012, 34(8): 1003–1008.

[23]　田德桥，朱联辉，黄培堂，王玉民，郑涛*. 美国生物防御战略计划分析[J]. 军事医学，2012, 36（10）：772–776.

[24]　TIAN D Q, WANG Y M, ZHENG T*. A novel strategy for exploring the reassortment origins of

newly emerging influenza virus[J]. Bioinformation，2011，7(2): 64–68.

[25] 田德桥，朱联辉，王玉民，郑涛*. 美国生物防御能力建设的特点与启示[J]. 军事医学，2011，35(11):824–827.

[26] 田德桥，朱联辉，郑涛*. 1998—2007 年主要国家（地区）H5N1 禽流感相关SCI 文献统计分析[J]. 生物技术通讯，2009，20(4):552–553.

[27] 田德桥，郑涛*. SCI收录生物安全相关论文的文献计量学分析[J]. 中华医学图书情报杂志，2009，18(5): 69–71.

[28] 田德桥，朱联辉，郑涛*. 2003—2007年SCI收录SARS相关文献统计分析[J]. 中华医学图书情报杂志，2009，18(1):1–3.

[29] 田德桥，郑涛*. 美国生物恐怖应对多级实验室网络对我国的启示[J]. 解放军医学杂志，2008，33(1):133–135.

[30] 田德桥，郑涛*，王玉民. 美国NIH科研经费投入分析及对我国医学科研投入的思考[J]. 中华医学科研管理杂志，2008，21(1):18–20.

[31] 田德桥，郑涛*，沈倍奋. 1997—2006年主要国家（地区）生物恐怖剂文献统计分析[J]. 军事医学科学院院刊，2007，31(6):543–548.

[32] 田德桥，郑涛. H5N1 禽流感的威胁与全球应对[J]. 生物技术通讯，2007，18(2):285–288.

[33] 田德桥，闫梅英，高守一，阚飙*. 霍乱弧菌TLC因子的与CTXΦ相似的染色体整合位点分析[J]. 中国预防医学杂志，2007，8(Suppl):61–64.

[34] 田德桥，郑涛*. 国外反生物恐怖演习对我国的启示[J].解放军医学杂志，2006，31(12):1201–1204.

[35] 田德桥，闫梅英，高守一，阚飙*. CTXΦ在霍乱弧菌染色体整合位点的研究[J]. 中华微生物与免疫学杂志，2006，26（8）：729–733.

[36] 田德桥，高守一，阚飙*.霍乱弧菌超级整合子[J]. 中国自然医学杂志，2004，6 (4):279–281.

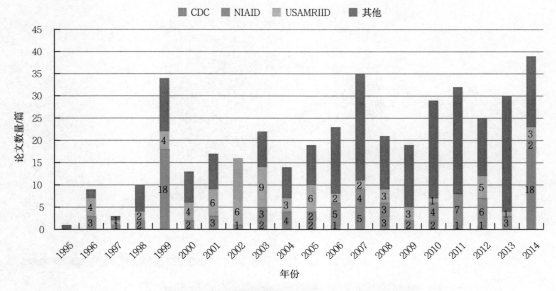

图 2-3　美国埃博拉病毒相关科研论文数量年度变化

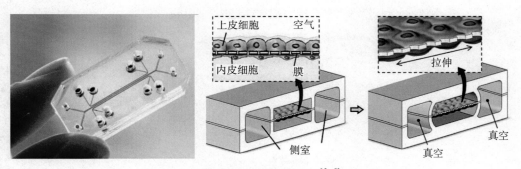

图 2-6　芯片上的肺脏 [5, 8]

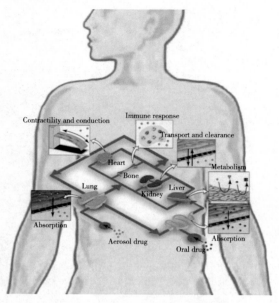

图2-9　芯片上的人体[18]

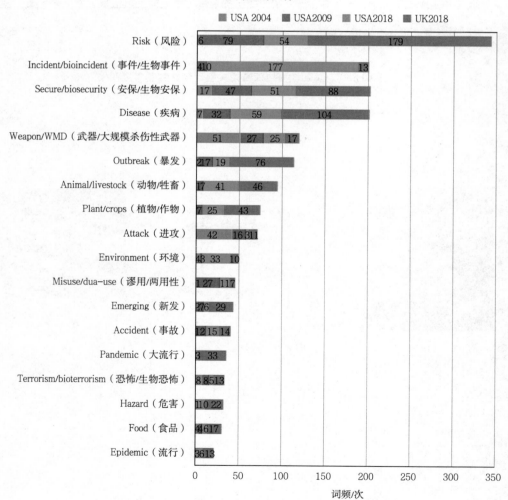

图3-1　美、英生物安全战略词频分析比较（威胁层面）

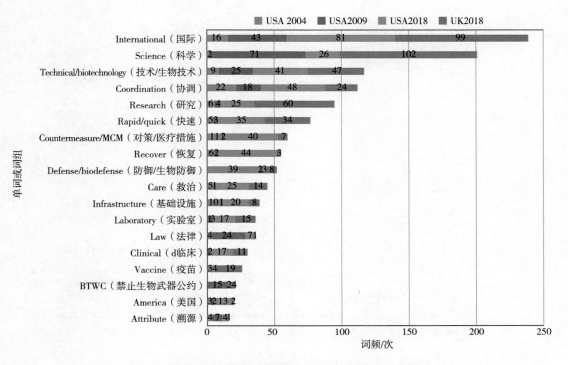

图 3-2　美、英生物安全战略词频分析比较（应对层面）

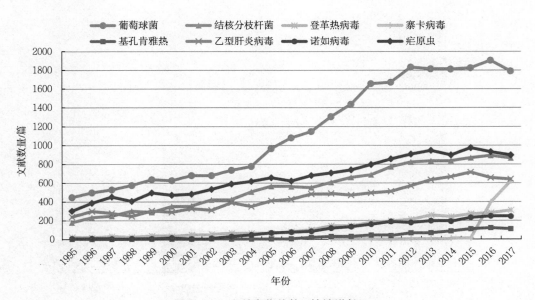

图 5-12　文献变化趋势（持续增长）

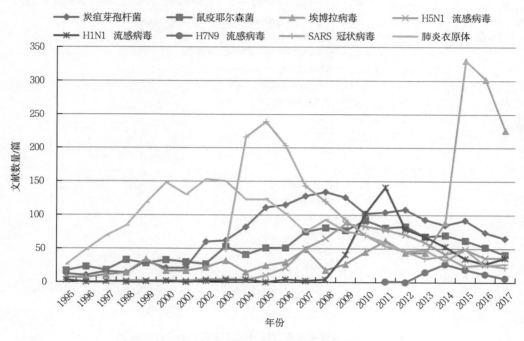

**图 5-13  文献变化趋势（先增后降）**

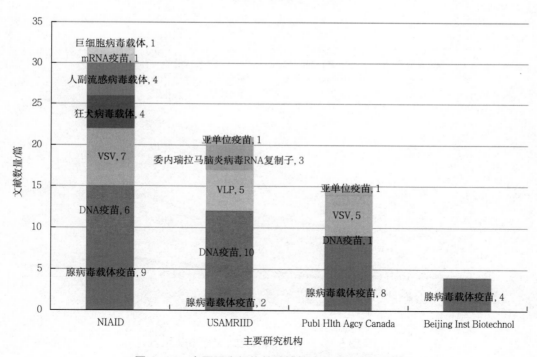

**图 5-16  主要研究机构的埃博拉疫苗研究类型数量**

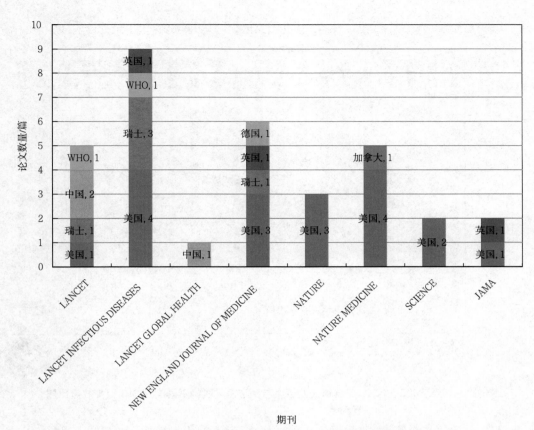

图5-17　高影响因子期刊埃博拉疫苗相关论文的国家及国际组织分布

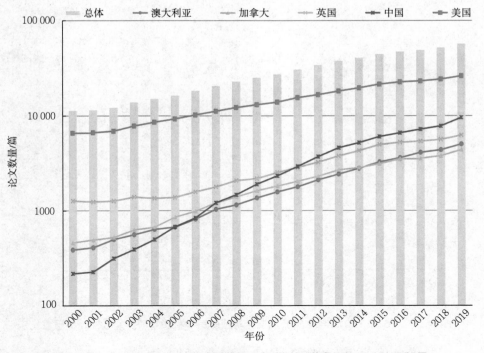

图 5-20　2000—2019 年全球公共卫生与预防医学类机构 SCI 论文数量

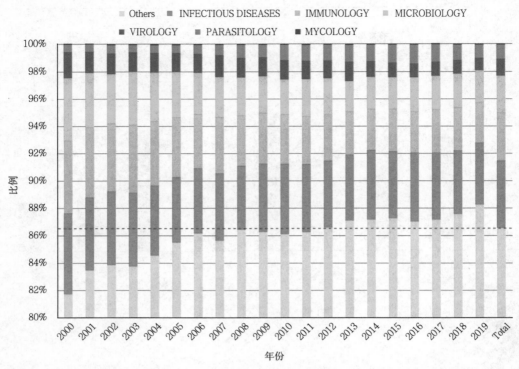

图 5-23　2000—2019 年全球公共卫生与预防医学机构不同类别 SCI 论文数量比例

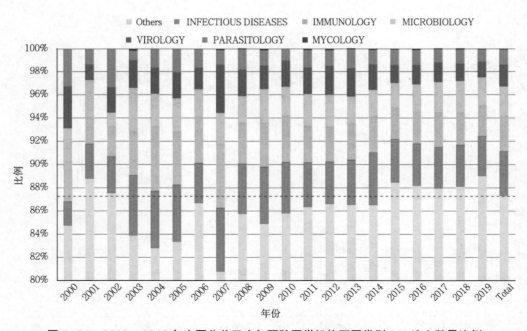

图 5-24　2000—2019 年中国公共卫生与预防医学机构不同类别 SCI 论文数量比例